普通高等教育农业农村部"十三五"规划教材
普通高等教育农业部"十二五"规划教材
全国高等农林院校"十二五"规划教材

兽医产科学

（精简版）

余四九　主编

中国农业出版社

图书在版编目（CIP）数据

兽医产科学：精简版/余四九主编 . —北京：中
国农业出版社，2013.9（2019.6重印）
普通高等教育农业部"十二五"规划教材　全国高等
农林院校"十二五"规划教材
ISBN 978-7-109-18258-5

Ⅰ.①兽⋯　Ⅱ.①余⋯　Ⅲ.①家畜产科-高等学校-
教材　Ⅳ.①S857.2

中国版本图书馆 CIP 数据核字（2013）第 198521 号

中国农业出版社出版
（北京市朝阳区农展馆北路 2 号）
（邮政编码 100125）
策划编辑　武旭峰
文字编辑　武旭峰
─────────────
北京中兴印刷有限公司印刷　　新华书店北京发行所发行
2013 年 10 月第 1 版　　2019 年 6 月北京第 3 次印刷
─────────────
开本：787mm×1092mm 1/16　印张：17.25
字数：412 千字
定价：36.50 元
（凡本版图书出现印刷、装订错误，请向出版社发行部调换）

编 审 人 员

主　编　余四九（甘肃农业大学）

副主编　张家骅（西南大学）

参　编（按姓名笔画为序）

　　　　芮　荣（南京农业大学）

　　　　李建基（扬州大学）

　　　　施振声（中国农业大学）

　　　　黄立权（浙江大学）

　　　　靳亚平（西北农林科技大学）

　　　　薛立群（湖南农业大学）

审　稿　田文儒（青岛农业大学）

　　　　黄群山（华南农业大学）

[前　言]

□□□□□□□□□□□□□□□□□□□□□□□□□□□□□□□

　　2008年冬，受国家执业兽医资格考试委员会的委托，农业部动物疫病预防控制中心组织兽医学各学科相关专家，在北京首次讨论制定《全国执业兽医资格考试大纲》，随后即组织编写了《执业兽医资格考试指南》。在制定《全国执业兽医资格考试大纲》、编写《执业兽医资格考试指南》以及后来多次组织的命题过程中，我们发现以前编写的各个版本的《兽医产科学》，在内容安排上虽然保持了其自身的完整性，但与《家畜解剖学》、《动物组织学与胚胎学》、《动物生理学》、《兽医外科学》和《兽医内科学》的一些章节交叉内容较多，为组织命题带来了诸多不便。为了避免内容重复，统一规范命题，经执业兽医资格考试委员会组织协调，明确了各学科的大纲范围和编写指南的具体内容。

　　正是在上述背景的前提下，我们曾多次考虑编写这样一本教材：它既能满足目前兽医产科学内容广泛、但授课时数相对少的需求，又能兼备方便执业兽医考试复习、内容精炼简洁的特点。就是说，它应当既是一本本科教学的好教材，又是一部可供执业兽医资格考试考生参考的好辅导书。本着这一原则，通过与参加过《全国执业兽医资格考试大纲》制定和《执业兽医资格考试指南》编写以及全国执业兽医考试命题的兽医产科学专家多次交换意见，最终确定了本书的编写大纲。为了能使本书的内容安排更符合实际需求，开始编写前还征求了全国各高等农业院校教授兽医产科学课程的许多教师以及参加过全国执业兽医资格考试考生的意见。

　　本书于2008年年底前开始编写，编者们提交了初稿以后，主编又进行了反复修改，并请华南农业大学黄群山教授和青岛农业大学田文儒教授对书稿进行了审阅，最终定稿。通过编者的共同努力，达到了预期的目的。本书具备以下几个特点：

　　1. 体现了应用性为主的原则。兽医产科学是一门实践性很强的临床课。为了强化其应用性，内容安排上以繁殖技术和生殖疾病为主。在生殖生理部分则重点介绍基本概念和基本原理，未进行深入的理论性阐述。

　　2. 凸显了内容的条理性和简洁性。为了教师备课和学生记忆的方便，首先明晰了条目编排，如以前同类书对某些疾病，由于章节的需要可能安排在低一级甚至更低一级的条目中，本书则尽可能将这些疾病的条目上升一级排列；其次，尽可能在内容中凝练出小题目，方便记忆；再者，内容和文字尽可能简练，对于目前尚未成熟或者未经证实的理论，一律不涉及。

3. 以图表和图片代替繁缛的文字。为了减少文字性描述,增强读者学习的直观性,本书增加了大量的图表。

4. 调整了不同动物内容的比例。由于我国养殖业的结构发生了改变,尤其是宠物数量的极大增加,以前以奶牛为主的兽医产科学教学内容与之不相适应。为此,本书减少了奶牛和马属动物的内容,增加了猪、羊以及犬、猫的相关内容。

5. 增加了试题举例和中英文对照。在每章的后面,增加了全国执业兽医资格考试试题举例。这些试题是按照全国执业兽医资格考试的命题格式编排的,有不少是往年真题;这样安排的目的是便于学生课后复习、总结、把握知识要点以及熟悉考试方式。书后还附有专业名词英中对照,方便学生学习和掌握专业英语词汇。

6. 坚持了《全国执业兽医资格考试大纲》的原则要求。本书的编写大纲与《全国执业兽医资格考试大纲》几乎完全一致。除极小部分为了衔接的需要而略有扩展外,基本未超出考试大纲的范围。编写中按要求剔除了与其他学科重复的内容,主要体现在产科生理部分。相反,在产科疾病部分增加了一些由《兽医外科学》和《兽医内科学》调整过来的疾病,如犬产后低血钙症、隐睾、附睾炎、前列腺炎等。

本书在编写过程中承蒙许多同仁提供宝贵意见,本教研组的王立斌、樊江峰老师以及研究生刘犇、张华、任显东和李谷月等对书稿进行了技术处理,在此一并致谢。

由于水平有限,虽已精心尽力,但不妥之处在所难免,如能得到同行专家、师生的批评指正,我们将不胜感激。

编 者

2013 年 6 月

本教材于 2017 年 12 月被列入普通高等教育农业部(现更名为农业农村部)"十三五"规划教材〔农科(教育)函〔2017〕第 379 号〕。

[目 录]

□□□□□□□□□□□□□□□□□□□□□□□□□□□□□□□□□

绪　论

（一）兽医产科学的概念、作用及任务

兽医产科学（veterinary obstetrics）是从兽医外科学中分离出来的，最初被认为是一门解决母畜妊娠和分娩期有关问题的学科。发展到现在，它的内容已大为增加，包括动物生殖内分泌学基础、生殖生理、繁殖技术和生殖疾病等多个方面。因此，兽医产科学目前被认为是研究动物生殖生理、繁殖技术和生殖疾病的一门学科。

兽医产科学是兽医学科中不可或缺的一门重要骨干学科，与其他学科一起共同为动物的繁殖、生长、生产提供保证，在国民经济发展中起着应有的作用。它与兽医内科学、兽医外科学、兽医传染病学和兽医寄生虫病学共同构成兽医学五大临床学科。

兽医产科学的主要任务，是使动物医学专业的学生和兽医工作者能够学习和掌握现代兽医产科工作中所需要的基本知识、基本技能和新技术，能够有效地防治兽医产科疾病，从而保证动物的正常繁殖及提高它们的繁殖效率。

（二）兽医产科学的内容

兽医产科学在其形成之初，主要内容涉及的是家畜的接生及难产的手术助产。发展到现在，其研究内容和范围已经大大增加，形成一个相对独立而又与其他学科有着广泛联系的新型学科。目前，其主要内容包括与家畜生殖有关的生殖生理、繁殖技术和生殖疾病。另外，随着实验动物、经济动物、伴侣动物养殖规模的不断扩大，与之有关的生殖生理、繁殖技术和生殖疾病也越来越受到人们的关注，并被列入兽医产科学的范畴，因此形成了更加广泛意义上的动物生殖学（theriogenology）。

1. 生殖生理　主要研究整个生殖过程的现象、规律和机理。其内容涉及母畜生殖生理、公畜生殖生理、泌乳生理等。母畜生殖生理主要包括母畜的生殖机能发育、发情、排卵、受精、妊娠、分娩等；公畜生殖生理主要包括公畜的生殖机能发育、精子生成以及精子的形态结构与特点；泌乳生理主要包括乳房的解剖结构、乳腺的发育和泌乳过程。

在生殖活动中，激素的作用贯穿于动物生殖过程的始终，现代繁殖技术都要采用各种激素来处理动物，而且激素在许多生殖疾病的治疗中也起着重要的作用。与生殖有关的激素很多，有的是直接参与生殖活动，有的是间接参与。兽医产科学主要介绍与生殖活动直接相关的激素的基本知识、主要作用、分泌调控及其临床应用等。

2. 繁殖技术　为了提高动物的繁殖力和繁殖效率，人们在认识生殖规律的基础上研发了许多繁殖技术，包括繁殖监测技术和繁殖调控技术。繁殖监测技术包括激素测定、发情鉴定、性别鉴定、妊娠诊断等，是促进繁殖管理、提高繁殖效率或畜牧生产效益的重要方法。繁殖调控技术包括调控发情、排卵、受精、胚胎发育、性别发生、妊娠维持、分娩、泌乳等生殖活动的技术，是提高动物繁殖效率、加快育种速度的基本手段，例如近些年发展起来的显微授精技术和胚胎生物工程技术等。

3. 生殖疾病 生殖疾病是兽医产科学的重要内容,也是该学科区别于其他学科的重要指标之一。为了保证动物的正常繁殖,人们对生殖疾病的研究日趋重视。生殖疾病包括产科疾病、母畜科疾病、公畜科疾病和新生仔畜疾病等。产科疾病主要研究母畜在妊娠期、分娩期和产后期常发的生殖疾病的发生机理及其诊疗方法;母畜科疾病主要研究母畜不育和乳腺疾病(重点是乳腺炎)的病因、发生机理、诊疗方法和综合预防措施;公畜科疾病主要研究引起公畜不育的常见生殖疾病及其诊疗方法;新生仔畜疾病主要研究新生仔畜常发疾病的防治方法。

(三) 我国兽医产科学的发展史

在我国,商周时期的《周礼》,南北朝时期的《齐民要术》,明代的《马术》和《元亨疗马集》,清代的《活畜慈舟》、《猪经大全》、《抱犊集》和《驹疗集》等著作中,均记载了许多家畜产科疾病和仔畜疾病的防治方法,在预防流产、安全产仔、提高家畜繁殖率等方面均起到了积极的作用。西汉设五经博士,北魏设医学博士,隋开始设立兽医博士于太仆寺中。宋代取消以上的培养制度,至清末处于停滞状态。

西兽医学传入中国的时间可追溯到 20 世纪以前,但有系统的传入则以 1904 年在保定成立北洋马医学堂 (1907 年改为陆军马医学堂,1912 年又改称陆军兽医学校) 为开端。从此中国便有了中、西兽医学之分。1911 年,由陆军马医学堂派蔡无忌到日本学畜牧兽医。1923 年前后,罗清生、熊大任等赴美留学生回国后,在国内开设了兽医产科学课程。1952 年,陈北亨翻译了美国兽医产科学的先驱 Walter L. Williams 出版的《Veterinary Obstetrics》一书。1960 年,陈北亨教授编写了《家畜产科学及母畜科学》教材,该教材使用了多年。1980 年,由他主编的全国高等农业院校统编教材《家畜产科学》出版,后改名为《兽医产科学》,现已出版第五版,一直使用至今。同时,我国的兽医产科学工作者还相继出版了以《兽医产科学》(陈北亨、王建辰主编,2001 年)为代表的一系列学术专著。1987 年,中国畜牧兽医学会兽医产科学分会成立,首任理事长为陈北亨教授。

目前,我国兽医产科领域的科学研究与先进国家的差距已逐渐缩小,在 21 世纪,兽医产科学必将取得更大的进步和长足的发展。

(四) 兽医产科学的当前重点研究领域

虽然兽医产科学的发展起步较晚,但随着人们对生殖疾病重要性的认识以及对繁殖技术的高度需求,其在生产实际中的作用越来越重要,尤其是随着生物医学各学科的渗透和兽医学的发展,兽医产科学在兽医临床学科中将是发展最快的学科之一,它早已突破传统意义上兽医产科学的范畴,将在生殖生理、繁殖技术和生殖疾病各个方面有很大的进展。

1. 生殖生理方面

(1) 生殖内分泌领域:与生殖有关的激素研究始终是兽医产科学研究的重点之一。20 世纪 80 年代,我国将放射免疫测定法 (RIA) 用于家畜血液、乳汁和乳脂孕酮的测定,据此进行早期妊娠诊断、检测卵巢机能活动和鉴定繁殖失败的原因等;同时,对发情周期、妊娠期和分娩期等不同生殖阶段主要生殖激素的变化规律和作用机理进行了初步研究。今后应当深入探讨生殖激素在不同动物、不同生殖阶段的变化规律,并探讨其所起的作用和调控机理;同时,还应研究激素的临床应用。

(2) 配子成熟及受精领域:从精子和卵子的发生、成熟,到它们相互结合和融合而形成双倍体合子的过程,是一个极其复杂的变化活动。人们为了探讨生命的发生,首先开始的是有关精子和卵子的研究。目前已对配子的发生有较清楚的认识,对配子成熟和受精过程也有大致的了解。这方面应当从分子生物学的角度，更深入地探讨配子成熟和受精过程中的分子机理，更主要的是弄清楚影响配子成熟和受精过程的有关因素。

（3）胚胎附植及早期胚胎发育领域：胚胎附植是指胚泡发育到一定阶段，与子宫内膜发生了组织学和生理学联系的生理变化过程。从胚胎附植到早期胚胎发育阶段，是妊娠成功与否的关键步骤之一。对一次人工授精的牛而言，妊娠空怀率达到 $30\% \sim 60\%$；而在所有空怀的原因分析中，因受精失败所致空怀的比率仅为 25%，其余 75% 的空怀是由于早期胚胎死亡所致，可见保证此阶段的正常对整个妊娠时期的重要性。胚胎附植和早期胚胎发育是一个复杂的生理过程，目前的研究仅限于对其形态发生的认知，今后应当从分子水平上深入揭示胚胎附植及早期胚胎发育的机理以及与之有关的因素。

（4）妊娠维持及分娩启动领域：妊娠是一个漫长的过程，涉及胚胎、子宫和卵巢之间复杂的相互作用。妊娠的维持首先依赖于神经和激素因子的相互作用。胎盘、胎儿和母体的神经-内分泌系统之间的相互作用对于胎儿的生长发育以及妊娠的维持是非常重要的。分娩的发生是由机械性伸张、激素和神经调节以及胎儿等因素相互联系、协调所促成的。为了确保动物妊娠的正常维持，避免流产，应当研究妊娠期间相关激素、细胞因子、生长因子等因素的调节作用，同时也要弄清楚与分娩有关的各种因素。

2. 繁殖技术方面

（1）动物发情调控与发情鉴定领域：发情调控技术目前主要开展的是同期发情、诱导发情和超数排卵，这几种技术都是通过药物来实现的。但是，由于所使用药物的质量和剂量、处理的方法和时间、动物的健康条件和生殖状况以及动物品种等因素的差异，发情调控的效果有很大差异。因此，需要通过进一步研究寻找最适宜于某一种动物发情控制的方法。

发情鉴定是动物适时配种、提高情期受胎率、减少空怀与不孕、缩短世代间隔、提高动物繁殖力的基础技术。目前这方面还没有更为直接、可靠、简便的技术措施。近年来，虽然有一些电子遥控技术用于动物的发情鉴定，但尚不能方便地运用于临床实践。为了做好发情鉴定工作，必须研究出更加经济、实用和准确可靠的发情鉴定方法。

（2）性别控制领域：性别控制是通过人为地干预使雌性动物按照人们的愿望繁殖所需要性别后代的一种繁殖技术。这种控制技术主要从两方面实现，即受精前性别控制和受精后性别控制。受精前性别控制是通过对授精环境控制或通过对 X 精子和 Y 精子分离的办法来实现的；而受精后性别鉴定及控制主要是在胚胎水平上进行。性别控制方面近些年取得了很大的进步，尤其是 20 世纪 80 年代建立了流式细胞仪精子分离法后，真正实现了性别控制。目前该领域急待解决的问题：一是环境因素是否对哺乳动物性别决定基因的表达起作用；二是在流式细胞仪分离精子的基础上，进一步开发设备简单或成本低廉且对精子 DNA 无损伤的简单、准确、易操作的 X、Y 精子分离方法。

（3）胚胎移植领域：从理论上讲，胚胎移植可以无数倍地提高动物的繁殖力，但就现有的技术水平而言，实际结果要比理论数据低得多。胚胎移植目前存在的问题主要是移植成功的总体效率低、成本高等。今后应当进一步从胚胎移植的各环节入手，提高移植成功率、降低移植费用。此外，由于胚胎移植技术是转基因、克隆等技术的操作平台，如何将胚胎移植技术与这些技术完美地结合，更是今后研究的热点。

（4）转基因动物领域：我国转基因动物研究经过二十余年的努力，已取得显著成绩，基本上通过了技术跟踪阶段，为在整体水平上研究基因的表达和调控、建立疾病模型、实施基因治疗、改良动物品种等提供了前所未有的手段和可能。该技术目前存在的问题是转基因动物研制成功率低、目标基因表达率低、成本高。该领域目前急待解决的问题，包括导入的目的基因在宿主基因组中的定位或定向整合、目标基因载体的构建以及目标基因导入方法等。

（5）其他领域：繁殖技术方面近些年研究的内容很多，如动物克隆、细胞及组织器官的冷冻保存、干细胞、生殖免疫等。

3. 生殖疾病方面

（1）不育领域：不育包括公畜和母畜两方面的内容，母畜的不育又称为不孕；不孕症则为引起母畜繁殖障碍的各种疾病的统称。生产实际中，由于多采用人工授精技术，所以公畜的不育相对而言不是十分重要。但在母畜，尤其是奶牛，不孕症与乳腺炎、蹄病并称为奶牛生产中的三大疾病。自 20 世纪 70 年代以来，人们通过综合预防，并配合激素、中药治疗的措施，对不孕症的控制取得了一定的成效，但近些年该病又有上升的趋势。今后开展不孕的研究主要应包括发病的原因、细菌对药物的耐受性、治疗药物的更新、激素药物的个体差异性和用药时机等方面。

（2）乳房疾病领域：乳房疾病中最主要的是乳腺炎。奶牛乳腺炎是危害奶牛养殖业最常见的疾病之一，不仅影响奶牛产乳量，造成严重的经济损失，而且影响乳的品质。由于奶牛乳腺的特殊生理结构、免疫机制及病原的多样性和特殊性，奶牛乳腺炎成为一种复杂的多因素疾病，单独靠某一种措施无法有效控制其发生，应从不同角度、采取综合性措施才能取得良好效果。研究新一代化学合成的新型高效、低残留、低价格抗生素仍是未来一定阶段内乳腺炎防治的发展方向；利用我国丰富的中草药资源开发高效、安全、稳定的中药制剂，也具有广阔的应用前景；开发研制奶牛乳腺炎疫苗是预防奶牛乳腺炎的重要措施。

（3）新出现的疾病领域：近来，因激素药物质量不稳定、使用不当、应用范围和时间不合理所导致的胚胎死亡、流产、卵巢功能紊乱等，应当引起足够的重视。由于我国各地特种经济动物养殖的大力发展，对这些动物的生殖生理和生殖疾病的研究也是一个新领域。由于推广人工授精和胚胎移植，经精液和胚胎从国外传入新疾病的风险日趋严重，应当掌握这方面的知识，研究对策，严格监视。此外，一些新出现的传染病也引起动物的流产、死胎、不孕症等，应及时研究出有效的诊断和治疗办法。

（4）其他疾病领域：由于品种的杂交改良、饲养管理不善以及放牧家畜转为舍饲等原因，家畜难产的发病率有所增高；传统疾病如流产、胎衣不下、子宫脱出、生产瘫痪等疾病仍然没有很好的防治措施。这些都需要进一步探索出更适合当前实际的防治办法。

（五）学习兽医产科学的要求

兽医产科学是一门既注重理论性又强调实践性的临床学科，学习本门课程不但要重视高新技术对本学科的发展，还要懂得掌握生殖生理知识是做好兽医产科工作的重要基础。其他有关学科如生物化学、分子生物学和医用物理等对于打好专业基础也是必要的，应当广泛了解国内外在这些方面的最新成就。必须着重指出，兽医产科学是一门临床学科，应当特别重视临床实践，提高实际诊疗操作的基本技能；同时，也要认识到繁殖机能和动物的全身状况、环境条件有着密切的关系，必须对动物进行尽可能合理的饲养、管理和利用，并且贯彻预防为主的方针，才能在工作中结合当地、当时实际，创造性地解决所遇到的群体繁殖障碍问题，使动物的繁殖效率得到改进。

（余四九）

第一章

动物生殖激素

第一节 激素概述

（一）激素的基本概念

激素（hormone）的经典概念是指由内分泌腺（无管腺）产生，通过血液循环运送到靶组织、靶器官，起着整合其机能和代谢作用的生物活性物质。随着内分泌研究的不断深入，激素的概念有了变化。20世纪80年代，开始出现激素的新学说：从进化上讲，激素是指细胞与细胞之间传递信息、相互联系的一种交通工具，其合成部位没有严格的局限性。

内分泌细胞或神经内分泌细胞通过释放化学信息物质（激素），在靶器官中与特异性受体结合，起到调节器官机能和代谢的作用。细胞外信息传递的主要方式包括内分泌、自分泌、旁分泌和神经内分泌等（图1-1）。

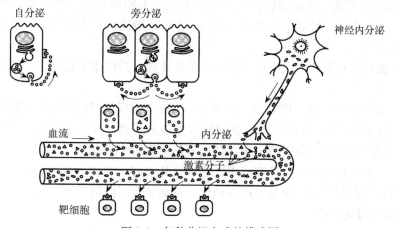

图 1-1　各种分泌方式的模式图

（引自 Stocoo，2001）

内分泌（endocrine）：指信息分子（激素）由内分泌腺合成及分泌后，经血液流经全身，作用于远距离的靶器官。

自分泌（autocrine）：指细胞分泌某种激素或细胞因子后，结合到其自身的受体上，将信息传递给自己而发挥调节作用。

旁分泌（paracrine）：指细胞产生的因子不经血液运输，仅由组织扩散，作用于邻近表达该因子受体的细胞，调节该细胞的功能。

神经内分泌（neurohormone）：指神经激素沿神经细胞轴突借轴浆流动运送至末梢而释放。

细胞外信息传递的方式还有近分泌（juxtacrine）、胞内分泌（intracrine）、反分泌

（retrocrine）、外分泌（ectocrine）等几种。

（二）激素的分类及转运方式

1. 激素的分类 激素的种类很多，可根据化学结构、产生部位和作用对其进行分类。按激素的化学结构，可将其归纳为3类（表1-1）：①含氮类激素，包括蛋白质、多肽、肽类激素（氨基酸衍生物）；②类固醇激素，又称甾体激素；③脂肪酸激素，又称多烯脂肪酸衍生物激素。

表1-1　激素的分类及举例

含氮类激素			类固醇激素	脂肪酸激素
蛋白质	多肽	氨基酸衍生物		
生长素	促黄体素释放激素	甲状腺素	肾上腺皮质激素	前列腺素
促乳素	促乳素	肾上腺素	雌激素	
促肾上腺皮质激素	促乳素抑制因子	多巴胺	雄激素	
胰岛素	催产素	5-羟色胺		
高血糖素	人绒毛膜促性腺激素	褪黑素		
促甲状腺素	降钙素	组胺		

2. 激素的转运方式 激素的转运方式随其种类的不同而异。一般来说，蛋白质激素多为水溶性激素，在血液中转运不需要转运蛋白，主要以游离的形式被转运；而水溶性低的激素则需要转运蛋白。

（1）含氮类激素在腺体内产生后常储存于该腺体内，当机体需要时，分泌到邻近的毛细血管中。

（2）类固醇激素产生后立即释放，并不储存；血液中存在载体蛋白（类固醇结合球蛋白），可结合类固醇激素，结合形式的类固醇激素没有活性，变为游离形式才能发挥作用。这种结合作用可限制激素扩散到组织中，并能延长激素的作用时间。

（3）脂肪酸类激素目前只有前列腺素，它在机体需要时分泌，随分泌随应用，不储存。前列腺素主要在局部起作用，少量可进入循环，对全身发挥作用。

（三）激素的作用特点

激素的主要功能是保证体内环境的相对稳定、调节机体与外界环境的相对平衡及调节生殖功能，其作用有4个基本特点。

1. 高效性 激素的生理效应很强，量小作用大。激素在血液中的含量很低，一般为$10^{-12} \sim 10^{-6}$g/mL，也就是说在微克至皮克级即可发挥作用。

2. 特异性 激素对其靶器官、靶组织或靶细胞具有专一性和亲和力。远距离传递的激素，在释放入血液循环后，随着血流到达全身各处，虽然它能与组织、细胞广泛接触，但只对效应器官产生作用。

3. 协同性与拮抗性 动物体内的激素之间是相互联系、相互影响的，由此构成一套精细的调节网络，与神经系统共同来完成对机体的调节任务。激素间相互作用的形式若为相互增强，即为协同作用；功能上相互抵消或抑制则为拮抗作用。例如，雌激素和催产素都可促进子宫收缩，当两者同时存在时促进子宫收缩的效应就会增强，表现出相互加强的作用；雌二醇与促卵泡素同时存在可以增加促黄体素的分泌水平；雌二醇可以增加子宫细胞上的孕酮受体含量，从而增强子宫对孕酮的反应；孕酮可以抑制子宫收缩，当孕酮和雌二醇同时存在时，两者就会相互抵消一部分作用，从而使子宫对雌二醇的反应降低，表现出相互拮抗的作用。

4. 复杂性 激素的作用极其复杂，这种复杂性不仅反映在激素作用的时空特点上，也反映在激素的交叉作用、相互作用，以及激素的游离态、结合态和受体状态等方面。

（四）生殖激素

在哺乳动物，几乎所有的激素都或多或少与生殖机能有关。有的是直接影响某些生殖环节的生理活动，有的则是间接影响生殖机能。通常把直接影响生殖机能的激素称为生殖激素（reproductive hormone），其作用是直接调节公、母畜的生殖发育和整个生殖过程，包括母畜的发情、排卵、受精、胚胎附植、妊娠、分娩、泌乳、母性，公畜的精子生成、副性腺分泌以及性行为等生殖环节。间接影响生殖机能的激素，主要是维持全身的生长、发育及代谢，间接地保障生殖机能的顺利进行，如生长激素、促甲状腺素、促肾上腺皮质激素、甲状腺素、甲状旁腺素、胰岛素、胰高血糖素和肾上腺皮质激素等。

根据产生部位（图1-2）与作用，生殖激素又可分为以下 8 类，其特性和作用见表 1-2。

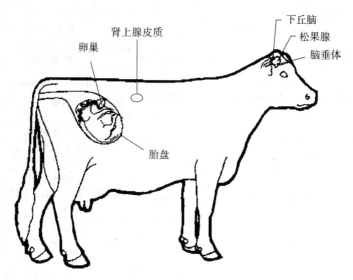

图 1-2 奶牛生殖内分泌腺体的大致部位

（引自 Bearden et al.，Applied Animal Reproduction，6th ed，2004）

（1）松果腺激素，主要有褪黑素和 8-精加催产素。

（2）丘脑下部激素，包括促性腺素释放激素、促乳素释放因子和促乳素抑制因子。

（3）垂体前叶激素，包括促卵泡素、促黄体素和促乳素。

（4）垂体后叶激素，主要有催产素和血管加压素。

（5）胎盘促性腺激素，包括马绒毛膜促性腺激素和人绒毛膜促性腺激素。

（6）性腺激素，主要包括雌激素、孕激素、雄激素、松弛素、抑制素等。

（7）局部激素，主要为前列腺素。

（8）外激素。

表 1-2 生殖激素的种类、来源、特性和作用

激素类别	激素名称	英文全称及缩写	主要来源	化学性质	靶器官	主要作用
松果腺	褪黑素	melatonin（MLT）	松果腺	胺类	垂体	将外界光照刺激转变为内分泌信号
丘脑下部激素	促性腺激素释放激素	gonadotrophin-releasing hormone（GnRH）	丘脑下部	十肽	垂体前叶	促进 LH 及 FSH 释放
	促乳素释放因子	prolactin releasing factor（PRF）	丘脑下部	多肽*	垂体前叶	促进 PRL 释放
	促乳素抑制因子	prolactin release inhibiting factor（PIF）	丘脑下部	多肽*	垂体前叶	抑制 PRL 释放
垂体前叶激素	促卵泡素	follicle stimulating hormone（FSH）	垂体前叶	糖蛋白	卵巢、睾丸（曲细精管）	促进卵泡发育成熟，促进精子发生
	促黄体素或间质细胞刺激素	luteinizing hormone/interstitial cell stimulating hormone（LH/ICSH）	垂体前叶	糖蛋白	卵巢、睾丸（间质细胞）	促使卵泡排卵，形成黄体；促进孕酮、雌激素及雄激素分泌
	促乳素或促黄体分泌素	prolactin/luteotropic hormone（PRL，Pr，PL/LTH）	垂体前叶及胎盘（啮齿类）	糖蛋白	卵巢、乳腺	促进黄体分泌孕酮，刺激乳腺发育及泌乳，促进睾酮的分泌
神经垂体激素	催产素	oxytocin（OT，OXT）	垂体后叶	九肽	子宫、乳腺	促进子宫收缩及排乳
胎盘激素	人绒毛膜促性腺激素	human chorionic gonadotropin（hCG）	胎盘绒毛膜（灵长类）	糖蛋白	卵巢、睾丸	类似 LH 的作用
	马绒毛膜促性腺激素	equine chorionic gonadotropin（eCG）	马胎盘的子宫内膜杯	糖蛋白	卵巢	类似 FSH 的作用
性腺激素	雌激素（雌二醇、雌酮等）	estrogen（E）（estradiol，estrone）	卵巢、胎盘	类固醇	雌性生殖道、乳腺、丘脑下部	促进发情行为，促进生殖道发育
	孕酮	progesterone（P_4）	卵巢（黄体）、胎盘	类固醇	雌性生殖道、丘脑下部等	与雌激素协同作用，促进发情行为，促进子宫腺体和乳腺腺泡发育
	睾酮	testosterone（T）	睾丸（间质细胞）	类固醇	公畜生殖器官及副性腺	维持雄性第二性征和性行为
	松弛素	relaxin（RLX）	卵巢、胎盘	多肽	丘脑下部、垂体	促进子宫颈、耻骨联合、骨盆韧带松弛
	抑制素	inhibin	睾丸、卵泡	多肽	丘脑下部、垂体	抑制 FSH 分泌
局部激素	前列腺素	prostaglandins（PGs）	各种组织	不饱和羟基脂肪酸	各种器官和组织	具有广泛的生理作用，$PGF_{2\alpha}$ 具有溶黄体作用
外激素	信号外激素和诱导外激素	signaling pheromone & releasing pheromone	身体各处靠近体表的腺体；有些动物的尿液和粪便	多种化学性质各异的化合物	嗅觉和味觉器官	

*动物体内发挥促乳素释放因子作用的主要是 TRH、加压素和血管内皮肽，发挥促乳素抑制因子作用的主要是多巴胺和 γ-氨基丁酸（GABA）。

第二节　松果腺激素

松果腺（pineal gland）亦称松果体（pineal body），因形似松果而得名，位于间脑顶端后背部，为缰联合和后联合之间正中线上的一个小突起。低等脊椎动物（如古爬行类）的松果腺是由能感受光刺激、类似视网膜的细胞构成，因此这些动物的松果腺有"第三只眼睛"之称。而哺乳动物的松果腺已进化为腺体组织，是一个受神经支配，能合成和分泌多种具有不同生理功能激素的器官。

一、松果腺分泌的激素

松果腺可分泌 3 类化学性质不同的激素，即吲哚类、肽类和前列腺素。吲哚类主要有褪黑素（MLT）、5-羟色胺（5-hydroxytryptamine，5-HT）等，松果腺分泌的主要激素是MLT。肽类有 8-精加催产素（8-arginine vasotocin，AVT）、8-赖加催产素（8-lysine vasotocin，LVT）、促性腺激素释放激素（GnRH）和促甲状腺素释放激素（thyrotropin releasing hormone，TRH）等，大鼠、牛、羊和猪的松果腺中 GnRH 含量比丘脑下部的高 4～5 倍，所含 TRH 含量与丘脑下部相当。前列腺素（PGs）主要有 PGE_1 和 PGF_{2a}，大鼠松果腺中 PGE_1 和 PGF_{2a} 的含量分别比丘脑下部的高 15 倍和 19 倍，分别比垂体的高 7 倍和 6 倍。

二、褪　黑　素

褪黑素（MLT）是松果腺内主要的吲哚类激素，其化学结构为 N-乙酰-5-甲氧基色胺。MLT 的合成明显受光照条件的昼夜变化和季节性变化的影响，黑暗能刺激其合成，光照则能抑制其释放。光照信号通过刺激视网膜，将神经冲动依次传递给下丘脑视交叉上核—室旁核—中间旁核，最后到达颈上神经节，由颈上神经节将交感传入信号传递给松果腺，松果腺

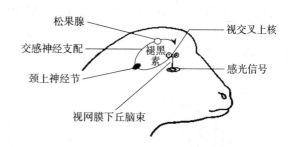

图 1-3　光照调节松果腺分泌褪黑素的示意图
（引自 Bearden et al.，Applied Animal Reproduction，6th ed，2004）

把此信号转变为内分泌信号输出（图 1-3）。松果腺中去甲肾上腺素水平升高，并与膜上的 β-肾上腺素受体结合，激活腺苷酸环化酶系统，刺激 N-乙酰转移酶活性增加；与此同时，从血液中吸收的色氨酸在松果腺细胞内经羟化、脱羧而形成 5-HT，5-HT 在限速酶 N-乙酰转移酶的作用下转化成 N-乙酰-5-HT，然后通过羟吲哚-O-甲基转移酶的作用而合成 MLT。

（一）MLT 的生理作用

1. 对生殖系统的作用　褪黑素对生殖系统的影响，因动物种类、生理状况不同而表现出促进、抑制或无作用的多重性。对牛、鼠类、禽类等动物和人，MLT 具有抑制生殖作用，对于绵羊和鹿等动物则有促进作用；对光不敏感的动物无作用，而对光周期相关的动物作用明显。

2. 对中枢神经系统的作用　对中枢神经系统有广泛的影响，如可以发挥镇静、催眠、镇痛、抗惊厥、影响下丘脑神经内分泌的释放、调节昼夜节律等多种作用。

3. 对免疫系统的作用　在非特异性免疫方面，MLT 能促进自然杀伤细胞、粒细胞和单核细胞的数量增多，增强抗体依赖的细胞介导的细胞毒作用；在特异性免疫方面，MLT 能增加淋巴细胞对刀豆素 A 的增殖反应能力，加快前 T 细胞从骨髓到胸腺的迁移，同时提高它们的增殖潜能等。正因如此，MLT 有一定的抗肿瘤作用和抗氧化作用。

（二）MLT 的临床应用

MLT 在动物繁殖上的临床应用才刚开始，虽然其作用广泛，但目前研制出的制剂不多。

1. 诱导绵羊发情　澳大利亚 Genelink 公司研制出 MLT 制剂，皮下埋植可使绵羊繁殖季节提早 6～7 周，并能缩短乏情期。

2. 提高产蛋量　可通过 MLT 主动免疫来提高蛋鸡生殖内分泌水平，提高蛋鸡的产蛋量。

第三节　丘脑下部激素

丘脑下部（hypothalamus）属于间脑的一部分，位于其下，构成第三脑室的部分侧壁和底部。丘脑下部与垂体前叶间的激素传递主要通过丘脑下部-垂体门脉系统进行（图 1-4）。垂体上动脉在丘脑下部形成毛细血管袢，与正中隆起紧密接触。毛细血管袢汇合进入垂体蒂的门脉干（长门脉血管），再进入垂体前叶，分支成窦状隙。垂体下动脉分出的短门脉血管，也分支成为窦状隙，分布于垂体前叶周围。窦状隙汇合为垂体外侧静脉传出。丘脑下部神经分泌细胞产生的释放激素、抑制因子或激素沿轴突而下，至其末梢释出，进入正中隆起的毛细血管袢内，主要经门脉干传至垂体前叶。

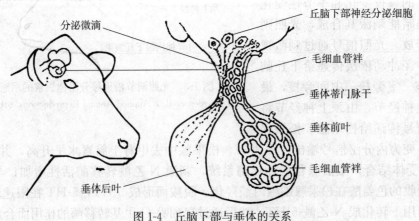

图 1-4　丘脑下部与垂体的关系

（引自 Bearden et al.，Applied Animal Reproduction, 6th ed, 2004）

一、丘脑下部分泌的激素

丘脑下部激素是一类以肽类为主的激素，包括自下丘脑神经元沿轴突输送到垂体后叶的激素和正中隆起分泌进入门脉血的激素两大类。前者是指在下丘脑分泌后储存于垂体后叶的激素，包括催产素（oxytocin，OXT 或 OT）和血管加压素（vasopressin，AVP）；后者主要是释放激素和抑制激素，能够刺激或抑制垂体前叶激素的释放。目前已鉴定有 9 种，即促性腺激素释放激素（gonadotrophin-releasing hormone，GnRH）、促乳素释放因子（prolactin releasing factor，PRF）、促乳素抑制因子（prolactin release inhibiting factor，PIF）、生长激素释放激素（growth releasing hormone，GRH）、生长激素抑制激素（growth inhibiting hormone，GIH）、促甲状腺素释放激素（thyrotropin releasing hormone，TRH）、促肾上腺皮质激素释放因子（corticotropin releasing factor，CRF）、促黑色细胞激素释放因子（melanotropin release factor，MRF）和促黑色细胞激素释放抑制因子（melanotropin release inhibiting factor，MIF），其中 GnRH、PRF 和 PIF 与生殖直接相关。

二、促性腺激素释放激素

促性腺激素释放激素（GnRH）是在下丘脑促垂体区（主要在弓状核和正中隆起部）的肽类神经元合成，储存于正中隆起。此外，松果腺和人的胎盘也能合成 GnRH；在其他脑区和脑外组织，如胰腺、肠、颈神经节、视网膜等处也有类似 GnRH 的物质存在。不同部位的 GnRH 神经元在功能上有所不同，只有能分泌 GnRH 进入垂体门脉血的 GnRH 神经元，才能真正调节促性腺激素的分泌。

GnRH 是由 9 种氨基酸构成的直链式 10 肽。哺乳动物 GnRH 的结构完全相同，而在禽类、两栖类和鱼类，其结构则不完全相同。

（一）GnRH 的生理作用

GnRH 对动物的生理作用无种间特异性，对牛、羊、猪、兔、大鼠、鱼、鸟类和灵长类均有生物学活性。下丘脑释放的 GnRH 经下丘脑-垂体门脉循环到达垂体前叶，促进垂体前叶 LH 和 FSH 的合成与释放（图 1-5）。

1. 刺激 LH 和 FSH 的合成与分泌　GnRH 以不同频率和振幅的脉冲式分泌，通过对促性腺激素亚单位基因的调控来促进 LH 和 FSH 的分泌。母畜的繁殖状态不同，其 GnRH 释放的模式（频率和振幅）也有不同。发情周期中的卵泡期，GnRH 脉冲频率增高，排卵前 LH 分泌峰出现的当天达最高，而在黄体期则下降；性成熟期，GnRH 的频率和振幅都增加。

2. 刺激 LH 糖基化并保证 LH 的生物活性　GnRH 不仅刺激 LH 释放，也能刺激它的糖基化，以保证 LH 的生物活性。LH 分子由于糖基化程度不同而有不同的生物活性，GnRH 通过磷脂酶 C 调节 LH 的糖化量。

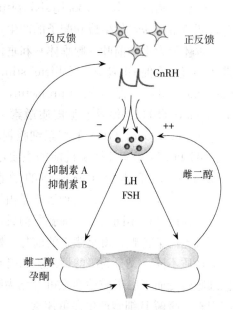

图 1-5　GnRH 分泌的调节
（改自 Strauss J F and Barbieri R L，Reproductive endocrinology，2009）

3. 卵巢 GnRH 可作为一个重要的自分泌/旁分泌调节产物　它调节基础的及促性腺激素刺激的类固醇激素合成，同时也与卵泡成熟和排卵过程中一些基因的转变，如组织纤维蛋白溶酶原、Ⅱ型前列腺素合成酶和孕酮受体等基因的转录有密切关系。

（二）GnRH 的临床应用

GnRH 在兽医临床的应用广泛，尤其以国产的 GnRH 类似物，如 LRH-A$_1$、LRH-A$_2$ 和 LRH-A$_3$（促排卵 1 号、2 号和 3 号）等在提高家畜繁殖率、治疗繁殖疾病方面的应用最为广泛，其中以 LRH-A$_3$ 的活性最高。

1. 诱导母畜产后发情　有些母畜在产后因受季节、营养、产奶或哺乳、疾病等的影响，卵巢活动受到抑制，产后长时间不发情，可用 GnRH 诱导发情。常用肌肉注射 LRH-A$_3$ 50～100μg，诱导产后乏情的母牛发情；肌肉注射 LRH-A$_3$ 20～25μg，诱导断奶母猪发情。

2. 提高母畜情期受胎率　在母畜配种时结合使用 GnRH 可促进卵泡进一步成熟，促进排卵，提高发情期受胎率。在输精的同时或配种前后 30min 内，给黑白花奶牛肌肉注射 LRH-A$_3$ 200μg，可提高受胎率。

3. 提高超数排卵效果　在羊超数排卵时，于首次配种后注射 LRH-A$_3$ 15～20μg，可促进排卵，增加可用胚胎的数量，提高其超排效果。

4. 治疗公畜不育　可治疗公畜少精、无精和性机能减退等。

5. 用于抱窝母鸡催醒　注射 GnRH 可促使抱窝母鸡苏醒，恢复产蛋。

第四节　垂体激素

哺乳动物的垂体（hypophysis，pituitary body）产生的激素与卵巢或睾丸上特定受体结合，调节甾体激素的生成和配子的产生。

垂体分为垂体前叶（腺垂体）和垂体后叶（神经垂体）两部分。已从垂体前叶分离的激素主要包括促卵泡素（follicle stimulating hormone，FSH）、促黄体素（luteinizing hormone，LH）、促乳素（prolactin，PRL 或 Pr）、促甲状腺素（thyroid stimulating hormone，TSH）、促肾上腺皮质激素（adrenocorticotropic hormone，ACTH）、生长激素（growth hormone，GH）和黑素细胞刺激素（melanocyte stimulating hormone，MSH），其中 FSH 和 LH 是调控性腺机能的主要激素，统称垂体促性腺激素（pituitary gonadotropic hormone）。从垂体后叶分离到的激素有催产素（oxytocin，OXT 或 OT）和加压素（vasopressin，AVP），这两种激素是由下丘脑分泌，储存于垂体后叶的。

垂体前叶由不同类型的细胞所构成，根据有无染色颗粒被分为嫌色细胞和嗜色细胞两大类，细胞内染色颗粒就是激素的前身。嫌色细胞是嗜色细胞的前身，无分泌机能。嗜色细胞根据性质不同，又分为嗜酸性细胞和嗜碱性细胞两种，均由前嗜酸性嫌色细胞和前嗜碱性嫌色细胞转变而来。嗜碱性细胞可分化为嗜碱 A 细胞和嗜碱 B 细胞，其中嗜碱 A 细胞产生促卵泡素，嗜碱 B 细胞产生促黄体素。

一、促卵泡素

促卵泡素（FSH）是由垂体前叶的嗜碱性 A 细胞分泌的，又称促卵泡刺激素或促卵泡成熟素。它是由 α 和 β 两个亚基组成的糖蛋白，含有 200 个氨基酸。FSH 的分子质量存在种间差异，羊的为32 700～33 800u，牛的为57 300u，猪的为33 200u，马为30 000u。

（一）FSH 的生理作用

1. 刺激卵泡的生长发育　当卵泡生长至出现腔时，FSH 能刺激它继续发育增大至接近成熟。FSH 与卵泡颗粒细胞膜上的 FSH 受体结合后，可活化芳香化酶，该酶将来自内膜细胞的雄激素转变为 $17\beta\text{-}E_2$，后者协同 FSH 使颗粒细胞增生，内膜细胞分化，卵泡腔扩大，从而促使卵泡生长发育。

2. 与 LH 协同促进排卵　血液中 FSH 和 LH 达到一定浓度且成一定比例时，可引起排卵。

3. 刺激卵巢生长及增加卵巢重量　给予动物过量的 FSH，会导致出现很多囊性卵泡，并伴有卵巢明显增大；增加 FSH 的浓度并不加快卵泡的生长速度，却能使发育已超过囊腔阶段的卵泡数目有所增加。

4. 促使曲细精管上皮、次级精母细胞的发育以及足细胞中的精细胞释放　切除性成熟公畜的垂体，精子生成几乎立即停止，并伴有睾丸及副性腺的萎缩；单独给予 FSH，几天后曲细精管上皮生殖细胞的分裂活动增加，精子细胞增多，睾丸增大，但无成熟精子形成。另外，FSH 能促进支持细胞中的精细胞释放。

5. 与 LH 和雄激素协同促使精子发育成熟　FSH 的靶细胞是间质细胞，它对间质细胞的主要作用是刺激其分泌雄激素结合蛋白，该蛋白再与睾酮结合，保持曲细精管内睾酮浓度的高水平。

（二）FSH 的临床应用

FSH 常与 LH、$PGF_{2\alpha}$（或其类似物）等配合使用，用于母畜的超数排卵，也可用于提早家畜的性成熟、母畜的催情处理以及卵巢机能减退的治疗、诱导泌乳乏情期母畜发情等（参见 LH 的临床应用）。

二、促黄体素

促黄体素（LH）主要由垂体前叶嗜碱性 B 细胞所产生，又称促黄体生成素，在公畜称为间质细胞刺激素（interstitial cell stimulating hormone，ICSH）。它是由 α 和 β 两个亚基组成的糖蛋白，含有 219 个氨基酸。LH 的分子质量存在种间差异，羊的为 25 200～30 000u，牛的为 27 000～34 000u，猪的为 33 500u，马为 26 000u。

（一）LH 的生理作用

1. 刺激卵泡发育成熟并诱发排卵　主要协同 FSH，促进卵泡成熟，粒膜增生，使卵泡内膜产生雌激素，并在与 FSH 达一定比例时，导致排卵，对排卵起着主要作用。

2. 促进黄体形成　LH 可刺激排卵后的粒膜形成黄体，产生孕酮。在牛、猪及人，还可促使黄体释放孕酮。

3. 刺激睾丸间质细胞的发育和睾酮分泌　在雄性，LH 可引起间质细胞明显的增生，并使精囊腺和前列腺增生，雄激素分泌增加。

4. 刺激精子成熟　在公畜，LH 协同 FSH 及雄激素，使精子生成充分完成。

（二）LH 的临床应用

LH 在临床上大多与 FSH 协同应用。

1. 提早家畜性成熟　对季节性繁殖的家畜，如接近性成熟的肉牛和羊应用孕酮处理，配合使用促性腺激素，可使它们提早发情配种。

2. 诱导泌乳乏情期母畜的发情 产后 4 周的泌乳期母猪，用促性腺激素处理，可诱导其发情、配种，以缩短胎间距，提高母猪繁殖效率；母牛产后 60 天内，采用孕酮短期处理，并结合注射促性腺激素，可提高其发情率和排卵率。

3. 诱导排卵和超数排卵 对于排卵延迟、不排卵以及从非自发性排卵的动物获得卵子，可在发情或人工授精时静脉注射 LH，一般可在 24h 内排卵；在胚胎移植工作中，为了获得大量的卵子或胚胎，应用 FSH 对供体动物进行处理后，在供体配种时注射 LH，以促进排卵。

4. 治疗不育 用于治疗雌性动物卵巢机能不全、卵泡发育停滞或交替发育、多卵泡发育，以及雄性性欲减退、精子密度不足等，能刺激间质细胞分泌睾酮，提高雄性性欲，改善精液品质。

5. 预防流产 对于因黄体发育不全所引起的胚胎死亡或习惯性流产，在配种时和配种后连续注射 2~3 次 LH，可促进黄体发育和分泌，防止流产。

三、促 乳 素

促乳素（PRL）又称促黄体分泌素（luteotropic hormone，LTH），是一种单链纯蛋白质激素。由垂体前叶嗜酸性细胞转变而来的嗜卡红细胞分泌。可能由于动物的种间差异，其氨基酸组成为 190 个、206 个或 210 个。牛、羊的化学结构无明显不同，只是牛 PRL 的酪氨酸比羊多，但在生物活性上并无明显差别。

（一）PRL 的生理作用

1. 刺激和维持黄体功能 PRL 对动物的黄体具有刺激和维持其分泌孕酮的作用，故称为促黄体分泌素；这种作用在绵羊和大鼠已得到肯定，但在牛、猪及山羊尚未证实。

2. 刺激阴道分泌黏液，并使子宫颈松弛 PRL 对阴道分泌物的调节可以不通过类固醇激素分泌的变化而发挥作用。

3. 刺激乳腺发育并促进其泌乳 PRL 与雌激素协同作用于腺管系统，与孕酮协同作用于腺泡系统，促进乳腺的发育；与皮质类固醇一起则可激发和维持发育完成的乳腺泌乳，故称为促乳素。

4. 繁殖行为 能增强母畜的母性、禽类的抱窝性、鸟类的反哺行为等；在公畜，PRL能维持睾酮分泌，并与雄激素协同作用，刺激副性腺分泌。

（二）PRL 的临床应用

由于 PRL 来源缺乏，价格较贵，不能直接将其应用于畜牧业生产中。目前主要应用升高或者降低 PRL 的药物来代替 PRL 的作用。

1. 促进 PRL 分泌的药物 包括多巴胺耗竭剂、多巴胺受体阻断剂和激素类药物。多巴胺耗竭剂有 α-甲基多巴、呱乙啶和利血平等；多巴胺受体阻断剂有吩噻嗪类（如奋乃静和三氟拉嗪）、苯甲酰胺类（如甲氧氯普胺）等；激素类药物有雌激素和 $PGF_{2\alpha}$ 等。给牛注射利血平，可明显升高血浆中 PRL 的含量，持续时间可达 12~24h。

2. 抑制 PRL 分泌的药物 主要有麦角生物碱，特别是它的合成品溴隐亭。给山羊注射溴隐亭，血浆 PRL 的含量明显降低，6 天后才逐渐恢复到注射前水平。

四、催 产 素

催产素（OT）的化学结构为 9 肽，分子质量为 1 100u。它与加压素（AVP）仅在第 3

位和第 8 位的氨基酸不同，生物活性互
有交叉。OT 和 AVP 主要形成于丘脑
下部的室旁核和视上核，并呈滴状沿丘
脑下部-神经垂体束的轴突被运送至神
经垂体（垂体后叶）而储存。牛卵泡颗
粒细胞与黄体组织也能产生催产素，大
卵泡颗粒细胞分泌催产素的能力强于小
卵泡颗粒细胞；有黄体存在时，血液中
催产素主要来自黄体组织（图 1-6）。

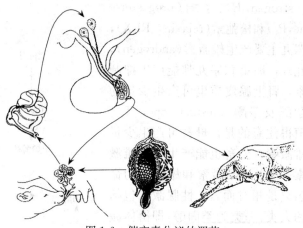

图 1-6　催产素分泌的调节
（引自朱士恩，家畜繁殖学，第五版，2009）

（一）OT 的生理作用

1. 调节反刍动物的发情周期　OT
是诱导黄体溶解的重要激素，可以诱导
牛、羊的黄体溶解，可以诱导子宫内膜
释放 $PGF_{2\alpha}$，在催产素和 $PGF_{2\alpha}$ 之间有正反馈调节机制；OT 无论是主动还是被动免疫处理
均能使黄体溶解延迟。

2. 调节卵巢甾体激素生成　小剂量的 OT 可使人和牛黄体细胞分泌孕酮的能力增加；
大剂量时却能抑制孕酮的产生，并抑制 hCG 诱导孕酮分泌的能力。

3. 刺激输卵管平滑肌收缩　OT 能刺激输卵管平滑肌收缩，从而对于精子及卵子在输卵
管里的运行起重要作用。

4. 使子宫发生强烈阵缩　子宫肌层具有高亲和力、低容量的 OT 受体，在妊娠后增多，
分娩时进一步增加，使子宫对 OT 的敏感性增加；OT 还可通过促进子宫内膜 $PGF_{2\alpha}$ 的合
成，导致子宫收缩。正是由于 OT 强烈的收缩子宫能力，促使胎儿从子宫排出，故得名催产
素。

5. 促进排乳　OT 能刺激乳腺腺泡上皮细胞收缩，促进乳汁从腺泡经腺管进入乳池，发
生放乳；使乳腺大导管平滑肌松弛，在乳汁蓄积时能够扩张。

（二）OT 的临床应用

1. 诱发同期分娩　临产母牛先注射地塞米松，48h 后按每千克体重 $5\sim7\mu g$ 静脉滴注
OT 类似物长效单酸 OT，4h 左右发生分娩；妊娠达到 112 天的母猪，先注射 $PGF_{2\alpha}$ 类似物，
16h 后给予 OT，几乎可使全部母猪在 4h 内完成分娩。

2. 提高配种受胎率　奶牛人工授精前 $1\sim2min$，先向子宫颈内注入 OT $5\sim10IU$，然后
输精，一次输精受胎率可提高 6％～22％。

3. 终止误配妊娠　母牛发生不适当配种后 1 周内，每日注射 OT $100\sim200IU$，能抑制
黄体发育而终止妊娠，一般可于处理后 8～10 天返情。

4. 治疗产科病和母畜科疾病　在治疗牛持久黄体、黄体囊肿、产后子宫出血、胎衣不
下、子宫积脓、产后子宫复旧、死胎排出、放乳不良等方面，用于配合其他治疗药物使用。

第五节　性腺激素

性腺激素（gonadohormone）主要是由卵巢和睾丸产生的激素。卵巢主要产生雌激素

（estrogen，E）、孕酮（progestero-ne，P₄）和松弛素（relaxin，RLX），睾丸主要产生雄激素（androgen）。此外，卵巢和睾丸都能产生抑制素，肾上腺皮质也可产生少量的孕酮及睾酮（testosterone，T）。值得注意的是，母畜可产生少量雄激素，公畜也能产生少量雌激素。因此，雌激素和雄激素的命名只是相对而言。性腺激素包括两大类：一类为类固醇，即甾体激素；另一类为蛋白质或多肽激素。甾体激素合成的代谢途径及主要甾体激素的化学结构见图1-7。

雌激素和孕酮对生殖生理的作用在很多方面是协同的，或者是先后的，或者是拮抗的。垂体前叶促性腺激素控制着性腺激素的产生，性腺激素反过来又通过性中枢对垂体前叶发生正、负反馈作用，它们之间存在着密切而复杂的关系。正常的生殖生理现象正是在这些激素及神经系统精

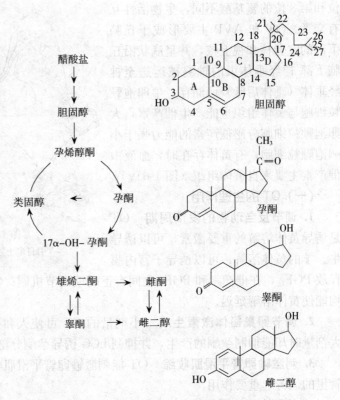

图 1-7　性腺类固醇激素合成的代谢途径及主要性腺类固醇的化学结构
（引自 Hafez et al.，Reproduction in Farm Animals，3rd ed，1974）

确的相互作用、相互配合下发生的，很少由一种生殖激素单独控制。

一、雌　激　素

母畜雌激素（卵泡素、动情素）的产生部位主要是卵泡膜内层及胎盘，卵巢间质细胞也可产生。此外，肾上腺皮质、黄体及公马睾丸中的营养细胞都能产生雌激素。主要的雌激素为 17β-雌二醇（17β-estradiol，17β-E_2），另外还有少量雌酮（estrone，E_1），均在肝脏内转化为雌三醇（estriol，E_3），从尿、粪中排出。卵巢卵泡壁细胞在 LH 的刺激下，合成雄烯二酮扩散进入基膜，在 FSH 作用下转变为 E_2。

（一）雌激素的生理作用

1. 刺激并维持母畜生殖道发育　母畜发情时，在雌激素增多的情况下，生殖道充血、黏膜增厚、上皮增生，子宫管状腺长度增加、分泌增多，肌肉层肥厚、蠕动增强，子宫颈松软，阴道上皮增生和角化。子宫先经雌激素作用后，才能为以后接受孕酮的作用做好准备。因此，雌激素对于胚胎的附植也是必要的。

2. 使母畜发生性欲及性兴奋　雌激素在少量孕酮的协同作用下，刺激性中枢，使母畜发生性欲及性兴奋。

3. 使促乳素分泌加强　雌激素通过刺激垂体前叶，正反馈性地引起促乳素的分泌。

4. 使母畜产生并维持第二性征 在母畜，可使骨骺软骨骨化早而骨骼较小、骨盆宽大，易于蓄积脂肪及皮肤软薄等。

5. 刺激乳腺管道系统的生长，刺激并维持乳腺的发育 在牛及山羊，雌激素单独即可使乳腺腺泡系统发育至一定程度，并能泌乳；而与孕酮一起共同刺激并维持乳腺的发育。

6. 与其他激素协同，刺激和维持黄体的机能，并为启动分娩提供条件 妊娠期间，胎盘产生的雌激素作用于垂体，使其产生促乳素，刺激和维持黄体的机能；妊娠足月时，胎盘雌激素增多，可使骨盆韧带松软；当雌激素达到一定浓度，且与孕酮达到适当比例时，可使催产素对子宫肌层发生作用，为启动分娩提供必需的条件。

7. 对雄性动物的作用 雌激素可促使雄性动物的睾丸萎缩，副性腺退化，并造成不育。

（二）雌激素的临床应用

目前，对性激素及其制剂在食品动物上的应用范围已有明确的规定，必须遵照执行。在农业部公告的对食品动物的禁用药物中，与雌激素有关的制剂己烯雌酚（包括其盐、酯及制剂）、玉米赤霉醇、去甲雄二烯醇酮在所用情况下都不能使用，但苯甲酸雌二醇（包括其盐、酯及制剂）除不能用于促生长外，其他用途可以使用。

1. 催情 肌肉注射 7～8mg 苯甲酸雌二醇，可使 80％的母牛在注射后 2～5 天发情。

2. 治疗子宫疾病 雌激素可以提高子宫的抵抗力和收缩性，松弛子宫颈，从而可用于治疗慢性子宫内膜炎，排除子宫内存留物，如死胎、子宫积液等。

3. 诱导泌乳 与孕酮配合，用于奶牛和奶山羊的诱导泌乳。

4. 化学去势 促使睾丸萎缩，副性腺退化，最后造成不育。

二、孕 酮

孕酮主要由黄体及胎盘（马、绵羊）所产生，肾上腺皮质、睾丸和排卵前的卵泡也可产生少量孕酮。牛、山羊、猪、兔、小鼠和犬等整个妊娠期都需要黄体来维持妊娠，破坏黄体则会导致流产；马和绵羊的妊娠后期，胎盘成为孕酮的主要来源，那时破坏黄体不会造成妊娠中断。

（一）孕酮的生理作用

1. 促进生殖道充分发育 生殖道受雌激素刺激开始发育，但只有经孕酮作用后，才能发育充分。子宫黏膜经雌激素作用后，孕酮维持黏膜上皮的增长，刺激并维持子宫腺的增长及分泌。

2. 促进母畜表现性欲和性兴奋 在少量孕酮的协同作用下，中枢神经才能接受雌激素的刺激，母畜才能表现出性欲和性兴奋。

3. 调节发情和排卵 孕酮对下丘脑的周期中枢有很强的负反馈作用，抑制 GnRH 分泌，抑制 LH 排卵峰的形成。因此，在黄体溶解之前，卵巢上虽有卵泡生长，但不能迅速发育，也不能发情排卵；一旦黄体停止分泌孕酮，则很快出现 LH 排卵峰，随之出现发情与排卵。大量孕酮对性中枢有很强的抑制作用，使母畜不表现发情；而在少量孕酮的协同作用下，中枢神经才能接受雌激素的刺激，母畜才能表现出性欲和性兴奋。

4. 维持妊娠 胚胎到达子宫后，孕酮持续作用于子宫内膜，维持子宫内膜增生，刺激子宫腺增长和分泌子宫乳，为早期胚胎发育提供条件，使胚胎得以生存；孕酮作用于子宫肌，降低子宫肌的兴奋性，抑制子宫肌的自发性活动，保持子宫安静，有利于胚胎附植，使胚胎得以继续发育；同时，在孕酮的作用下，子宫颈收缩，子宫颈及阴道上皮分泌黏稠黏液，形成子宫颈黏液塞，借以防止外物侵入子宫，有利于保胎；孕酮还可抑制母体对胎儿抗原的免疫反应。

5. 促进乳腺发育 在雌激素刺激乳腺腺管发育的基础上，孕酮刺激乳腺腺泡系统，与雌激素共同刺激和维持乳腺的发育。

（二）孕酮的临床应用

在农业部公布的对食品动物的禁用药物中，与孕酮有关的制剂醋酸甲孕酮在所有情况下都不能使用。

1. 同期发情 连续给予孕酮能够抑制发情，抑制垂体促性腺激素释放，一旦停止给予孕酮，即能反馈性引起促性腺素释放，使家畜在短期内出现发情，从而达到同期发情的目的。

2. 超数排卵 连续应用孕酮13～16天，于撤除孕酮前配合应用促性腺激素，即可实现超数排卵。

3. 判断繁殖状态 黄体形成、维持和消失具有规律性，相应地形成了有规律的孕酮分泌范型。通过测定血浆、乳汁、乳脂、尿液、唾液或被毛中孕酮的水平，结合卵巢的直肠检查，就可判断母畜的繁殖状态。

4. 妊娠诊断 母畜黄体在发情周期一定阶段发生溶解，孕酮水平随之下降，配种未孕者亦是如此；但配种后怀孕者孕酮水平将维持不降，据此可进行妊娠诊断。

5. 预防习惯性流产 通过肌肉注射孕酮，使母畜度过习惯性流产的危险期，可望起到预防作用。

三、雄激素

雄激素主要由睾丸间质细胞产生，肾上腺皮质也能产生少量，其主要形式为睾酮。睾酮的分泌量很少，不在体内存留，分泌之后很快即被利用或发生降解。其降解产物为雄酮，通过尿液、胆汁或粪便排出体外，所以尿液中存在的雄激素主要为雄酮。

（一）雄激素的生理作用

1. 刺激并维持公畜性行为 无交配经验的公畜去势后，性行为表现很快消失；但有交配经验的公畜去势后需要经过一段时间，性行为表现才消失。雄激素的这一作用主要是通过对丘脑下部或（和）垂体前叶的负反馈作用而调节的。

2. 刺激并维持精子的生成和存活 在与FSH及ICSH共同作用下，刺激精细管上皮的机能，维持精子的生成，促进精子成熟，延长附睾中精子寿命，并维持精子在附睾中的存活时间。

3. 刺激并维持公畜副性腺和阴茎、包皮、阴囊的生长发育及机能 调节雄性外阴部、尿液、体表及其他组织中外激素（信息素）的产生。

4. 使公畜表现第二性征 公畜所特有的雄性特征与雄激素的作用有关。

（二）雄激素的临床应用

在农业部公布的对食品动物的禁用药物中，与雄激素有关的制剂甲睾酮、丙酸睾酮和苯丙酸诺龙除不能用于促生长外，其他用途可以使用。

1. 制备试情动物 用雄激素长期处理的母牛具有类似公牛的性行为，可用作试情牛。

2. 通过主动免疫提高动物的繁殖效率　利用睾酮制剂免疫绵羊，可增加绵羊的排卵率，增加产羔数。

第六节　胎盘促性腺激素

胎盘能分泌各种激素，各种家畜的胎盘除能分泌孕激素、雌激素、胎盘促乳素等激素外，还可以产生不同的促性腺激素。

胎盘促性腺激素（placental gonadotropin）也称绒毛膜促性腺激素（chorionic gonadotropin，CG），是由胎盘产生的。目前发现的主要有两种，即马绒毛膜促性腺激素（equine chorionic gonadotropin，eCG）和人绒毛膜促性腺激素（human chorionic gonadotropin，hCG）。

一、马绒毛膜促性腺激素

马绒毛膜促性腺激素（eCG）是由妊娠 40～120 天母马的子宫内膜杯（endometrial cups）所产生的一种糖蛋白性质的促性腺激素。由于其出现在妊娠母马的血液中，所以又称孕马血清促性腺激素（pregnant mare serum gonadotropin，PMSG）。马从妊娠 37～42 天起，胎盘开始产生 eCG 并进入血液中，65～70 天血液中的含量达到最高；随后迅速下降，130 天时下降至低水平，150 天后消失（图 1-8）。eCG 同一个分子具有 FSH 和 LH 两种活性，其作用类似于马垂体分泌的 FSH 和 LH，但主要与 FSH 的作用类似，LH 的作用较小；在孕马自身体内则主要显示 LH 的作用，促进排卵或促使成熟卵泡黄体化。

eCG 含量与母马品种、年龄、胎次和体格大小有关。一般而言，eCG 的总产量随着年龄和胎次的增加而递减，母马体格的大小与 eCG 峰值的高低呈负相关。影响其含量最突出的因子是胎体的遗传型。母马怀骡驹时，血清中 eCG 的含量很低，到妊娠 80 天时完全消失；但驴怀骡驹时，eCG 的峰值可高达 200～250IU/mL，比驴怀驴驹时高 8 倍以上（图 1-9）。

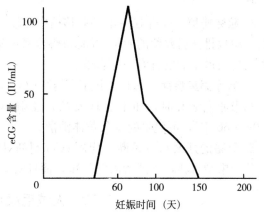

图 1-8　eCG 合成量的变化

（引自 Arthur G H et al.，1982）

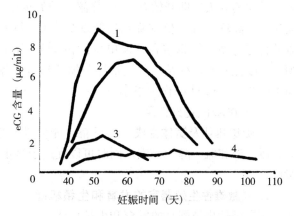

图 1-9　马驴怀不同胎体时血液中 eCG

（eCG＝FSH＋LH）的含量

1. 驴怀骡　2. 马怀马　3. 马怀骡　4. 驴怀驴

（引自甘肃农业大学，兽医产科学，第二版，1988）

（一）eCG 的生理作用

1. 刺激卵泡生长　能使进入生长期的原始卵泡数量增加，腔前初级卵泡比有腔次级卵泡增加更多，囊状卵泡的闭锁比例减少。

2. 维持妊娠　能够作用于妊娠 40～60 天的卵巢，使卵泡获得发育，并诱发排卵，形成副黄体，作为孕酮的补充来源，从而维持正常妊娠。

3. 促进雄性的精细管发育及精子生成　对摘除脑垂体的雄性动物，能够刺激其精子形成，同时也能刺激副性腺的发育。

4. 刺激胎儿性腺的发育　它能够从胎盘滤过而由母体进入胎儿体内，对胎儿性腺发生刺激作用。

（二）eCG 的临床应用

1. 催情　主要是利用其类似 FSH 的作用，对各种家畜催情，不论卵巢上有无卵泡，均可发生作用。

2. 同期发情　在母畜进行发情处理时，配合使用 eCG 可提高母畜的同期发情率和受胎率。

3. 超数排卵　eCG 在牛羊胚胎移植中比较广泛地应用于超数排卵。但由于 eCG 半衰期较长，超数排卵后残留的 eCG 可能妨碍母畜卵巢的正常变化，并可能对受精卵和早期胚胎在母畜生殖道中的发育有一定影响。

4. 治疗卵巢疾病　每日或隔日注射 eCG 1 500IU，可使有萎缩倾向的卵泡转为正常发育；马患卵泡囊肿时，如不表现发情，注射 eCG 1 000～1 500IU，可望见效；注射 eCG 1 000～1 500IU，可使牛的持久黄体消散。

5. 母猪的妊娠 eCG 诊断　应用 eCG 制剂对配种后的母猪进行妊娠诊断，可准确区分妊娠母猪与未孕母猪，诊断所需时间短，而且安全、简便。

二、人绒毛膜促性腺激素

hCG 主要来源于早期孕妇绒毛膜滋养层的合胞体细胞，由尿中排出。在胚胎附植的第 1 天（受孕第 8 天）即开始有 hCG 分泌，孕妇尿中的含量在妊娠 45 天时升高，妊娠 60～70 天达到最高峰，21～22 周降到最低以至消失。hCG 是一种由 α 和 β 两个亚基组成的糖蛋白，以共价键与糖单位相结合。糖单位约占 hCG 分子质量的 30%，由甘露糖、岩藻糖、半乳糖、乙酰氨基半乳糖及乙酰氨基葡萄糖所组成，糖链的末端连有唾液酸。hCG 的生理特性与 LH 类似，FSH 的作用很小。

（一）hCG 的生理作用

1. 促进排卵及黄体生成　对母畜，能促进卵泡成长发育、排卵和黄体生成，并促进孕酮、雌二醇和雌三醇的合成，同时可以促进子宫生长。在卵泡成熟时能促使其排卵，并形成黄体。

2. 刺激雄性生殖器官的发育和生精机能　hCG 通过促进公畜睾丸间质细胞分泌睾酮，从而刺激雄性生殖器官的发育和生精机能。

（二）hCG 的临床应用

1. 促进卵泡发育成熟和排卵　hCG 可用于治疗卵泡交替发育引起的连续发情，促进马、驴正常排卵。

2. 增强超排的同期排卵效果　在超排措施中，一般都是先用 FSH、eCG 或 GnRH 等诱发卵泡发育，在母畜出现发情时再注射 hCG，其作用可以增强排卵效果，并使排卵时间趋于一致，表现出同期排卵的效果。

3. 治疗繁殖障碍　主要用于治疗排卵延迟和不排卵，治疗卵泡囊肿或慕雄狂，促进公畜性腺发育，提高兴奋性机能，治疗产后缺奶。

第七节　其他生殖激素

一、前列腺素

前列腺素（prostaglandins，PGs）是一类具有生物活性的长链不饱和羟基脂肪酸，其分子的基本结构为含 1 个环戊烷及 2 个脂肪酸侧链的 20 碳脂肪酸，分子质量为 $300\sim400u$。已知的天然前列腺素可分为 3 类 9 型：根据脂肪酸侧链上双键的数目分为 PG_1、PG_2、PG_3 等 3 类，又根据环上取代基和双键位置的不同分为 A、B、C、D、E、F、G、H、I 等 9 型。与动物繁殖关系密切的是 PGE 和 PGF。其中在 C-9 有酮基，在 C-11 有羟基的称 PGE，在这两处都有羟基的为 PGF。α 指 C-9 上羟基的构型，右下标的数字表示侧链中双键的数目，如 $PGF_{2\alpha}$。

PGs 广泛存在于家畜的各种组织和体液中。产生 PGs 最活跃的场所是精囊腺，其次是肾髓质、肺和胃肠道。此外，脑、肾上腺、脂肪组织、虹膜及子宫内膜等组织的合成也较多。精液中 PGs 的含量随家畜种类不同而异，公羊含量最多，公猪含量较少，公牛的含量极微。绵羊子宫内膜和母体子叶中 $PGF_{2\alpha}$ 含量很高，子宫内膜中还含有类似 PGF_1 和 PGF_2 的物质。子宫内膜和子宫静脉血中 $PGF_{2\alpha}$ 的含量随发情周期的阶段不同而有变化，第 14 天的含量比早期高 4 倍，外周血浆中的 $PGF_{2\alpha}$ 在第 13 天升高。

（一）PGs 的生理作用

1. 溶解黄体　PGF 对动物（包括灵长类）的黄体具有明显的溶解作用，是生理性的黄体溶解素。子宫内膜产生的 $PGF_{2\alpha}$ 通过子宫静脉时，被卵巢动脉吸收，到达卵巢发挥作用（图 1-10）。

2. 影响排卵　PGE_1 能抑制排卵；PGE_2 能引起血液中 LH 升高而促进排卵。

3. 影响输卵管的收缩　PGE_1 和 PGE_2 能使输卵管上段（卵巢端）3/4 松弛，下段 1/4 收缩；$PGF_{1\alpha}$ 和 $PGF_{2\alpha}$ 能使输卵管各段肌肉收缩。以上这些作用对于精子和卵子的运行具有一定意义，因此可影响受精卵附植。

4. 刺激子宫平滑肌收缩　PGE 和 PGF 都对子宫平滑肌具有强烈刺激作用。小剂量 PGE 能促进子宫对

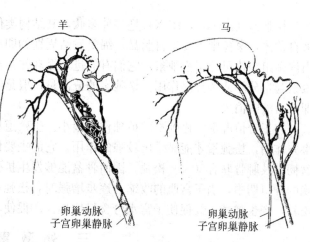

图 1-10　绵羊和马的子宫角、卵巢动静脉分布

（引自 Bearden et al.，Applied Animal Reproduction，6th ed，2004）

其他刺激的敏感性，较大剂量时则对子宫有直接刺激作用，PGE_2 和 PGF 类可使子宫颈松弛。

5. 影响其他生殖激素的合成与释放 PGs 能促进垂体促性腺激素 LH 及 FSH 的合成与释放；PGE_2 和 PGE_1 都有刺激雄性大鼠释放 LH 及 FSH 的作用，但 PGE_1 的作用较小。PGF 能增加 LHRH 的释放，绵羊雌激素升高能够引起 LHRH 释放，原因是雌激素先引起子宫释放 PGF，升高的 PGF 再影响丘脑下部，使其释放 LHRH。

6. 影响睾酮的生成 适量的 PGs 处理，不会影响生殖能力，若用量过大就会降低外周血睾酮的含量。

7. 影响精子生成 给大鼠注射 $PGF_{2\alpha}$，可使睾丸重量增加，精子数目增多。若服用 PGs 抑制剂阿司匹林或吲哚美辛，则抑制精母细胞转化为精子细胞，使精子数目减少。

8. 影响精子运输和射精量 小剂量 PGs 能促进睾丸网、输精管及精囊腺收缩，有利于精子运输和增加射精量。

9. 影响精子活力 PGE 能增强精子活力，$PGF_{2\alpha}$ 却能抑制精子活力。

（二）PGs 的临床应用

1. 调节发情周期 $PGF_{2\alpha}$ 及其类似物能显著缩短黄体的存在时间，因而能够控制母畜的发情和排卵，可用来调节牛、绵羊、山羊、猪和马的发情周期。

2. 人工引产 $PGF_{2\alpha}$ 及其类似物可用于动物的人工引产，使母畜排出不需要的胎儿，亦可使家畜提前分娩，达到同期分娩的目的，方便生产管理，对延期分娩的母牛也有良好的催产作用。

3. 处理病理问题 利用 $PGF_{2\alpha}$ 及其类似物的溶黄体作用及其与其他激素之间的相互作用，可以治疗某些家畜繁殖疾病，例如持久黄体、黄体囊肿、卵泡囊肿、隐性发情、产后子宫复旧不全、慢性子宫内膜炎、子宫蓄脓、干尸化胎儿的处理等。

4. 在公畜繁殖中的应用 对未用过性激素制剂的公牛和公兔注射 $PGF_{2\alpha}$，在 2h 内即可增加精子的排出量；在精子稀释液中加入 PGs，可提高受胎率，在冷冻精液中加入 PGs 可提高妊娠率和产羔数。

二、松 弛 素

松弛素（relaxin，RLX）是一种多肽，其结构类似胰岛素。牛、猪、绵羊的松弛素主要来自黄体，家兔则主要来自胎盘，绵羊发情周期的卵泡内膜细胞也能产生松弛素。此外，体内许多组织均可分泌松弛素，它们有的进入循环作为全身激素，有的不进入循环只作为局部激素起自分泌或旁分泌作用。松弛素的分泌量一般是随着妊娠期的增长而逐渐增多，分娩后即从血液中消失。

在正常情况下，松弛素的单独作用很小。生殖道和相关组织只有经过雌激素和孕激素的事先作用，松弛素才能显示出较强的作用。它的主要作用与母畜分娩有关，包括：①促使骨盆韧带及耻骨联合（人）松弛，因而骨盆能够发生扩张。②使子宫颈松软，能够扩张。在分娩的开口期中，当子宫肌的收缩力逐步增强时，松弛素与其他激素发生协同作用，使子宫颈松软，产生弹性。③促使子宫水分含量增加。④促使乳腺发育与分化。

三、外 激 素

外激素（pheromone）或外分泌激素（ectohormone）是动物向周围环境释放的化学物

质，作为信息，引起同类动物行为和/或生理上的特定反应。

动物产生外激素的腺体分布很广，遍及身体各处，多靠近体表，包括头部、眼窝、咽喉、肩胛、体侧、胸、背、尾、阴囊、外阴部、肛门、蹄底及指（趾）间等。释放外激素的腺体有皮脂腺、汗腺、下颌腺、腮腺、泪腺、侧腺、腹腺、跖腺、蹄腺及掌腺等，有些动物的尿液中也含有外激素。

（一）外激素和激素的区别

外激素虽也为化学信使，但却和激素完全不同，它们的来源、传输途径和功能截然不同。但激素与外激素二者还是彼此依赖，相互促进，关系密切。

激素产生于动物的组织或者内分泌腺体，分泌至体内，在局部或由血流传输；作用于体内某一器官或组织，经化学过程产生特定的生理反应；维持机体内部各器官、组织间在生理上的协调性。

外激素来源于外分泌腺，排放到体外，挥发至空气中并散发到一定距离；作用于同类动物的其他个体，通过嗅觉产生特定的行为或生理反应；侧重于保证动物群体的整体性和行为上的一致性。

（二）外激素的生理作用

1. 提早性成熟 将成年公猪放入青年母猪群后5～7天，即出现发情高峰，性成熟比未接触公猪的青年母猪提早30～40天。公羊对母羊的刺激同样有促进性成熟的作用。

2. 终止乏情期，促进发情 在季节性乏情期结束之前，母羊群中放入公羊，会很快出现集中发情，这种现象称为"公羊效应"（ram effect）。利用公羊效应，几乎可使所有绵羊、山羊品种的季节性乏情期提前6周结束，但与公羊的接触不能少于24h。

3. 影响母畜发情率、发情持续时间和排卵时间 公畜刺激可提高母牛和母猪的发情率；公、母畜一起饲养，能加速发情进程，缩短性接受期，从而使排卵更加集中，提高受胎率。

4. 雄性行为可提高后代的生殖能力 配种能力强的公羊，其后代排卵率高。

（芮　荣）

───── **本章执业兽医资格考试试题举例** ─────

1. 催产素可治疗的动物产科疾病是：（ ）

　A. 产后缺钙　　　　　　　　　　B. 胎衣不下

　C. 产后瘫痪　　　　　　　　　　D. 隐性乳腺炎

　E. 雄性动物不育

2. 通过测定母畜血浆、乳汁或尿液中孕酮的含量，有助于判断：（ ）

　A. 垂体机能状态　　　　　　　　B. 卵泡的大小和数量

　C. 母畜的繁殖机能状态　　　　　D. 下丘脑内分泌机能状态

　E. 子宫内膜细胞的发育状态

3. 牛超数排卵时能显著促进卵泡发育的激素是：（ ）

　A. 雌二醇　　　　　　　　　　　B. 前列腺素

　C. 促黄体素　　　　　　　　　　D. 人绒毛膜促性腺激素

　E. 马绒毛膜促性腺激素

4. 人绒毛膜促性腺激素的主要生理作用是：（　　）
　　A. 促进排卵　　　　　　　　　B. 促进乳腺发育
　　C. 促进黄体溶解　　　　　　　D. 促进子宫收缩
　　E. 促进骨盆韧带松弛

5. 催产素在体内的主要合成部位是：（　　）
　　A. 性腺　　　　　　　　　　　B. 子宫内膜
　　C. 垂体前叶　　　　　　　　　D. 垂体后叶
　　E. 丘脑下部

第二章

发 情 与 配 种

生殖活动现象从胎儿期便已经开始。在机体的不断发育过程中，卵子也在不断地发育成熟。母畜生长到一定年龄，开始出现周期性的发情和排卵活动。进入这一发育阶段的母畜接受交配以后可以受孕，繁衍后代。母畜的生殖活动受环境、中枢神经系统、丘脑下部、垂体和性腺之间相互作用的调节。

第一节　母畜生殖功能的发展阶段

母畜的生殖机能是一个从发生、发展至衰退的生物学过程，可以概括分为初情期、性成熟期、繁殖适龄期及繁殖机能停止期（绝情期）。

（一）初情期

初情期（puberty）是指母畜开始出现发情现象并可以排卵的时期。初情期时母畜性行为表现还不充分，排卵和发情周期往往不规律，生殖器官的生长发育也尚未完成，它们虽已可能具有繁殖机能，但由于机体发育的不完全，不宜用于繁殖。

初情期的年龄除因品种不同而有遗传上的差异外，还受饲养管理、健康状况、气候条件、发情季节及出生季节等因素的影响。温暖地区、饲养管理优良且健康状况良好的家畜，初情期较早，反之，严重饲养不良或蛋白质、维生素及矿物质缺乏，则发情延迟。在畜群中，增重快的个体，初情期可能提前出现。凡是能影响机体生长发育的因素，均能影响第一次发情出现的时间。此外，经常与异性接触，能够使初情期提前。

各种动物进入初情期的年龄大致是：牛 6～12 月龄（耕牛一般在 12 月龄左右，中国荷斯坦牛在体重达到成年牛体重的 45％时），水牛 10～15 月龄，马 12 月龄，驴 12 月龄，绵羊 6～8 月龄（体重达成年羊体重的 60％时），山羊 4～6 月龄，猪 3～7 月龄，兔3～4 月龄，犬 8～10 月龄，猫 7～9 月龄。

（二）性成熟

母畜生长到一定年龄，卵子和生殖器官已经发育成熟，发情周期基本正常，具备了繁殖能力，称为性成熟（sexual maturation）。但这时母畜身体的生长尚未完成，怀孕后不仅妨碍母畜继续发育，而且也影响胎儿的发育和出生后幼畜的体重，并有可能造成难产，因此此期尚不宜配种。

各种母畜的性成熟期大致是：牛 12（8～14）月龄，水牛 15～23 月龄，马 18 月龄，驴 15 月龄，羊 10～12 月龄，猪 6～8 月龄。

（三）繁殖适龄期

母畜的繁殖适龄期是指母畜既达到性成熟，又达到体成熟，可以进行正常配种繁殖的时期。体成熟（body maturation）是母畜身体各器官已基本发育完全并具有了雌性成年动物固有的体形外貌。母畜达到体成熟时，应进行配种。一般在生产上，发育良好的家畜体重达到成年体重的 70%～80% 可以开始配种。

母畜始配年龄是：中国荷斯坦奶牛 18 个月（16～22 个月，体重 350～400kg），黄牛 2 岁，水牛 2.5～3 岁，马 3 岁，驴 2.5～3 岁，羊 1～1.5 岁，猪 8～12 个月（我国品种为 6～8 个月、体重 50kg 以上，引进品种为 10～12 个月、体重 80kg 左右）。开始配种时，不仅要看年龄，也要根据母畜的发育及健康状况做出决定。

（四）绝情期

动物至年老时，繁殖功能逐渐衰退，继而停止发情，称为绝情期（menopause）。绝情期年龄因动物品种、饲养管理、气候及健康不同而有差异。一般来说，家畜屠宰年龄远远早于其停止繁殖和自然死亡的年龄。如猪可以活到 10 岁、马 20 岁、牛 16 岁、羊 12 岁、驴 20 岁，骡是驴和马的杂种后代，寿命可达 25 岁，甚至更长。

第二节 发情周期

母畜达到初情期以后，其生殖器官及性行为重复发生的一系列明显的周期性变化称为发情周期（estrous cycle）。发情周期周而复始，一直到绝情期为止。但母畜在妊娠或非繁殖季节内，发情周期暂时停止；分娩后经过一定时期，又重新开始。在生产实践中，发情周期通常指从一次发情期的开始起，到下一次发情期开始前一天止这一段时间。在科研上，通常指从排卵到下一次排卵之间的时间间隔，而将排卵日定为发情零天。

一、发情周期的分期

根据卵巢、生殖道及母畜性行为的一系列生理变化，可将一个发情周期分为互相衔接的几个时期。发情周期在实践中通常分为四期或三期，有的把四期分法概括为两期。

（一）四期分法

此种分期法主要根据母畜在发情周期中生殖器官所发生的形态变化，将发情周期分为发情前期、发情期、发情后期及发情间期。

1. 发情前期（proestrus） 也称前情期。在此阶段，黄体已基本溶解，卵巢主要受 FSH 影响，卵泡开始明显生长，产生的雌激素增加，引起输卵管内膜细胞和微绒毛增长，子宫黏膜血管增生，黏膜变厚，阴道上皮水肿；犬和猫阴道上皮发生角化，犬和猪阴门开始出现水肿，子宫颈逐渐松弛，子宫颈及阴道前端杯状细胞和子宫腺分泌的黏液增多。在发情前期的末期，雌性动物一般会表现对雄性有兴趣。此期持续时间为 2～3 天。

2. 发情期（estrus） 为母畜表现明显的性欲，寻找并接受公畜交配的时期。此期卵巢上格拉夫卵泡迅速增大，卵泡和卵母细胞成熟。卵泡产生的雌激素使生殖道的变化达到最明显的程度。阴门发红、肿大，并可能有黏液性分泌物流出。大多数动物在发情结束前后排卵。不同动物发情期持续时间有较大的差异（表 2-1）。

3. 发情后期（metestrus） 也称后情期。此期特点是排卵后卵泡在 LH 作用下迅速发育为黄体。在后情期，有些动物阴道上皮脱落，子宫内膜黏液分泌减少，内膜腺体迅速增长。在牛、羊、猪和马，后情期的长短与排卵后卵子到达子宫的时间大致相同，为 3～6 天。

4. 发情间期（diestrus） 也称间情期，是家畜发情周期中最长的一段时间。在此阶段，黄体发育成熟，大量分泌的孕酮影响生殖器官的状态。子宫为可能受精后早期发育的胚胎提供营养和适宜的环境，子宫内膜增厚，腺体肥大。子宫颈收缩，阴道黏液黏稠，子宫肌松弛。如果排卵后的卵子未受精发育为胚胎，到该期的后期，黄体开始退化。

表 2-1　动物发情周期各期持续时间

动物	发情期	发情后期	发情间期	发情前期	发情周期
牛	10~24h	3~5d	13d	3d	21（18~24）d
马	4~7d	3~6d	6~10d	3d	21（19~23）d
猪	2~4d	3~4d	9~13d	4d	21（18~24）d
绵羊	1~2d	3~5d	7~10d	2d	16.5（14~20）d
山羊	1~2d	3~5d	7~10d	2d	22（17~24）d
犬	9（4~12）d		75（51~82）d[a]		每年 1~3 个周期
猫	不交配为 8d[b]，交配为 5d[c]				每年 1~2 个周期

注：a，假孕后的乏情期为 125（15~265）d；b，至下次发情的时间为 14~21d；c，至下次发情的时间为 42（30~75）d。

（二）三期分法

此方法是根据母畜发情周期中生殖器官和性行为的变化，将发情周期分为兴奋期、抑制期及均衡期。

1. 兴奋期（exaciatory stage）　相当于四期分法的发情期，是性行为表现最明显的时期。本期卵泡发育增大，生殖道发生明显的变化，母畜表现性欲及性兴奋，通常称为发情。此期持续至发情结束，多数家畜在此期结束前卵泡破裂排卵，但有的家畜，如牛，排卵发生在发情行为停止之后。

2. 抑制期（inhibitory stage）　相当于四期分法中的发情后期和发情间期。此期是排卵后发情现象消退后的持续期。排卵后的卵泡逐渐发育为黄体，产生孕酮。生殖道在孕酮的作用下，发生适应胚胎通过输卵管和在子宫内获得营养的变化。

3. 均衡期（equilizing stage）　相当于四期分法中的发情前期。卵子如未受精，则从抑制期后向下次兴奋期过渡的时期称为均衡期。此期卵巢中周期黄体开始萎缩，新的卵泡逐渐发育。生殖道在卵巢激素的影响下，增生的子宫黏膜上皮及子宫腺逐渐退化，生殖道的形态及功能又逐渐进入发情前的状态。随着黄体进一步退化，新卵泡迅速增大，进入下一个兴奋期。

（三）二期分法

母畜在发情周期中，根本的变化是卵巢上的卵泡和黄体交替发育和存在，因此也可将发情周期分为卵泡期和黄体期。卵泡期（follicular phase）是从黄体开始退化到排卵的时期。从卵泡排卵后形成黄体，一直到黄体开始退化为止，称为黄体期（luteal phase）。按上述的四期分法，发情前期和发情期基本上可以划为卵泡期，而发情后期和发情间期可以划为黄体期。

二、发情周期中卵巢的变化

母畜在发情周期中，卵巢经历卵泡的生长、发育、成熟、排卵以及黄体的形成和退化等一系列变化（图 2-1）。

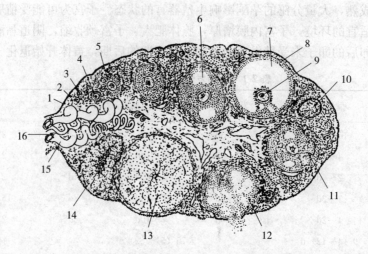

图 2-1　哺乳动物卵巢中卵泡与卵子在形态学上的关系模式图

1. 生殖上皮　2. 白膜　3. 原始卵泡　4. 初级卵泡　5. 次级卵泡　6. 三级卵泡
7. 成熟卵泡　8. 颗粒细胞　9. 卵母细胞　10. 白体　11. 闭锁卵泡　12. 刚排卵泡（红体）
13. 成熟黄体　14. 退化黄体　15. 血管　16. 卵巢门

（改自加藤征史郎一编著，家畜繁殖学，1994）

（一）卵泡发育

进入初情期后，家畜卵巢中的卵泡大致可以分为两类：一类是在每个发情周期中生长发育的少量卵泡，另一类是作为储备的大量原始卵泡。从原始卵泡发育成为能够排卵的成熟卵泡，要经过一个复杂的过程（图 2-2）。根据卵母细胞外包裹的卵泡细胞层数、是否出现卵泡腔和卵泡的大小，可将卵泡发育阶段划分为以下不同的类型或等级。

1. 原始卵泡（primordial follicle）

形成于胎儿期间或出生后不久，其核心为一初级卵母细胞，周围为一层扁平卵泡上皮细胞。初期卵母细胞是由出生前保留下来的卵原细胞发育而来的，除极少数能发育成熟外，其他均在储备或发育过程中凋亡消失。例如大鼠、小鼠出生后最初几周内有 $50\%\sim60\%$ 的卵泡消失；初生犊牛有 75 000 个卵泡，到 10～14 岁时约为 25 000 个，到 20 岁时只剩下 3 000 个。

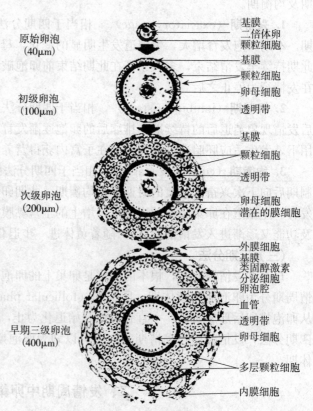

图 2-2　各级卵泡的形态结构示意图

（引自 Erickson G F，1978）

2. 初级卵泡（primary follicle）　卵泡上皮细胞发育成为立方形，周围包有一层基底膜。

3. 次级卵泡（secondary follicle）　卵泡上皮细胞已变成复层不规则多角形细胞。卵母细胞和卵泡细胞共同分泌黏多糖，构成厚 $3\sim5\mu m$ 的透明带，包在卵母细胞周围。

4. 三级卵泡（tertiary follicle）　在 FSH 及 LH 的作用下，卵泡细胞间形成间隙，并分泌卵泡液，积聚在间隙中。以后间隙逐渐汇合，成为一个充满卵泡液的卵泡腔（图 2-3），这时称为囊状卵泡（vesicular follicle）。卵泡腔周围的上皮细胞称为粒膜（membrana granulosa）。卵的透明带周围有排列成放射状的柱状上皮细胞，形成放射冠（corona radiata）。

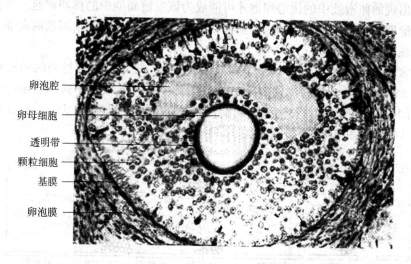

卵泡腔
卵母细胞
透明带
颗粒细胞
基膜
卵泡膜

图 2-3　早期有腔卵泡的显微照片（直径大约 0.4mm）

（引自 Bloom W et al.，1975）

5. 格拉夫卵泡（Graafian follicle）　又称为成熟卵泡（mature follicle）。卵泡腔中充满由粒膜细胞分泌物及渗入卵泡的血浆蛋白所形成的黏稠卵泡液。卵泡壁变薄，卵泡体积增大，扩展到卵巢皮质层的表面，甚至突出于表面之上。初级卵母细胞位于粒膜上一个小突起内，突起称为卵丘（cumulus oophorus）（图 2-4）。随着发育，卵丘和粒膜的联系越来越小，甚至和粒膜分开，初级卵母细胞被一层不规则的细胞群包围，游离于卵泡液中。

在上述发育过程中，大部分卵泡随时都有可能发生闭锁。初情期之前，卵泡的生长一直在进行，但只有达到了初情期，适宜的激素水平及其平衡状态建立起来时，卵泡才能充分发育到能够排卵的状态。

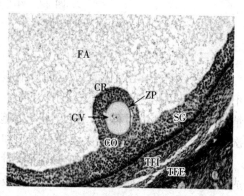

图 2-4　牦牛格拉夫卵泡的局部显微照片，
主要显示卵丘突出于卵泡腔
（HE，×100）

FA. 卵泡腔　CR. 放射冠　GV. 核（生发泡）
CO. 卵丘　ZP. 透明带　SG. 颗粒层
TFI. 卵泡内膜　TFE. 卵泡外膜

(二) 卵泡波

在一个发情周期中，一般都有多批卵泡相继发育。在相对集中的时间内基本同步生长发育的卵泡形成一个生长卵泡群，称之为一个卵泡波 (follicular wave)。生长发育的卵泡有两个命运：大多数发生闭锁，少数、甚至只有一个发育成熟并排卵。每个卵泡波中发育的卵泡在持续发育 2～3 天后，其中只有少数优势卵泡可以继续发育，但不能排卵，最终发生闭锁。卵泡的闭锁在形态学上发生一系列变化，主要表现为颗粒细胞核固缩，颗粒细胞层散开，卵母细胞染色质浓缩，核膜皱褶，透明带玻璃化并增厚，细胞质碎裂。最终，闭锁的卵泡被周围的纤维细胞包围，通过吞噬作用最后消失而变成痕迹。

在一个卵泡波中，优势卵泡的数量一般与排卵卵泡的数量相当。在发情周期中，只有在黄体溶解时出现的卵泡波中的优势卵泡才可能成为该发情周期中的排卵卵泡。灵长类、猪和大鼠只在卵泡期卵巢上才出现大的优势卵泡，而反刍动物和马在发情周期内大部分时间卵巢上都可能出现大卵泡。

牛在大多数发情周期中出现 2～3 个卵泡波。如为二波周期，则排卵的间隔时间平均为20 天，两个卵泡波大约出现在周期的第 0 天（排卵）和第 10 天，不排卵及排卵的优势卵泡其最大直径间没有显著差异。如为三波周期，则排卵间隔时间为 23 天，3 个波分别出现在周期的第 1.4 天、第 9 天和第 16 天（图 2-5）。

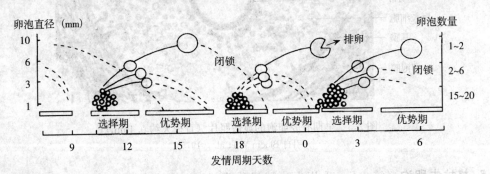

图 2-5　牛发情周期中的卵泡发育波

(引自中国农业大学，家畜繁殖学，第三版，2000)

(三) 卵子生成

大多数动物在出生后不久，卵母细胞处于第一次减数分裂前期的双线期。双线期开始后不久，卵母细胞进入持续很久的静止期，称为网核期 (dictyotic stage)。进入初情期，在发情周期卵泡发育的过程中，初级卵母细胞（染色体 $2n$）就恢复减数分裂。排卵前完成第一次减数分裂，形成的一个次级卵母细胞和第一极体的染色体数目减半（n）。

牛、羊、猪的次级卵母细胞在排卵时开始进行第二次成熟分裂，此次分裂在受精后才完成，形成一个含雌原核的卵细胞和第二极体，这时染色体数仍为 n。与次级卵母细胞同时形成的第一极体此时也分裂形成两个第二极体。因此，家畜在卵子生成过程中，一个初级卵母细胞仅发育成一个成熟卵（和 3 个极体）；而在精子发生中，一个初级精母细胞可形成 4 个精子（图 2-6、图 2-7）。

卵泡的发育和卵子的发育是两个有区别的概念。各类卵泡中包裹的卵母细胞都是初级卵母细胞，只是成熟卵泡中初级卵母细胞完成了第一次减数分裂，形成次级卵母细胞（即受精前的卵子）。

（四）排卵

排卵（ovulation）是指卵泡发育成熟后，突出于卵巢表面的卵泡破裂，卵子随同其周围的粒细胞和卵泡液排出的生理现象。

1. 动物的排卵方式　动物按其排卵方式可以分为自发性排卵和诱导排卵两大类。

（1）自发排卵（spontaneous ovulation）：卵泡成熟后便自行排卵并自动生成黄体为自发排卵。大多数动物为自发排卵。每个发情周期中，卵泡发育成熟后，在不受外界特殊条件刺激的前提下自发排出卵子。如果卵子受精，动物则进入怀孕期；如果卵子没有受精，动物又开始进入新的发情周期。因此其发情周期的长度是相对恒定的。

自发排卵的动物，根据排卵后黄体形成及所发挥功能的不同又可分为两种：第一种为排卵后自然形成功能性黄体，其生理功能可维持一个相对稳定的时期，如牛、羊、马、猪等家畜。第二种为自发排卵后需经交配才形成功能性黄体，如啮齿类动物。这类动物排卵后如未经交配，则形成的黄体无内分泌功能，因而使下次周期缩短4～5天。

（2）诱导排卵（induced ovulation）：只有通过交配或子宫颈受到刺激才能排卵为诱导排

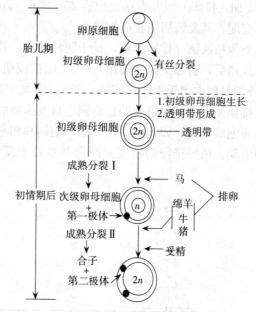

图 2-6　卵子发生的主要成熟阶段
（引自北京农业大学，家畜繁殖学，第二版，1989）

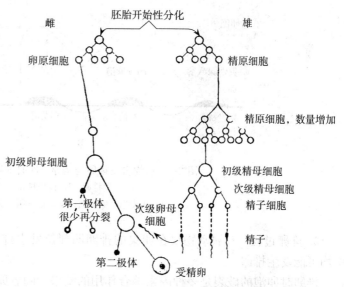

图 2-7　生殖细胞及其所产生的一个世代配子的发育史示意图
（引自甘肃农业大学，兽医产科学，第二版，1988）

卵。这类动物卵泡的破裂及排卵需经一定的特殊刺激。按诱导刺激性质的不同，又可分为两类。

第一类为交配引起排卵的动物，这类动物包括有袋目、食虫目、翼手目、啮齿目、兔形目、食肉目等，其中研究最多的有猫和兔。兔在交配刺激后10min左右开始释放排卵前LH，0.5～2h LH峰为基础值的20～30倍，9～12h后发生排卵。猫在交配后几分钟之内

LH 显著增加，排卵一般发生在交配后 25～30h。猫的发情期长度与是否发生交配有关，发情后发生交配，其发情周期相应缩短。

第二类为精液诱导排卵动物，见于驼科动物，其排卵依赖于精清中的诱导排卵因子。在卵泡发育成熟后，自然交配（射精）、人工输精或肌肉注射精清均可诱发排卵，精清进入体内 4h 后外周血浆中出现 LH 排卵峰，30～36h 发生排卵。

诱导排卵型动物其发情周期也有别于自发排卵的动物，一般将它们的发情周期称为卵泡周期，由卵泡成熟期、卵泡闭锁期、非卵泡期和卵泡生长期四个阶段组成，而并非典型意义上的发情周期。诱导排卵动物在交配前基本处于发情状态，继而有相当一段时间为乏情期（图 2-8）。

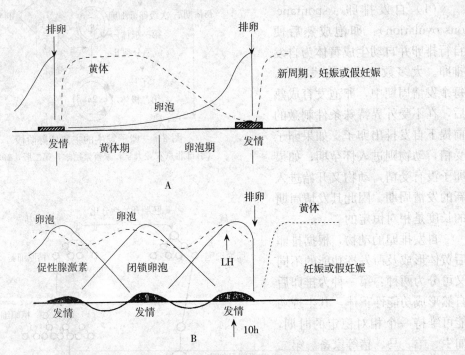

图 2-8 动物自发排卵与诱导排卵时的卵巢变化

A. 自发排卵 B. 诱导排卵

（引自朱士恩，家畜繁殖学，第五版，2009）

2. 排卵过程 马属动物仅在卵巢的排卵凹部位发生排卵，其他家畜在卵巢表面任何部位均可能发生排卵。

排卵时卵泡的破裂是多种因素综合作用的结果。随着卵泡的发育成熟，卵泡膜血管分布增加、充血，毛细血管通透性增强，血液成分向卵泡腔渗出，卵泡液不断增加，卵泡体积增大并突出于卵巢表面。但同时卵泡外膜的胶原纤维分解，卵泡壁变得柔软，富有弹性，卵泡内压并没有明显升高。随着突出的卵泡壁扩张和细胞间质分解，突出于卵巢表面的卵泡壁中心形成透明的无血管区。排卵前卵泡外膜分离，内膜通过裂口而突出，形成柱头状突起的排卵点（图 2-9）。排卵点膨胀，顶端发生局部贫血，导致卵巢上皮细胞凋亡。凋亡的细胞释放出水解酶，使下面的细胞层破裂，许多卵泡液把卵母细胞及其周围的放射冠细胞冲出，被输卵管伞接受，进入输卵管。

3. 排卵的机理　排卵是一个复杂的生理过程，它受神经内分泌、内分泌、生物物理、生物化学、神经肌肉及神经血管等因素的调节。排卵之前出现的一个最特征性的变化是 LH 迅速释放，形成排卵前 LH 峰。在高水平的促性腺激素刺激下，初级卵母细胞生发泡破裂，重新开始减数分裂，并释放出第一极体；卵泡细胞发生黄体化，由主要分泌雌激素转变为开始分泌孕酮；LH 还可以使卵泡细胞的代谢活动增强，使各种促进卵泡壁破裂的酶类增加活性。排卵前卵泡液中 PGE 和 $PGF_{2\alpha}$ 的含量随着排卵的临近而明显增加，使卵泡接受的血量增加并刺激卵巢收缩，影响卵泡的破裂。

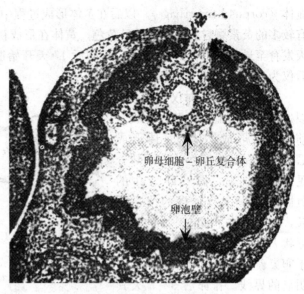

图 2-9　从柱头排出成熟的卵母细胞复合体的显微照片
（引自 Hartman C G，1959）

卵母细胞-卵丘复合体

卵泡壁

（五）黄体形成

排卵后卵泡液流出，卵泡壁塌陷，颗粒层向卵泡腔内形成皱襞，内膜结缔组织和血管随之长入颗粒层，使颗粒层脉管化。同时，在 LH 作用下，颗粒细胞变大，形成粒性黄体细胞（granulosa lutein cell），或称大黄体细胞；内膜细胞也增大，变为膜性黄体细胞（theca lutein cell），或称小黄体细胞。大黄体细胞和小黄体细胞都可以分泌孕酮。一般认为，LH 受体主要存在于小黄体细胞，小黄体细胞在 LH 刺激下分泌大量孕酮；大黄体细胞对 LH 的刺激缺乏反应性，除维持基础水平孕酮分泌之外，主要具有 $PGF_{2\alpha}$、PGE 和 E_2 受体，还具有分泌某些多肽激素（如催产素和松弛素）的功能。

黄体是一个暂时性的内分泌器官，主要产生孕酮。孕酮能够抑制垂体 FSH 的分泌，同时也能抑制母畜发情。排卵后如卵子未受精，牛 14～15 天、羊 12～14 天、猪 13 天、马 14 天左右，机体在缺乏妊娠信号的情况下，$PGF_{2\alpha}$ 开始生成，使黄体逐渐萎缩。这时在垂体 FSH 的影响下，卵巢又有新的卵泡迅速发育，并过渡到下一次发情周期，这种黄体称为周期黄体（cyclic corpus luteum）。如卵子已受精，发育的黄体将在妊娠期继续维持，即由周期黄体改称为妊娠黄体（corpus luteum verum）。妊娠黄体比周期黄体稍有增大，是妊娠期所必需孕酮的主要来源。

各种家畜的黄体形成和变化的特点如下：

1. 马　排卵时，卵泡鞘和卵巢上的小血管也发生破裂，血液流入卵泡腔内凝固，形成红体（corpus rubrum）或出

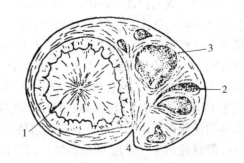

图 2-10　马的黄体
1. 黄体　2. 老黄体　3. 卵泡　4. 排卵凹
（引自甘肃农业大学，兽医产科学，第二版，1988）

血体（corpus hemorrhage）。以后在黄体形成过程中，红体逐渐被吸收。马的黄体细胞中含有较多的黄素颗粒，因此黄体呈黄色。黄体在形成初期时为稍扁圆形（图 2-10），排卵后 14 天发育至最大，直径为 3～4cm；排卵后 17 天开始退化，缩小为圆锥形；2～3 个发情周期后仅为一端稍圆的梭形遗迹。

2. 牛　排卵有时仅在卵泡破裂处有少量出血，在黄体形成之前也可以形成红体。黄体形成后，还可在突出卵巢的表面部分见到黑色血迹（图 2-11）。牛的黄体细胞中含有较多的黄素颗粒，因此黄体呈黄色。牛的黄体形状大致呈圆形，有一部分突出于卵巢表面，与固有卵巢之间有明显的界线。排卵后 3～5 天其

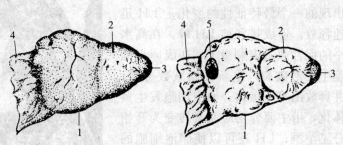

图 2-11　牛的黄体（左：外表，右：切面）
1. 卵巢　2. 黄体　3. 混有血液的部分　4. 卵巢系膜　5. 老黄体
（引自甘肃农业大学，兽医产科学，第二版，1988）

直径约 1cm，质地柔软；10 天发育至最大，可达 2～2.5cm，比成熟卵泡大，质地变硬；14～15 天开始萎缩；18 天后迅速缩小。

3. 羊　排卵处有时仅有少数出血点或小的血凝块。在超数排卵时，卵泡腔内充满血液，有时由于出血量过多，致使卵巢变得很软。羊的黄体因黄素颗粒少，黄体为平滑肌色或灰黄色。绵羊的黄体呈圆形，排卵后 6～9 天发育至最大，直径约 9mm；排卵后 12～14 天开始萎缩。山羊周期黄体的最大直径约为 1.3cm。

4. 猪　黄体在发育过程中为肉色，萎缩时才稍带黄色，以后变为白色。猪的黄体也呈圆形，突出于卵巢表面，大小很不一致，排卵后 8 天发育至最大，直径可达 1～1.5cm，较成熟卵泡大；排卵后约 15 天开始萎缩，40 天左右尚可看到其遗迹。

（六）黄体退化

黄体退化首先是以孕酮下降为标志的功能性退化，随后是以黄体组织破坏和清除为标志的结构性退化。开始时血清中孕酮浓度骤降，继而黄体体积缩小。

黄体结构性退化的过程是：黄体细胞发生脂肪变性及空泡化，并逐渐被吸收，毛细血管也萎缩。至下次发情时，黄体迅速缩小，经过二到数周后，体积更小，并被结缔组织所代替，颜色变白，成为白体（corpus albicans），最后白体也被吸收。

目前已证明，$PGF_{2\alpha}$ 是子宫分泌的引起大家畜（牛、羊、猪和马）黄体退化的物质。尽管在临床上已经用前列腺素疗法来诱导犬和猫的黄体溶解，以治疗子宫积脓或诱导流产，但还没有证明 $PGF_{2\alpha}$ 对犬、猫以及灵长类的黄体退化有明确的生理作用。在家畜中，黄体退化在排卵后 14 天左右受子宫合成和释放的 $PGF_{2\alpha}$ 诱发。

关于 $PGF_{2\alpha}$ 如何从子宫运输到卵巢从而发挥作用的模式，目前有两种看法：一种认为是通过局部的逆流循环，另一种认为是通过体循环。逆流运输包括该物质通过血液循环系统从高浓度的静脉流出支（子宫-卵巢静脉）到达低浓度的区域（卵巢动脉）。体循环运输包括该物质通过体循环系统的长距离运输。由于 $PGF_{2\alpha}$ 通过肺循环一次就可以快速代谢 90％以上，这样就需要通过特殊的运输系统将 $PGF_{2\alpha}$ 保存下来以发挥其溶解黄体的作用，或者是大量合成才能满足需要。

三、发情周期中的其他变化

发情周期中，母畜体内除卵巢的变化外，其生殖内分泌、生殖道以及性行为均发生明显的周期性变化。

（一）生殖内分泌的变化

发情周期中生殖内分泌呈现明显的周期性变化，内分泌的变化可能是引起卵巢和其他生殖器官以及性行为出现周期性变化的原因。以下简要介绍垂体分泌的促卵泡素、促黄体素以及卵巢分泌的孕酮和雌二醇的周期性变化。

1. 牛的内分泌变化

（1）孕酮：发情前 P_4 含量一直低于 1.0ng/mL，从发情后的第 5 天左右逐渐上升，14 天左右达到高峰（8.0ng/mL），17～19 天迅速下降，至下次发情时达到基础水平（图 2-12）。

（2）雌激素：发情前 E_2 的含量逐渐增加，发情期极显著地升高，在排卵前达到峰值；排卵后迅速下降，以后一直维持在一个较低的水平，直到下一次发情前才开始升高。

（3）促黄体素：由于排卵前卵泡分泌大量的 E_2，引起 LH 脉冲式的大量分泌，并达到峰值。LH 峰一般发生在发情开始后 12h 左右，导致排卵。排卵后 LH 的含量迅速降低，下一次排卵前再次升高。

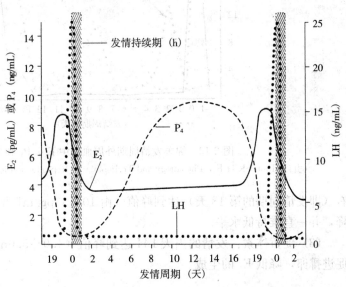

图 2-12　母牛发情周期外周血浆中 E_2、P_4 和 LH 浓度的变化
（引自 Hunter R H F，Physiology and Technology of Reproduction in Female Domestic Animals，1982)

2. 绵羊的内分泌变化

（1）孕酮：发情开始的前几天，血浆 P_4 浓度低，发情后第 3 天左右开始迅速上升，11 天达到高峰，14 天开始急剧下降（图 2-13）。

（2）雌激素：发情前 E_2 的含量逐渐增加，发情期极显著地升高，在排卵前达到峰值。绵羊在发情周期的第 8 天左右还会出现第二个 E_2 峰，它的显著与否直接影响排卵率；第二个峰越明显，预示排卵率越高。

（3）促黄体素：由于 P_4 浓度的急剧下降，失去负反馈作用，引起 LH 剧增，于排卵前出现 LH 峰，同时也出现与 LH 峰基本平行的 E_2 峰。

3. 猪的内分泌变化

（1）孕酮：发情后血浆 2～3 天 P_4 浓度开始升高，在 12～13 天达到最大值（由排卵前的 1.0 ng/mL 上升到 20～35ng/mL，显著高于其他家畜），13～14 天迅速下降（图 2-14）。

（2）雌激素：发情前发情周期的卵泡期，血浆 E_2 浓度开始升高，大约在排卵前 2 天左

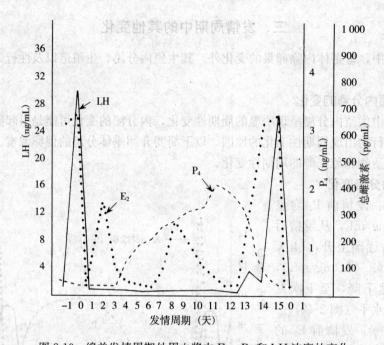

图 2-13 绵羊发情周期外周血浆中 E₂、P₄ 和 LH 浓度的变化

(引自 Hunter R H F，Physiology and Technology of Reproduction in Female Domestic Animals，1982)

右（即发情周期的第 18 天）达到峰值（由 10～30pg/mL 增加至 60pg/mL），排卵前迅速下降，并一直维持低水平。

(3) 促黄体素：发情的当天 LH 达到峰值（4.0～5.0ng/mL，显著低于其他家畜），并促进排卵，降低 E₂ 的生成。

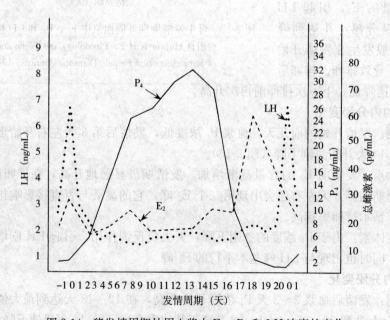

图 2-14 猪发情周期外周血浆中 E₂、P₄ 和 LH 浓度的变化

(引自 Hunter R H F，Physiology and Technology of Reproduction in Female Domestic Animals，1982)

4. 马的内分泌变化

马发情周期中生殖激素变化与其他家畜有所不同，主要有以下几个特点：

（1）促卵泡素：发情周期中有两个 FSH 峰，一个发生在发情末期至间情期早期，另一个在间情期中期。由于这两个 FSH 的作用，当一个卵泡生长并排卵后，其他卵泡又继续生长；有的卵泡可能在第一次排卵后 24h 再次排卵，或者在黄体期排卵，形成马属动物特有的副黄体（accessory corpus luteum）（图 2-15）。

（2）促黄体素：大多数哺乳动物的 LH 峰出现时间很短，一般发生在排卵前 12～14h；而马属动物 LH 的分泌是在排卵前数天开始慢慢上升，逐渐形成峰值，持续约 10 天，这也是马发情期比其他动物长的主要原因。

（3）雌激素：马的雌激素峰在接近发情期出现，而其他动物如牛、羊和猪则在发情期出现。

（4）孕酮：马 P_4 的变化范型与其他家畜基本类似。

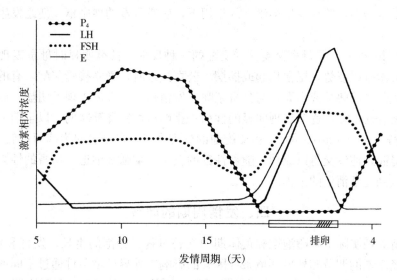

图 2-15 马发情周期外周血浆中 E、P_4、LH 和 FSH 浓度的变化

（引自 Hunter R H F，Physiology and Technology of Reproduction in Female Domestic Animals，1982）

（二）生殖道的变化

发情周期中随着卵巢激素生成的周期性变化，生殖道在雌激素和孕激素的作用下，也相应发生周期性变化。

1. 发情前 卵巢中黄体逐渐萎缩，孕酮分泌减少，而卵泡则迅速发育产生雌激素。在雌激素作用下，整个生殖道（主要是黏膜基质）开始充血、水肿。黏膜层稍增厚，其上皮细胞增高（阴道为上皮细胞增生或出现角质化），黏液分泌增多；输卵管上皮细胞的纤毛增多；子宫肌细胞肥大，子宫及输卵管肌肉层的收缩及蠕动增强，对催产素的敏感性提高；子宫颈开放。

2. 发情时 卵泡增大，雌激素的分泌迅速增加，生殖道的上述变化更加明显。此时输卵管的分泌、蠕动及纤毛波动增强；输卵管伞充血、肿胀；子宫黏膜水肿变厚，上皮增高（牛）或增生为假复层（猪）；子宫腺体增大延长，分泌增多。由于水肿及子宫肌的收缩增强，子宫的弹性因而增强，触诊有硬感，在牛特别明显。子宫颈肿大，松弛柔软；黏膜分泌物增多、稀薄，牛及猪黏液常流出阴门之外，黏液涂片干燥后镜检有羊齿叶状结晶；阴道黏膜潮红，前庭分泌物增多，阴唇充血、水肿、松软。上述变化为交配及受精提供了有利条件。

3. 排卵后 雌激素减少，新形成的黄体开始产生孕激素，生殖道由雌激素所引起的变化逐渐消退。子宫黏膜上皮在雌激素消失后先是变低，以后又在孕激素的作用下增高（牛）。子宫腺细胞于排卵后 2 天（牛）或 3～4 天（猪）又开始肥大增生，腺体的弯曲及分支增多，分泌增多。子宫肌蠕动减弱，对雌激素和催产素的反应降低；子宫颈收缩，分泌物减少而稠；阴门肿胀消退。如未受精，黄体萎缩后，孕激素的作用降低，卵巢中又有新的卵泡发育增大，并在雌激素的作用下，开始出现下一次发情前的变化。

（三）性行为的变化

在发情周期中，母畜受雌激素和孕激素相互交替的作用，性行为也出现周期性的变化。发情时，雌激素增多，并在少量孕激素的作用下，刺激母畜的性中枢，使之发生性欲和性兴奋。

1. 性欲（libido） 是母畜愿意接受交配的一种反射。性欲明显时母畜表现不安，主动寻找公畜，常做排尿姿势，尾根抬起或摇摆。公畜接近时，静立接受交配，有的母畜则先嗅闻或用嘴抵触公畜的胁下或阴囊，与公畜亲昵。发情初期，性欲表现不明显，以后随着卵泡发育，雌激素分泌增多，逐渐出现明显的性欲；排卵后性欲逐渐减弱，以至消失。

2. 性兴奋（sexual arousal） 指交配前的生理准备，母畜表现为鸣叫乱转，寻找公畜，阴道扩张、湿润，使性交得以成功。随着性欲的发生、增强及消退，母畜的性兴奋状态也经历由逐渐明显到逐渐消退的过程。

四、发情周期的调节

动物发情周期实际上是卵泡期和黄体期的交替过程，卵泡的生长、发育和黄体的形成、退化均受神经激素的调节和外界环境条件因素的影响。外界环境条件通过不同的途径影响中枢神经系统，再经由下丘脑-垂体-卵巢轴系所分泌的激素之间相互作用和协调而引起发情周期的循环（图 2-16）。

（一）内在因素

涉及发情周期调节的内在因素主要是与生殖有关的内分泌及神经系统的活动，同时也包括遗传因素。发情周期中生殖功能出现的规律性变化，主要是卵巢机能变化的反映，而卵巢机能则与内分泌、神经系统及整个机体所处状态具有密切关系。

1. 内分泌作用 母畜初情期的开始、卵泡的发育、卵子的成熟及排卵、黄体的生成及维持、生殖道的增生性及退行性变化、性行为的强弱等，都受生殖激素的调节。与母畜发情周期生殖活动规律性变化有直接关系的激素包括促性腺激素释放激素、促性腺激素、性腺激素及局部激素（前列腺素），发情周期是丘脑下部-垂体前叶-卵巢轴系一连串相互影响和作用的结果。发情周期出现的变化表现在卵巢上主要就是卵泡和黄体相继发育、维持和终结。卵巢既是一个产生配子的器官，也是一个内分泌器官，其机能在动物繁殖中起关键性作用，并对生殖道及母畜的变化发生重要影响。

2. 神经作用 外界环境因素（如白昼长短）能通过感觉神经影响中枢神经（松果腺、

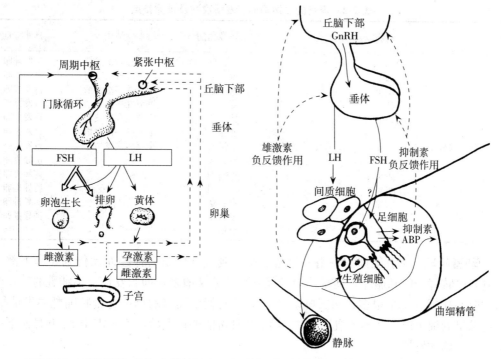

图 2-16 丘脑下部-垂体-卵巢轴（左）和丘脑下部-垂体-睾丸轴（右）调节机理模式图
（引自王建辰和章孝荣，动物生殖调控，1998）

丘脑下部），从而调节家畜发情季节。母畜通过嗅觉、视觉、听觉、触觉感受公畜的气味、外貌、声音，尤其感受公畜嗅闻阴门、爬跨、交配刺激激发生殖活动及性行为。神经系统感受的各种刺激在中枢，特别是在丘脑下部，经整合以后，可将信息传递至内分泌系统，影响丘脑下部和垂体激素的产生和释放，从而影响性腺激素的产生及配子的生成。神经和内分泌系统互相联系、互相促进、互相制约，构成一个完整的神经内分泌调节系统。

（二）外界因素

家畜的生理现象是与生活环境相适应的，发情这一生理机能也以外界因素为条件而发生相应的变化。

1. 季节 季节变化包括光照、饲料、温度、湿度等许多因素，这些因素往往是共同发生影响的，但其中日照长短和营养条件的变化应该是主要的。季节变化是影响家畜生殖，特别是影响发情的重要环境条件。野生动物大多有明显的发情季节，一般来说，雌性动物都希望在有较丰富食物供应和适宜气温条件的季节产仔，产仔之前有一段相对固定的妊娠期，因此发情季节应该出现在这一段相对固定的时间之前。

有些家畜，例如马、羊、骆驼、犬和猫，发情仅见于一年中的一定时期，这一时期称为发情季节（sexual season）。马、羊、骆驼在此季节中多次发情，所以称为季节性多次发情动物（seasonal polyestrous animal）；野犬在一个发情季节仅发情一次，称为季节性单次发情动物（seasonal monstrous animal）。这些家畜在其他季节不发情，卵巢机能处于静止状态，称为乏情期（anestrus）。还有一些家畜经长期人工驯化和选择之后，常年均可发情，比如猪；还有一些家畜发情季节不明显，特别是在南方，比如牛和山羊，常年都可能发情，只是在冬季和炎热的夏季，发情可能偏少（表 2-2）。

表 2-2　家畜的发情季节、发情次数及排卵特点

动物	发情季节	发情次数	排卵特点
马、驴	春、夏、秋	季节性多次发情	自发排卵
绵羊	秋、冬	季节性多次发情	自发排卵
山羊	秋、冬	季节性多次发情	自发排卵
牦牛	夏	季节性多次发情	自发排卵
吉林鹿	秋、冬	季节性多次发情	自发排卵
犬	晚春、早冬	季节性一次发情	自发排卵
牛、猪、部分品种绵羊（如湖羊、寒羊）、南方山羊	全年	全年多次发情	自发排卵
猫	春、秋		诱导排卵
野兔	1～8 月		诱导排卵
水貂	3～4 月		诱导排卵
雪貂	春、夏		诱导排卵
骆驼	冬、春		诱导排卵
家兔	全年		

2. 幼畜吮乳　吮乳能抑制发情。母畜乳头受到吮乳刺激后神经冲动传到丘脑下部，能够抑制多巴胺释入门脉循环，使垂体前叶促乳素的分泌增多，抑制发情。不哺乳的牛，产后发情的时间比哺乳牛早很多；每天哺乳 30min 后与犊牛隔离的母牛比带犊哺乳牛发情早 70 天。产羔早的绵羊产后如不哺乳，第二年 1、2 月份能够再发情，否则需至 8、9 月份下一次发情季节开始才发情。

3. 饲养管理　饲料供给充足，营养状况良好，母畜的初情期可以提早，发情周期也趋于正常。相反，草料严重不足或常年舍饲，缺乏某些矿物质及维生素等，可以使垂体促性腺激素的释放受到抑制，或卵巢机能对垂体促性腺激素的反应受到扰乱，因而发情受到影响。营养不良，乳汁少，幼畜吮乳的次数增多，它们对母体共同发生的作用就是使发情更为延迟。在新疆，冬季在农区产羔并补饲的母羊，春季转入天山牧场后，经过断奶、整群和剪毛，加上啃食上青草，羊群可以在 6～7 月出现良好的发情，配种后可以得到很高的受胎率和双羔率。而且这些羊大都在冬季严寒月份之前产羔，可以保证很高的成活率。

在管理方面，对发情具有明显影响的因素是泌乳过多、使役过重，在北方冬季畜舍温度过低、南方夏季酷热潮湿等，也会使发情受到抑制。

4. 公畜的刺激　公畜的存在对母畜是一个天然的强烈刺激。公畜的性行为、外貌、声音以及气味都能通过母畜的感觉器官，刺激其神经和内分泌系统，促使垂体促性腺激素的脉冲式分泌的频率增大，加速卵泡的发育及排卵。初情期前与公畜混群者较单独隔离饲养的母畜进入初情期较早；从乏情季节向发情季节的过渡阶段中，羊群中如放入公羊，可以刺激母羊提早发情，并造成某种程度的同步发情；小母猪猪舍中放入公猪，可以使初情期提前出现；母猪的听觉或嗅觉受到破坏后，因听不到公猪的声音或嗅不到公猪的气味，发情现象则不能充分表现出来。

气味之所以能够刺激家畜的性功能，主要是由于外激素的作用。公猪包皮孔和会阴部、公山羊的皮肤等，都能产生特殊的气味，并通过母畜的嗅觉刺激其性功能。公猪的尿液、精索静脉血、特别是唾液中含有的雄烯酮对母猪也能发生强烈的刺激。同样，母畜发情时，从阴门中流出的黏液、尿液以及腹股沟部的气味也能引诱公畜和刺激公畜的性欲。

由此可见，母畜的发情和季节、吮乳、饲养管理、公畜等外界环境具有密切关系。虽然各种家畜发情周期调节的机理有所不同，但为了便于理解，综合激素、神经系统及外界因素

对母畜的作用，可将发情周期的调节概括如下：母畜生长至初情期时，丘脑下部 GnRH 脉冲式分泌的频率增加，垂体前叶开始释出促性腺激素，使卵巢中出现卵泡发育，卵泡鞘内层产生雌激素，刺激生殖道的发育。至一定季节，外界环境的变化和公畜等条件对母畜所发生的影响以及卵巢产生的甾体激素，传至大脑皮质及丘脑下部，激发后者发出释放激素，达到垂体前叶，使它释放促性腺激素。其中的促卵泡素使卵泡迅速增大，雌激素急剧增多，并在少量孕酮作用下，刺激性中枢，引起发情表现，同时刺激生殖道发生各种生理变化。排卵后，卵泡颗粒层细胞在少量 LH 的作用下形成黄体并分泌孕酮。孕酮负反馈作用，抑制 FSH 的分泌，使卵泡不再发育，抑制中枢神经系统的性中枢，使不再表现发情。同时，孕酮也作用于生殖道及子宫，使之发生有利于胚胎附植的生理变化。若未受精，则黄体维持一段时间后，在子宫内膜产生的 $PGF_{2\alpha}$ 作用下逐渐萎缩退化。

第三节　常见动物的发情特点及发情鉴定

不同动物发情季节、发情次数、发情周期长度、发情持续时间、发情行为的表现、排卵时间、排卵数量及排卵方式均有不同。掌握不同动物发情周期生殖活动的特点，有助于加强母畜的管理，及时准确地鉴定发情母畜，确定最适配种时间，从而提高繁殖效率。

一、奶牛和黄牛

（一）发情特点

1. 初情期　一般在 7～12 月龄时达到初情期，2～2.5 岁左右即可产犊。初情期前大多数青年母牛卵巢上有直径为 0.5～2.0cm 的卵泡发育，第一次排卵前 20～40 天卵泡发育明显加快。第一次发情时，大多数青年母牛表现安静发情。

2. 发情季节　牛在饲养管理条件良好时，特别在温暖地区，为全年多次发情，发情的季节性变化不明显。但发情现象在气候温暖时比严寒时明显。

3. 发情周期　平均约 21 天（17～24 天），青年母牛较成年母牛约短 1 天。

4. 发情期　发情表现比较明显，有性欲及性兴奋的时间平均约 18（10～24）h；排卵发生在发情开始后 28～32h，即发情结束后 12h（10.5～15.5h）左右，是家畜中唯一排卵发生在发情停止后的动物。通常只有一个卵泡发育成熟，排双卵的情况仅占 0.5%～2%。排卵 80% 发生在凌晨 4 时到下午 4 时之间，交配能促使排卵提前 2h 发生。

5. 产后发情　牛产后发情多出现在产后 40 天前后，气候炎热或冬季寒冷时可延长至 60～70 天。如果奶产量高、产后患病、营养不良、带犊哺乳，发情则更延迟。耕牛大都带犊哺乳，发情一般均较迟，常在产后 60～100 天；有的饲养管理条件较差和使役的牛，可能延迟至来年才发情。如果发生早期流产或犊牛死亡，发情出现常较早。奶牛产后第一次发情时表现为安静发情者可达 77%，第二次为 54%，第三次为 36%。

（二）发情鉴定

牛的发情期虽短，但外部特征表现明显。因此，发情鉴定主要靠外部观察，也可进行试情（teasing）。阴道及分泌物的检查可与输精同时进行（图 2-17）。对卵泡发育情况进行直肠检查，可以准确确定排卵时间。

1. 发情的外部表现　母牛开始发情时，表现不安，大声哞叫，追逐并爬跨其他牛。性

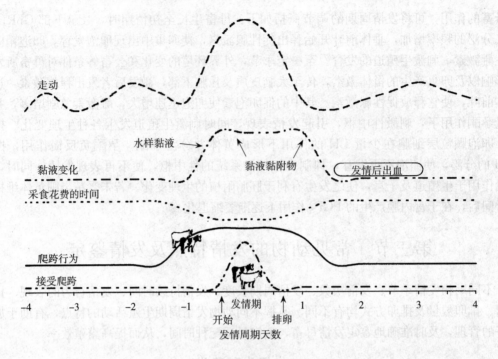

走动

水样黏液

黏液变化

黏液黏附物

发情后出血

采食花费的时间

爬跨行为

接受爬跨

发情期

开始   排卵

发情周期天数

图 2-17　奶牛发情前后相关的变化

（改自 Younguist R S and Threlfall W R，Current Therapy in Large Animal Theriogenology，2nd ed，2007）

兴奋开始后数小时，常做排尿姿势。其他牛嗅其外阴部并爬跨，当触及其外阴时，举尾不拒。常舔接近的公牛，或嗅闻公牛的会阴及阴囊。发情旺期排出的黏液垂于阴门之外，俗称"吊线"。食欲、反刍及奶产量均有下降。年龄较大，舍饲的高产牛，特别是产后第一次发情时，发情的外部表现不很明显，需注意观察或试情。

2. 阴道、子宫颈及其分泌物的变化
母牛发情时，子宫颈及阴道，尤其是阴道前端充血，轻度水肿；分泌的黏液透明，量多。子宫颈明显肿胀，宫腔开放。

3. 卵泡发育　母牛的卵泡发育可概括为以下四期（图 2-18）。根据这四期的变化，经直肠检查可比较准确地确定母牛发情的阶段。

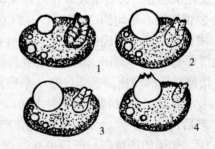

图 2-18　牛卵泡发育过程模式图
1. 卵泡出现期　2. 卵泡增大期　3. 卵泡成熟期　4. 排卵期
（引自甘肃农业大学，兽医产科，第二版，1988）

（1）卵泡出现期：卵泡稍增大，直径为 0.5～0.75cm。直肠触诊为一硬性隆起，波动不明显。这一期中，母牛一般开始有发情表现。从发情开始计算，该期约 10h；但也有些母牛在发情出现以前，该期已经开始。

（2）卵泡增大期：卵泡发育到 1～1.5cm（黄牛 1.3cm），呈小球状，波动明显。这一期为 10～12h。在此期后半段，发情表现已减轻，甚至消失。卵巢机能减退的母牛，此期的时间较长。

（3）卵泡成熟期：卵泡不再继续增大，卵泡壁变薄，直肠触诊有一触即破的感觉。该期为 6～8h，但也可能缩短或延长。

（4）排卵期：卵泡破裂排卵，卵泡液流失，卵泡壁变为松软，成为一个小的凹陷。排卵后 6～8h，原来的卵泡已开始被填起，可触摸到质地柔软的新黄体。

二、水 牛

（一）发情特点

1. 初情期 水牛初次发情的年龄差异很大，为 15～19 月龄。

2. 发情季节 水牛虽然全年均可发情，但其季节性差异较黄牛明显，而且有地区性差别。广西地区的水牛发情一般是上半年较少，下半年较多，而以 8～11 月份最多；华中地区的水牛，夏秋季发情旺盛，冬春季较少。

3. 发情周期 水牛的发情周期一般为 21～28 天（18～36 天），青年水牛的发情周期可能稍长一些。

4. 发情期 发情时的性欲、性兴奋以及生殖道变化均不明显，发生安静发情的比例可达总数的 14%～18%。发情开始的时间多在夜间或凌晨，排卵则多在白天，且多在发情结束时或结束后不久发生。我国各地报道水牛的发情期不一致，四川为 1～1.5 天，广州和江苏为 1～2 天，福建为 1～4 天。

5. 产后发情 水牛产后第一次发情约在产后 55 天（26～116 天）。体况好的母水牛发情较早，经产老龄及营养不良者则较迟，长的甚至可拖延到产后 120～147 天才开始发情。

（二）发情鉴定

发情鉴定主要采用外部观察法，还可以配合直肠检查和公牛试情。也可在发情时将阴部分泌物抹片干燥镜检，发现有形状像蕨类植物叶子的结晶物，即可作为发情依据。

1. 发情的外部表现 水牛发情时的性欲、性兴奋以及生殖道的变化均不明显。典型的发情症状是：发情早期，兴奋不安，偶有哞叫，常站于一侧，昂首，摆尾；此时常有公牛跟随，但母牛不接受公牛的爬跨；外阴部湿润，轻微红肿，阴门外流出少量具有牵丝状的透明黏液。发情旺盛期，母牛愿意接受爬跨；阴部肿胀更加明显，阴门外流出数量较多的牵丝状很强的黏液。随着发情的继续发展，公牛不理睬母牛，母牛亦无求偶表现；外阴部肿胀逐渐消退，皱褶增多；分泌的黏液由透明变为半透明，最后呈乳白色，黏性变差。

2. 卵泡发育 直肠检查触摸卵巢会感觉质软，其表面有大如黄豆或小如绿豆的卵泡。卵泡多为 1 个，偶有 2 个。当感觉到卵泡明显紧张而有波动时，则预示接近排卵，此时为水牛配种的最佳时期。

三、牦 牛

（一）发情特点

1. 初情期 母牦牛一般在 18～24 月龄开始第一次发情，性成熟一般在 2～3 岁，初配年龄为 2.5～3 岁。

2. 发情季节 牦牛属季节性多次发情的动物，但多数个体在发情季节中只发情一次。发情开始的时间受海拔高度、气温及饲草好坏的影响较大。发情季节为 6～10 月份。

3. 发情周期 发情周期一般为 20 天（19～21 天），但各地差异较大。

4. 发情期 发情期持续 12～36h，受年龄、天气、温度的影响，各地差异较大，青海的牦牛为 24~36h，新疆的为 16~48h，云南的为 2~3 天。

5. 产后发情 产后第一次发情的时间很不一致，在很大程度上受产犊时间的影响。产犊月份离发情季节越远，产后发情间隔越长；产犊过晚的，当年多不发情。

（二）发情鉴定

牦牛发情的外部表现比较明显，发情鉴定主要靠外部观察。对发情牦牛可于发情旺期及间隔半天后配种两次即可。

1. 发情的外部表现 牦牛在乏情季节结束第一次发情开始之前，绝大多数都不定期地有幼年公牦牛或犏牛追随、母牦牛之间相互爬跨等现象。在发情期，采食时不安静，相互爬跨，喜欢接近公牦牛；成年公牦牛、公黄牛、犏牛和骟牛紧跟其后，且频繁爬跨。发情初期外阴微肿，阴道黏膜呈粉红色，阴门中流出少量透明黏液；发情进入旺期外阴明显肿胀，阴道黏膜潮红，阴门中流出蛋白样黏液。发情后期，成年公牦牛已不再追随，犏牛或骟牛可能仍跟随 1~3 天；但母牦牛拒绝爬跨，其精神及采食恢复正常，外阴肿胀消退，阴道黏膜的颜色转为淡红色，黏液变稠，呈草黄色。

2. 卵泡发育 尽管牦牛的卵巢较小，但有经验的检查者还是可以触摸到其卵泡的发育情况。发情初期，卵泡较小，略有隆起，波动不明显；当发情达旺期时，卵泡呈小球状，波动明显；排卵后卵巢扁软无弹性，排卵处出现凹陷。与公牛隔开者，其卵泡发育较慢，发育成熟需 3~4 天，卵泡直径为 0.9~1.2cm，从发情到排卵的时间为 60~72h。未将公牛隔开者，其卵泡发育较快，经 1~2 天可达成熟，从发情到排卵的时间为 36~48h。

四、绵羊和山羊

（一）发情特点

1. 初情期 春季所产的绵羊羔，初情期为 8~9 月龄，秋季所产羔为 10~12 月龄。大多数绵羊在其第二个繁殖季节，亦即 1.5 岁左右配种。山羊的初情期多为 6~8 个月，初配时母羊的体重达到成年的 60%~70%。我国南方山羊发情季节不明显，全年均可发情交配。

2. 发情季节 羊属于季节性多次发情的动物。我国北方的绵羊，集中在 8、9、10 三个月发情，冬季产羔。产羔较早的母羊在第二年气候转暖、饲草良好的情况下，6 月份即可出现发情。温暖地区饲养的优良品种，如我国的湖羊及寒羊，发情的季节性不明显，但秋季发情较旺盛。

3. 发情周期 绵羊的发情周期平均为 17 天（14~20 天），山羊平均为 21 天（16~24 天），萨能奶山羊为 23~24 天。

4. 发情期 绵羊的发情期持续期为 24~30h（16~35h），山羊约 40h（24~48h）。绵羊的排卵一般发生在发情开始后 24~27h。山羊的排卵发生在发情开始后 30~36h，排双卵时，两卵排出的间隔时间平均为 2h。

5. 产后发情 我国北方的绵羊和山羊产后第一次发情均在下一个发情季节。南方山羊在产羔后 2~3 个月断奶，断奶后一般可出现发情而配种，基本上可以做到 2 年 3 胎。

（二）发情鉴定

绵羊的发情期短，其发情症状在无公羊存在时不太明显，因此发情鉴定以试情为主。通常是在每 100 只母羊中放入 2 只试情公羊（施行过阴茎移位或输精管结扎手术，或者在腹下戴上兜布的公羊），每日一次或早晚各一次。在试情公羊的腹部戴上标记装置（发情鉴定器），或在前胸涂上颜料，有助于识别发情母羊。

山羊的发情症状比较明显，可采用外部观察法进行发情鉴定。发情时阴唇肿胀充血、摇尾、爬跨其他母羊，嗅闻公羊会阴及阴囊部，或静立等待公羊爬跨，并回视公羊。

五、猪

（一）发情特点

1. 初情期　猪的初情期为3～7月龄。春季所产仔猪达到初情期时的年龄比冬季所产仔猪的早1～3周。

2. 发情季节　猪全年均可发情，但在严冬季节、饲养不良时，发情可能停止一段时间。

3. 发情周期　一般为21天（18～22天）。

4. 发情期　发情持续期为2～3天（1～5天）。排卵在发情开始后20～36h（18～48h）开始，在4～8h内排完。每次排卵的数目依品种及胎次不同而有差异，胎次多者排卵较多。

5. 产后发情　产后第一次发情的时间与仔猪哺乳有关，一般是在断乳后3～9天发情。

（二）发情鉴定

母猪的发情症状比较明显，可采用外部观察法进行发情鉴定。发情时，食欲减退、不安，常在圈内乱跑，流涎、磨牙、嘶叫，用嘴咬圈门或拱土，或守在圈门处伺机外出。听到公猪的叫声或其录音，或闻到公猪气味，即长时间弓背、竖耳、静立不动，表现"静立反射"（图2-19）。圈外如有公猪经过，则试图夺门而出。放出圈外，常跑向公猪圈，或寻找公猪。遇到公猪，鼻对鼻嗅闻或闻公猪的会阴部，且常用鼻触弄其腹胁部。发情开始前两天，阴唇即开始肿胀，发情时则显著肿胀，阴门裂稍开放，黏膜充血，阴道内

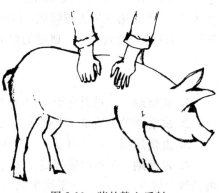

图2-19　猪的静立反射

流出稍带红色的分泌物。发情的第二天，症状更加明显，并有透明黏液流出阴门之外。性兴奋及外阴部变化出现后，经过一段时间至阴唇红肿开始消退，才接受公猪交配。母猪交配欲的表现是时常排尿，爬跨其他猪，同时也接受其他猪爬跨。用手按压其背部，约有50％的母猪表现静立反射，向前推其臀部则向后靠。如公猪在场，成年母猪的静立反射更加明显。发情停止后，性欲、性兴奋及外阴部变化即消退。

六、马 和 驴

（一）发情特点

1. 初情期　马驹在出生后6～9月龄时卵巢上有卵泡发育，10～18月龄时营养良好的小马达到初情期。

2. 发情季节　马（驴）是季节性多次发情的家畜，发情从3、4月份开始，至深秋季节停止。在繁殖季节初期，排卵通常滞后于发情表现，因此配种时受胎率较低。

3. 发情周期　母马平均为21天（16～25天），驴为23天（20～28天）。一年内的发情周期数为3～6次。

4. 发情期　马约为7天（5～10天），驴为5～6天（4～9天）。

5. 产后发情 马产后第一次发情在分娩后 6～13 天开始，平均在第 9 天。在产后第一次发情配种称为配血驹（配热胎），产后发情鉴定应在第 5 天开始，以免错过配种机会。

（二）发情鉴定

马（驴）的发情期长，所以必须准确掌握排卵时间，并于排卵前配种，以提高受胎率。发情鉴定的方法有外部观察、试情、阴道检查及直肠检查法等。通常是在外部观察法的基础上，以直肠检查卵泡发育情况为主。

1. 发情的临床表现 发情时表现不安，常后肢撑开，弓腰抬尾，阴门频频开张，闪露阴蒂，有时排出少量浑浊尿液或黄白色黏液。放牧群中的母马常脱群寻找公马。驴的性兴奋比较明显，四肢撑开站立，头颈伸直，耳向其后背，上、下颌频频开闭，有时发出臼齿相碰的声音，这种现象俗称"拌嘴"。当人接近或压其后背时，常明显表现出来。

2. 卵泡发育 马（驴）的成熟卵泡体积大，在发育过程中卵泡的大小、形状、质地都发生明显变化，并有规律性。因此，直肠检查是马（驴）发情鉴定和确定排卵时间最准确的方法。马（驴）的卵泡发育过程一般分为六期：第一期卵泡无波动感；第二期卵泡有波动感，但波动不明显；第三期卵泡波动明显，持续 1～3 天；第四期卵泡有即将破裂的感觉，持续 1～3 天；第五期为排卵期，时间很短，持续 1～3h；第六期是红体形成期，持续 10～20h。由发情开始到排卵，典型的卵泡发育过程平均为 6 天。

七、猫

1. 初情期 家猫通常于 6～9 月龄达到初情期，最早的 4 月龄，最迟的 18 月龄。

2. 发情季节 猫是季节性多次发情的动物，一般是晚冬开始，春、秋为发情旺季。

3. 发情周期 14～21 天，一年有 2～3 次发情周期活动期，发情 4～25 次。

4. 发情期 是指母猫接受交配至发情的临床症状结束的时期。猫发情前期和发情期一般持续时间为 3～10 天（平均 1 周）。相对于犬，猫的发情前期和发情期不易区分。发情前期外部症状不明显，表现为吸引异性但不愿接受交配，这个时期为 1～4 天。发情期的主要特点就是行为变化，大声叫，打滚（可被误认为是疼痛），抬高臀部。猫在交配后 25～30h 排卵，接受交配后的母猫发情期可能提前结束；如果未交配，几天后可能进入下一次发情。

5. 产后发情 母猫产后出现发情的时间很短促，可在产后 24h 左右发情，但一般情况下，多在小猫断乳后 14～21 天发情。

八、犬

1. 初情期 犬在 6～8 月龄时可达初情期，但品种间差异很大，体格小的犬初情期比体格大的犬要早。

2. 发情季节 母犬为季节性单次或双次发情的动物，一般多在春季（3～5 月）或秋季（9～11 月）各发情一次。家犬 26％一年发情一次，65％发情两次；野犬和狼犬一般一年发情一次。

3. 发情周期 犬的发情周期与大家畜不同：一是持续时间很长，约 3 个月；二是妊娠发生在正常的发情间期，而非因妊娠将发情间期延长；三是无论妊娠与否，两次发情周期间总有一个较长时间的乏情期。

（1）发情前期：为母犬阴道排出血样黏液至接受公犬爬跨交配的时期。发情前期的时间可持续3～16天，平均为9天。此期表现性兴奋，但不接受交配，外生殖器官肿胀，卵巢有卵泡发育。阴道和子宫内膜上皮生长，从阴道涂片可见到鳞状上皮细胞，并从阴道内流出少量血液。

（2）发情期：为母犬接受爬跨交配的时期。母犬的发情期为6～14天，通常为9～12天。母犬第一次接受公犬交配即是发情开始的标志。经产母犬发情一开始，性行为就发生变化，尾偏向一侧，露出阴门。

（3）发情间期：为母犬发情结束至生殖器官恢复正常为止的一段时间。母犬的发情间期较长。排卵后如果未孕，黄体仍将维持其功能，出现假孕状态；如果受孕，发情间期则为妊娠期。此期大约可持续75天。

母犬多在发情期配种，其时间可选择在见到血性分泌物后第9～12天（即发情期的第2～4天），自然交配往往一次获得成功。有时为了提高受胎率，常隔日再交配一次。

4. 产后发情　犬是单次发情动物，在一个繁殖季节里只发情一次，而不会反复发情。因此，产后第一次发情必须等到下一个繁殖季节。

第四节　配　种

一、配种方式

在生产中，母畜配种的方式主要有自然交配、牵引交配和人工授精。

1. 自然交配（natural mating）　就是公母同群混养，母畜发情后由群中公畜随意交配受孕。一般来说，群中公畜如果没有计划地更换，势必造成近亲交配。在有足量优良公畜可供使用的情况下，加以有计划地按期调配的措施，从节约生产成本考虑，自然交配也不失为一种可用的办法。但是，最好不要常年将公母畜放在一起，而只是在繁殖季节将公畜放入母畜群中（公畜应定期交换，防止近亲交配）。

2. 牵引交配（haul mating）　是指将公母畜隔离饲养，在母畜发情时，有目的地选择公畜单独进行交配。此方法有利于合理利用公畜，有计划地对母畜进行改良。我国西南地区养殖的山羊，由于羊群分散、交通不便、缺乏羊群集中所需要的草场，开展人工授精有一定困难。在山羊集中养殖的地区，希望能将公母羊分户饲养，或是将自家饲养的公羊隔离出来单独饲养。母羊发情的时候，有目的地选择公羊交配。

3. 人工授精（artificial insemination，AI）　是指采出公畜精液，经处理后，采用人工方法将精液输入发情母畜生殖道一定部位，使其受孕并产出后代的方法。在生产中这种方法已经采用近100年。随着精液品质的提高，精液处理、采精和输精方法的不断改进，人工授精技术充分地利用了优良公畜的生殖潜力，极大地促进了品种改良和生产发展，在现在和今后都是一种不可替代的重要繁殖技术。

近数十年，繁殖技术有了较大的发展，特别是胚胎移植技术和克隆技术的出现，使人们看到了发掘优良母畜生殖潜能和大量扩繁优良个体的美好前景。胚胎移植和克隆改变了传统意义配种方式的概念，丰富了家畜繁殖手段。但是，虽然胚胎移植和克隆在主要家畜上都已取得成功，但由于相对复杂的技术、不够稳定的结果和较高的成本，在生产上还难以得到广泛应用。

二、母畜配种时机的确定

在母畜发情阶段中最适宜的时间，准确地把适量精液输送到母畜生殖道中最适当的部位，是获得高受胎率的一个关键技术环节。

通过发情鉴定，了解发情出现的时间和动物的行为表现，推断可能的排卵时间，是确定配种时间的重要根据。在生产中，不同动物排卵时间的确定主要通过试情、观察发情行为、检查阴道及其分泌物，大家畜还可以通过直肠检查触摸卵巢来判断。各种母畜输精最佳时间及有关生殖特性可参考表 2-3 确定。

表 2-3　各种家畜发情、排卵、配种（输精）基本情况比较

项目	牛	绵羊	山羊	猪	马	犬	兔
发情周期	21 天	16～17 天	20～21 天	21 天	21 天	90 天左右	8～15 天
发情持续时间	18h	24～36h	40h	40～60h	5～7 天	6～14 天	几天至十余天
排卵期	发情停止后 4～16h	发情结束时	发情结束后不久	发情开始后 16～48h	发情停止前 24～48h	接受交配前 2 天至交配后 7 天	交配后 10～12h
排卵后卵子具有正常受精能力的时间	8～12h	16～24h	8～10h	6～8h	4～8 天		
精子在母畜生殖道内存活的时间	28h	30～36h	＞24h	5～6 天	80～100h		
最适配种（输精）时间	发情开始后 9h 至发情终止	发情开始后 10～20h	发情开始后 12～36h	发情开始后 15～30h	发情第 2 天开始，隔日一次，至发情结束	接受交配后 2～3d	诱发排卵后 2～6h
最适输精部位	子宫和子宫颈深部	子宫颈内	子宫颈内	子宫内	子宫内	子宫颈或子宫内	子宫颈内

在一个发情期一般输精 1～2 次，由于精子到达输卵管壶腹部获能并最终具有受精能力一般需要数小时，而精子在母畜生殖道内存活时间较卵子保持受精能力的时间长，因此可在估计排卵前数小时进行第一次配种（输精），使具有受精能力的精子在壶腹部等待卵子；补配应在卵子受精能力丧失之前进行。在生产中，两次配种（输精）间隔时间一般牛、羊为 8～10h，猪为 12～18h，马隔日配种。

（一）奶牛和黄牛

在排卵前 7～18h 输精受胎率最高，如果在排卵后或在发情结束后 10～18h 输精，则受胎率明显下降。因此牛的最佳输精时间是从发情中期到发情后 6h 或出现站立发情行为后的 6～24h。通常在发情现象出现后数小时和发情结束时两次输精（间隔约 12h）可以获得很高的受胎率。

（二）水牛

在发情高潮时通过直肠检查触摸卵巢，当感到卵泡明显紧张而有波动时，即预示接近排卵，此时为水牛配种最佳时间。提高水牛配种受胎率流行的经验是："少配早（当日配），老配晚（三日配），不老不少配中间（二日配）"。

（三）羊

放牧羊群通常是在早上出圈前试情，按每百头母羊放入 1～2 头试情公羊。配种的最佳

时间是在发情开始后 10h（2～15h）。在生产中，如在清晨发现发情，可在上午和傍晚各配种一次。傍晚发现发情，可在当时和次日清晨配种。

（四）猪

发情初期交配，可使排卵提早 4h。适当增加配种次数，可以提高窝产仔数。

（五）马、驴

常通过直肠检查确定配种时间，配种以卵泡发育到第四期最好，配后第二天再作检查，如未排卵，须补配。出现发情表现后，每天都必须进行直肠检查，进入卵泡发育的第四期，最好上、下午各检查一次。群牧马可隔日检查并配种。

三、人工授精

人工授精主要包括鲜精人工授精和冻精人工授精。在实验室研究的体外受精方式也应该视为一种特殊的人工授精技术，它是将母畜卵子和公畜精子采出（也可使用体外培养成熟的卵子和冻精），经体外处理后使其受精，形成胚胎后移入受体子宫发育而产出胎儿的一种技术。

（一）人工授精的意义

1. 充分利用优良公畜潜在的繁殖能力　从一头公牛一年可采得 1.5×10^{12} 个精子，采用冻精技术将这些精子冷冻保存，一头公牛输精母牛数最高可达 35 万头。1 只公羊在自然交配情况下可配母羊 50～60 只，如果采用鲜精人工授精，可配母羊 300～500 只；如果采用冷冻精液技术，公羊可以全年采精，其冷冻精液可供 2 000 只以上母羊输精。目前，世界上非常重视顶尖公畜的培育。种公畜利用率的提高，使优良公畜得到充分利用，从而大大减少种畜饲养量，降低生产成本。

2. 加速家畜品种改良　通过对公畜进行选择可以使优良遗传基因的影响迅速扩大，加快品种改良速度。此外，采用人工授精技术可以提供完整的配种记录、保证配种计划的实施。采用先进技术培育优良种畜，不断提高精液品质和改良输精方法，是人工授精技术近百年来一直在畜牧生产上广泛采用的主要原因。

3. 控制某些疾病的发生　采用人工输精技术可以减少和防止因本交引起的传染性疾病，如布鲁菌病、毛滴虫病、胎儿弧菌病、马传染性流产和马媾疫等。

4. 有利于提高母畜的受胎率　通过发情鉴定可以掌握适宜的配种时机并及时发现某些生殖疾病；可以克服因公、母畜体格相差太大或因生殖道异常造成交配困难引起的不孕。

5. 使用公畜的精液可以不受时间和地域的限制　优良公畜的精液可以长期冷冻保存，而且便于运输，因此可以在任何时间、任何地点选用某公畜的精液输精。国际公牛协会可以从世界各地得到优秀公牛的冻精进行遗传评估。

6. 促进其他繁殖技术的发展　人工授精技术的发展为其他繁殖技术，如同期发情、胚胎移植、精子性别鉴定、基因导入等提供了必要的技术保证。

（二）人工授精技术

人工授精技术根据操作程序可划分为采精，精液品质检查，精液的稀释、分装、保存、运输，冷冻精液的解冻和检查，以及输精等环节。如果大体上划分的话，可简单地概括为采精技术、精液处理技术和输精技术三大部分。

1. 采精（semen collection）　也称精液的采集，是人工授精的第一个环节，也是最为重要的环节之一。采精的目的是每次获得最大量的高品质精液，为人工授精保证充足的精液来源。

采精场地应宽敞、平坦、安静，采精前喷洒消毒液。场内要设有采精架以保定台畜，或设立假台畜，供公畜爬跨进行采精。

台畜的选择要尽可能满足种公畜的要求，可利用活台畜或假台畜。采精时利用发情良好的母畜做台畜效果最佳，经过训练过的公畜和母畜也可做台畜（图 2-20）。

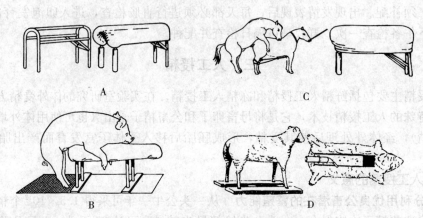

图 2-20 采精用的假台畜和活台畜
A. 牛用 B. 猪用 C. 马用 D. 羊用
（改自中国农业大学，家畜繁殖学，第三版，2000）

涉及采精的器械彻底洗涤、严密消毒，特别是可能直接与精液接触的用具在临用前还需用稀释液冲洗 2～3 次。采集的新鲜精液在稀释后需进行质量检查，合乎输精标准者方可用于输精或冷冻。

采精方法有：假阴道法、手握法、按摩法和电刺激法。假阴道法适用于牛、羊、马和驴（表 2-4）；公猪常用手握法采精；禽类一般采用按摩法；电刺激采精用于野生动物和小动物，以及丧失爬跨或勃起能力，但种用价值高的公畜。

表 2-4 家畜采精技术要点

动物	采精频率	假阴道的准备要点
牛	每 2 天采精 1 次，每周采精 2～3 次	假阴道的温度比压力更重要，可用温水控制温度，使其内部温度达到 45℃，范围为 38～55℃
羊	每天可采精多次	假阴道的温度和准备方法与牛的相同
猪	射精量大，可隔日采精；也可每天采精，连续几天后休息 2～3 天	假阴道的压力十分重要，用假阴道或手采精时，压力应主要在阴茎尖端的弯曲部；猪采精时的射出液由三部分组成：前精部分、浓精部分和后精部分，可在采集浓精部分之前废弃前精部分
马	射精量大，可隔日采精；也可每天采精，连续几天后休息 2～3 天	采精前用肥皂水洗剂阴茎以清除污物，其假阴道比其他动物的大

（1）假阴道法：使用假阴道（图 2-21）法采精时，采精员应手握假阴道站于台畜右后侧，当公畜爬跨时，将假阴道沿水平方向套入勃起的阴茎。在公畜抽动射精时尽量固定假阴道的位置。当公畜跳下时，假阴道随阴茎后移并保持下倾，防止精液从集精杯流出。排放假阴道

内空气，待阴茎软缩后取下假阴道。

（2）手握法：手握法适用于采集公猪的精液。采精员蹲在台畜左侧，以戴灭菌手套的右手紧握伸出的螺旋状龟头，模仿母猪子宫颈对公猪螺旋状龟头的挤压，一松一紧有节奏地施加压力，引起公猪射精。另一只手用装有过滤纱布的集精杯收集浓精部分。公猪常有 2～3 次射精，待射精全部结束后再松开阴茎（图 2-22）。

（3）按摩法：按摩法适用于牛和家禽。对牛可经直肠按摩精囊腺和输精管壶腹，使精液流出。同时由助手按摩阴茎 S 状弯曲部使阴茎伸出，便于收集精液。家禽也可采用按摩法采精。鸡采精时由助手双手分握公鸡两腿，以自然宽度分开，尾部朝向术者。泄殖腔周围剪毛、消毒。术者右手拇指与食指在泄殖腔下部两侧抖动触摸腹部柔软处，然后迅速轻轻用力向上挤压泄殖腔，使交配器翻出；固定在泄殖腔两侧上方的左手拇指和食指微微挤压，精液即可顺利排出。

（4）电刺激法：电刺激法主要适用于不适宜其他方法采精的小动物和野生动物，以及那些种用价值高而失去爬跨能力的优良种畜。它是利用电刺激采精器，通过电流刺激公畜（雄兽）腰荐部神经引起反射而进行采精的一种方法（图 2-23）。

2. 精液品质的检查和评定　可从以下四个方面进行：外观检查、显微镜检查、生物化学检查和精子对环境变化的抵抗力检查。任何单个项目的检查都很难预测精液的受精能力，采用多项综合检查能更准确地确定真正优良的精液。在进行人工授精时，比较重要的检查项目是精子密度和活率，对生育力低下的不育公畜还应注意检查死活精子和畸形精子的比率以及一些特殊的理化指标。

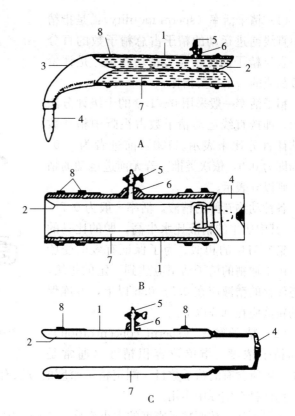

图 2-21　各种家畜的假阴道
A. 牛用　B. 羊用　C. 马用
1. 外壳　2. 内胎　3. 橡胶漏斗　4. 集精管（杯）
5. 气嘴　6. 水孔　7. 温水　8. 固定胶圈
（引自朱士恩，家畜繁殖学，第五版，2009）

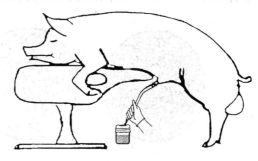

图 2-22　猪手握法采精
（引自朱士恩，家畜繁殖学，第五版，2009）

（1）**精子活率**（sperm motility）：是指精液中直线前进运动的精子占总精子数的百分比。它与精子的受精能力密切相关，是评价精液品质的一个重要指标。

精子活率一般采用 0～1.0 的十级评分法表示，即按直线运动精子数占视野中精子数的估计百分比来表示。100% 前进者为 1.0，90% 即为 0.9，依次类推。若无前进运动的精子，则以 0 表示。

各种动物新鲜的精液，活率一般为 0.7～0.9。其中奶牛的精液比水牛高，驴的比马的高，猪的与牛的相似。为了保证有效的受胎率，由于输精的精子活率应达到一定的等级，液态保存的精液应在 0.5～0.6 以上，冷冻保存的精液应在 0.3 以上。

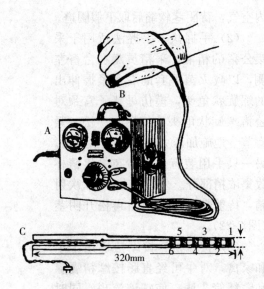

图 2-23　电刺激采精装置
A. 电源　B. 电极　C. 棒状电极
（引自北京农业大学，家畜繁殖学，第二版，1989）

（2）**精子密度**（sperm concentration）：也称精子浓度，指单位容积精液（通常是 1mL）内所含有的精子数目。测定精子密度的方法有目测法、血细胞计数法和光电比色法等，前两种在实际中多用。

①目测法：按照精子密度的大小粗略分为密、中、稀三个等级（图 2-24）。密等表示在这个视野里精子密度很大，彼此之间空隙很小，看不到各个精子的运动情况，每毫升精液含精子 10 亿个以上；中等表示精子间空隙明显，彼此间距离约一个精子的长度，可见到单个精子的活动，每毫升精液含精子 2 亿～10 亿个；稀等表示精子分散在视野中，精子之间的空隙超过一个精子的长度，每毫升精液含精子 2 亿个以下。但由于各种家畜的正常精子密度本来就差别很大，所以各种家畜精液的目测法划分标准不完全相同。

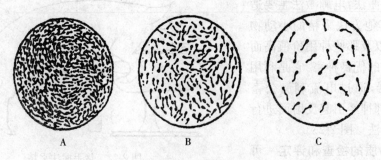

图 2-24　精子密度
A. 密等　B. 中等　C. 稀等
（引自朱士恩，家畜繁殖学，第五版，2009）

②计数法：用血细胞计数法准确地测定每毫升精液中的精子数量（图 2-25）。

（3）**精子形态**：精子形态与母畜的受胎率关系密切。精子形态检查包括畸形率和顶体异常率两方面。

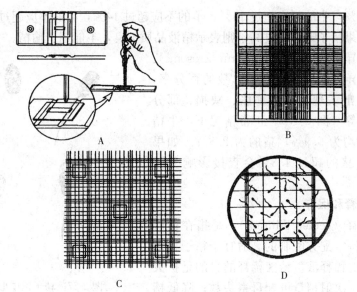

图 2-25 血细胞计数法检查精子浓度

A. 在计数室上滴加稀释的精液 B. 计算室平面图

C. 计数的 5 个大方格 D. 精子计数顺序（右方与下方压线的精子不计数）

（引自朱士恩，家畜繁殖学，第五版，2009）

①精子畸形率（abnormal sperm rate）：是指精液中畸形精子数占精子总数的百分率。畸形精子一般有头部畸形、颈部畸形和尾部畸形三类（图 2-26）。各种动物精液中精子畸形

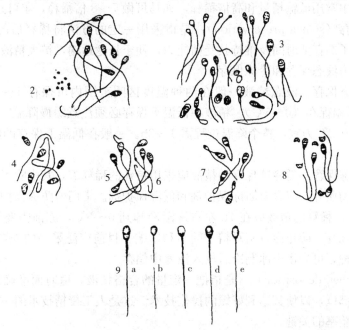

图 2-26 正常精子和畸形精子

1. 正常精子 2. 游离原生质滴 3. 各种畸形精子 4. 头部脱落 5. 附有原生质小滴

6. 附有远侧原生质小滴 7. 尾部扭曲 8. 顶体脱落

9. 各种家畜的正常精子：a. 猪 b. 绵羊 c. 水牛 d. 牛 e. 马

（引自朱士恩，家畜繁殖学，第五版，2009）

率一般不超过 20%，牛的不应超过 15%，羊的不应超过 14%，猪的不应超过 18%，马的不应超过 12%。如果精子畸形率过高，则表示精液品质不良，不能用于输精。

②精子顶体异常率（abnormal sperm acrosome）：是指精液中顶体异常的精子占精子总数的百分率。精子顶体异常一般表现为顶体膨胀、缺损、部分脱落和完全脱落等（图 2-27）。正常情况下，牛精子顶体异常率平均为 5.9%，猪的为 2.3%。如果牛的超过 14%、猪的超过 4.3%会直接影响受胎率。

3. 精液的稀释和保存

（1）精液稀释（semen dilution）：是指在精液中加入一定量按特定配方配制的、适宜于精子存活并保持受精能力的稀释液。精液稀释的目的是扩大精液容量，提高一次射精量可配母畜头数；降低精液消耗能量，延长精子寿命；便于精液的保存和运输。

图 2-27　精子顶体形态异常
1. 正常顶体　2. 顶体膨胀
3. 顶体部分脱落　4. 顶体全部脱落
（引自朱士恩，家畜繁殖学，第五版，2009）

新采的精液应先保存于 30℃水浴中，同时迅速检查精子的活率和密度，并根据稀释液的种类和保存方法，确定稀释倍数，尽快进行稀释。稀释精液时应当将稀释液加温（30～35℃），轻轻摇匀。随着精液处理、稀释和输精技术的改进，目前生产中常用低输精量和高倍稀释，如马可做 7～8 倍稀释，羊可达 50 倍稀释。

（2）精液保存（semen preservation）：是指采用一定的方法将稀释后的精液保存起来。其目的是延长精子的存活时间及维持其受精能力，便于长途运输，扩大精液的使用范围。精液的保存方法分为液态保存和冷冻保存。

①鲜精的液态保存：液态精液一般在两种温度区间范围内可保存 1～3 天：常温保存（15～25℃）和低温保存（0～5℃）。精液在低温下保存必须注意缓慢降温，从 30～5℃，一般以每分钟下降 0.2℃为宜，整个降温过程需 1～2h。一般在低温下保存的精子利用时间长于常温保存的。

②精液的冷冻保存：需冷冻保存的精液应采用特殊的稀释液，其中除了供给能量、维持渗透压和抑菌的物质外，应含有防冻保护剂和低温保护剂。常用的防冻保护剂为甘油和二甲基亚砜（DMSO）。稀释的精液应在 1h 左右逐渐冷却到 0～5℃，冻前需要数小时平衡时间以增强精子的抗冻性，防止冷打击对精子的不利影响。目前广泛采用的冻精剂型有细管型、颗粒型和安瓿三种，可先用干冰制冷后放入液氮中储存。

4. 输精（semen deposition）　是指把一定量的合格精液，适时而准确地输入发情母畜生殖道内的一定部位，以使其达到妊娠的操作技术。这是人工授精技术的一个重要环节，是确保获得较高受胎率的关键。

（1）牛的输精方法：牛普遍采用直肠把握法输精。应尽可能将输精管插入子宫颈管，精液输入子宫颈内口或子宫体中（图 2-28）。

（2）羊的输精方法：羊常用的输精方法是阴道开膣器输精法（图 2-29）。把羊保定在输精架中，将消过毒的开膣器插入阴道，并借助光源找到子宫颈外口，把输精器插入子宫颈内

0.5～1cm，将精液徐徐注入，随后撤出输精器和阴道开膣器。

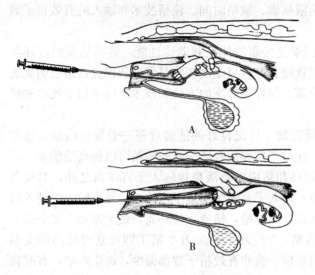

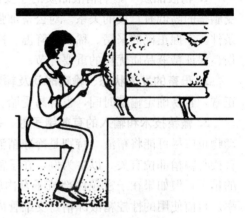

图 2-28 牛直肠把握子宫颈输精法
A. 不正确操作 B. 正确操作
（引自 Hunter R H F，Reproduction of farm Animals，1982）

图 2-29 羊的阴道开膣器输精法
（引自李青旺，动物繁殖技术，2010）

（3）猪的输精方法：猪的阴道与子宫颈结合处无明显界限，因此对猪的输精采用输精管插入法（图 2-30）。目前输精管多采用一次性海绵和螺旋头输精管，前者适用于经产母猪，后者适用于后备母猪。

（4）马（驴）的输精方法：马（驴）常用胶管导入法输精（图 2-31）。用手将胶管前端导入子宫颈口内 10～15cm 输精，注入精液后缓慢拔出胶管并同时用手刺激子宫颈口，使其收缩，防止精液外流。

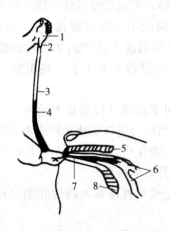

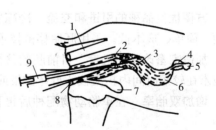

图 2-30 猪的输精方法
1. 精液瓶 2. 进气孔 3. 橡皮管 4. 输精管
5. 直肠 6. 子宫角 7. 阴道 8. 膀胱
（引自李青旺，动物繁殖技术，2010）

图 2-31 马（驴）的输精方法
1. 直肠 2. 阴道 3. 子宫角内口 4. 卵巢
5. 输卵管伞 6. 子宫角 7. 膀胱 8. 阴门 9. 输精器
（引自李青旺，动物繁殖技术，2010）

（三）影响人工授精受胎率的因素

人工授精受胎率的高低主要取决于精液品质、输精时间、输精技术和输入的有效精子数量。

1. 精液品质 影响精液品质的主要因素是公畜的体况和遗传性能，鲜精品质的好坏与受胎率的高低有直接的关系。对公畜加强管理和进行科学的饲养是保证获得优良精液的先决条件。掌握正确的采精、稀释、降温、冷冻、保存和解冻的方法和技术是减少精子死亡和损伤、保证精液品质优良的重要环节。

2. 母畜的发情状态、输精时间及输精次数 体况良好的适龄母畜一般发情明显，排卵正常，容易确定输精时间，也容易受胎。在母畜排卵前合适的时间输精可以提高受胎率。

3. 输精技术和输入的有效精子数 除马和猪应将精液直接输入子宫体内之外，对反刍动物也应尽可能将精液（特别是冷冻精液）输入子宫颈深部或子宫体内。每次输入的精子数直接与输精部位有关。以牛为例，在子宫颈口部输精，精液容易外流，最少需要 1 亿个以上的精子；但如果在子宫颈深部或子宫内输精，500 万～1 000万个精子即可获得较高的受胎率。目前使用的性控精液冻精每支细管内总精子数和有效精子数都偏少，在生产中，有时将两只细管合并使用。

四、胚胎移植

胚胎移植（embryo transfer，ET）又称受精卵移植（egg transfer），是指采用人工方法将优良雌性供体（donor）提供的早期胚胎，移植到另一头雌性受体（recipient）的输卵管或子宫内，使其正常发育到分娩以达到产生优良后代的目的。雌性动物的胚胎可以是从输卵管或子宫内取出的活体胚，也可以是体外受精得到的胚胎。未经冷冻的胚胎称为鲜胚，经液氮冷冻保存的胚胎称为冻胚。

（一）胚胎移植的意义

1. 发掘优良雌性个体的生殖潜力 采用超排或体外培养成熟卵母细胞、体外受精等技术从优良雌性个体获得大量胚胎，以低产母畜作为代孕母体，产出优良后代个体，有利于扩大优良雌性个体后代的数量。比如一头高产奶牛，正常情况下一生可能留下 7～8 后代，而雌性后代只有 3～4 头。如果采用胚胎移植技术，主要利用这头高产奶牛提供胚胎，用别的奶牛（也可以是黄牛）为其代孕，从理论上说，就可以留下数十头、甚至更多数量的后代。

2. 方便优良品种的引进和交流 冷冻胚胎的运输相对于活体（特别是大动物）的运输要方便、简单、成本低。采用胚胎移植技术使得以进口胚胎代替进口活体动物成为可能。

3. 加速家畜改良的进度 目前胚胎移植技术虽然还不能在生产上普及，但是可以利用这种技术在较短时间内扩大核心群体数量或应用于优良种公畜的培育。

4. 增加双胎率 在单胎动物配种后再移入一枚胚胎，或是直接移入两枚胚胎，有望产出双胎。

5. 使不孕母畜获得生育能力 对卵巢或子宫有一定缺陷而不能妊娠的母畜，可以根据具体情况专门作为供体或受体，继续发挥其繁殖作用。

6. 促进基础理论方面的研究 胚胎移植是进行转基因、克隆和干细胞研究等必须采用的一项基本技术，也是上述领域研究能否取得成功和得到应用的重要限制之一。胚胎移植技术为繁殖生理学、生物化学、遗传学、细胞学、胚胎学、免疫学、动物育种和进化等方面的研究开辟了新的试验途径。

（二）胚胎移植的基本步骤

胚胎移植主要包括供体和受体的选择、供体的超数排卵、受体的同期发情、配种（输精）、胚胎采集（采卵）、胚胎鉴定、胚胎保存和移植胚胎（移卵）等步骤（图2-32）。各种家畜的胚胎移植过程基本相同。

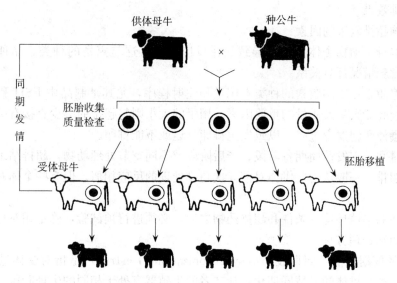

图 2-32　牛胚胎移植的基本程序

（改自加藤征史郎一，家畜繁殖学，1994）

1. 供体和受体的选择

（1）供体：应为良种母畜，具有较高的育种价值，谱系清楚，遗传性能稳定；具有良好的繁殖机能和健康状态，处于能量平衡，体况中上等；一般应有 2 个或 2 个以上正常的发情周期。

（2）受体：受体母畜的选择可不考虑其遗传特性，但应有良好的繁殖性能和健康状态，体况中上等，一般有 2 个或 2 个以上正常的发情周期，无繁殖机能疾病和传染病。

2. 供体的超数排卵　在发情周期的适当时期，用促性腺激素处理，诱发母畜卵巢上大量卵泡同时发育并排卵的技术称为超数排卵（superovulation），简称超排。常用于单胎家畜，如牛、绵羊和山羊等。其主要目的是让优良母畜在一个周期排卵时同时排出多个卵子，充分发挥其繁殖潜力，因而是胚胎移植中的一个重要环节。

（1）超排方法：

①FSH＋PG 法：牛和绵羊在发情周期的第 9～13 天（山羊第 17 天）中的任何一天开始肌肉注射 FSH，常以递减法连续注射 4 天，每天间隔 12h 等量注射 2 次。在第 5 次注射 FSH 的同时，肌肉注射 PG，以溶解黄体。一般于 PG 注射后 24～48h 发情。此方法的优点是超数排卵效果较好，但不适宜批量处理。

②PMSG＋PG 法：牛和绵羊在发情周期的第 11～13 天（山羊为 16～18 天）中的任何一天肌肉注射 PMSG，于 PMSG 注射后 48h 肌肉注射 PG，以溶解黄体。一般于 PG 注射后 24～48h 发情。此方法的优点是简便易行，但超排效果不理想。

③CIDR＋FSH＋PG 法：在发情周期的任何一天给供体牛、羊阴道放入孕酮阴道栓（CIDR），计为 0 天，然后同上述 FSH＋PG 法注射 FSH。在第 7 天肌肉注射 FSH 时取出 CIDR，并肌肉注射 PG。一般在取出 CIDR 后 24～48h 发情。此方法的优点是超排效果较理想，是目前常用的方法，但成本较高。

PMSG 与 PMSG 抗体配合使用：PMSG 半衰期长，为了克服 PMSG 的副作用，在绵羊和牛的 PMSG 超排程序中使用 PMSG 抗血清消除残留 PMSG 的影响，可以明显增加可用胚数，提高超排效果。

（2）影响超排效果的因素：

①动物本身：动物个体差异可导致超排反应不同，这与家畜的种类、品种、年龄、胎次、体重及营养情况都有关系。

②促性腺激素：所用激素的种类、用量和注射程序，尤其是制品中 FSH 和 LH 的比例差异，是影响胚胎数量及质量的重要因素。用量的大小则与超排的多少直接有关，如果用量过大，往往会使卵泡发育过多，以致发生排卵延迟或不能排卵。

③用药时间：在发情周期各阶段、产后阶段及不同季节处理动物，超排结果均有差别。

④重复超排：一般认为，供体对前 3 次超排处理的反应相似，但有些个体对重复超排的反应不佳。

在确定胚胎移植环境、条件和超排药物之后，必须进行预试验，确定相对稳定的激素使用剂量、时间和处理方法。

3. 受体的同期发情 同期发情（synchronization of estrus）是指对受体进行发情的处理，使受体母畜与供体的发情同期化，让二者的生殖器官处于相同的生理阶段，以利于从供体取出的胚胎能够顺利地在受体子宫内发育。受体与供体发情同期化程度越高，移植的受胎率越高。为了获得最佳受胎效果，应将受体与供体的发情时间之差控制在 12h 之内。

同期发情的首选药物为 $PGF_{2\alpha}$ 及其类似物，国内外普遍采用氯前列醇 $500\mu g$ 间隔 9～11 天（羊）肌肉注射。也可采用 CIDR 或孕酮皮下埋植的方法，在处理一段时间（12～13 天）后同时撤栓或取出埋置的胶囊（模拟正常周期黄体溶解），动物可以在大致 3 天左右出现同期发情。

4. 供体母畜的配种 大多数供体在超数排卵处理后 12～48h 表现发情，应根据育种的需要选择优良公畜或其精液适时进行配种。超排供体的受精率，通常比自然供体低。超排供体的配种次数，应比自然供体多一些，每次输入的精子数也应增多。如果配种时采用性控精液，可以得到理想性别的胚胎，实际上相当于将胚胎移植的成功率提高一倍。

5. 胚胎的回收 胚胎回收（recovery of embryo）又称胚胎采集（collection of embryo）或采胚，它是利用特定的溶液和装置将早期胚胎从母畜的子宫或输卵管中冲出并回收利用的过程。采胚的数量与采集时间、方法和检胚技术均有关系。

（1）采胚时间：一般将配种当日定为 0 天，由配种后第 2 天开始计算采胚天数。根据采集目的不同，决定在第几天采胚，由于动物种类不同，其早期胚胎的发育速度和到达子宫的时间也具有差异。就母牛而言，一般第 1～4 天可以由输卵管采到 16 细胞以前的胚，第 5～8 天可以由子宫采到桑葚胚和囊胚。

（2）采胚方法：有手术法和非手术法两种。在大家畜已基本不用手术法采胚，而采用非手术法采胚（图 2-33）。但在绵羊、山羊、猪和实验动物由于受解剖特点的限制，一直采用手术方法（图 2-34）。不管用何种方法，一般收集到的胚胎数只相当于黄体数的 40％～80％。手术采胚必须严格遵照操作方法熟练操作，否则术部容易发生粘连，影响再次利用。

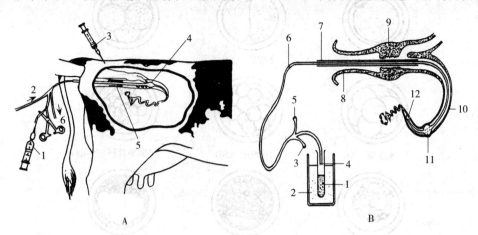

图 2-33 牛非手术法采胚

A：1. 向充气囊充气 2. 注入冲胚液 3. 硬膜麻醉 4. 冲卵管在子宫内 5. 子宫颈 6. 冲胚液

B：1. 导出含胚胎的冲胚液 2. 温水 3. 进液口 4. 出液口 5. 充气口 6. 三路导管 7. 套管

8. 阴道 9. 子宫颈 10. 子宫角 11. 充气囊封闭子宫角端部 12. 胚胎所在位置

（引自李青旺，动物繁殖技术，2010）

6. 检胚和胚胎鉴定 检胚（examination of embryo）就是将冲胚液回收之后，尽快置于放大 10～15 倍的体视显微镜下，检查收集到的胚胎，并迅速将胚胎移至新鲜培养液内，在放大 40～200 倍的显微镜下，进行形态学观察，选出形态比较正常、适合于移植的正常胚胎。检出的正常胚胎可以直接移入同期发情的受体（鲜胚移植）；也可以放入液氮冷冻保存（供冻胚移植）。

胚胎的质量鉴定方法有形态学法、荧光活体染色法和测定代谢活性法等。目前使用最广泛、最实用的方法是形态学法。一般是在 30～60 倍的体视显微镜下或 120～160 倍的生物显微镜下对胚胎质量进行评定（图 2-35、图 2-36）。评定的内容包括：①卵子是否受精；②透明带的形状、厚度、有无破损等；③卵裂球的致密程度，卵黄间隙是否有游离细胞或细胞碎片，细胞大小是否有差异；④胚胎的发育程度是否与胎龄一致，胚胎的透明度，胚胎的可见结构是否完整等。

根据其形态特征可将胚胎分为 A（优）、B（良）、C（中）和 D（劣）4 个等级，其

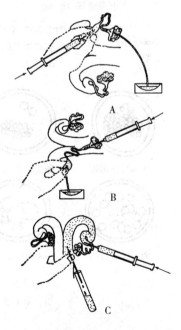

图 2-34 手术法采胚

A. 由子宫角向输卵管伞部冲洗

B. 由输卵管伞部向子宫角冲洗 C. 由子宫角上端向基部冲洗

（改自 Hafez B and Hafez E S E，Reproduction

in Farm Animals, 7th ed, 2000）

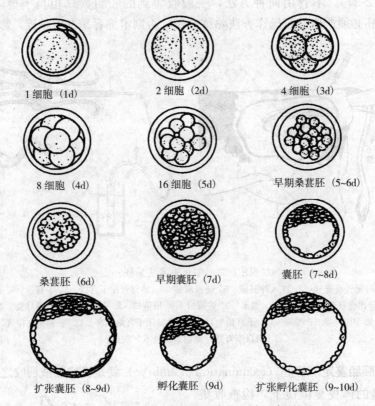

图 2-35 不同发育阶段正常牛胚胎示意图
（引自朱士恩，家畜繁殖学，第五版，2009）

图 2-36 形态异常牛胚胎示意图
（引自朱士恩，家畜繁殖学，第五版，2009）

分类依据见表 2-5。

7. 胚胎保存（conservation of embryo） 是指在体外条件下将胚胎保存起来而不使其失去活力，通常有常温保存、低温保存和冷冻保存三种方法。

（1）常温保存：是指将胚胎在 15～25℃温度下于培养液中保存。这种温度下胚胎保存24h，随时间的延长活力降低。此方法只能做短暂的保存和运输。

表 2-5 胚胎分级标准

级别	标 准
A级	胚胎发育阶段与母畜发情时间相吻合；形态完整、外形完整、外形均匀；卵裂球轮廓清晰，大小均匀，无水泡样卵裂球；结构紧密，细胞密度大；色调和透明度适中；没有或只有少量游离的变性细胞，其比例不超过 10%
B级	胚胎发育阶段与母畜发情时间基本吻合；形态完整，轮廓清晰；细胞结合略显松散，密度较大；色调和透明度适中；胚胎边缘突出少量变性细胞或水泡样细胞，变性细胞的比例为 10%～20%
C级	发育阶段比正常迟缓 1～2 天；轮廓不清楚，卵裂球大小不均匀；色泽太明或太暗，细胞密度小；游离细胞的比例达到 20%～30%，细胞联合松散；变性细胞的比例为 30%～40%
D级	未受精卵或发育迟缓 2 天以上，细胞团破碎，变性细胞的比例超过 50%

注：A级和B级胚胎可用于鲜胚移植或冷冻保存；C级胚胎只能用于鲜胚移植，不能进行冷冻保存；D级胚胎为不可利用胚胎。

（2）低温保存：是指在 0～5℃的温度范围内保存胚胎的一种方法。此时胚胎卵裂暂停，代谢速度显著减慢，但尚未停止。这种方法使细胞的某些成分特别是酶处于不稳定状态，保存时间较短；但低温保存操作简便，设备简单，适于野外应用。

（3）冷冻保存：是指采取特殊的保护措施和降温程序，使胚胎在 -196℃ 的条件下停止代谢，而升温后又不失代谢能力的一种长期保存技术。它包括常规冷冻法和玻璃化冷冻法。冷冻保存操作复杂，有的还需要专门的设备，但冷冻后存活率较高，适合在大规模胚胎生产中应用，为目前生产中最常用的方法。

8. 移植胚胎（embryo transplantation） 就是将采取的可用胚胎移给受体母畜。与采胚方法相似，移胚方法也分为手术法与非手术法两种，前者适用于不能进行直肠操作的中小动物，后者适用于大家畜。

（1）手术移植法：轻轻拉出子宫角，找到排卵侧的卵巢并观察黄体数量与质量。选择黄体发育良好的受体用于胚胎移植。卵巢上只有一个黄体的受体一般只移植一枚胚胎，有两个或两个以上黄体者，根据动物种类可以移植两枚或多枚胚胎。根据胚胎的发育阶段以及回收与移植部位一致的原则，用移植管将胚胎注入黄体同侧子宫角前端或通过输卵管伞送至输卵管壶腹部（图 2-37）。然后迅速复位、缝合。

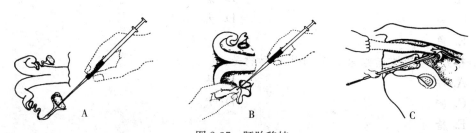

图 2-37 胚胎移植
A. 手术法输卵管胚胎移植 B. 手术法子宫角胚胎移植 C. 非手术法直肠把握胚胎移植
（改自 Hafez E，Reproduction in Farm Animals，5th ed，1987）

（2）非手术移植法：目前，牛主要采用非手术移植。可在受体发情后第 6～12 天，通过直肠把握子宫角的方法用移植枪将胚胎移入有黄体侧的子宫角内。

（三）胚胎移植技术的应用

胚胎移植发展到今天应该说已经是一项比较成熟的生物技术，在各种家养动物和部分野生动物上都已取得成功。但是这种技术与人工授精技术相比较，存在的主要问题是相对复杂和成本较高。技术的复杂性主要体现在超排、同期发情、采胚和胚胎保存环节；成本主要发生在如何得到充足的具有高产性状的胚胎，大量用于同期发情受体的饲养和管理，支付由于相对复杂技术导致的人员及管理成本。基于以上原因，胚胎移植技术目前尚不能在生产中像人工授精技术一样得到普遍应用。前些年出现的胚胎移植热潮，已经逐渐归于理性。

胚胎移植技术和人工授精技术的出现在动物繁殖上都具有划时代的意义。人工授精技术极大地提高了优良公畜的利用率；而胚胎移植技术使人们充分利用母畜的生殖潜能成为可能。目前，胚胎移植已经成为生物技术研究中一项重要的常用技术。胚胎移植技术也可以应用于扩大核心群体数量或培育优良种公畜。奶牛生产中性别控制精液的应用，可以使我们得到全部是雌性的胚胎，从而使胚胎移植得到小母牛的效率提高一倍。胚胎移植中使用性控精液有可能缩短这种技术应用于生产的距离。胚胎移植技术还有可能应用于种质资源长期保存和珍稀动物保护。

（张家骅）

本章执业兽医资格考试试题举例

1. 母马发情持续的时间为：（　　　）

A. 5～10 天　　　　　　　　　　　B. 11～15 天

C. 16～20 天　　　　　　　　　　　D. 21～25 天

E. 26～30 天

2. 母马初情期的卵巢变化是：（　　　）

A. 不排卵　　　　　　　　　　　　B. 有黄体

C. 无卵泡发育　　　　　　　　　　D. 有卵泡发育

E. 卵巢质地变硬

3. 属于诱导排卵的动物是：（　　　）

A. 牛　　　　　　　　　　　　　　B. 猪

C. 马　　　　　　　　　　　　　　D. 犬

E. 兔

4. 排卵发生在发情结束后 4～16h 的动物是：（　　　　）

A. 牛　　　　　　　　　　　　　　B. 马

C. 驴　　　　　　　　　　　　　　D. 犬

E. 猪

5. 猪新鲜精液液态保存的适宜温度为：（　　　）

A. 0～4℃　　　　　　　　　　　　B. 5～9℃

C. 10～14℃　　　　　　　　　　　D. 15～20℃

E. 21～25℃

6. 一头断奶母猪出现阴唇肿胀、阴门黏膜充血、阴道内流出透明黏液等症状。最应做

的检查是：（　　）

  A. B 超检查   B. 阴道检查

  C. 血常规检查   D. 静立反射检查

  E. 孕激素水平检查

  7. 奶牛，早上开始发情，表现明显，阴户红肿，黏液清亮、牵缕性强，第 1 次配种的最适宜时间是：（　　）

  A. 当天晚上   B. 第 2 天上午

  C. 第 2 天下午   D. 第 2 天晚上

  E. 第 3 天上午

  8. 在胚胎移植技术中，对供体动物进行超数排卵处理，通常配合使用的激素是：（　　）

  A. 孕酮和雌二醇   B. 雌激素和催产素

  C. 松弛素和催产素   D. 催产素和雌激素

  E. 促卵泡素和促黄体素

第三章

受 精

受精（fertilization）是指精子和卵子结合产生合子（zygote）的过程。在这个过程中，精子和卵子经历一系列严格有序的形态、生理和生物化学变化，使单倍体的雌、雄生殖细胞共同构成双倍体的合子。按受精的实质是把父本精子的遗传物质整合到母本的卵子中，使双方的遗传性状在新的生命中得以表现和延续，促进物种进化和家畜品质的提高。

第一节　配子在受精前的准备

一、配子的运行

配子的运行（transport of gametes）是指精子由射精部位（或输精部位）、卵子由排出的部位到达受精部位——输卵管壶腹的过程。在运行的过程中，同时发生着复杂的形态、生化和功能的变化。

（一）精子在雌性生殖道内的运行

1. 射精部位　自然交配时，不同品种的家畜射出精液的位置有明显的差异。根据射精部位的不同，一般将家畜分为阴道授精型和子宫授精型两种类型。如牛、羊等反刍动物属阴道授精型，精液射入阴道内；猪则属于子宫授精型，精液直接射入子宫内；对马属动物来说，虽属子宫授精型，但其射精部位在子宫颈管，射精后由于膨大的龟头阻塞阴道、阴道收缩产生的挤压和子宫内的负压，很快将精液从子宫颈吸入到子宫内。各种动物的精子必须要在雌性生殖道中通过理化性质完全不同的环境才能到达受精部位。

进入阴道或子宫内的精子起初悬浮于精清中，随后逐渐与母畜生殖道分泌物相混。当精子到达受精部位时，几乎完全悬浮于母畜生殖道分泌物中。

2. 精子的运行　精子在雌性生殖道的运行中，除自身的运动能力外，主要借助子宫和输卵管平滑肌的收缩而被转运，使精子由子宫颈向输卵管方向移行。射入雌性生殖道的精子，只有少数部分能够到达输卵管壶腹部，大部分精子被阻止在雌性生殖道的某些部位，最终死亡而被清除。

（1）精子在子宫颈内的运行：阴道授精型动物，精液排放在子宫颈外口周围，精子依靠自身的运动、子宫肌的收缩以及一系列酶的作用而进入子宫颈。射精后，一部分精子穿过子宫颈黏液很快进入子宫，而大量精子则顺着子宫颈黏液微胶粒的方向进入子宫颈隐窝的黏膜皱褶内暂时储存，形成精子在雌性生殖道内的第一储库。库内的精子在相当长的时间内相继游出一些，继续向受精部位移动，使游向输卵管方向的精子不断得到补充（图 3-1）。因此，子宫颈是精子运行的第一道屏障，通过这次筛选，只有运动和受精能力强的精子才能进入子宫。例如，羊正常一次射精量约为 3×10^9 个精子，而通过子宫颈后不足 10^6 个。

（2）精子在子宫内的运行：通过子宫颈的精子在阴道和子宫肌收缩活动的作用下进入子

宫。大部分进入子宫内腺体隐窝中，形成精子在雌性生殖道内的第二储库。精子在这个储库中不断向外释放，并在子宫肌和输卵管系膜的收缩、子宫液的流动以及精子自身运动的综合作用下，通过子宫，进入输卵管。因此，子宫内膜腺和宫管结合部是精子运行到受精部位的第二道屏障（图3-1）。

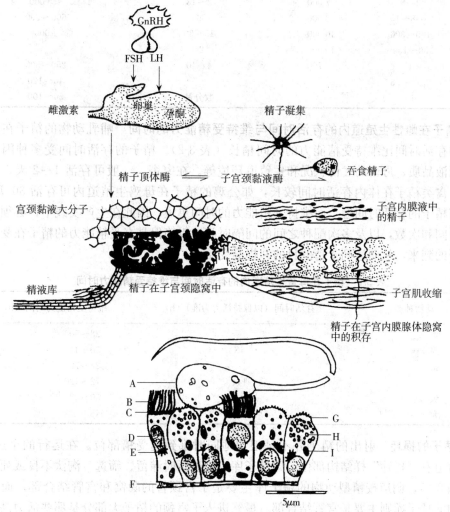

图 3-1　精子在子宫颈和子宫内运行的各种变化
A. 精子　B. 纤毛　C. 纤毛基部　D. 核　E. 高尔基体
F. 上皮基底膜　G. 无纤毛细胞的微绒毛　H. 线粒体　I. 分泌颗粒
（引自朱士恩，家畜繁殖学，第五版，2009）

（3）精子在输卵管内的运行：进入输卵管的精子，借助输卵管黏膜及系膜的收缩作用及液体流动继续前行。当精子上游至输卵管峡部时，将遇到高黏度黏液的阻塞和有力收缩的括约肌的暂时阻挡，壶峡连接部形成精子达到受精部位的第三道屏障。因此，更多的精子被限制进入输卵管壶腹部，使精子在这里储存，形成又一个精子库。各种动物能到达输卵管壶腹的精子一般不超过1 000个。最后，在受精部位完成正常受精的每枚卵子只需要一个精子。

3. 精子在母畜生殖道运行的速度　哺乳动物精子从射精部位运行至壶腹部的速度一般都很快，仅需数分钟至数十分钟，不同动物之间差异并不明显（表3-1）。精子运行的速度与母畜的生理状态、黏液的性状以及母畜的胎次都有密切的关系。

表 3-1　不同动物的射精量、精子总数和精子运行至受精部位的时间与精子数

动物种类	射精量（mL）	一次射精的精子总数（×10⁶ 个）	精子从射精部位运行到受精部位的最快时间（min）	到达受精部位的精子数（个）
牛	3～8	7 000	2～13	<5 000
绵羊	0.8～1	3 000	6	600～700
猪	100～300	40 000	15～30	1 000
马	50～150	10 000	24	
兔	1	700	4～10	250～500
猫	0.1～0.3			40～120
犬	10		数分钟	50～100

4. 精子在雌性生殖道内的存活时间与维持受精能力的时间　哺乳动物的精子在雌性生殖道内的存活时间比维持受精能力的时间稍长（表 3-2）。精子的存活时间受多种因素的影响，如精液品质、母畜的发情状况和生殖道环境等。在家畜，一般可存活 1～2 天，但马可达 6 天；禽类精子在体内存活时间较长，如公鸡的精子在母鸡生殖道内可存活 30 天以上。由于家畜精子的存活时间短，而维持受精能力的时间更短，因此在生产实践中，必须认真确定配种时间和次数，以及多次配种之间的间隔时间，以确保具有受精能力的精子在受精部位等待卵子的到来，从而达到受精的目的并提高受胎率。

表 3-2　精子在母畜生殖道内的存活时间与维持受精能力时间

动物种类	存活时间（以保持活力为准）（h）	维持受精能力时间（h）
牛		28～50
绵羊	48	30～48
猪		24～72
马	144	72～120
兔	43～50	30～32
犬		48

5. 精子的损耗　射出的精子并不是很快地同时都到达受精部位。在运行的全过程中，雌性生殖道有"栏筛"样结构部位，即精子库，起着暂时潴留、筛选、淘汰不良或死精子的作用（图 3-2）。阴道授精型动物的精子库主要是子宫颈管的隐窝和宫管结合部，而子宫授精型动物的精子库则主要是宫管结合部。最终进入子宫颈的精子大部分是那些活力高、可继续前进运动的精子，而活力低的则被截留和排除。

家畜一次射精的精子数可达数亿个，但通过以上两个或三个"栏筛"，最后到达输卵管壶腹部的数目已很少，一般仅有数十个至数百个（表 3-1）。因而，在人工授精或体外受精时，必须考虑适宜的有效精子数，以保证正常受精的发生和避免

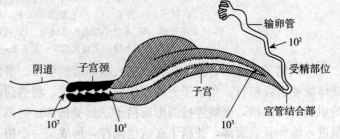

图 3-2　牛、羊精子在运行中的损耗
（图中数字指在生殖道各部位的精子数）
（引自 Hunter R H F，Reproduction of Farm Animals，1982）

异常的多精子受精。

（二）卵子在输卵管内的运行

1. 卵子的接纳 从卵巢成熟卵泡中排出的卵正处于次级卵母细胞阶段，其外包被着卵丘细胞，称为卵丘卵母细胞-复合体（cumulus oocyte complex，COCs），黏附于排卵点上。母畜发情排卵时，输卵管伞部开张，并紧贴于卵巢表面，并通过输卵管伞黏膜纤毛的不停摆动，将排出的黏附在卵巢表面的卵母细胞-卵丘复合体扫入伞内，这一过程称为卵子的接纳（图3-3）。

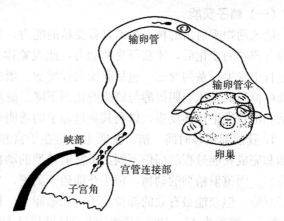

图3-3 牛、羊排卵后卵子被接纳示意图
（引自 Hafez B and Hafez E S E，Reproduction in Farm Animals，7th ed，2000）

2. 卵子在输卵管的运行

（1）卵子向壶腹部运行：被输卵管接纳的卵子，借助输卵管管壁纤毛摆动和肌肉活动，而该部管腔宽大，使卵子很快进入壶腹部的下端，与已运行到此处的获能精子相遇完成受精。卵子从卵巢表面进入输卵管内只需几分钟时间，在数小时内到达壶腹部，受精后一般在此停留36～72h。

（2）卵子的滞留：主要指受精卵的滞留。多数家畜的受精卵在壶峡连接部停留的时间较长，可达2天左右。

（3）通过宫管结合部：随着输卵管逆蠕动的减弱和正向蠕动的加强，以及肌肉的放松，受精卵运行至宫管结合部并在此短暂滞留。当该部的括约肌放松时，受精卵随输卵管分泌液迅速流入子宫。受精卵通过峡部到达子宫的时间较短，如猪发情后66～90h受精卵可进入子宫。

3. 卵子在输卵管内的运行速度和维持受精能力的时间 卵子在输卵管全程的运行时间因不同家畜而异，一般为3～6天。牛约90h，绵羊约72h，猪约50h，马约90h。卵子在输卵管不同区段运行的速度也有差别，在从输卵管伞底部至壶腹部的这一段运行很快，仅需5（3.5～6）min；而在壶峡连接部内则滞留约2天。卵子在输卵管内受精能力逐渐降低，保持受精能力的时间在10h左右，一般不超过1天。老化的卵子不能受精，或是受精后胚胎异常发育出现早期死亡（表3-3）。

表3-3 卵子在输卵管内运行的时间和受精寿命

动物种类	在输卵管内的运行时间（h）	在输卵管内的受精寿命（h）
牛	90	20～24
马	90	6～8
绵羊	72	16～24
猪	50	8～10
犬		<144

二、精子在受精前的变化

(一) 精子获能

哺乳动物刚射出的精子尚不具备受精的能力，只有在雌性生殖道内运行过程中发生进一步充分成熟的变化后，才获得受精能力，此现象称为精子获能（capacitation）。精子在获能的过程中发生一系列变化，包括膜流动性增加、蛋白酪氨酸磷酸化、胞内 cAMP 浓度升高、表面电荷降低、质膜胆固醇与磷脂的比例下降、游动方式变化等。其重要意义在于使精子超激活和准备发生顶体反应，以利其通过卵子的透明带。

1. 获能部位和时间　精子获能主要是在子宫和输卵管。不同动物精子在雌性生殖道内开始和完成获能过程的部位不同。子宫射精型的动物，精子获能开始于子宫，但在输卵管最后完成。阴道射精型的动物，精子获能始于阴道，当子宫颈开放时，流入阴道的子宫液可使精子获能，但获能最有效的部位是子宫和输卵管。精子在宫管结合部可停留几十小时，牛为 18～20h，绵羊为 17～18h，猪为 36h，马可超过 100h。

在活体内，精子获能所需时间因动物种类不同而异。猪为 3～6h，绵羊为 1.5h，牛为 2～20h，家兔为 5h。

2. 精子获能前后的变化　获能后的精子，其活力与运动方式有明显的改变。此时的精子表现非常强的活力，称为精子超激活运动（hyperactivated motility，HAM）。获能精子的代谢加强，主要表现活力增强、呼吸率增高、耗氧量增多、尾部线粒体内氧化磷酸化过程旺盛等。精子获能过程中，会去除精子表面的去能因子，膜的通透性发生改变，造成离子随着获能变化而流动，改变了获能前细胞内外 K^+ 和 Na^+ 保持的平衡状态。

3. 精子获能的机理　已获能精子一旦与精浆或附睾液接触，就会失去受精能力，这一过程称为去获能（decapacitation）。如果把去能精子转移到雌性生殖道中，并使之停留一段时间，精子又可重新获能，称为再获能。精子的获能和去获能表明，在生殖道黏液、精浆和附睾液中存在着获能因子和去能因子。精子获能的实质就是使精子去掉去能因子或使去能因子失活的过程。

获能因子主要存在于发情期前后的输卵管液中，主要是氨基多糖类，与母畜体内雌激素和孕酮的比例有关，在雌激素水平上升的发情期，精子获能率较高。精子获能不仅可在同种动物的生殖道分泌物中完成，在不同种动物生殖道分泌物中也可以完成，说明精子载体无种间特异性。在体外，可以采用特殊的精子洗涤液洗涤精子或采用高离子强度液、钙离子载体、肝素、血清蛋白等诱导精子获能。

(二) 顶体反应

获能后的精子，在受精部位与卵子相遇，顶体结构的囊泡形成和顶体内酶的激活与释放过程，称为顶体反应（acrosome reaction，AR）。

精子发生顶体反应时，出现顶体帽膨大，精子头部的质膜从赤道段向前变得疏松；然后质膜和顶体外膜多处发生融合，融合后的膜形成多囊泡的结构；随后这些囊泡状结构与精子头部分离，由顶体内膜和顶体基质释放出顶体酶系，主要是透明质酸酶和顶体素（图 3-4）。这些酶系可以溶解卵丘、放射冠和透明带，使精子能够穿过这些保护层与卵子结合而受精。顶体反应完成的指标是顶体外膜与精子细胞的完全融合。

顶体反应与精子获能是两个有区别的概念。精子获能时明显的变化在尾部，表现为超激

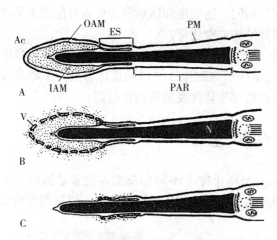

图 3-4 仓鼠精子顶体反应的模式图

A. 顶体反应前　B. 顶体反应过程中质膜（PM）
与顶体外膜（OAM）融合而发生囊泡化　C. 顶体反应
Ac. 顶体　PAR. 顶体后区　N. 细胞核　ES. 赤道段
IAM. 顶体内膜　V. 囊泡
（引自杨增明等，生殖生物学，2005）

活运动；顶体反应则发生在精子的头部。只有获能精子才能与卵子透明带相互作用并进一步完成顶体反应。顶体反应完成后，精子才真正具有穿过透明带的能力；而且顶体反应对精卵膜的融合也是必不可少的。如果没有顶体反应，精子即使与裸卵的质膜也不能发生融合。

三、卵子在受精前的变化

家畜乃至大多数哺乳动物的卵子都在输卵管壶腹部受精。卵子排出后 2～3h 才被精子穿入，这段时间内的生理变化表明卵子在受精中也有类似精子的成熟过程（图 3-5）。

猪和羊排出的卵子为刚刚完成第一次成熟分裂的次级卵母细胞；马和犬排出的卵子仅为初级卵母细胞，尚未完成第一次成熟分裂。它们都需要在输卵管内进一步成熟，达到第二次成熟分裂的中期才具备被精子穿透的能力。小鼠的卵子也有类似的情况。此外，大鼠、小鼠和兔子的卵子排出后其皮质细胞不断增加，并向卵的周围移动。当皮质细胞数达到

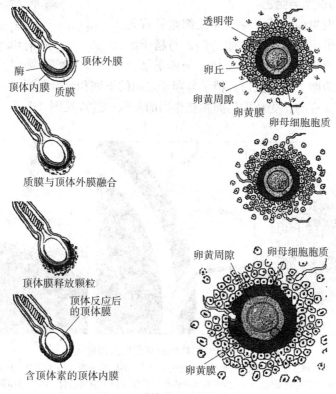

图 3-5 受精前后配子的变化

最多时，卵子的受精能力也最强。卵子在输卵管期间，透明带和卵黄囊表面也可能发生某些变化，如透明带精子受体的出现、卵黄囊亚显微结构的变化等。

卵子的充分成熟通过体外培养也可以完成。山羊卵子在输卵管内充分成熟的时间为排卵后4h，体外培养需24～26h成熟，这恰恰是山羊卵母细胞体外受精的最佳时期。牛卵母细胞在体外培养24h达到充分成熟，这一时期也恰恰是牛体外受精的最佳时期。

第二节　受精过程

受精（fertilization）与授精（insemination）是两个完全不同的概念，前者是指精子入卵形成合子的过程，后者是指人为将精子置于体内生殖道中或体外培养液中，以达到受精目的操作过程。

受精的第一步是精子进入卵子，这一过程包括精子穿过卵丘细胞、精子与卵子周围透明带（zona pellucida，ZP）识别和初级结合、诱发精子顶体反应、顶体反应后的精子与透明带发生次级识别和结合、精子穿过透明带进入卵周隙、精子质膜与卵质膜结合和融合、精子入卵；第二步是入卵的精子激发卵子，使卵子恢复减数分裂并诱发卵子皮质反应；第三步是形成雌、雄原核，核融合，启动有丝分裂。

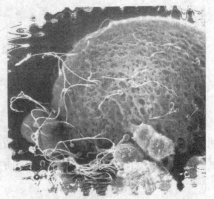

图 3-6　人精子与卵子透明带相互
作用扫描电镜图
（引自杨增明等，生殖生物学，2005）

（一）精、卵的识别与结合

哺乳动物受精发生前，精子穿过卵丘细胞后首先与卵子周围的透明带识别和结合（图3-6）。与精子结合的卵子透明带表面成分称为精子受体，与卵子结合的精子表面成分称为卵子结合蛋白。精子与卵子之间的识别和结合是通过卵子结合蛋白与精子受体相互作用而实现的。受精中精卵相互作用的步骤和过程见图3-7。

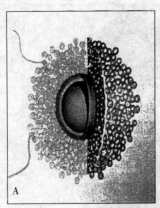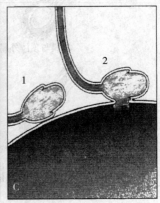

图 3-7　哺乳动物精卵相互作用过程模式图
A. 精子正穿过卵丘细胞　B1. 精子与卵子透明带结合　B2. 精子发生顶体反应，释放顶体酶
B3. 精子正在穿过透明带　C1. 精子头部赤道段的质膜与卵子质膜结合　C2. 精卵质膜融合
（引自 Prinmakoff P & Myles D G，2002）

哺乳动物卵子透明带蛋白含量及厚度不同，但都主要由三种不同的糖蛋白组成，即 ZP1、ZP2、ZP3。顶体完整的精子到达透明带表面，首先发生初级识别，在这一过程中，初级精子受体 ZP3 和精子质膜上的相应配体（即初级卵子结合蛋白）结合后形成受体-配体复合物并诱发精子顶体反应的发生。顶体反应发生后，精子质膜脱落，精子表面与 ZP3 结合的受体也随之丢失，已发生顶体反应的精子上次级卵子结合蛋白与 ZP2（次级精子受体）相互作用，发生次级识别和结合。ZP1 和精子无直接作用。

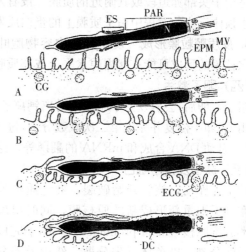

图 3-8　仓鼠精子与卵子质膜（EPM）融合的模式图
A. 精子与卵子微绒毛（MV）接触　B. 微绒毛与精子顶体后区（PAR）质膜融合　C、D. 精子融入卵子
ES. 赤道段　CG. 皮质颗粒　ECG. 皮质颗粒胞吐
N. 精子核　DC. 正在去浓缩的染色质
（引自 Yanagimachi R 等，1970）

（二）精子与卵质膜的结合和融合

发生顶体反应后的精子穿过透明带，很快到达卵质膜表面。首先，精子头部与卵质膜接触（结合），随后精子头侧面附着在卵质膜上，发生融合（图 3-8）。精子可在膜上任何区域与卵质膜结合，而卵质膜下第二次减数分裂期存在区域缺乏微绒毛和皮质颗粒，一般不会在此区域发生结合。哺乳动物参与精卵融合的是精子头部的质膜，一般认为是头部赤道段及其附近的质膜。没有完成顶体反应的精子可能与卵质膜结合，但不能与其融合。

（三）皮质反应及多精子入卵的阻滞

精子在雌性生殖道内经长途运送和筛选，到达受精部位的精子数与卵子数的比例不超过 10∶1。正常情况下，哺乳动物卵子受精时只有一个精子入卵（图 3-9），其主要原因是只要有一个精子入卵后，卵子皮质颗粒内容物（内含蛋白酶、卵过氧化物酶、N-乙酰氨基葡萄糖苷酶、一些糖基化物质和其他成分）就从精子入卵点释放并迅速在卵周隙内向四周扩散，使透明带硬化并形成皮质颗粒膜；同时，精、卵质膜融合改变了卵质膜的性质，阻止了多精子受精。上述过程称为皮质反应（cortical reaction），主要包括以下几种变化。

1. 透明带反应　皮质颗粒内容物中酶类引起透明带中糖蛋白发生生化和结构变化，阻止多精子入卵，称为透明带反应（zona reaction）。透明带的变化主要表现为初级精子受体 ZP3 和次级精子受体 ZP2 失去结合游离精子和已穿入透明带精子的能力。

2. 卵质膜反应　精子质膜与卵质膜融合使卵质膜发生变化，阻止多精子受精，这一过程称为卵质

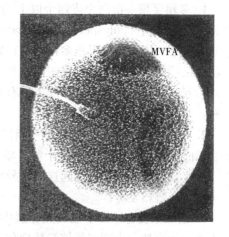

图 3-9　仓鼠精子与卵子融合的扫描电镜图
MVFA. 无微绒毛区域
（引自 Yanagimachi R，1981）

膜反应（egg plasma membrane reaction）。比较明显的变化是卵质膜上微绒毛数量减少，而卵质膜上的精子受体一般在微绒毛上，因此精子受体数量也减少。与卵质膜发生融合的部分主要是精子头部赤道段或其附近的质膜。没有发生顶体反应的精子不能与卵质膜融合，说明在发生顶体反应的过程中精子质膜上的蛋白质发生了迁移和变化。

3. 皮质颗粒膜形成 皮质颗粒内容物胞吐到卵周隙中，形成一层完整的皮质颗粒膜。皮质颗粒膜的形成可能在卵周隙水平上或卵质膜水平上阻止多精子入卵或对精子进行修饰。

（四）卵子激活

精子入卵后，会诱发卵子胞质内游离钙离子浓度的多次瞬时升高，称为钙震荡。在钙离子的作用下，卵子恢复并完成第二次减数分裂，进入新的细胞周期，表现为释放皮质颗粒、排出第二极体、启动 DNA 合成和 mRNA 的翻译等，这一过程称为卵子的激活（egg activation）。

（五）原核发育与融合

精子入卵后，核膜开始破裂，染色质去致密化，在其周围重新形成新的原核膜，同时出现核仁，形成雄原核（male pronucleus）。卵子完成第二次成熟分裂，染色体首先分散，然后沿着分散的染色体边缘汇集成一些小囊，它们逐渐融合形成双层包膜，从而形成一些内含染色体的小囊，称为染色体泡。随后这些小泡相互接近，包膜彼

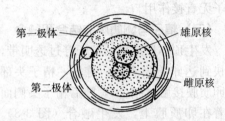

图 3-10 雌雄原核的形成
（引自朱士恩，家畜繁殖学，第五版，2009）

此合并形成一个形状不规则的雌原核（female pronucleus）。通常雄原核较大，雌原核较小（图 3-10）。

两原核向卵中央移动、相遇，核膜消失，染色体混合，形成二倍体的受精卵（fertilized ovum），又称为合子。至此，受精结束。

（六）异常受精

异常受精（abnormal fertilization）主要指多精子受精。正常情况下，哺乳动物大都为单精子受精，异常受精的出现率一般不超过总受精数的 $2\%\sim3\%$。

1. 多精受精 由两个或两个以上的精子几乎同时与卵子接近并穿入而发生受精的现象称为多精子受精（polyspermy fertilization）。牛、绵羊和山羊多精子受精的阻止主要发生在透明带水平；兔卵质膜阻止多精受精；猪主要发生在卵质膜，透明带也发挥一定作用；啮齿动物既依赖于透明带，也依赖于卵质膜。产生多精子受精的原因，在生产中往往由于延迟交配而引起。猪常有发生，牛和绵羊也有发生。发生多精子受精时，进入卵的超数精子如形成原核，其体积都较小。

2. 单核发育 受精过程中还可能出现的异常情况是雌核发育和雄核发育，是指卵子开始受精时是正常的，但后来由于雌、雄任何一方的原核不能产生而形成雄核发育或雌核发育。在小鼠，延迟交配可引起这两种异常发育，如用 X 射线或紫外线照射小鼠或兔的精子，有可能发生雌核发育。

3. 双雌核发育 卵子在成熟分裂中，由于极体未能排出，造成卵内有两个卵核，并发育为两个雌原核，出现双雌核受精现象。这种情况在猪和金田鼠的受精过程中比较多见。

（张家骅）

本章执业兽医资格考试试题举例

1. 卵子受精时，阻止多精子入卵有关的机制是：（ ）
    A. 顶体反应　　　　　　B. 卵子激活
    C. 精子获能　　　　　　D. 卵质膜反应
    E. 精卵膜融合

2. 发生受精时，精子不通过的结构是：（ ）
    A. 放射冠　　　　　　　B. 透明带
    C. 卵黄膜　　　　　　　D. 卵黄周隙
    E. 卵巢鞘膜

第四章

妊 娠

妊娠（pregnancy，gestation）是指从卵细胞受精开始，经由受精卵阶段、胚胎阶段、胎儿阶段，直至分娩（妊娠结束）的整个生理过程。

第一节 妊 娠 期

（一）动物的妊娠期

妊娠期（gestation period）是指胎生动物胚胎和胎儿在子宫内完成生长发育的时期。通常是从最后一次有效配种之日算起，直至分娩为止所经历的一段时间。各种动物妊娠期的长短很不相同，品种之间亦有差异，甚至同一品种的动物间也不尽一致。但各种动物的正常妊娠期都有各自的平均时限和范围。

正常条件下，妊娠期长短受母体、胎儿、环境季节、日照及遗传等因素的影响，并在一定范围内变动。各种常见动物的妊娠期见表 4-1。

表 4-1 常见动物的妊娠期（天）

种类	平均	范围	种类	平均	范围
中国荷斯坦奶牛	282	276～290	绵羊	150	146～157
水牛	307	295～315	马	340	300～412
牦牛	255	226～289	驴	360	340～380
猪	114	102～140	犬	62	59～65
山羊	152	146～161	猫	58	55～60

（二）胎儿数目

根据哺乳动物正常排卵的卵子数和子宫内的胎儿数，可将动物分为单胎动物和多胎动物两类。

1. 单胎动物（monotocous animal） 在正常情况下只排出一个卵子，子宫内只有一个胎儿发育。单胎动物妊娠时的特点是子宫颈能得到良好的发育，子宫体及两子宫角都有胎盘发育，分娩时胎儿体重约占产后母体体重的 10%。牛和马系单胎动物。

单胎动物分娩或流产时，产下两个或更多的胎儿，这些幼畜就称为双胞胎、三胞胎、四胞胎等。绵羊一般看作是单胎动物，但双胎很普遍，而且多为双角妊娠；牛偶见双胎，罕见三胎、四胎；马则罕见双胎。

奶牛双胎率为 1%～4.6%，与品种有密切关系。绵羊和山羊排卵率受遗传及排卵时的营养状态制约，品种间差异很大；我国的蒙系羊、藏系羊、滩羊、细毛羊一般均为单胎，双胎少见；寒羊产双羔及多羔者很常见，初产羊的双胎率少于经产者。马双胎率极小，占分娩总数的 0.5%～1.5%。

单胎动物怀双胎是一种非正常现象，尤其在马，往往使母体和胎儿均受到损害，多数情况是一种病理状态。马怀双胎时流产率很高，最终达到 30%～40%，甚至 50%；而正常单胎妊娠流产率为 3%～5%。绵羊一侧卵巢排双卵而怀双胎者，35%～41% 的胚胎早期死亡，两侧卵巢各排一卵怀双胎者，31% 的胚胎早期死亡；只排一卵单胎妊娠者，22%～26% 胚胎早期死亡。牛怀双胎与怀单胎的相比，下一次受精的妊娠率较低、胎儿活力小、体重轻、死亡率高；双胎分娩或流产后，往往伴发子宫复旧迟缓、胎衣不下、暂时和持久性不孕等。

2. 多胎动物（multiparous animal） 通常一次能排 3～15 枚或更多枚卵子，妊娠时子宫内都有两个以上胎儿，只有一个胎儿的情况极少。多胎动物的子宫颈发育不良，每一胎儿的胎盘仅占据子宫角的一部分，胎儿在两子宫角中几乎均等分布。猪、犬、猫等系多胎动物。

多胎动物的胎儿数各有不同。猪一般 6～12 头，中国品种猪 8～14 头，12 头以上者多见；犬因品种而异，大型犬 6～10 个，中等犬 4～7 个，小型犬 2～4 个；猫平均为 3～5 个。

第二节 母体的妊娠识别

（一）妊娠识别的含义

母体妊娠识别（maternal recognition of pregnancy）是指孕体（conceptus）产生信号，阻止黄体退化，使其继续维持并分泌孕激素，从而使妊娠能够确立并维持下去的一种生理机制。从免疫学上来讲，妊娠识别即母体的子宫环境受到调节，使胚胎能够存活下来而不被排斥掉。孕体和母体之间产生了信息传递和反应后，双方的联系和互相作用已通过激素的媒介和其他生理因素而固定下来，从而确定开始妊娠，这称为妊娠的建立（或确立）。

动物延长黄体寿命的信号一般都出现于胚胎附着之前，这是母体内分泌系统对妊娠识别的最早指征之一。附着前期可能还有其他一些妊娠识别方式，例如同免疫系统有关的识别方式。

各种动物妊娠识别和妊娠确立的时间，因品种不同而有差异，但都应在正常发情周期黄体未退化之前（表 4-2）。

表 4-2 母体妊娠识别的时间（天）

畜 种	发情周期长度	黄体期长度	妊娠识别（自受精算起）	妊娠确立（自受精算起）
牛	21	17～18	16～17	18～22
绵羊	16～17	14～15	12～13	16
猪	21	15～16	12	18
马	21	15～16	14～16	36～38

维持妊娠的重要激素是孕酮。孕酮产生于黄体或胎盘，或者二者都产生。动物的种类不同，维持妊娠的孕酮来源也有差异（表 4-3）。

表 4-3 主要动物维持妊娠的孕酮来源

动物种类	妊娠阶段	孕酮来源	备　注
牛	全妊娠期	妊娠黄体、肾上腺、胎盘	量很少
牦牛	3 个月以前 3 个月以后	妊娠黄体 胎盘/肾上腺	5 个月时胎盘孕酮水平升高
绵羊、豚鼠	妊娠前期 妊娠后期	妊娠黄体 胎盘	
山羊、猪、犬、马	全妊娠期 妊娠后半期	妊娠黄体 胎盘	

(二) 妊娠识别的机理

妊娠识别是由孕体及其所产生的促黄体分泌激素作为信号，母体接受信号并做出反应来完成的。这类激素的性质可以是蛋白质，诸如 hCG 及滋养层蛋白；也可以是甾体激素，例如雌激素。它们的作用主要是抑制 $PGF_{2\alpha}$ 的分泌，使黄体分泌孕酮的机能维持下去。

黄体的存在和它的内分泌机能是正常妊娠的先决条件。由于 $PGF_{2\alpha}$ 能溶解黄体，所以维持黄体机能的前提就是消除 $PGF_{2\alpha}$ 的溶黄作用。这就需要阻断 $PGF_{2\alpha}$ 的合成与释放，改变 $PGF_{2\alpha}$ 的分泌方向，由内分泌改变为外分泌或者通过一种化合物的合成来促进黄体分泌或保护黄体不受溶解。黄体功能延长超过正常发情周期是母体妊娠识别时出现的典型的变化，虽然各种动物孕酮合成的机制有一定差别，但一般来说，孕体分泌的因子或者阻止溶黄体性 $PGF_{2\alpha}$ 的分泌，或者直接发挥促黄体化作用，从而使妊娠得以维持。

1. 反刍动物的妊娠识别　反刍动物妊娠早期黄体功能的维持，有赖于孕体多肽的合成与分泌，胚泡的存在对延长黄体的寿命非常重要。妊娠识别主要是由于孕体的滋养外胚层和子宫之间的信号传导而引起。在绵羊，怀孕 12～15 天时信号必须达到足够的强度，牛则是14～17 天。这两种动物的孕体能够产生干扰素 τ（IFN-τ），阻止 $PGF_{2\alpha}$ 的合成和黄体溶解。IFN-τ 是牛、绵羊、山羊母体妊娠识别的信号，是反刍动物的抗溶黄因子。

2. 猪的妊娠识别　猪的胚泡能产生雌激素，使母体产生妊娠识别。猪的妊娠识别机制是，受精后的囊胚或胚泡于 11～12 天开始迅速生长，在 12～30 天期间，滋养层的外胚层利用母体中的前体合成雌二醇和雌酮，然后在子宫内结合成为硫酸雌酮。雌激素发生局部作用，使子宫内膜合成的 $PGF_{2\alpha}$ 减少，同时也阻止分泌至子宫腔内的 $PGF_{2\alpha}$ 释入子宫静脉，以致不能进入全身血循环和卵巢，黄体就不会受到影响而退化。通常子宫内至少要有 4 个胚胎，而且要分布均匀，才能完成这一作用。

3. 马属动物和灵长类的妊娠识别　马属动物和灵长类动物的妊娠黄体不足以提供维持怀孕所必需的孕酮，因此在妊娠的维持中胎盘产生的孕酮发挥重要作用。这些动物的孕体均能产生绒毛膜促性腺激素（CG），CG 的结构及生物学特性类似于 LH，能直接刺激其黄体分泌孕酮。灵长类动物的孕体从怀孕 8～12 天起开始产生 CG，通过其直接的促黄体化作用维持黄体分泌孕酮，胎盘开始产生孕酮时，CG 的分泌才消失。马属动物的妊娠识别机制比灵长类动物更加复杂，一直到怀孕 35 天左右才能检测到 CG，说明马属动物的孕体能改变子宫静脉中 $PGE_2/PGF_{2\alpha}$ 的比例，在怀孕 35 天之前由 PGE_2 发挥促黄体化功能。

第三节 胎膜及胎盘

一、胎 膜

胎膜（fetal membrane）统称胚外膜（extraembryonic membrane），是由胚胎外的三个基本胚层（外胚层、中胚层、内胚层）所形成的，包括卵黄囊、羊膜、尿膜和绒毛膜。胎膜是胚胎生长必不可少的辅助器官，在胚胎发育过程中包围着胚胎。胎儿就是通过胎膜上的胎盘从母体内吸取营养，又通过它将胎儿代谢产生的废物运走，并能进行酶和激素的合成。它是维持胚胎发育并保护其安全的一个重要的暂时性器官，产后即被摒弃。

（一）卵黄囊

卵黄囊（yolk sac）是胚胎发育早期由内胚层、脏中胚层和滋养层构成的一个完整的囊。家畜中，只有马和肉食动物的卵黄囊起有胎盘的作用（图4-1），牛、羊、猪的卵黄囊和子宫内膜并不紧密接触，而只是从子宫乳中吸取养分。在胚胎发育早期，猪和马的卵黄囊比较发达，猪在13天左右开始形成，17天开始退化，1个月左右完全消失；而马的在此时更发达，并形成卵黄囊胎盘，后被尿囊绒毛膜胎盘代替。牛的卵黄囊在第8～9天形成，22天退化。

家畜的卵黄囊大，当永久胎盘（尿膜绒毛膜胎盘）发育时，它就退化。卵黄囊中胚层间充质分化形成的血细胞是胚胎最早产生血细胞的来源，卵黄囊中胚层形成一些重要内脏血管，卵黄囊内胚层还是原始生殖细胞的发源地。

（二）羊膜囊

羊膜囊（amniotic vesicle）是包围胚胎并为其提供水环境的密闭的外胚层囊。除脐带外，它将胎儿整个包围起来，囊内充盈羊水（amniotic fluid），胎儿悬浮其中，对胎儿起着机械性保护作用（图4-2）。绵羊和牛于妊娠后13～16天形成，猪、犬、猫略为早些。

羊膜（amnion）是一菲薄的平滑肌膜构成的半透明膜。牛、羊、猪的尿囊出现并继续增大后，就将羊膜囊挤向绒毛膜，并使一部分羊膜在胚胎的背侧和绒毛膜黏合，形成

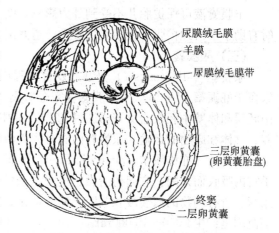

图 4-1 胎龄 28 天的马胚胎及胎膜
（引自甘肃农业大学，兽医产科学，第二版，1988）

右侧标注：
尿膜绒毛膜
羊膜
尿膜绒毛膜带
三层卵黄囊（卵黄囊胎盘）
终窦
二层卵黄囊

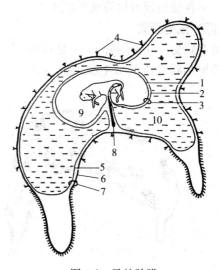

图 4-2 马的胎膜
1. 羊膜　2. 尿膜内层　3. 尿膜羊膜　4. 绒毛
5. 尿膜外层　6. 绒毛膜　7. 尿膜绒毛膜　8. 卵黄囊
9. 羊膜囊腔　10. 尿膜囊腔
（引自甘肃农业大学，兽医产科学，第二版，1988）

羊膜-绒毛膜（amnionchorion）。羊膜-绒毛膜作用时间短暂，主要输送营养和排泄废物。奇蹄类动物的羊膜在胚胎28日龄时就被尿膜包围，尿膜的内层和羊膜表面黏合，形成尿膜-羊膜。

羊膜囊液（亦称羊水，amniotic fluid）的成分近似血清超滤液，来源于羊膜上皮或消化液。出生时羊膜囊液带乳白光泽，稍黏稠，有芳香气味。正常情况下，羊膜囊液中含有脱落的皮肤细胞和白细胞。它清澈透明、无色、黏稠，妊娠末期增多。其平均数量是：牛5 000～6 000mL，马3 000～7 000mL，山羊 400～1 200mL，绵羊 350～700mL，猪 40～200mL，犬和猫8～30mL。

羊膜囊液中含有电解质和盐分，整个妊娠期间其浓度很少变化；还含有胃蛋白酶、淀粉酶、脂解酶、蛋白质、果糖、脂肪、激素等，并随着妊娠期的不同阶段而有变化。

羊膜囊液可保护胎儿不受到外力影响，防止胚胎干燥、胚胎组织和羊膜发生粘连，分娩时有助于子宫颈扩张并使胎儿体表及产道润滑，有利于产出。

（三）尿膜囊

尿膜囊（allantoic sac）是胚胎发育过程中由后肠腹侧向胚外体腔突出而形成的囊。大家畜于妊娠第 24～28 天时尿膜囊就完全形成。尿囊与浆膜或绒毛膜接触之后，两膜的脏壁中胚层和体壁中胚层合并形成双中胚层，其中含有发达的血管网，构成尿囊循环，负责营养、气体和废物的运输。尿囊腔内储有尿囊液，构成重要的排泄储存器官。

尿囊液（亦称尿水，allantoic fluid）可能是来自胎儿的尿液和尿膜上皮的分泌物，或从子宫内吸收而来的。它起初清澈、透明、水样，以后逐渐变为棕黄色，含有白蛋白、果糖和尿素。所有动物的尿囊液和羊膜囊液数量在妊娠期间都是有很大变动的。妊娠末期尿囊液变动范围是：牛4 000～15 000mL，马8 000～18 000mL，绵羊和山羊500～1 500mL，猪100～200mL，犬 10～50mL，猫 3～15mL。

尿囊液有助于分娩初期扩张子宫颈。子宫收缩时，尿囊液受到压迫即涌向抵抗力小的子宫颈，尿囊液就带着尿膜绒毛膜楔入颈管中，使它扩张开大。

（四）绒毛膜囊

绒毛膜囊（chorionic sac）是包围胚胎和其他胚外构造的密闭的囊，由胚外体壁中胚层和滋养层共同组成的绒毛膜形成（图4-3）。绒毛膜囊与羊膜囊同时形成，其来源也相同。

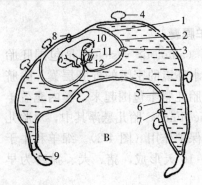

图 4-3　牛的胎膜囊

A. 胎膜外观（示子叶型胎盘）　B. 胎膜切面（示详细构造和各层关系）

1. 羊膜　2. 尿膜内层　3. 尿膜羊膜　4. 子叶　5. 尿膜外层　6. 绒毛膜

7. 尿膜绒毛膜　8. 羊膜绒毛膜　9. 绒毛膜坏死端　10. 膀胱　11. 脐尿管　12. 脐带

（引自甘肃农业大学，兽医产科学，第二版，1988）

根据家畜种类和发育阶段的不同，绒毛膜可构成卵黄囊-绒毛膜、尿膜-绒毛膜和羊膜-绒毛膜。绒毛膜囊的形状，在牛、羊（单胎）及马与妊娠子宫同形。猪则为长梭形。膜的表面有绒毛，绒毛在尿囊上增大，尿囊上的血管在尿膜-绒毛膜内层上构成血管网，从而为形成胎儿胎盘奠定了基础。

由于各种家畜绒毛的分布及其与子宫黏膜的联系各具特点（见胎盘），因而胎盘也有畜种间差异。总之，胚胎周围由内而外被羊膜囊和绒毛膜囊包裹，两囊之间，根据胚胎发育阶段的不同，存在有卵黄囊和尿囊。

二、胎 盘

胎盘（placenta）是母体与胎儿进行物质交换的构造，由胎儿的绒毛膜和母体的子宫内膜两部分组成。胎儿胎盘可分为三种基本类型，即卵黄膜绒毛膜胎盘、羊膜绒毛膜胎盘和尿囊绒毛膜胎盘。哺乳动物的胎儿胎盘主要是尿囊绒毛膜胎盘（chorioallantoic placenta），母体胎盘由子宫内膜组成，胎盘的母体部分和胎儿部分的血液循环是两个独立的休系，胎儿血液和母体血液是不相混合的，其间隔着数层结构，这数层结构称为胎盘屏障（placental barrier）。胎盘屏障不影响母血与子血间的物质和气体交换，但能阻止母血中大分子物质（如细菌等）进入胎儿血液循环，对胎儿有保护作用。

（一）胎盘类型

根据不同的分类标准，哺乳动物的尿囊绒毛膜胎盘有三种分类方法（表4-4）。

表 4-4　胎盘的分类、组织结构及对分娩的影响

（引自 E. S. E. Hafez, 1987）

种　类	分　类		
	绒毛膜上的绒毛分布方式	胎盘的屏障结构	分娩时对子宫组织的损伤
猪	散布	上皮绒毛膜	无损伤（非蜕膜）
马	散布和微子叶	上皮绒毛膜	无损伤（非蜕膜）
绵羊、山羊、牛、水牛	子叶	上皮或结缔绒毛膜	无损伤（非蜕膜）
犬、猫	带状	内皮绒毛膜	中度损伤（蜕膜）
人、猴	盘状	血绒毛膜	广泛损伤（蜕膜）

1. 根据绒毛膜上的绒毛分布方式分类

（1）弥散型胎盘（diffuse placenta）：除胚泡的两端外，大部分绒毛膜表面上都均匀分布着绒毛（马）或皱褶（猪），绒毛伸入到子宫内膜腺窝内，构成一个胎盘单位，或称微子叶，母体与胎儿在此发生物质交换。马和猪的胎盘属此种类型（图4-4A）。

马在怀孕75～110天时，胎盘单位才遍布于尿膜绒毛膜囊上，绒毛和腺窝的联系虽然是紧密的，但不牢固，因此马妊娠初期的流产比牛、羊多，但胎衣不下较为少见。猪怀孕20～50天时，滋养层上发出许多小斑并陷于一浅窝内，以后小斑上长出绒毛，即成为绒毛晕，绒毛伸至子宫腺开口的凹陷内；猪绒毛膜和子宫内膜的联系比马紧密，但还是不如牛、羊。

（2）子叶型胎盘（cotyledonary placenta）：绒毛在绒毛膜表面上集合成群，形成绒毛叶或称子叶（cotyledon）。子叶与子宫内膜上的圆形突起——子宫阜（caruncle）紧密嵌合，此嵌合部位称为胎盘突（placentome）。反刍动物的胎盘属此种类型（图4-4B）。

胎儿子叶上的绒毛同宫阜上的隐窝紧密融合，插入到子宫内膜间质中，与子宫内膜的腺体直接接触。宫阜之间的子宫内膜称为宫阜间区，胎儿子叶之间的尿膜绒毛膜称为子叶间区。这些区域在正常情况下不形成胎盘组织。牛偶尔由于子宫疾病，或由于胎盘突缺乏，这些地方可以形成原始胎盘结构，像增大的弥散型胎盘一样，在尿膜绒毛膜的子宫内膜的间区发育，称为异位胎盘（adventitious placenta），或称副胎盘（accessory placenta）。

牛妊娠 15～16 天，胚胎附近和宫阜接触的尿膜绒毛膜上发生上皮增生斑；1～1.5 个月时，成为绒毛斑；2 个月末，绒毛增长，腺窝也成为管状；3 个月时，绒毛和腺窝进一步增长并分支，达到宫阜基部。此时宫阜已发育为蘑菇状的母体胎盘，绒毛斑则发育成长圆形浅盘状的胎儿子叶，把母体胎盘包起来。牛的胎盘突数一般为 75～120 个。

羊的胎盘形成基本和牛相同。绵羊子叶的绒毛大约于排卵后 20 天生出，胎盘突小而圆。母体胎盘和胎儿子叶的形状与牛相反，绵羊母体胎盘的表面是凹的，呈盂状，将圆的子叶包起来；山羊的母体胎盘表面浅凹，呈圆盘状，子叶呈丘状附着于其凹面上。绵羊的胎盘突数为 80～90 个，山羊可多达 120 个或更多。

（3）带状胎盘（zonary placenta）：绒毛集中在胚泡的赤道部周围，以带状与子宫内膜结合。猫和犬等肉食动物的胎盘属此种类型（图 4-4C）。

（4）盘状胎盘（discoidal placenta）：绒毛集中在绒毛膜的一个盘状区域，与子宫内膜基质相结合形成胎盘。灵长类和啮齿类的胎盘属此种类型（图 4-4D）。

2. 根据胎盘的屏障结构分类　胎盘的胎儿部分由三层组织构成，即血管内皮、结缔组织和绒毛上皮。胎盘的母体部分也由三层组织构成，但排列方向相反，即子宫内膜上皮、结缔组织和血管内皮。胎儿与母体血液之间的物质交换必须通过这些组织所形成的胎盘屏障。在各种胎盘中，胎儿部分三层组织变化不大，但母体部分有很大差异。因此，根据屏障的构成，可将胎盘分成四类。

（1）上皮绒毛膜胎盘（epithelio-chorial placenta）：所有的三层子宫组织都存在，胎儿绒毛嵌合于子宫内膜相应的凹陷中（图 4-5A）。猪和马的弥散型胎盘属于此类型，大多数反刍动物妊娠初期的子叶胎盘也属这一类。

（2）结缔绒毛膜胎盘（syndesmo-chorial placenta）：子宫上皮变性脱落，胎儿绒毛上皮直接与子宫内膜的结缔组织接触（图 4-5B）。反刍动物妊娠后期的子叶胎盘属于此类型。

（3）内皮绒毛膜胎盘（endotheliochorial placenta）：子宫内膜上皮和结缔组织脱落，胎儿绒毛膜上皮直接与母体血管内皮接触。猫和犬等许多肉食类动物的带状胎盘属此类型（图4-5C）。

（4）血绒毛膜胎盘（hemochorial placenta）：所有三层子宫组织全部脱落，绒毛上皮直接浸泡在母体血管破裂后形成的血窦中（图 4-5D）。灵长类和啮齿类的盘状胎盘属此类型。

3. 根据分娩时子宫组织的损伤程度分类

（1）蜕膜胎盘（decidual placenta）或结合胎盘：又称真胎盘，主要见于啮齿类和灵长类动物。胎儿绒毛膜与子宫内膜作用，上皮变性脱落，绒毛膜与子宫内膜基质结合牢固。这一过程使胚胎附近的子宫内膜基质细胞发生变性和增生而形成蜕膜细胞，这种变化称为蜕膜化反应（decidual reaction），所形成的增生细胞层称为蜕膜（decidua）。蜕膜细胞是多核的大细胞，呈圆形或卵圆形，胞质内含有丰富的糖原，多分布于细胞的外围。蜕膜细胞的发生，有利于为胚胎提供能源和营养，对胚泡顺利附植和进一步发育具有重要意义。分娩时蜕膜随胎膜脱落，子宫组织损伤很大。带状和盘状胎盘都属于蜕膜胎盘。

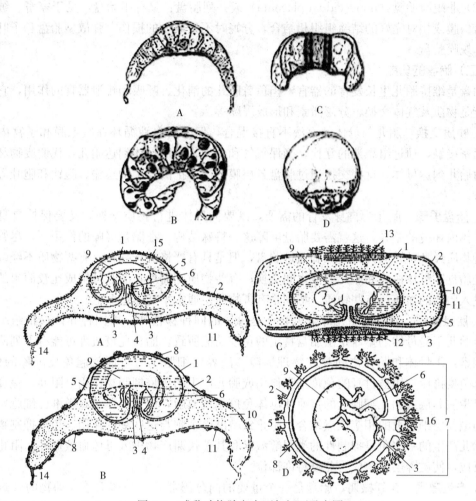

图 4-4　哺乳动物胎盘表面与切面示意图

A. 猪弥散型胎盘　B. 牛子叶型胎盘　C. 肉食兽环带状胎盘　D. 人盘状胎盘

1. 羊膜　2. 绒毛膜　3. 卵黄囊　4. 尿囊管　5. 胚外体腔　6. 脐带　7. 盘状胎盘　8. 子叶　9. 胎儿　10. 尿囊
11. 尿囊绒毛膜　12. 绒毛环　13. 带状胎盘　14. 退化的绒毛膜端　15. 绒毛晕　16. 尿囊血管

（引自 Michd，1983；Patten，1953）

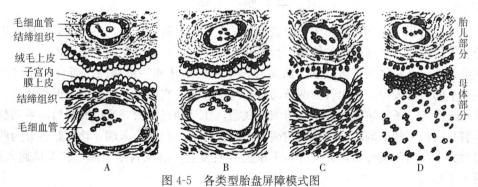

图 4-5　各类型胎盘屏障模式图

A. 上皮绒毛膜胎盘　B. 结缔绒毛膜胎盘　C. 内皮绒毛膜胎盘　D. 血绒毛膜胎盘

（引自李德学等，2003）

（2）非蜕膜胎盘（nondecidual placenta）或并列胎盘：又称半胎盘，见于家畜。绒毛膜与子宫内膜或相对完好的结缔组织相结合，分娩时不造成大的损伤。弥散型胎盘和子叶胎盘属于非蜕膜胎盘。

（二）胎盘的功能

胎盘是维持胎儿生长发育的器官，担负着胎儿的消化、呼吸和排泄器官的作用，它的主要功能是物质及气体交换、分泌激素和形成屏障等。

1. 物质交换　胎儿与母体的血液不直接混合，但两套血液循环在绒毛膜和子宫内膜结合处紧密接触，通过组织液的互换，确保氧气和营养物质从母体到达胎儿，代谢废物和二氧化碳由胎儿到达母体。这些交换通过胎盘各层膜的简单扩散、主动运输、胞饮和胞吐等机制来调节。

2. 胎盘屏障　胎儿为自身发育的需要，既要同母体进行物质交换，又要保持自身内环境同母体内环境的差异，这就需要胎盘屏障这一特殊结构。在胎盘屏障的作用下，尽管可以使多种物质经各种转运方式进入和通过胎盘，但是具有严格的选择性。有些物质不经改变就可以经胎盘在母体血液和胎儿血液之间交换；有些物质则需要在胎盘分解成比较简单的物质才能进入胎儿的血液；有些物质（特别是有害物质）通常不能通过胎盘。

3. 胎盘免疫　胎盘的胎儿部分可看作是母体的同种移植物，即同种异体移植组织。胎盘乃至胎儿不受母体的排斥是由胎盘特定的免疫功能所致。胎盘免疫机理可能有下列两个方面的因素：①母体和胎儿之间存在物理屏障，滋养层细胞本身可能就起免疫屏障的作用；②母体免疫排斥作用被自身的免疫增强作用或胎儿产生的免疫抑制物作用所阻断。免疫增强作用是指滋养层或胎儿细胞上的抗原使母体免疫系统致敏，产生抗体和致敏淋巴细胞，其中抗体与滋养层细胞上的相应位点结合，阻止致敏淋巴细胞与这些细胞作用。免疫抑制物作用是指胎儿产生的一些免疫抑制性的类固醇激素和其他代谢产物进入母体血液循环，阻止免疫排斥反应，使滋养层组织成为免疫特许部位。

4. 产生激素　在妊娠期，胎盘是一个重要的内分泌器官。马和绵羊等动物的妊娠早期胎盘能合成和分泌促性腺激素。在所有家畜的妊娠中、后期，胎盘滋养层细胞能合成和分泌雌激素和孕酮。促性腺激素在胚胎发育早期有维持妊娠作用。雌激素能够调节胚胎的免疫功能。胎盘孕酮与黄体孕酮功能相似，对维持妊娠极其重要。

三、脐　带

脐带（umbilical cord）是由于羊膜囊不断扩大，并向腹侧包绕，将卵黄囊、尿囊以及尿囊动静脉等包绕成一条圆柱状的结构，为胎儿与母体进行物质交换的主要通道。

在脐孔外，马和猪的脐带较长，脐血管包括两根动脉和一根静脉，而且相互扭结在一起。牛、羊的脐带较短，脐血管为两条动脉和两条静脉，它们也互相缠绕，但很疏松，且静脉在脐孔内合为一条。脐血管与脐孔组织的联系，在马和猪紧密，所以断脐后前者动脉残端不缩至脐孔内；牛和羊的较松，动脉残端可缩至脐孔内。在脐带末端，动静脉各分为两个主干，沿胎囊小弯向两端分布，分支分布于尿膜绒毛膜上。脐尿管壁很薄，其上端通入膀胱，下端通入尿膜囊。

不同动物的脐带长度和被扯断的时间不同。驹脐带强韧，全长 70～100cm，分为两部分，上半段的外面包着羊膜，在羊膜囊内；下半段的外面包着尿膜。犊牛脐带短，仅长30～

40cm；羔羊 7～12cm；仔猪脐带相对较长，约 25cm；犬和猫脐带强韧但短，长 10～12cm。牛、羊、猪胎儿通过产道时，脐带被扯断；马、犬、猫的脐带往往是胎儿出生后被扯断。

第四节　妊娠期母体的变化

妊娠后，胚泡附植、胚胎发育、胎儿成长、胎盘和黄体形成及其所产生的激素都对母体产生极大的影响，从而引起整个机体特别是生殖器官在形态学和生理学方面发生一系列的变化。

一、生殖器官的变化

（一）卵巢的变化

1. 牛　整个妊娠期都有黄体存在，妊娠黄体同周期黄体没有显著区别。妊娠时卵巢的位置则随着妊娠的进展而变化，由于子宫重量增加，卵巢和子宫韧带肥大，卵巢则下沉到腹腔。

2. 绵羊　妊娠最初两个月黄体体积最大，至 115 天左右则缩小，妊娠 2～4 个月卵巢上有大小不等的卵泡发育。

3. 猪　卵巢上的黄体数目往往较胎儿的数目多。

4. 马　妊娠 40 天，直肠触诊卵巢可摸到黄体，这种黄体可延续 5～6 个月。在有些品种可同时发现有卵泡发育，但极少发生排卵。妊娠 40～120 天，卵巢有明显的活性，两侧或一侧卵巢上有许多卵泡发育，卵巢体积比发情时还要大。这些卵泡可排卵形成副黄体，或不排卵而黄体化。卵巢活性通常在妊娠 100 天时消退，黄体也开始退化。

（二）子宫的变化

所有动物妊娠后，子宫体积和重量都增加。马的尿膜绒毛膜囊通常进入未孕角，占据全部子宫，所以未孕角亦扩大；牛、羊的尿膜绒毛膜囊有时仅占据一部分未孕角，或不进入未孕角，所以未孕角扩大不明显。由于子宫重量增大，并向前、向下垂，因此至妊娠中 1/3 期及其以后，一部分子宫颈被拉入腹腔，但至妊娠末期由于胎儿增大又会被推回到骨盆腔前缘。弥散型胎盘的家畜，整个子宫黏膜均为母体胎盘，因此孕角的黏膜较厚；子叶型胎盘的家畜，子宫内的宫阜发育成为母体胎盘，牛、羊孕角胎盘较未孕角大，而孕角中基部及中部的胎盘又较其余部分为大。

（三）子宫动脉的变化

妊娠时子宫血管变粗，分支增多，特别是子宫动脉（子宫中动脉）和阴道动脉子宫支（子宫后动脉）更为明显。随着脉管的变粗，动脉内膜的皱襞增加并变厚，而且和肌层的联系疏松，所以血液流动时就从原来清楚的搏动，变为间断而不明显的颤动，称为妊娠脉搏（pregnant pulse）。

（四）阴道、子宫颈及乳房的变化

马、牛妊娠后，阴道黏膜变苍白，表面覆盖着黏稠的黏液而感觉干燥。妊娠前 1/3 期，阴道长度增加，前端变细，近分娩时则变得很短而宽大，黏膜充血，柔软、轻微水肿。

子宫颈缩紧，黏膜增厚，其上皮的单细胞腺在孕酮的影响下分泌黏稠的黏液，填充于子宫颈腔内，称为子宫颈塞（cervical plug）。子宫颈往往稍偏于一侧。妊娠中 1/3 期，子宫因增重而下垂，子宫颈即由盆腔内移到骨盆前缘下方；妊娠末期子宫增至很大时，又回到盆腔内。

乳房增大、变实，妊娠后半期比较显著，头胎家畜的变化出现较早；马属动物出现较晚；泌乳牛、羊则要到妊娠末期才变得明显。

二、全身的变化

妊娠后，母畜新陈代谢变旺盛，食欲增进、消化力增强，营养状况得到改善。但至妊娠后期，由于满足迅速发育中的胎儿所需营养物质的需要，自身受到很大消耗，尽管食欲良好，往往还是比较消瘦。

妊娠后期，由于胎儿需要很多矿物质，故母畜体内矿物质尤其是钙及磷含量减少。若不及时补充，母畜容易发生行动困难，牙齿也易受到损害。

心脏由于负担加重，稍显肥大；血容量增加，血液凝固性增强，红细胞沉降速度加快。妊娠后期因子宫压迫腹下及后肢静脉，以至这些部位特别是乳房前的下腹壁上，容易发生广而平、无热痛、捏粉样水肿。多见于马，常发生在产前 10 天左右，产后自行消失。

随着妊娠月份的增大，孕畜行动变得稳重、谨慎，易疲乏、出汗。胃肠容积减小，排粪、排尿次数增多。由于横膈受压，胎儿需氧增加，故呼吸数增多，并由胸腹式呼吸转变为胸式呼吸。由于胎儿长大，腹部逐渐增大，其轮廓也发生改变。

三、内分泌的变化

在整个妊娠过程中，激素起着十分重要的调节作用，正是由于各种激素的适时配合，共同作用，并且取得平衡，胚泡的附植和妊娠才能维持下去。

（一）牛的内分泌变化

1. 孕酮　妊娠最初的 14 天左右，外周血的孕酮含量与间情期相同，以后缓慢升高，最高可达 7.8ng/mL，并一直维持一定高度。分娩前 20～30 天迅速下降，至分娩当天降至最低（图 4-6）。

2. 雌激素　妊娠早期和中期雌激素含量低（雌酮约 100pg/mL），随着妊娠期趋向结束，尤其是妊娠 250 天左右迅速升高，分娩前 2～5 天达到峰值（雌酮约 7 000pg/mL），产前 8h

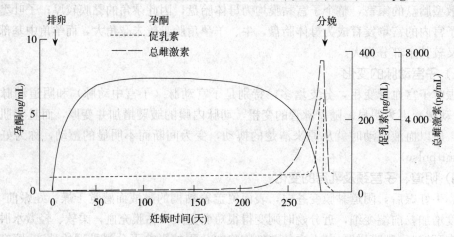

图 4-6　牛妊娠期间血浆孕酮和雌激素含量的变化

（引自 Noakes D E et al.，Arthur's Veterinary reproduction and obstetrics，8th ed，2001）

迅速下降，直到产后都为最低水平。

3. 促卵泡素　妊娠期间 FSH 和 LH 含量低，没有明显的变化。

4. 促乳素　整个妊娠期间促乳素含量低，产前 20h 由 50～60ng/mL 的基础水平升高到 320ng/mL 的峰值，产后 30h 又下降到基础水平。

（二）绵羊和山羊的内分泌变化

1. 孕酮　绵羊在妊娠 16 天内，孕酮维持间情期水平，约 2ng/mL。在妊娠 60 天左右逐渐增加，一直维持到妊娠的最后 1 周，分娩时迅速下降到 1ng/mL 的水平（图 4-7）。多胎妊娠时孕酮含量显著增高。同绵羊一样，山羊妊娠期间孕酮含量可增高到一定水平，而且保持稳定状态，直到分娩前几天才迅速下降。

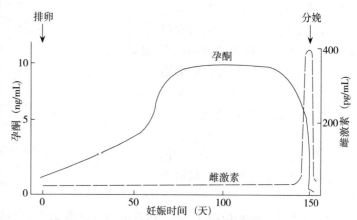

图 4-7　绵羊妊娠期间血浆孕酮和雌激素含量的变化
（引自 Noakes D E et al.，Arthur's Veterinary reproduction and obstetrics，8th ed，2001）

2. 雌激素　绵羊雌激素含量在整个妊娠期都低，分娩前几天开始升高，产羔时突然升高到 400pg/mL，产后则迅速下降。山羊外周血浆中的总雌激素量比绵羊高，从妊娠 30～40 天开始逐渐增高，于分娩之前达到峰值，超过 600ng/mL。

3. 促乳素　绵羊 PRL 浓度在 20～80ng/mL 的范围内变动，随着妊娠渐趋结束，PRL 开始增加，产羔时达到 400～700ng/mL 的峰值。山羊妊娠期间 PRL 一直较低，分娩时则迅速升高。

（三）猪的内分泌变化

1. 孕酮　怀孕后 12～14 天孕酮含量即从发情时的 1ng/mL 上升至 30～35ng/mL，第 24 天时下降到 17～18ng/mL，并维持在这一水平上，直到分娩前才突然下降。孕酮浓度较高也不能增加胚胎存活的数目，子宫内的胚胎数目也不影响孕酮的浓度。

2. 雌激素　妊娠最初 24 天雌激素含量约 20pg/mL，以后逐渐增高；大约在妊娠 100 天时迅速升高，达到 100pg/mL，产前可增高到 300pg/mL，分娩时或产后迅速下降（图 4-8）。

（四）马的内分泌变化

1. 马绒毛膜促性腺激素　同其他家畜相比，马妊娠期的

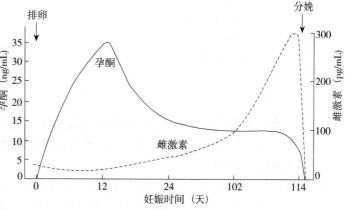

图 4-8　猪妊娠期间血浆孕酮和雌激素含量的变化
（引自 Noakes D E et al.，Arthur's Veterinary reproduction and obstetrics，8th ed，2001）

激素变化较为特殊。在排卵后 38～42 天血液中就出现 eCG，60～65 天达到最高值，以后随着子宫内膜杯变性而逐渐减少，大约于妊娠 150 天消失。

2. 孕酮 马在妊娠期间孕酮浓度很不规律。排卵后形成红体和黄体，第 8 天左右外周血的孕酮浓度升高到 7～8ng/mL，28 天左右暂时降到 5ng/mL。因为在妊娠 40～60 天开始形成副黄体，所以在妊娠 50～140 天时，外周血中的孕酮浓度又增高，以后又下降并维持较低水平，妊娠 180～200 天的孕酮浓度低于 1ng/mL，分娩前再次迅速升高达到临产前的峰值，分娩后立即下降到最低水平（图 4-9）。

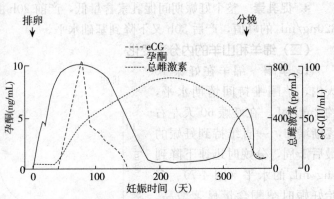

图 4-9　马妊娠期间孕酮、雌激素和 eCG 含量的变化
（引自 Noakes D E et al.，Arthur's Veterinary reproduction and obstetrics，8th ed，2001）

3. 雌激素 妊娠最初 35 天，外周血循总雌激素含量与间情期差不多；妊娠 40～60 天间，雌激素含量增高略高于排卵前的水平，约为 3ng/mL，并保持稳定状态；60 天以后雌激素含量又增高，210 天时达到最高值，以后逐渐下降，到分娩时呈直线下降。

（五）犬的内分泌变化

1. 孕酮 妊娠犬外周血中孕酮的含量与未孕犬差不多。未孕犬的周期黄体可持续存在 70～80 天，故不能用测定孕酮的方法来诊断犬的妊娠。在 LH 峰后 8～29 天，孕酮含量高达 29ng/mL。从妊娠 30 天起，孕酮含量开始逐渐下降，大约至 60 天时达到 5ng/mL，分娩前突然下降直至接近零的水平；而未孕犬则不会迅速下降，孕酮一直维持在一个低的水平上（图 4-10）。

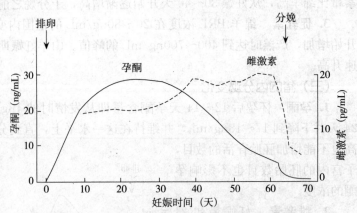

图 4-10　犬妊娠期间血浆孕酮和雌激素含量的变化
（引自 Christiansen I B，Reproduction in the dog and cat，1984）

2. 雌激素 妊娠犬的雌激素总量略高于未妊娠犬。整个妊娠期间维持在 20～27pg/mL 的水平，分娩前 2 天下降，至分娩当天下降到未妊娠时的水平。

（六）猫的内分泌变化

1. 孕酮 猫配种后 23～36h 排卵，排卵后血清孕酮浓度迅速升高，妊娠 7～28 天维持高水平（峰值约 33ng/mL）。妊娠 30 天后孕酮浓度逐渐下降，至分娩前最后 2 天降至最低水平（图 4-11）。猫在妊娠后期由胎儿胎盘产生孕酮并维持妊娠，妊娠 16 天前摘除卵巢会引起流产，而妊娠 19 天以后摘除则不会引起流产。

2. 雌激素 猫在妊娠期雌激素一直维持一个较低的水平，在产前有稍许升高，但至分娩前直线下降。

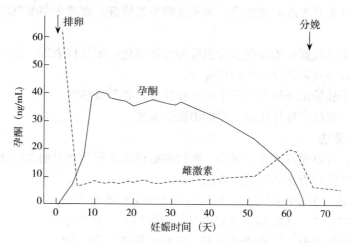

图 4-11 猫妊娠期间血浆孕酮和雌激素含量的变化
（引自 Christiansen I B，Reproduction in the dog and cat，1984）

第五节 妊娠诊断

一、妊娠诊断的意义

配种后为及时掌握母畜是否妊娠、妊娠的时间及胎儿的发育情况等，所采用的各种检查称为妊娠诊断（pregnant diagnosis）。寻求简便而有效的早期妊娠诊断方法，一直是畜牧兽医工作者长期努力的目标。总体而言，妊娠诊断有下述几个方面的意义：

（1）简便而有效的早期妊娠诊断，是母畜保胎、减少空怀、增加畜产品和提高繁殖力的重要技术措施。以奶牛为例，对于一个繁殖牛群，如果不能进行准确的早期妊娠诊断，就会使某些配后未孕的母牛失配，已孕的母牛因管理不善或再次配种而出现流产。只要人为地错过 13.5 个发情周期，就等于少产一胎，损失一个泌乳期的产奶量。

（2）通过早期妊娠检查，可尽早确定母畜妊娠与否，以便进行分群管理，对妊娠母畜加强饲养管理，对未妊娠母畜及早配种。

（3）便于对参加配种的母畜和与配公畜的生殖机能具体分析。早期妊娠诊断的结果有助于对母畜整体生理状态和发情表现进行回忆和判断，对未妊娠者找出原因，及时补配或进行必要的处理；也可根据与同一公畜配种母畜的受胎情况，分析公畜的配种能力，为公畜、母畜生殖疾病的及早发现、治疗或淘汰提供依据。

（4）便于了解和掌握配种技术、方法以及适宜的输精时间，提高受胎效果。

二、妊娠诊断的方法

妊娠诊断的方法很多，可以概括为临床检查法、实验室诊断法和特殊诊断法 3 类，具体内容包括下述几个方面：

（1）直接或间接检查胎儿、胎膜和胎水的存在。

（2）检查或观察与怀孕有关的母体变化，如腹部轮廓的变化，通过直肠触摸子宫动脉的变化等。

（3）检查与妊娠有关的激素变化，如尿液雌激素检查、血液中孕酮测定以及马绒毛膜促性腺激素测定等。

（4）检查由生殖激素分泌变化引起相应的母体变化，如发情表现、阴道的相应变化、子宫颈黏液性状、外源激素诱导的生理反应等。

（5）检查由于胚胎出现和发育产生的特异物质，如免疫诊断。

（6）检查由于妊娠，母体阴道上皮的细胞学变化。

（一）临床检查法

母畜妊娠后，可以通过问诊、视诊、听诊和触诊来了解孕畜及胎儿的变化。具体检查包括外部检查法、直肠检查法和阴道检查法。

1. 外部检查法　主要根据母畜妊娠后的行为变化和外部表现来判断是否妊娠的方法。妊娠早期可发现发情周期停止，食欲增进，毛色光泽，性情温顺，行动谨慎安稳。妊娠中期或后期，胸围增大，向一侧（牛、羊为右侧，猪为下腹部，马为左侧）突出（图 4-12、图 4-13）；乳房胀大，牛、马和驴有腹下水肿现象；牛8 个月以后，马、驴 6 个月可见胎动。妊娠后期（猪 2 个月后，牛 7 个月后，马、驴 8 个月后）隔着腹壁（牛、羊为右侧，马、驴为左侧），或最后两对乳头上方（猪）的腹壁，可触诊到胎儿（图 4-14、图 4-15、图 4-16）；当胎儿胸部紧贴母体腹壁处，可听到胎儿心音。

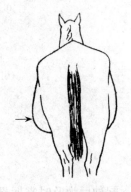

图 4-12　马的左腹壁突出
（引自甘肃农业大学，
兽医产科学，第二版，1988）

母畜妊娠的外部表现多在妊娠的中、后期才比较明显，难于做出早期准确的判断。特别是某些家畜在妊娠早期常出现假发情的现象，容易干扰正常的诊断，造成误诊。配种后因营养、生殖疾患或环境应激造成的乏情表现也有时被误诊为妊娠。

因此，外部检查法并非一种准确而有效的妊娠诊断方法，常作为早期妊娠诊断的辅助或参考。

2. 直肠检查法　直肠检查法是大家畜早期妊娠诊断最准确、有效的方法之一。由于它是通过直肠壁直接触摸卵巢、子宫和胎儿的形态、大小和变化，因此可随时了解妊娠进程，以便及时采取有效措施。此法仍广泛应用于牛、马和驴等大家畜的早期妊娠诊断。

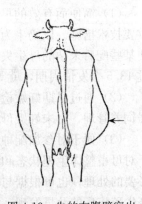

图 4-13　牛的右腹壁突出
（引自甘肃农业大学，
兽医产科学，第二版，1988）

采用直肠触摸作为妊娠鉴定的主要依据是母畜妊娠后生殖器官会发生相应变化，方法是先摸到子宫颈，再将中指向前滑动，寻找角尖沟；然后将手向前、向下、再向后移动，分别触摸到两个子宫角。摸过子宫角后，在其尖端外侧或下侧寻找卵巢。具体操作时要随妊娠不同阶段而有所侧重。妊娠初期，主要以卵巢上黄体的状态、子宫角的形状和质地的变化为主；胎泡形成后，要以胎泡的存在和大小为主；胎泡下沉入腹腔时，则以卵巢的位置、子宫颈的紧张度和子宫动脉妊娠脉搏为主。

图 4-14　触诊马胎儿的部位

（引自甘肃农业大学，兽医产科学，第二版，1988）

图 4-15　触诊牛胎儿的部位

（引自甘肃农业大学，兽医产科学，第二版，1988）

（1）牛的检查法：

①20～25 天：孕角侧卵巢上有突出卵巢表面的黄体，且比空角侧卵巢大得多。子宫角粗细无变化，但子宫壁较厚而有弹性。

②30 天：两侧子宫角出现不对称，子宫角间沟明显。孕角比空角粗而松软，有液体感，孕角膨大处子宫壁变薄；空角硬而有弹性，弯曲明显。子宫角的粗细依胎次而定，胎次多的较胎次少的稍粗。

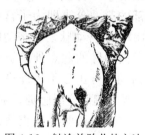

图 4-16　触诊羊胎儿的方法

（引自甘肃农业大学，
兽医产科学，第二版，1988）

③60 天：孕角较空角粗约一倍，且较长。孕角壁软而薄，且有液体波动，角间沟稍平坦，但两子宫角之间的分岔仍然明显，可摸到整个子宫（图 4-17）。

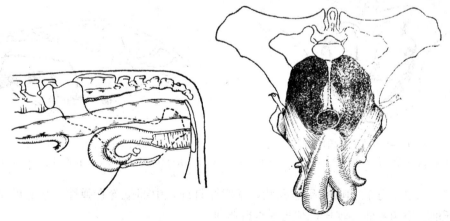

图 4-17　牛怀孕 60 天的子宫（左侧面及正观面）

（引自甘肃农业大学，兽医产科学，第二版，1988）

④90 天：孕角比空角大得多，液体波动感明显，有时在子宫壁上可以摸到如蚕豆大小的胎盘突。子宫开始沉入腹腔，子宫颈前移至耻骨前缘，紧张度增强。孕角侧子宫动脉增

粗，有些牛子宫动脉开始出现轻微的妊娠脉搏，角间沟消失。手提子宫颈，可明显感到子宫的重量增大。

⑤120 天：子宫全部沉入腹腔，子宫颈已越过耻骨前缘，可摸到子宫背侧的子叶，大小如蚕豆或黄豆，可触到胎儿，孕侧子宫动脉妊娠脉搏明显。子宫被胃肠挤回到盆骨入口之前时，摸到整个子宫大如排球，偶尔可触及胎儿和孕角侧卵巢。

⑥120 天以后至分娩：子宫进一步膨大，沉入腹腔，手已无法触到子宫的全部；子叶逐渐增大至胡桃或鸡蛋大小；子宫动脉粗如拇指，空角侧子宫动脉妊娠脉搏逐渐出现。9 个月时，当手伸入肛门，不必特别触诊子宫动脉阴道支，只要贴在盆骨侧壁，即可感到妊娠脉搏。妊娠后期可触到胎儿头、四肢及各部。

寻找子宫动脉的方法是：手入直肠后，将手掌贴着骨盆顶向前滑动，在岬部前方可触摸到腹主动脉的最后一个分支——髂内动脉，其根部的第一分支即为子宫动脉（图4-18）。子宫动脉是和脐动脉共同起于髂内动脉的起点处。子宫动脉从髂内动脉分出后不远即进入阔韧带内，所以追踪它时感觉是游离的。

（2）马和驴的检查法：马卵巢和子宫的早期妊娠症状出现的比牛要早，某些个体在妊娠 2 周左右就能感觉到卵巢或子宫上的变化（图4-19、图 4-20）。

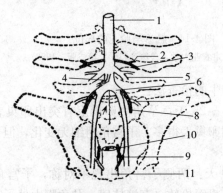

图 4-18　牛子宫动脉位置（自下面看，箭头所指为岬部）

1. 腹主动脉　2. 卵巢动脉　3. 卵巢动脉子宫支　4. 肠系膜后动脉
5. 髂外动脉　6. 髂内动脉　7. 脐动脉　8. 子宫动脉　9. 阴道动脉
10. 阴道动脉子宫支　11. 阴道

（引自甘肃农业大学，兽医产科学，第二版，1988）

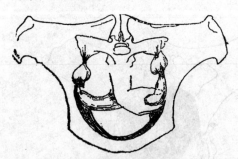

图 4-19　触诊马子宫角的方法
（引自甘肃农业大学，兽医产科学，第二版，1988）

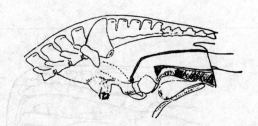

图 4-20　触诊怀孕 1～2 个月马子宫体的方法
（引自甘肃农业大学，兽医产科学，第二版，1988）

①16～18 天：子宫角收缩呈圆柱状，壁肥厚且硬，中部位置有弹性，基部可摸到大如鸽蛋的胚泡。空角弯曲，较长；孕角平直或弯曲。

②20～25 天：子宫角进一步收缩变硬，触摸时有香肠般感觉。空角弯曲增大，孕角的弯曲多由胚泡上方开始。多数母马的子宫底凹沟明显，胚泡如乒乓球样大，波动明显。

③25～30 天：子宫角变化不大，胚泡大如鸡蛋或鸭蛋，孕角缩短向腹腔下沉，卵巢随之下降。

④30～40 天：胚泡迅速增大，体积如拳头般大小，直径 6～8cm。

⑤40～50 天：胚泡直径达 10～12cm，孕角继续下沉，卵巢韧带紧张。胚泡附植部位子宫壁变薄。

⑥60～70 天：胚泡直径达 12～16cm，呈椭圆形。仍可触及孕角尖端和空角全部，两侧卵巢因下沉而靠近。

⑦80～90 天：胚泡直径 25cm 左右，两侧子宫角均被胚泡充满。胚泡下沉并向下突出，很难摸到子宫的全部。卵巢系膜被拉紧，两侧卵巢向腹腔移动靠近。

⑧90 天以后：胚泡逐渐沉入腹腔，手只能触到部分胚泡，两侧卵巢进一步靠近，有时一手可触到两个卵巢。至 150 天时，孕侧子宫动脉妊娠脉搏出现，并可感觉到胎儿的活动。

寻找子宫动脉的方法是：手伸入直肠，掌心向上，手指紧贴骨盆顶部的荐骨，从后向前先摸到腹主动脉的两条分支——髂内动脉，即可找到由此分支走向子宫阔韧带的子宫动脉（图 4-21）。

（3）直肠检查进行妊娠诊断应注意的问题：

①注意孕后发情：母马妊娠早期，排卵卵巢的对侧卵巢常有卵泡发育，并有轻微发情表现。对这种现象，要根据子宫是否具有典型的妊娠表现，如果有则视其为假发情。妊娠 20 天的母牛偶尔也有某些外部发情表现，但只要是无卵泡发育也可认为是假发情。

②判断妊娠和假孕：马、驴出现假孕的情况较多。具体表现为配种 40 天以上不发情，阴道表现出与妊娠类似的变化；

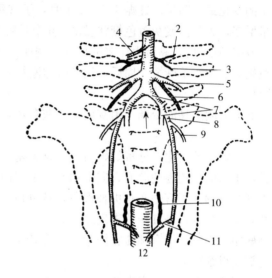

图 4-21 马子宫动脉的位置（自下面看，箭头所指为岬部）
1. 腹主动脉 2. 卵巢动脉 3. 卵巢动脉子宫支（子宫前动脉）
4. 肠系膜后动脉 5. 髂外动脉 6. 子宫动脉（子宫中动脉）
7. 髂内动脉 8. 阴内动脉 9. 脐动脉 10. 阴道动脉子宫支
（子宫后动脉）11. 阴道动脉 12. 阴道
（引自甘肃农业大学，兽医产科学，第二版，1988）

但子宫角无妊娠表现，子宫基部无胚泡，卵巢上无卵泡发育和排卵现象。出现这样的情况可认为是假孕，应及时处理，促其及早发情配种。

③区分胚泡和膀胱：牛、马等大家畜膀胱充满尿液时，其大小和妊娠 70～90 天的胚泡相似，容易将其混淆造成误诊。区别的要领是膀胱呈梨状，正常情况下位于子宫下方，两侧无牵连物，表面不光滑，有网状感；而胚泡偏于一侧子宫角基部，表面光滑，质地均匀。

④区分妊娠子宫和异常子宫：家畜在患子宫积脓和子宫积水时，子宫大小和位置如同妊娠 3～4 个月的情况。但无论是马还是牛，患上述子宫疾病时子宫一般不随时间增长而相应增大，且无收缩反应；且马的子宫角无圆、细、硬的感觉，无胚泡的形体感；而牛的子宫无子叶出现。

⑤注意特殊变化：对母牛因双胎出现的两侧子宫角对称，马、驴胚泡位于子宫角上部或尖端，子宫角收缩不典型的母畜要做认真的触摸。

⑥注意综合判断：对妊娠症状要全面考虑、综合判断，既要抓住每个阶段的典型症状，也要参考其他表现。对妊娠 4 个月以上的牛妊娠诊断，既要根据胎儿的有无和大小，又要注意子叶的有无、大小，以及子宫动脉的变化。对马、驴的妊娠诊断，既要注意卵巢和子宫角的收缩和质地情况，更要重点考虑胚泡的存在和大小。

3. 阴道检查法 母畜妊娠后，子宫颈口周围的阴道黏膜与黄体期的状态相似，分泌物黏稠度增加，黏膜苍白、干燥。阴道检查法就根据这些变化来判定母畜妊娠与否。阴道检查虽然不能成为妊娠诊断的主要依据，但可作为判断妊娠的参考。

（1）阴道黏膜的变化：一般而言，妊娠 3 周后阴道黏膜由粉红色变为苍白色，表面干燥、无光泽，滞涩，阴道收缩变紧。

牛的变化最为明显。妊娠 1.5～2 个月，子宫颈口处有黏稠的黏液，量较少；3～4 个月后，量增多，为灰白或灰黄色糊状黏液；6 个月后，变为稀薄而透明。

羊妊娠 20 天后，黏液由原来的稀薄、透明变得黏稠，可拉成丝状；若稀薄而量大，呈灰白色则为未孕。羊妊娠 3 周后，用开张器刚打开阴道时，阴道黏膜为白色，几秒钟后变为粉红色。

马妊娠后阴道黏液变稠，由灰白变为灰黄色，量增加，有芳香味，pH 由中性变为弱酸性。

（2）子宫颈的变化：母畜妊娠后子宫颈紧闭，阴道部变为苍白，有子宫颈塞。随妊娠期的延长，子宫的位置逐渐向前、向下移动，子宫颈也发生相应的位置变化。

牛妊娠过程中子宫颈塞有更替现象，被更替的子宫颈塞以黏液排出时，常黏附于阴门下角，并有粪土黏着，是妊娠的表现之一。

马妊娠 3 周后，子宫颈即收缩紧闭，开始子宫颈塞较少，3～4 个月后逐渐增多，子宫颈阴道部变得细而尖。

（3）阴道检查法的注意事项：在进行阴道检查时，除需要消毒外，还应注意以下几点：

①某些未孕但有持久黄体存在的个体，同样会有与妊娠相似的阴道变化；患阴道或子宫颈的某些病理性变化会干扰对妊娠的判断。

②注意防止因阴道检查造成的感染和流产。

③阴道检查不能确定妊娠的日期，也难对早期妊娠做出准确的判断，不能作为主要的诊断方法

（二）实验室诊断法

母畜妊娠后，由于其本身的生理变化和胎儿及其附属膜的新陈代谢产物进入母体，因而母畜尿、乳汁和血液中的成分（特别是激素）发生变化。利用这些物质进行诊断，可以及早确定母畜是否怀孕。目前常用的方法有孕酮测定法和早孕因子检测法。

1. 孕酮含量测定法 母畜配种后，如果未妊娠，母畜的血浆和乳汁孕酮含量因黄体退化而下降，而妊娠母畜则保持不变或上升。这种孕酮水平差异是动物早期妊娠诊断的基础。孕酮含量测定法多采用放射免疫测定法（RIA）和酶联免疫测定法（ELISA）。一般认为牛配种后 24 天、猪 40～45 天、羊 20～25 天测定准确率较高。判断妊娠的准确率在 85%～94%，判断未孕的准确率可达 100%。

孕酮测定法所需仪器昂贵，技术水平要求高，试剂要求精确，适合大批量测定。从采样到得到结果的时间需要几天。另外，对妊娠诊断的准确率不甚高，推广应用仍有较多困难。

2. 早孕因子检测法 早孕因子（early pregnancy factor，EPF）是妊娠早期母体血清中最早出现的一种免疫抑制因子，交配受精后 6～48h 即能在血清中测出。目前普遍采用玫瑰花环抑制试验来测定 EPF 的含量。

（三）特殊诊断法

特殊诊断法是利用特别的仪器设备或较复杂的技术进行怀孕诊断，如阴道活组织检查法、X 光诊断法和超声波诊断法等。目前常用的是超声波诊断法。

超声波诊断法是利用超声波的物理特性和动物体组织结构声学特点密切结合的一种物理学检验方法。主要用于探测胎动、胎儿心搏及母体子宫动脉的血流等。此外，可根据超声波在不同脏器组织中传播时产生不同的反射规律，通过在示波屏上显示一定的波型而进行诊断。

目前用于妊娠诊断的超声波妊娠诊断仪有 A 型超声诊断仪、D 型超声诊断仪（多普勒诊断仪）和 B 型超声诊断仪。B 型超声是同时发射多束超声波，在一个面上进行扫描，显示的是被查部位的一个切面断层图像，诊断结果远较 A 型和 D 型清晰、准确，而且可以复制。

第六节 妊娠终止技术

妊娠终止（pregnancy termination）是根据妊娠和分娩的调控机理，在妊娠的一定时间内，通过激素或药物等处理来人为地中断妊娠或启动分娩的技术，包括人工流产和诱导分娩。

诱导分娩（parturition induction）是指在妊娠末期的一定时间内，人为地诱发孕畜分娩，生产出具有独立生活能力的仔畜。

人工流产（artificial abortion）是将诱导分娩的适用时间扩大，不以获得具有独立生活能力的仔畜为目的。因而，诱导分娩可看作是人工流产的特例，许多诱导分娩的方法可以用于人工流产。

一、妊娠终止的时机确定

无论哪类动物，在进行妊娠终止术之前，均需准确确定动物妊娠的时间，以确定适合的妊娠终止方法。妊娠终止无论是生理状态和病理状态下，均可进行，但由于其目的和动物种类不同，选择的时机和方法也不相同。

1. 诱导分娩 多用于同期分娩和减少难产的发生等，也可用于某些经济动物的提早分娩，以达到对仔畜皮毛利用方面的特殊要求。因此，一般选择在临近预产期前数天进行，以保证获得具有独立生活能力的仔畜。

2. 人工流产 多用于犬、猫等宠物不适合的偷配或者误配；在家畜，当发生胎水过多、胎儿死亡以及胎儿干尸化等，以及妊娠母畜受伤、产道异常或患有不宜继续妊娠的疾病时，常通过终止妊娠进行治疗或缓解母畜的病情。人工流产进行得越早就越容易，对母畜繁殖的影响就越小，流产后母畜子宫的恢复也就越快。一般来说，由于不易实现、有一定的风险以及术后母畜需要照料等缘故，应当尽量避免在妊娠中期和妊娠后期的前阶段进行人工流产。

二、妊娠终止的方法

（一）牛的诱导分娩

在妊娠第 200 天前，牛以黄体为 P_4 的主要来源。如果在此阶段注射 $PGF_{2\alpha}$，母牛很快发生流产。妊娠第 65~95 天之前是结束不必要或不理想妊娠的好时机。在第 150~250 天之间，孕牛对 $PGF_{2\alpha}$ 相对不敏感，注射后母牛不一定流产。此后越接近分娩期，母牛对 $PGF_{2\alpha}$ 的敏感性越高，到第 275 天时注射 $PGF_{2\alpha}$，2~3 天即可分娩。从妊娠第 265~270 天起，一次肌肉注射 20mg 地塞米松，母牛一般在处理后 30~60h 分娩。

（二）羊的诱导分娩

绵羊胎盘从妊娠中期开始产生 P_4，从而对 $PGF_{2\alpha}$ 变得不敏感，用 $PGF_{2\alpha}$ 诱发分娩的成功率不高，如果用量过大则会引起大出血和急性子宫内膜炎等并发症。因而，难以广泛应用 $PGF_{2\alpha}$ 诱导分娩。在妊娠第 141~144 天，注射 15mg $PGF_{2\alpha}$ 能使母羊在 3~5 天内产羔。妊娠第 144 天时，注射 12~16mg 地塞米松或倍他米松，可使多数母绵羊在 40~60h 内产羔。

山羊在整个妊娠期都依赖黄体产生 P_4。因此，给妊娠山羊注射 1.2mg15-甲基 $PGF_{2\alpha}$，母羊会在 1.5~3 天内流产或分娩。

（三）猪的诱导分娩

预产期前 3 天注射 5~10mg $PGF_{2\alpha}$，大多数母猪在 22~32h 之间产仔。如果在注射 $PGF_{2\alpha}$ 后 15~24h 时再注射 20IU 催产素，数小时后即可分娩。或者先连续 3 天注射 P_4，每天 100mg，第 4 天注射 $PGF_{2\alpha}$，约 24h 后分娩，这样可以将分娩时间控制在更小范围内。

给妊娠第 110 天的母猪注射 60~100IU ACTH，可使产仔间隙缩短 25%，从而使产死仔猪数减少。妊娠第 109~111 天，连续 3 天每天注射 75mg 地塞米松；或者第 110~111 天连续 2 天每天注射 100mg；或第 112 天注射 200mg，均可获得比较理想的效果。

（四）马的诱导分娩

马在妊娠的不同阶段，P_4 产生的部位有很大的差异：第 40 天之前由妊娠黄体产生，第 40~170 天由妊娠黄体和副黄体共同产生，第 170 天后由胎盘产生，因而母马在妊娠各个阶段对 $PGF_{2\alpha}$ 的敏感性有很大差异。在妊娠 30 天内对 $PGF_{2\alpha}$ 非常敏感，处理后很快发生流产并且发情，此后则需注射 4 次或更多次数才能流产。妊娠末期时，马对 $PGF_{2\alpha}$ 再度变得敏感。用 $PGF_{2\alpha}$ 诱导分娩的可靠方法，是每间隔 12h 注射 2.5mg $PGF_{2\alpha}$，直到分娩为止。

如果胎儿的前置、胎势和胎位都正常，注射 40IU OT 后约 30min 可使母马产驹。更为安全的给药方案是间隔 15min 注射 5IU OT，注射 3 次之后将用药量增加到每次 10IU，直到分娩开始为止。当马子宫颈没有"成熟"时，可先注射雌激素，12~24h 后再注射 OT。从妊娠的第 321~324 天起，连续 5 天每天注射 100mg 地塞米松，可使母马在 3~7 天后分娩。

（五）犬的诱导分娩

母犬配种受精后合子经过 4 天左右才到达子宫腔，在此期间给予雌激素制剂造成输卵管和子宫的雌二醇环境，可影响合子在输卵管的输送和阻碍其在子宫的着床，最终被子宫内膜吸收而达到终止妊娠的目的。可在配种后 3 天以内根据体型大小肌肉注射雌二醇 0.2~2mg，连续 4 天，同时口服或肌肉注射地塞米松磷酸钠 5~20mg，连续 7 天。雌激素也有副作用，它有引发不可逆转的再生障碍性贫血的可能，并且与犬的囊肿性子宫内膜增生-蓄脓综合征有较大的相关性。

偷配或误配后 4 天以上的母犬，可以采用注射非合成的 $PGF_{2\alpha}$ 溶解黄体达到治疗目的。对于配后 10~30 天的母犬，可以按照每千克体重 0.25mg 皮下注射，每天 2 次，连用至少 4 天。对于配后 30 天以上的母犬，可以按照每千克体重 0.1~0.25mg 皮下注射，每天 3 次，在通过 B 超确定所有的胎儿排出以后方可停止治疗，一般需 4~11 天。从阴道给予子宫颈松弛剂—米非司酮（Misoprostol，RU486）每天每千克体重 $1\sim3\mu g$，可加强 $PGF_{2\alpha}$ 的终止中期妊娠的效果。

给妊娠犬连续 10 天注射地塞米松，每天 2 次，每次每千克体重 0.5mg，在妊娠第 45 天之前可引起胎儿在子宫内死亡和吸收，在第 45 天之后可引起流产。

米非司酮是人工合成的抗孕激素，具有恢复子宫收缩活动和促进子宫颈松软开张的作用，可试用于诱导小动物流产。犬每日口服 2 次，每次每千克体重 2mg，连用 5 天，3~5 天引起流产。如果使用较高的剂量，每千克体重 10~20mg，一次就可终止怀孕，但发生流产的时间会较迟。

嗅隐亭是多巴胺受体激动剂，具有抗促乳素的作用。犬妊娠第 30 天后，连续服用 5 天可引起流产。

需要注意的是，$PGF_{2\alpha}$ 具有收缩平滑肌和溶解黄体的作用，对于多数动物可以在妊娠期中的任何时间使用，是终止妊娠最为方便、安全和有效的激素。在妊娠早期使用 $PGF_{2\alpha}$ 会引起胚胎吸收，很少出现临床症状。但由于 $PGF_{2\alpha}$ 收缩平滑肌的作用是非特异性的，对消化道、呼吸道的平滑肌亦能发挥作用，因而会表现出相应的副作用，如给犬注射后可出现腹泻、流涎、呕吐、呼吸急促、发抖和排尿等，在具体使用时应当小心。在为母畜实施人工流产前应确定已怀孕，用药后还要注意观察和检查动物，以保证流产确实发生。

（靳亚平）

本章执业兽医资格考试试题举例

1. 属于弥散型胎盘的动物是：（　　　）

   A. 马　　　　　　　　　　　　B. 牛

   C. 羊　　　　　　　　　　　　D. 犬

   E. 猴

2. 羊的妊娠期平均为：（　　　）

   A. 110 天　　　　　　　　　　B. 130 天

   C. 150 天　　　　　　　　　　D. 170 天

   E. 190 天

3. 牛妊娠期卵巢的特征性变化是：（　　　）

   A. 体积变小　　　　　　　　　B. 质地变硬

   C. 质地变软　　　　　　　　　D. 有卵泡发育

   E. 有黄体存在

4. 奶牛妊娠后期，体温 39.2℃，乳房下半部皮肤发红，指压留痕，热痛不明显。对该牛合理的处理措施是：（　　　）

   A. 注射氯前列烯醇　　　　　　B. 乳头内注射抗生素

   C. 减少精料和多汁饲料　　　　D. 在乳房基部注射抗生素

   E. 乳房皮下穿刺放液消肿

5. 由胚泡产生的抗溶黄体因子发生作用而使母体产生妊娠识别的动物是：（　　　）

   A. 马　　　　　　　　　　　　B. 猪

C. 牛   D. 犬

E. 猫

6. 妊娠中后期，卵巢上黄体开始退化的动物是：（　　）

A. 奶牛   B. 山羊

C. 猪   D. 马

E. 牦牛

7. 采用孕酮含量测定法对牛进行早期妊娠诊断的最早时间，一般在配种后：（　　　　）

A. 14 天   B. 24 天

C. 35 天   D. 45 天

E. 60 天

8. 牛怀孕 254 天之前进行妊娠终止，可选用：（　　　）

A. 孕酮   B. 前列腺素

C. 催产素   D. 马绒毛膜促性腺激素

E. 促性腺激素释放激素

第五章

分　娩

妊娠期满，胎儿发育成熟，母体将胎儿及其附属物从子宫中排出体外的生理过程称为分娩（parturition）。为了保证家畜的正常繁殖，有效防止分娩期和产后期疾病，必须熟悉和掌握正常的分娩过程及接产方法。

第一节　分娩预兆

随着胎儿发育成熟和分娩期逐渐接近，母畜的精神状况、全身状况、生殖器官及骨盆部发生一系列变化，以适应排出胎儿及哺育仔畜的需要，通常把这些变化称为分娩预兆。根据分娩预兆可以预测分娩的时间，以便做好接产的准备工作。但在分娩时间预测时，不可只单独依靠其中的某一种变化，而是应当做全面观察，以便做出正确判断。

（一）分娩前乳房的变化

乳房在分娩前膨胀增大，但这种变化是一个渐进性的过程，且距分娩尚远。比较可靠的方法是根据乳头及乳汁的变化来判断分娩时间。

1. 牛　经产奶牛在产前 10 天左右可由乳头挤出少量的清亮胶样液体或初乳；至产前 2 天时，除乳房极度膨胀、皮肤发红外，乳头中充满白色初乳，乳头表面被覆一层蜡样物。有的奶牛有漏乳现象，乳汁呈滴状或股状流出。发生漏乳后大多在数小时至 1 天即可分娩。

2. 猪　产前 3 天左右乳头向外侧伸张，中部两对乳头可以挤出少量清亮液体；产前 1 天左右可以挤出 1～2 滴白色初乳；产前约半天，前部乳头能挤出 1～2 滴白色初乳。猪的前部乳房动脉来自腹前动脉（胸内动脉的延续），比较发达；后部乳房的动脉为阴外动脉，不甚发达；中部乳房则受腹前及阴外动脉的共同供应，初乳出现较早。因此，前后乳头的乳汁出现时间有一定差别。

3. 马和驴　马在产前数天乳头变粗大，开始漏乳后往往在当天或次日夜晚分娩。驴在产前 3～5 天乳头基部开始膨大，产前约 2 天整个乳头变粗大，呈圆锥状，起先从乳头中挤出的是黏稠、清亮的液体，以后即为白色初乳。约半数驴发生漏乳现象。

4. 犬　乳腺通常含有乳汁，有的乳房可挤出白色乳汁。

根据乳头及乳汁的变化来估计分娩时间虽较为可靠，但受饲养管理的影响较大。饲养不良的母畜，上述变化可能并不明显；是否漏乳也与乳头管的松弛状况密切相关。因此，不能简单地仅仅依靠乳头及乳汁的变化判断分娩时间。

（二）分娩前软产道的变化

1. 牛　从分娩前约 1 周开始，阴唇逐渐柔软、肿胀，增大 2～3 倍，皮肤皱襞展平。分娩前 1～2 天子宫颈开始胀大、松软。封闭子宫颈管的黏液软化，流入阴道，有时吊在阴门之外，呈透明索状。牛在妊娠后半期，尤其是在最后 1 个月，黏液有时可流出阴门之外。因此，单独依靠流出黏液这一点预测分娩有可能不够准确。当子宫颈开始扩张以后，即已进入开口期，分娩必然在数小时内发生（经产牛较快，初产牛较慢）。

2. 山羊　阴唇变化不甚明显，至产前数小时或 10 余小时才显著增大，产前排出黏液。

3. 猪　阴唇的肿大开始于产前 3～5 天，产前数小时有时排出黏液。

4. 马和驴　阴道壁松软、变短明显，黏膜潮红，黏液由黏稠变为稀薄、滑润，但无黏液外流现象。阴唇在产前 10 余小时开始胀大。

5. 犬　臀部坐骨结节处下陷，外阴部肿大、充血。阴道和子宫颈变柔软。由逐渐扩张的子宫颈口流出水样透明黏液，同时伴有少量出血。

（三）分娩前骨盆韧带的变化

临近分娩时骨盆韧带变得松软。在荐坐韧带软化的同时，荐髂韧带也变软，荐骨后端的活动性因而增大。

1. 牛　荐坐韧带后缘原为软骨样，触诊感硬，外形清楚。至妊娠末期，由于骨盆血管内血流量增加，静脉淤血，毛细血管壁扩张，血浆渗出管壁，浸润其周围组织，因而骨盆韧带从分娩前 1～2 周开始软化，至产前 12～36h 荐坐韧带后缘变得非常松软，外形消失，荐骨两旁组织塌陷，在此仅能摸到一堆松软组织。上述变化在初产牛并不明显。

2. 山羊　荐坐韧带的软化十分明显，荐骨两旁各出现一条纵沟，手拉尾根可以上下活动。荐坐韧带后缘完全松软以后，分娩一般会在 1 天内发生。

3. 猪　荐坐韧带后缘变得柔软，但因这里的软组织丰满，所以变化并不十分显著。

4. 马、驴　荐坐韧带后缘变柔软，因臀肌肥厚，尾根活动性不明显。

5. 犬　骨盆和腹部肌肉的松弛是可靠的临产征兆，臀部坐骨结节处肌肉下陷。

（四）分娩前行为与精神状态的变化

母畜一般在产前都出现精神沉郁、徘徊不安等现象，有离群和寻找安静地方分娩的习性。临产前食欲不振，轻微不安、时起时卧，尾根抬起、常作排尿姿势，粪尿排泄量减少而次数增多，脉搏、呼吸加快。

1. 牛　进食、反刍不规则，脉搏增至 80～90 次/min。体温在产前 7～8 天缓慢增高到 39～39.5℃，在产前 12h 左右（有的牛为 3 天）则下降 0.4～1.2℃，分娩过程中或产后又恢复到分娩前的体温。这种变化需做系统监测才能发现，其他家畜也有类似的体温变化。

2. 羊　常前蹄刨地，咩叫，不安。

3. 猪　在产前 6～12h（有的猪为数天）有衔草做窝现象，这在我国本地品种猪表现尤其明显。此外，还表现不安，时起时卧，阴门中见有黏液排出。

4. 犬　分娩前 1～1.5 天左右，妊娠母犬精神变得不安，自动寻找屋角、棚下等僻静、黑暗的地方，收集报纸、旧衣物等，开始筑窝。产前 24～36h 食欲大减，行动急躁，不断地用爪刨地，啃咬物品，初产犬表现得更为明显。临产前 3 天左右体温可下降至 36.5～37.5℃，体温回升时即将临产。分娩前 3～10h 开始出现阵痛，起卧不宁，乱扒垫草，排尿次数增多，呼吸加快，常张口打哈欠，发出怪声呻吟或尖叫。

第二节　分娩启动

为什么哺乳动物都有一定的妊娠期，在胎儿发育成熟或到一定程度，分娩即自然开始？

这一问题虽经长期的研究，但迄今并不完全清楚。一般认为，分娩的发生不是一种因素所致，而是由激素、机械性扩张、神经调节及免疫等多种因素相互联系、相互作用、彼此协调而促成的，而胎儿丘脑下部-垂体-肾上腺轴对分娩启动起着重要的作用。

一、启动分娩的因素

随着胎儿的发育、成熟，其身体各种机能也逐渐成熟，对于分娩启动具有主导作用。

(一) 内分泌因素

1. 胎儿内分泌的变化 胎儿的丘脑下部-垂体-肾上腺轴，特别在牛和羊，对于发动分娩起着决定性的作用。其根据如下：

（1）切除胎羔的丘脑下部、垂体或肾上腺，即可阻止分娩，使妊娠期延长。

（2）给切除垂体或肾上腺的胎羔滴注 ACTH 或地塞米松可诱发分娩，对妊娠末期的正常胎羔滴注 ACTH 或地塞米松也能诱发早产。

（3）人类无脑儿、死产儿，摄入藜芦而发生的独眼羊羔，或采食猪毛菜的卡拉库尔绵羊，它们的共同缺陷是胎儿缺少肾上腺皮质，都表现为妊娠期延长。

（4）产妇多在午夜0点至凌晨3点启动分娩，这正是胎儿肾上腺皮质醇分泌最活跃的时间。

绵羊胎儿血液中皮质醇水平的升高，诱发胎盘 17α-羟化酶、C_{17}-C_{20} 裂解酶的活动，也可能增强芳香化酶的活性。这种激活作用可将胎盘由合成 P_4 转向合成雌激素，所以表现为在 P_4 下降的同时 E_2 的分泌升高。母体 E_2/P_4 比值升高，刺激胎盘 $PGF_{2\alpha}$ 的合成与释放，导致子宫肌开始收缩，并引起母羊神经垂体释放 OT，它反过来又增强 $PGF_{2\alpha}$ 的释放和子宫肌的收缩力量。在引起子宫收缩的反应链中，$PGF_{2\alpha}$ 是最后一环。吲哚美辛或其他 PG 抑制剂能抑制子宫收缩，而 ACTH、皮质醇或地塞米松却能诱发绵羊、山羊的分娩。

2. 母体内分泌变化 母体内分泌变化可能与启动分娩有关，但这些变化在动物种间有很大差别（图 5-1、图 5-2、图 5-3），不能仅靠这些变化来阐明分娩的发生机理。

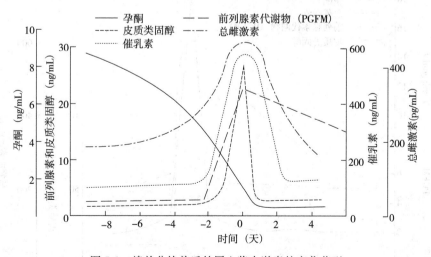

图 5-1 绵羊分娩前后外周血浆中激素的变化范型

（引自 Noakes D E et al., Arthur's Veterinary reproduction and obstetrics, 8th ed, 2001）

（1）孕酮：P_4 能抑制子宫肌收缩，阻止收缩波的传播，使在同一时间内整个子宫不能作为一个整体发生协调收缩；还能对抗雌激素的作用，降低子宫对 OT 的敏感性，抑制子宫肌自发的或由 OT 引起的收缩。P_4 浓度下降（所谓"孕酮撤退"）时，子宫肌收缩的抑制作用被解除，使子宫内在的收缩活性得以发挥而导致分娩，这可能是启动分娩的一个重要诱因。母体血液中 P_4 浓度下降恰巧发生在分娩之前，但各种动物分娩前 P_4 变化不尽相同。猪分娩前 P_4 呈波动性下降，马和驴在进入产程后才开始下降，牛和羊在产前逐渐下降。

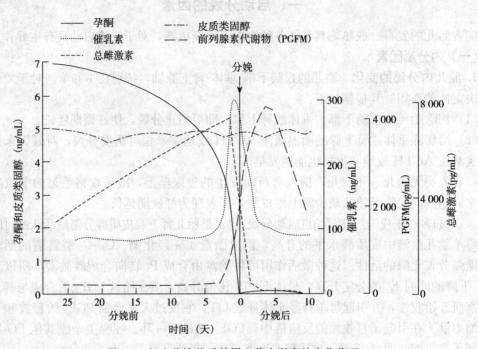

图 5-2 奶牛分娩前后外周血浆中激素的变化范型

（引自 Noakes D E et al.，Arthur's Veterinary reproduction and obstetrics，8th ed，2001）

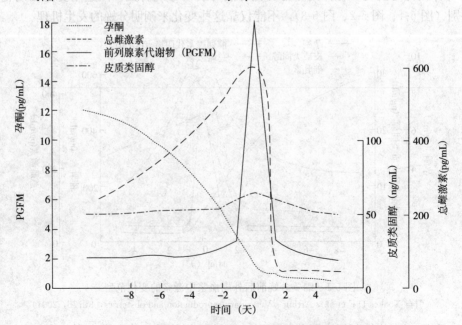

图 5-3 猪分娩前后外周血浆中激素的变化范型

（引自 Noakes D E et al.，Arthur's Veterinary reproduction and obstetrics，8th ed，2001）

(2) 雌激素：雌激素能提高子宫肌的收缩力，使其产生规律性收缩；还能使子宫颈、阴道、外阴及骨盆韧带变得松软；体内雌激素水平的增高与孕激素浓度的下降，使孕激素与雌激素的比值发生变化，因而使子宫肌对催产素的敏感性增高。随着妊娠时间的推移，在胎儿皮质醇增加的影响下，胎盘产生的雌激素逐渐增加，分娩前达到最高峰，分娩后迅速降低。

(3) 皮质醇：胎儿肾上腺皮质激素与绵羊、山羊等一些动物的分娩发动有关。各种动物分娩前皮质醇的变化不同。黄体依赖性动物（如山羊、绵羊、兔）产前胎儿皮质醇水平显著升高，母体皮质醇水平也明显升高；猪与山羊、绵羊的类似；奶牛胎儿皮质醇水平产前3～5天突然升高，而母体皮质醇水平保持不变；马分娩前胎儿皮质醇水平稍有升高，而母体皮质醇水平不变。

(4) 前列腺素：PGs 对分娩所起的作用主要表现为对子宫肌的直接刺激作用，使子宫收缩增强；它能溶解黄体，减少 P_4 的抑制作用，并刺激垂体释放 OT。母体胎盘不但能合成PGs，而且临产前雌激素增多也刺激 PGs 的产生及释出。分娩时羊水中的 PGs 较分娩前明显增高，母体子叶中含量更高，而且比羊水中的出现要早。

(5) 催产素：OT 能使子宫发生强烈收缩，对维持正常产程有一定的作用，因此可能不是启动分娩的主要因素；但它能刺激 PGs 的释放，而 PGs 对启动及调节子宫收缩具有一定的作用。各种家畜 OT 分泌的范型大致相似，都是在胎头通过产道时大量释放，并且是胎头通过产道时才出现高峰。

(6) 松弛素：RLX 能使子宫结缔组织、骨盆关节及荐坐韧带松弛，子宫颈扩张，此外还控制子宫收缩。它能与 OT 共同作用，使子宫产生节律性收缩，其间歇期即与 RLX 有关。产前摘除猪卵巢，用孕酮处理 10 天，其外周血浆松弛素显著降低，分娩延迟，死产率升高。若 6h 给一次松弛素，则可使产出期加快。奶牛在分娩开始前 RLX 的分泌持续增加；马在妊娠的第 80 天即开始升高；犬在妊娠的第 4 周分泌增加，直到分娩时持续升高；猫在妊娠的第 23 天开始增加，第 36 天达到峰值，分娩后迅速下降。

（二）机械性因素

妊娠末期，胎儿发育成熟，子宫容积和张力增加，子宫内压增加，使子宫肌紧张并伸展，子宫肌纤维发生机械性扩张，刺激子宫颈旁边的神经感受器。这种刺激通过神经传至丘脑下部，促使垂体后叶释放 OT，从而引起子宫收缩，启动分娩。

（三）神经性因素

神经系统对分娩过程具有调节作用，但并非是决定性因素。胎儿的前置部分对子宫颈及阴道产生的刺激，通过神经传导使垂体释放 OT，增强子宫收缩。很多家畜的分娩多半发生在夜晚，特别是马、驴，分娩多半发生于天黑安静的时候，而且以晚上 10～12h 最多；母犬一般在夜间或清晨分娩，这时外界光线及干扰减少，中枢神经更易接受来自子宫及产道的冲动信号，这也说明外界因素可通过神经系统对分娩发生作用。

（四）免疫学因素

胎儿带有父母双方的遗传物质，对母体免疫系统来说，胎儿乃是一种半异己的抗原，可引起母体产生排斥反应。在妊娠期间，有多种因素（如 P_4、胎盘屏障等）制约，抑制了这种排斥作用，所以胎儿并不会受到母体排斥，妊娠也因此得以维持。到分娩时，由于 P_4 浓度急剧下降，胎盘屏障作用减弱，排斥现象出现而将胎儿排出体外。

二、启动分娩的机理

分娩的启动是由各种因素共同作用的结果，其机理在各种家畜虽有所不同，有些因素在某种家畜可能有更重要的作用。据此对分娩启动的机理综合阐述如下：

胎儿的丘脑下部-垂体-肾上腺轴与分娩的启动密切相关。随着胎儿的发育成熟，至分娩时胎儿垂体分泌大量 ACTH，促进肾上腺皮质醇的分泌，引起胎盘 P_4 分泌下降和雌激素分泌增多（牛、绵羊、猪、马）。P_4 水平的下降解除了对子宫的抑制作用；雌激素水平增加，刺激子宫合成 OT 受体和分泌 PGs。OT 受体浓度增加使子宫对 OT 的敏感性迅速增加，子宫在 OT 作用下开始发生收缩。PGs 则刺激子宫肌收缩，同时还一方面促使妊娠黄体萎缩，抑制卵巢 P_4 的产生；另一方面刺激垂体释放 OT，使子宫肌收缩增强。当胎儿及胎囊部分逐渐被推至子宫颈口时，胎囊及胎儿前置部分强烈刺激子宫颈及阴道的神经感受器，反射性地增加母体垂体 OT 的释放，引起腹肌和膈肌的努责。OT 释放量和努责强度与子宫颈及阴道的神经感受器所受刺激的强度有关，每一次阵缩和努责都会引发下一次更为强烈的阵缩和努责。$PGF_{2\alpha}$ 的大量合成与释放是多种哺乳动物分娩的共同机理。在 PGs 和 OT 的共同作用下，子宫肌和腹肌发生强烈的节律性收缩，从而将胎儿排出（图 5-4）。

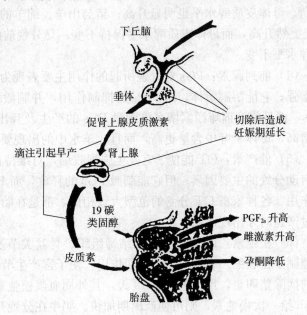

图 5-4　绵羊胎儿调节分娩机理示意图

胎儿通过下丘脑-垂体-肾上腺轴，促进肾上腺皮质产生的类固醇和糖皮质激素的增加，引起胎盘释放雌激素，子宫释放 $PGF_{2\alpha}$；分娩前 $PGF_{2\alpha}$ 抑制孕酮产生，雌激素促进子宫敏感、收缩；垂体后叶释放的催产素单独或与 $PGF_{2\alpha}$ 共同引起分娩

（仿自 Hafez E S E, Reproduction in Farm Animals, 4th ed, 1980）

第三节　决定分娩过程的要素

分娩过程是否正常，主要取决于三个因素，即产力、产道及胎儿与产道的关系。如果这三个因素都正常，分娩则顺利；若其中一个因素不正常，就会造成难产。

一、产　　力

产力（expulsive forces）是指将胎儿从子宫中排出的力量，是由子宫肌、腹肌和膈肌节律性收缩共同构成的。子宫肌的收缩称为阵缩，是分娩过程中的主要动力；腹肌和膈肌的收缩称为努责，它在分娩的胎儿产出期与子宫收缩协同作用，对胎儿的产出起着十分重要的作用。

（一）阵缩的特点

阵缩是指子宫一阵发性的、有节律的收缩。起初，子宫收缩的时间短，间歇时间长，收缩不规律、力量不强；以后则逐渐变得持久、规律、有力。每次阵缩也是由弱到强，持续一段时间后又减弱消失，两次阵缩之间有一间歇。每次间歇时，子宫肌的收缩暂停，但并不弛缓，因为子宫肌纤维除了缩短以外，还发生皱缩。因此，子宫壁逐渐加厚，子宫腔也逐步变小。阵缩对于胎儿的安全非常重要。子宫收缩时，子宫血管受到压迫，胎盘上的血液供给受到限制；子宫收缩间歇时，子宫血管所受的压迫解除，血液循环又得以恢复。如果子宫持续收缩，没有间歇，胎儿就可能因缺氧而发生窒息。

（二）产程中产力的变化

1. 开口期 此期中子宫壁的纵行肌和环行肌发生蠕动收缩及分节收缩。子宫收缩首先出现在启动区，随后传到整个子宫。在单胎动物，收缩从孕角尖端开始，而且两角的收缩通常不是同时进行的。在多胎动物，子宫的收缩则先由最靠近子宫颈的部分开始，子宫角的其他部分仍呈安静状态。起先，收缩的持续时间短，仅数秒钟，间歇的时间长。以后牛的收缩为隔 15min 一次，每次 15～30s。随后收缩的频率增高，可达每 3min 一次，力量增加，持续时间也增长。

2. 产出期 此时，阵缩的次数及持续时间增加。牛每 15min 内阵缩约 7 次，每次约 1min；每次收缩后，间歇片刻。整个产出期阵缩次数可达 60 次或更多。与此同时，含有大量胎水的胎囊及胎儿的前置部分对子宫颈及阴道发生刺激，引起腹肌及膈肌的强烈收缩，即开始出现努责。努责比阵缩出现的晚，停止的早，每次持续 50～60s，但与阵缩密切配合，并且也呈逐渐加强的趋势。在胎儿的粗大部分通过骨盆狭窄处时，努责表现十分强烈。在猪，产出一个胎儿后，通常都有一个间歇时间，然后再努责。

3. 胎衣排出期 努责消失，或偶尔发生，而阵缩仍持续数小时，随后它的次数及持续时间才减少，牛在胎衣排出前，子宫的收缩为 15～20 次/h，每次 100～130s。此期中阵缩的作用是促使胎衣被排出。胎衣先是从子宫角尖端黏膜上分离下来，形成内翻，然后脱出于阴门之外。

二、产 道

产道（birth canal）是胎儿产出的必经之道，其大小、形状、是否松弛等，能够影响分娩的过程。产道由软产道及硬产道共同构成。

（一）软产道

软产道是指由子宫颈、阴道、前庭及阴门这些软组织构成的通道。

子宫颈是子宫的门户，妊娠期间紧闭，分娩之前开始变得松弛、柔软，分娩时扩张得很大以适应胎儿的通过。分娩之前及分娩时，阴道、前庭、阴门也相应地变得松弛、柔软，能够扩张。

子宫颈是子宫肌及阴道肌的附着点，这两种肌肉的纵行收缩可使子宫颈管从外口到内口逐渐扩大。开口初期，开张的速度缓慢，以后则加快。子宫的收缩也使含有胎水的胎囊压迫变软了的子宫颈，促进其扩张。至开口期末，子宫颈开张得很大，皱襞展平，与阴道的界线消失，但牛子宫颈外口的上壁和侧壁仍留一薄的边缘。

（二）硬产道

硬产道就是骨盆。分娩是否顺利，和骨盆的大小、形状、能否扩张等有重要关系。与公畜骨盆相比，母畜骨盆的特点是入口大而圆，倾斜度大，耻骨前缘薄；坐骨上棘低，荐坐韧带宽，骨盆腔的横径大；骨盆底前部凹，后部平坦宽敞；坐骨弓宽，因而出口大。所有这些都是母畜骨盆对分娩的适应。必须了解骨盆构造，才可以进行正确助产，以使胎儿顺利通过骨盆，而不致损伤骨盆腔内的软组织及胎儿。

三、胎儿与母体产道的关系

分娩过程正常与否，同胎儿与盆腔之间以及胎儿本身各部分之间的相互关系十分密切。为了说明这种关系是正常或是异常，必须了解胎儿的胎向、胎位和胎势。

（一）常用术语

1. 胎向（presentation）　是指胎儿的方向，也就是胎儿身体纵轴与母体身体纵轴的关系。胎向有 3 种。

（1）纵向（longitudinal presentation）：是胎儿的纵轴与母体的纵轴互相平行。习惯上又将纵向分为正生和倒生两种情况。正生（anterior presentation）是胎儿方向和母体方向相反，头和（或）前腿先进入产道。倒生（posterior presentation）是胎儿方向和母体方向相同，后腿或臀部先进入产道。

（2）横向（transverse presentation）：是胎儿横卧于子宫内，胎儿纵轴与母体纵轴呈水平垂直。横向有背部向着产道和腹部向着产道（四肢伸入产道）两种情况，前者称为背横向（dorsotransverse presentation），后者称为腹横向（ventro-transverse presentation）。

（3）竖向（vertical presentation）：是胎儿的纵轴与母体纵轴上下垂直。有的背部向着产道，称为背竖向（dorsovertical presentation）；有的腹部向着产道，称为腹竖向（ventrovertical presentation）。

纵向是正常的胎向，横向及竖向都是异常的。在临床上难以见到严格的横向或竖向，它们大多往往不端正地与母体纵轴垂直。

2. 胎位（position）　是指胎儿的位置，也就是胎儿背部和母体背部或腹部的关系。胎位也有 3 种。

（1）上位（背荐位，dorsal position）：是胎儿伏卧于子宫内，背部在上，接近母体的背部及荐部。

（2）下位（背耻位，ventral position）：是胎儿仰卧于子宫内，背部在下，接近母体的腹部及耻骨。

（3）侧位（背髂位，lateral position）：是胎儿侧卧于子宫内，背部位于一侧，接近母体左侧或右侧腹壁及髂骨。

上位是正常的，下位和侧位是异常的。侧位如果倾斜不大，即轻度侧位，仍可视为正常。

3. 胎势（posture）　是指胎儿的姿势，也就是胎儿各部分是伸直的还是屈曲的。

4. 前置（presentation）　是指胎儿的某一部分与产道的关系，哪一部分向着产道，就叫哪一部分前置。在胎儿性难产时，常用"前置"这一术语来说明胎儿的异常情况。例如，前腿的腕部是屈曲的，没有伸直，腕部向着产道，叫做腕部前置；后腿的髋关节是屈曲的，后腿伸于胎儿自身之下，坐骨向着产道，称为坐骨前置等。

及时了解产前及产出时胎向、胎位和胎势的变化，对于早期判断胎儿异常、确定适宜助产时间及抢救胎儿生命具有重要的意义。

（二）产出前的胎向、胎位、胎势

产出前，各种动物胎儿在子宫中的方向总是不甚规则的纵向，其中大多数为前躯前置，少数为后躯前置。

胎位则因动物种类不同而异，并与子宫的解剖特点有关。马的子宫角大弯向下，胎位一般为下位（图 5-5）。牛、羊的子宫角大弯向上，胎位以侧位为主（图 5-6），个别为上位。猪的胎位也以侧位为主。

胎儿的姿势，因怀孕期长短、胎水多少、子宫腔内松紧不同而异。怀孕前期，胎儿的姿势容易改变，后期则是头、颈和四肢屈曲在一起，但仍常活动。

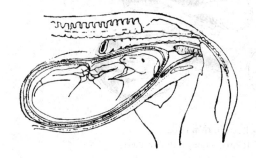

图 5-5　分娩前小马在子宫内的卧势（下位）
（引自甘肃农业大学，兽医产科学，第二版，1988）

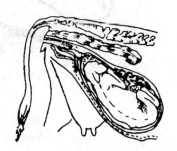

图 5-6　分娩前小牛在子宫内的卧势（侧位）
（引自甘肃农业大学，兽医产科学，第二版，1988）

（三）产出时胎向、胎位、胎势的变化

产出时，胎儿的方向不发生变化，因为子宫内的容积不允许它发生改变。胎位和胎势则必须改变，使其肢体成为伸长的状态，并适应骨盆腔的情况。

正常的胎向必须是纵向，否则一定会引起难产。马、牛、羊的胎儿多半是正生；在猪，倒生和正生一样完全是正常的。

上位或轻度的侧位，就是胎儿的背部稍微斜于一侧，也是正常的。

正常的姿势是：在正生时两前腿伸直，头颈也伸直，并且放在两条前腿的上面；倒生时，两后腿伸直。这样胎儿以楔状进入产道，容易通过盆腔。在猪，由于四肢都较短且柔软，不易因姿势而造成难产，但胎儿过大并伴有姿势异常可造成难产。

所以，单胎儿动物正常分娩时的胎向、胎位和胎势是正生上位头颈伸直，倒生时两后肢伸直；轻度侧位不至于造成难产，也认为正常。其余的情况属于异常，会引起难产（图 5-7）。

（四）胎儿体形与分娩的关系

胎儿有三个比较宽大的部分，即头、肩胛围及骨盆围。头部最宽处，在牛、羊是从一侧眶上突到对侧眶上突；高是从头顶到下颌骨角。肩胛围的最宽处是两个肩关节之间，高是从胸骨到鬐甲。骨盆围的最宽处是在两个髋关节之间，高是从荐椎棘突到骨盆联合。

头部通过母体盆腔最为困难，原因是正生时头置于两前腿之上，其体积除胎头以外，还要加上胎儿两前肢；胎儿头部在出生时已基本骨化完全，无伸缩余地。肩胛围虽然较头部

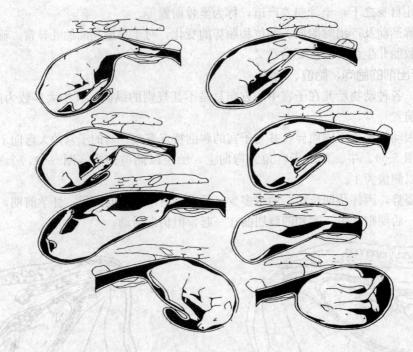

图 5-7 奶牛分娩时常见的胎儿异常情况
(引自 Bearden et al.，Applied Animal Reproduction，6th ed，2004)

大，但由下向上是向后斜的，与骨盆入口的倾斜比较符合，而且肩胛围的高大于宽，符合骨盆腔及其出口较易向上扩张这一特点。加之胸部有弹性，可以稍微伸缩变形，所以肩胛围通过较头部容易。倒生时，胎儿的骨盆围虽然粗大，但伸直的后腿呈楔状伸入盆腔，且胎儿骨盆各骨之间尚未完全骨化，体积亦可稍微缩小，也较头部容易通过。

第四节 分娩过程

一、分娩过程的分期

整个分娩期是指从子宫开始出现阵缩起，至胎衣完全排出为止。分娩是一个连续的过程，为描述方便起见，可将它分成三个连续的时期，即开口期、胎儿产出期及胎衣排出期。

(一) 开口期

开口期（stage of cervical dilatation）也称宫颈开张期，是从子宫开始阵缩起，至子宫颈充分开大（牛、羊）或能够充分开张（马）为止。这一期子宫颈变软扩张，一般仅有阵缩，没有努责。

开口期中，产畜出现临产前的行为变化，寻找不易受干扰的地方等待分娩。主要表现为食欲减退，轻微不安，时起时卧，尾根抬起，常作排尿姿势，并不时排出少量粪尿；呼吸、脉搏加快。母畜的表现具有畜种间差异，个体间也不尽相同。经产母畜一般较为安静，有时甚至看不出什么明显的表现。除个别牛、羊偶尔努责外，一般均无努责。

(二) 胎儿产出期

胎儿产出期（stage of fetus expulsion）简称产出期，是从子宫颈充分开大，胎囊及胎儿的前置部分楔入阴道（牛、羊），或子宫颈已能充分开张，胎囊及胎儿楔入盆腔（马、驴），母畜开始努责，至胎儿排出或完全排出（双胎及多胎）为止。在这一期，阵缩和努责共同发生作用。

母畜在产出期共同的表现是极度不安，起初时起时卧，前蹄刨地，有时后蹄踢腹，回顾腹部，嗳气，拱背努责。继之，在胎头进入并通过盆腔及其出口时，由于骨盆反射而引起强烈的努责。这时一般均侧卧，四肢伸直，腹肌强烈收缩。努责数次后，休息片刻，然后继续努责，脉搏和呼吸也加快。

分娩时母畜多采取侧卧努责且后肢挺直的姿势，这是因为在卧地时有利于分娩。胎儿接近且容易进入骨盆腔，也减少了腹壁对内脏器官及胎儿重量的负担，使腹壁的收缩更为有力，有利于骨盆腔的扩张。由于母畜侧卧且两腿向后挺直，这些肌肉则松弛，荐骨和尾椎能够向上活动，骨盆腔及出口更易扩张。

母畜在产出期，阵缩的力量、次数和持续时间均增加。与此同时，胎囊及胎儿的前置部分对子宫颈及阴道的刺激，使垂体后叶 OT 的释放骤增，引起腹肌及膈肌的强烈收缩。努责比阵缩出现得晚，停止得早，每次持续约 1min，但与阵缩密切配合，且逐渐加强。由于强烈阵缩及努责，胎膜带着胎水向完全开张的产道移动，最后胎膜破裂，排出胎水。胎儿也随着努责向产道内移动，当间歇时，胎儿又稍退回子宫；但在胎头楔入盆腔之后，间歇时不能再退回。胎儿最宽部分的排出需要较长的时间，特别是胎头通过盆腔及其出口时，母畜努责十分强烈。这时有的母牛表现出张口伸舌、呼吸促迫、眼球转动、四肢痉挛样伸直等，并且常常哞叫。但只要确定没有导致难产的异常，就不必急于进行处理。在胎头露出阴门以后，产畜往往稍事休息；随之继续努责，将胸部排出，然后努责即骤然缓和，其余部分则很快排出。通过阵缩和努责这两种同时进行的强大收缩，特别在单胎动物，胎儿才能被排出来。胎儿产出后努责停止，母畜休息片刻便站立起来，开始照顾新生仔畜。

牛、羊和猪的脐带一般都是在胎儿排出时从皮肤脐环之下被扯断。马在卧下分娩时则不断，等母马站立或幼驹挣扎时，才被扯断。马和猪的脐血管均断在脐孔之外。牛及羊脐动脉因和脐孔周围的组织联系不紧，断端缩回腹腔，并在腹膜外组织内造成少量出血后封闭，脐静脉断端则留在脐孔外。

（三）胎衣排出期

胎衣排出期（stage of fetal membrane expulsion）是从胎儿排出后算起，到胎衣完全排出为止。胎衣是胎膜的总称。

胎儿排出之后，产畜即安静下来。几分钟后，子宫再次出现阵缩，这时不再努责或偶有轻微努责。阵缩的持续时间长，间歇期也长，力量减弱。如牛每次阵缩 100~130s，间歇 1~2min。

因为母体胎盘血管不受到破坏，各种家畜的胎衣脱落时都不出血。胎衣排出的快慢，因各种家畜的胎盘组织构造不同而异。

胎衣排出过程中，单胎家畜的子宫收缩是由子宫角尖端开始的，所以胎衣也从子宫角尖端开始脱离子宫黏膜，形成内翻，脱到阴门之外，然后逐渐翻着排出来，因而尿膜绒毛膜的内层总是翻在外面。在难产或胎衣排出延迟时，偶尔亦有不是翻着排出来的，这是由于胎儿胎盘和母体胎盘先完全脱离，然后再排出体外的缘故。

各种动物分娩各期的持续时间列于表 5-1。

表 5-1　动物分娩各期所需时间*

动物	开口期	胎儿产出期	胎儿产出间隔	胎衣排出期
牛	2~8 (0.5~24) h	3~4 (0.5~6) h	20~120min	4~6 (<12) h
水牛	19min	4~5h	—	—
绵羊	4~5 (3~7) h	1.5 (0.25~2.5) h	15 (5~60) min	0.5~4h
山羊	6~7 (4~8) h	3 (0.5~4) h	5~15min	0.5~2h
猪	2~12h	—	2~3 (1~10) min (中国猪种)	30min
			11~17 (10~30) min (引进猪种)	10~60min
马	10~30min	10~20min	20~60min	5~90min
犬	4 (6~12) h	3~4h	10~30min	5~15min/仔

* 平均值范围（变动范围）。

二、主要动物分娩的特点

（一）牛、羊

1. 开口期　牛在开口期进食及反刍不规则，脉搏增至 80~90 次/min。开口期的中期阵缩为每 15min 1 次，每次持续 15~30s；随后阵缩的频率增高，可达每 3min 1 次；至开口期末，每小时阵缩达 24 次，产出胎儿之前可达 24~48 次。羊在开口期常前蹄刨地、不安、咩叫；乳山羊常舔别的母羊所生的羔羊。

至开口期末，牛、羊胎膜囊露出于阴门之外。通常先露出尿膜绒毛膜，其中的尿水呈褐色。有时则是羊膜绒毛膜囊露出阴门外。

2. 胎儿产出期　努责开始后，母畜卧下，或时起时卧，至胎头通过骨盆坐骨上棘之间骨盆狭窄部时才卧下，有的头胎牛甚至在胎头通过阴门时才卧下。牛每 15min 阵缩 7 次左右，每次持续约 1min，几乎是连续不断；每阵缩数次后间歇片刻，整个产出期阵缩可达 60 次或更多。牛、羊的努责一般比较剧烈，每次努责的时间长。

牛、羊的胎膜大多数是尿膜绒毛膜先形成第一胎囊，达到阴门之外，其中尿水为褐色。此囊破裂，排出第一胎水后，尿膜羊膜囊才突出于阴门之外，称为第二胎囊，囊内有胎儿及白色羊水。有时羊膜绒毛膜形成第一胎囊，并在阴门口内外破裂，不露出很多；然后尿膜绒毛膜囊在胎儿产出过程中破裂。无论哪一个胎囊先破裂，牛、羊胎儿排出时，身上不会有完整的羊膜包着，故无窒息之虞（图 5-8）。

A　　　　　　　　　　　　　B

图 5-8　牛的胎儿产出期

A. 胎头露出，胎囊未破　B. 胎囊已破，胎儿头和前躯已排出

（改自 Noakes D E et al.，Arthur's Veterinary reproduction and obstetrics，8th ed，2001）

3. 胎衣排出期　牛的胎盘属上皮绒毛膜与结缔绒毛膜混合型，母、子胎盘的结合比较紧密，同时子叶呈特殊的蘑菇状结构，子宫收缩不易影响到腺窝；只有当母体胎盘组织的张力减轻时，胎儿胎盘的绒毛才能脱落下来，故历时较久，胎衣不下发生率较高。牛胎衣排出期为2～8h，最长应不超过12h，水牛平均为4～5h。羊的胎盘组织结构虽与牛相同，但由于母体胎盘呈盂状（绵羊）或盘状（山羊），子宫收缩时能够使胎儿胎盘的绒毛受到排挤，故排出时间较短，绵羊为0.5～4h，山羊为0.5～2h。

　　该期中，腹壁不再收缩（仅偶尔有努责），子宫肌仍继续收缩数小时，然后收缩次数及持续时间才减少。牛、羊怀双胎时，胎衣在两个胎儿排出后才排出来。山羊怀多胎时，胎衣在全部胎儿排出后一起或分次排出来。

（二）猪

1. 开口期　猪在开口期表现不安，时起时卧，阴门有黏液排出。

2. 胎儿产出期　子宫除了纵向收缩外，还有分节收缩。收缩先由距子宫颈最近的胎儿前方开始，子宫的其余部分则不收缩；然后两子宫角轮流（但不是很规则）收缩，逐步达到子宫角尖端，依次将胎儿完全排出来。偶尔是一侧子宫角将其中的胎儿及胎衣排空以后，另一侧子宫角再开始收缩。

　　胎儿产出期的最后，子宫角已大为缩短，这样，最后几个胎儿就不会在排出过程中因脐带过早地被扯断而发生窒息。母猪在产出期中多为侧卧，有时站起来，随即又卧下努责。母猪努责时伸直后腿，挺起尾巴，每努责数次或一次产出一个胎儿，一般是每次排出一个胎儿，少数情况下可连续排出2个，偶尔连续排出3个。猪的胎水极少，胎膜不露出阴门之外，每排一个胎儿之前有时可看到少量胎水流出（图5-9）。

A　　　　　　　　　　　　　B

图5-9　猪的胎儿产出期

A. 胎头露出阴门外　B. 胎儿整体排出，脐带未断

（改自 Noakes D E et al., Arthur's Veterinary reproduction and obstetrics, 8th ed, 2001）

3. 胎衣排出期　由于猪每侧子宫角中的胎囊彼此端端相连，在30%～40%的情况下，胎衣是在两个角中的胎儿排出后，分两堆排出，并且以翻着排出者居多。在胎儿少的猪，特别是巴克夏猪，常见后一个胎儿把前一个胎儿的胎衣顶出来；也有的猪胎衣分几堆排出来。猪的胎衣排出期平均为30（10～60）min，但有的达1.5～2h。

（三）马

1. 开口期　开口期常较敏感，子宫收缩引起轻度疝痛现象，尾巴上下甩动，尾根时常举起或向一旁扭曲。胎儿产出前 4h 左右肘后及腹胁部常出汗。脉搏增至 60 次/min。前蹄刨地，后腿踢下腹部或回顾腹部。有时做无目标的徘徊运动，有的蹲伏、叉开后腿努责，或者卧地打滚，然后再站起来。

2. 胎儿产出期 在胎儿产出期前，阴道已大为缩短，子宫颈位于阴门内不远处，质地柔软，但并不开张。马的努责非常剧烈，常连续努责 2～5 次休息 1～3min，努责共约 40 次。开始努责时母畜卧下，有时由于阴门张开可以看到尿膜绒毛膜。经过数次努责，子宫颈内口附近的尿膜绒毛膜脱离子宫黏膜，并带着尿水进入子宫颈，将子宫颈撑开。这一水囊称为第一胎囊（图 5-10）。子宫继续收缩时，更多的尿水进入此囊，迫使它在阴门口上破裂，黄褐色稀薄的尿水流出，称为第一胎水。尿水为黄褐色稀薄液体。第一胎囊破裂后，尿膜羊膜囊立即露于阴门口上或阴门之外，称为第二胎囊，透过它可以看到胎蹄与羊膜。羊水亦称第二胎水，其色淡白或微黄，较浓稠。母马休息片刻后，努责更为强烈，胎儿的排出加快。第二胎囊往往在胎儿头颈和前肢排出过程中被撕破，或在胎儿排出后被扯破。排出胎儿后母马常不愿立即站立，这时如尿膜羊膜囊尚未破裂，应立即撕破，以免胎儿发生窒息（图 5-10）。

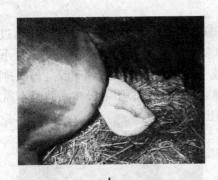

A   B

图 5-10 马的胎儿产出期

A. 第一胎囊连同胎儿蹄部露出阴门外   B. 胎儿排出，第二胎囊已破

（改自 Noakes D E et al., Arthur's Veterinary reproduction and obstetrics, 8th ed, 2001）

3. 胎衣排出期 马的胎盘属上皮绒毛膜型，母、子的胎盘组织结合比较疏松，胎衣容易脱落，胎衣排出较早。胎衣排出期为 5～90min。

（四）犬

1. 开口期 母犬阴道较长，手指检查不一定能触及宫颈，因而不易确定子宫颈扩张的时间和程度，子宫开口期的开始难以辨认。第一只胎儿的尿膜绒毛膜在阴道内破裂，胎儿及其胎水和胎膜对阴道的刺激引起努责。努责的开始，或者胎水或胎儿在阴门的出现，标志着从开口期转入胎儿产出期。初产犬开口期较长，表现强度及其行为特征的变化很大。

2. 胎儿产出期 刚开始努责后，通常在阴门看到第一个胎儿的羊膜。当胎头通过阴门时，母犬有疼痛表现，但可迅速产出仔犬。母犬常在产出第一个仔犬前将羊膜撕破，仔犬产出后，母犬即舐仔犬，再咬断脐带；继之再舐，以加速干燥，并刺激仔犬活动。倒生时胎儿也多能正常产出，但第一个胎儿倒生有可能引起阻塞性难产。

犬胎儿产出的间隔时间变化较大，两侧子宫角的娩出常是按序轮流的。如果努责持续 30min 无效，虽然此后可能正常产出仔犬，但也是一种阻塞。如果预计所怀胎儿较多而母犬又不安，就不要让仔犬哺乳时间过长，而且在不努责的情况下，应保证2～3h无干扰；若母犬并无异常表现，连续产仔时间可能长达6h。

3. 胎衣排出期　胎衣排出过程与猪相似。母犬常常企图吞食胎衣，这样可能引起腹泻，应予以制止。

第五节　接　　产

分娩是母畜的一个生理过程，在自然状态下，动物分娩时往往自己寻找安静的地方，将胎儿产出，舔干胎儿身上的胎水，并让它吮乳。所以在正常情况下，对母畜的分娩无需干预。然而，由于动物经驯养后运动减少，生产性能增强，环境干扰增多，这些都会影响母畜的分娩过程。

接产（delivering）的目的是对分娩过程加强监视，必要时稍加帮助，以减少母畜的体力消耗。异常时则需及早助产，以免母子受到危害。应特别指出的是，一定要根据分娩的生理特点进行接产，不宜过早、过多地进行干预。

一、接产的准备工作

为使接产能顺利进行，必须做好必要的准备，其中包括产房、药械、用品以及接产人员的准备。

1. 产房　为了使母畜安全生产，农牧场和饲养单位应准备专用的产房或分娩栏。对产房的要求是宽敞、清洁、干燥、安静、无贼风、阳光充足、通风良好，并配有照明设备。墙壁及饲槽必须便于消毒，褥草不可铺得过厚，必须经常更换。为了避免母猪压死小猪，猪的产房内还应设小猪栏。天冷的时候，产房需温暖，特别是猪，温度应不低于15～18℃，否则分娩时间可能延长，小猪的死亡率也增高。

根据预产期，应在产前7～15天将母畜送入产房，以便让它熟悉环境。每天应检查母畜的健康状况并注意分娩预兆。

2. 药械和用品　在产房里，应事先准备好常用的接产药械和用具，并放在固定的地方，以免用时缺此少彼，造成不便。常用的药械包括：70％酒精、5％碘酒、消毒溶液、催产药、注射器及针头、药棉、纱布、常用产科器械、体温表、听诊器、产科绳等。条件许可时，最好备有一套常用的手术助产器械。常用的用品有细绳、毛巾、肥皂、脸盆、大块塑料布，助产前必须准备好热水。

3. 接产人员　农牧场和生产单位应当有受过接产训练的接产人员，熟悉各种母畜分娩的规律，严格遵守接产操作规程及必要的值班制度，尤其是夜间的值班制度，因为母畜常在夜间分娩。放牧的畜群，接产工作往往由放牧人员承担。

二、正常分娩的接产

接产工作应注意严格的消毒，按以下方法步骤进行，以保证胎儿顺利产出和母畜安全。

（一）接产准备

清洗并消毒母畜的外阴部及其周围，用绷带缠好牛、马尾根，并将尾巴拉向一侧系于颈部。胎儿产出期开始时，接产人员应系上胶围裙，穿上胶靴，消毒手臂，准备做必要的检查工作。

对于长毛品种犬的接产，应剪去其乳房、会阴和后肢部位的长毛，用温水，肥皂水将孕犬外阴部、肛门、尾根、后躯及乳房洗净擦干，再用苯扎溴铵溶液消毒。

（二）接产处理

1. 临产检查 大家畜的胎儿前置部分进入产道时，可将手臂伸入产道，检查胎向、胎位及胎势，对胎儿的反常做出早期诊断和矫正。这样不但容易防止难产，而且有望救活胎儿。如果胎儿正常，正生时三件（唇及两蹄）俱全，可等候它自然排出。牛的检查时间，应在胎膜露出至排出胎水这一段时间；马是在第一胎水流出之后。除检查胎儿外，还可检查母畜骨盆有无变形，阴门、阴道及子宫颈的松软扩张程度，以判断有无因产道反常而发生难产的可能（参照分娩期疾病中难产的检查一节）。

2. 及时助产 遇到母畜阵缩努责微弱，无力排出胎儿；产道狭窄或胎儿过大，产出滞缓；正生时胎头通过阴门困难，迟迟没有进展等情况时，可以帮助拉出胎儿。

牛、马倒生时，因为脐带可能被挤压于胎儿和骨盆底之间，妨碍血液流通，须迅速拉出，以免胎儿窒息。当胎儿唇部或头部已露出阴门时，可撕破羊膜，擦净胎儿鼻孔内的黏液，以利呼吸。

在猪，有时两胎儿的产出间隔时间拖长，这时如无强烈努责，虽然产出较慢，对胎儿的生命一般尚无危险；如曾经强烈努责，而下一个胎儿久未产出，则有可能窒息死亡，这时可用手掏出胎儿，也可注射催产药物，促进胎儿排出。猪的死胎主要发在最后几个胎儿，所以在胎儿产出期末，发现尚有胎儿而排出滞缓时，可用药物催产。

（三）新生仔畜的处理

1. 擦去口鼻腔内的黏液（羊水）防止窒息 胎儿产出后，要及时擦净口鼻腔内的羊水，防止新生仔畜窒息，并观察呼吸是否正常。如无呼吸，必须立即抢救。

2. 擦干全身，注意防寒保暖 擦干新生仔畜身上的羊水，以防仔畜受凉。对牛、羊，可让母畜舔干羊水。羊水富含前列腺素，可增强母畜子宫收缩，加速胎衣脱落。对头胎羊，不要擦羔羊的头颈及背部，否则母羊可能不认羔羊。

3. 处理脐带 胎儿产出后，脐血管可能由于前列腺素的作用而迅速封闭。所以，处理脐带的目的并不在于防止出血，而是促进脐带干燥，避免细菌侵入。断脐时脐带断端不宜留得太长；断脐后将脐带断端在碘酒内浸泡片刻，或在脐带外面涂以碘酒，并将少量碘酒倒入羊膜鞘内，脐带即能很快干燥，然后脱落。断脐后如持续出血，需加以结扎后处理。

牛、羊胎儿产出时，脐带一般均被扯断，脐血管回缩，脐带仅为一段羊膜鞘。马的脐带则不断，为了使胎盘上更多的血液流入幼驹体内，可迅速在脐带上涂碘酒，用左、右手轮流从母马阴门向幼驹脐部捋脐带，脐动脉搏动停止以后再捋几次，到脐血管显得空虚时，再将脐带从脐孔下脐带的狭缩处断离。小牛和猪的脐带尤应留短，因为它们常因寻找奶头而误吮彼此的脐带。

4. 帮助哺乳 扶助仔畜站立，并帮助吃奶。在仔畜接近母畜乳房以前，最好先挤出2～3把初乳，然后擦净乳头，让它吮乳。如母畜拒绝仔畜吮乳，须帮助仔畜吮乳，并防止母畜伤害它们。母猪分娩结束之前，即可帮助已出生的仔猪吮乳，以免它们的叫声扰乱母猪继续分娩。对于特别虚弱或不足月的仔畜，应把它放在20～30℃的温暖屋内，包上棉被，进行人工哺乳。

（四）检查胎衣

猪、马胎衣脱落后，尽可能检查它是否完整和正常，以便确定是否有部分胎衣不下。

检查马胎衣的方法是将胎衣平铺在地上，由水管通过胎衣的破口向胎衣中注水，这样很容易确定胎衣的各个部位。将胎衣破口的边缘对齐，如果两侧边缘及其血管互相吻合，证明胎衣是完整的，否则就是缺少了一部分。这时可将手臂伸入子宫，按照它在子宫内的位置（由胎衣的位置来决定），找到这部分胎衣并将其剥离取出。

在猪，将胎衣放在水中观察比较清楚。通过核对胎儿和胎衣上脐带断端的数目，即可确定胎衣是否已全部排出。

第六节　产 后 期

产后期（puerperal period）是指从胎衣排出到生殖器官恢复原状的一段时间。在此期中，母畜的行为和生殖器官都发生一系列变化，其中最明显的变化包括产后子宫复旧与恶露排出。

一、行为变化

仔畜出生后，通过对母畜的视觉、听觉和触觉发生刺激，诱发母畜内分泌的活动（参与的主要激素有孕酮、雌激素和促乳素），使母畜表现出强烈的母性行为，如舐舔仔畜、哺乳、护仔等。

1. 舐舔仔畜　除马、驴和猪外，所有家畜都有舐舔仔畜的行为。母畜舐去仔畜身上的水，可以减少蒸发引起的散热，保护仔畜体温，还能刺激仔畜的血液循环。牛和羊舐舔仔畜的肛门区域特别重要，因为该区存在有各种独特的气味，母畜借助这些气味可以识别自己的仔畜。母羊生后能识别羔羊的期限通常只有 6~12h，超过这个时间就拒不收养。

2. 哺乳　新生仔畜站起来以后，即走向母畜，寻找乳头吮乳；母畜也会调整自己的体位使其靠近仔畜，便于哺乳。牛、羊在哺乳中还不断舐舔仔畜，并用鼻闻肛门区。

3. 护仔　各种家畜都有强烈的护仔习性，犬和猪最为明显。即便平时很温顺的母畜，产后如果有人接近仔畜，也会表示警惕，甚至攻击。

二、生殖器官变化

（一）子宫

1. 子宫复旧　产后期生殖器官中变化最大的是子宫。妊娠期中子宫所发生的各种改变，在产后期中都要恢复到原来的状态，这个过程称为子宫复旧（uterine involution）。子宫复旧与卵巢机能的恢复有密切的关系，卵巢如能迅速出现卵泡活动，即使不排卵，也会大大提高子宫的紧张度，促进子宫的变化。如卵巢的机能恢复较慢，无卵泡发育，则可引起子宫长久弛缓，导致不孕。子宫复旧的过程是渐变的，由于子宫肌纤维的回缩，子宫壁由薄变厚，容积逐渐恢复原状（图 5-11）。但子宫并不会完全恢复至原来的大小及形状，因而经产多次的母畜子宫比未生产过的要大，且松弛下垂。

子宫复旧的快慢因家畜的种类、年龄、胎次、是否哺乳、产程长短、是否有产后感染或胎衣不下等而有差异。胎儿和胎衣排出后，子宫迅速缩小。子宫的收缩在产后第 1 天大约

1 次/min,以后 3～4 天逐渐减少到每 10～12min 1 次。健康情况差、年龄大、胎次多、哺乳、难产及双胎怀孕、产后发生感染或胎衣不下的母畜,复旧较慢。一般情况下,各种家畜产后子宫复旧的时间是:奶牛 30～45 天,水牛 39 天,羊 17～20 天,马 12～14 天,猪 25～28 天。

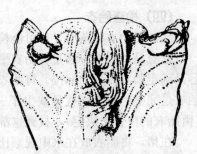

图 5-11 牛产后复旧过程中的子宫
（引自甘肃农业大学,兽医产科学,
第二版,1988）

2. 恶露 母畜分娩后,子宫黏膜发生再生现象。再生过程中从阴道排出的变性脱落的母体胎盘、残留在子宫内的血液、胎水以及子宫腺的分泌物,称为恶露(lochia)。恶露最初呈红褐色,内有白色、分解的母体胎盘碎屑;以后颜色逐渐变淡,血液减少,大部分为子宫颈及阴道分泌物;最后变为无色透明,停止排出。正常恶露有血腥味,但不臭,如果有腐臭味,便是有胎盘残留或产后感染。恶露排出期延长,且色泽气味反常或呈脓样,表示子宫中有病理变化,应及时予以治疗。

(1) 牛:分娩后恶露很多,产后 3～4 天大量流出,持续时间较长。最初 2 天颜色暗红,以后呈黏液状,逐渐变为透明。恶露排出时间为 10～12 天,如果超过 3 周仍有分泌物排出,则视为病态。

(2) 马:恶露不多,产后 3 天即停止排出,持续到 3 天以上的宜进行治疗。产后 13～15 天子宫内膜已完全更新。

(3) 羊:恶露不多,绵羊在产后 4～6 天停止排出,山羊约为 2 周。子宫复旧至少需要 24 天才能完成。

(4) 猪:产后恶露很少,初为污红色,以后变为淡白,再转成透明。常在产后 2～3 天停止排出。子宫上皮到产后 3 周已更新,子宫复旧在产后 28 天以内完成。

(二) 卵巢

分娩后,卵巢内可能就有卵泡开始发育,但是各种家畜产后第一次出现发情的时间早晚有所不同。马在分娩时已无黄体,分娩后很快有卵泡发育;牛妊娠黄体在分娩后才萎缩吸收,所以产后卵泡发育较迟。

(三) 其他

分娩后 4～5 天,阴道、前庭、阴门及骨盆韧带复原,但并不能完全恢复到原来的大小。在牛和马,妊娠末期出现的乳房水肿在产后数天即消失,而腹下水肿则需 10 天左右才能消失。

(芮 荣)

本章执业兽医资格考试试题举例

1. 提示奶牛将于数小时至一天内分娩的特征征兆是:( )

　　A. 漏乳　　　　　　　　B. 乳房膨胀

　　C. 精神不安　　　　　　D. 阴唇松弛

　　E. 子宫颈松软

2. 分娩中发生阵缩的肌肉是:( )

　　A. 膈肌　　　　　　　　B. 腹肌

C. 子宫肌 D. 肋间肌

E. 臀中肌

3. 奶牛难产做产科检查时，发现进入产道的胎儿背部与母体背部不一致是属于：
（ ）

A. 胎儿过大 B. 胎向异常

C. 胎位异常 D. 胎势异常

E. 产道异常

4. 牛分娩启动过程中，母体体内激素水平呈现：（ ）

A. 胎盘分泌雌激素降低 B. 松弛素与前列腺素降低

C. 松弛素与前列腺素升高 D. 松弛素升高、前列腺素下降

E. 松弛素下降、前列腺素升高

5. 母猪，妊娠已 115 天，第三胎。分娩启动后持续努责 20min 不见胎儿排出。阴道检查发现阴道柔软而富有弹性，子宫颈管轮廓明显，胎儿鼻端和两前肢位于子宫颈管中。出现这种现象的主要原因是：（ ）

A. 孕酮分泌不足 B. 雌激素分泌不足

C. 雌激素分泌过多 D. 前列腺素分泌不足

E. 前列腺素分泌过多

6. 马产后子宫复旧所需时间一般为：（ ）

A.3～4 天 B.5～7 天

C.12～14 天 D.20～24 天

E.30～34 天

第六章

妊 娠 期 疾 病

妊娠期间，母体除了维持本身的正常生命活动以外，还要供给胎儿发育所需要的营养物质及正常发育环境。如果母体或胎儿健康受到扰乱或损害，正常的妊娠过程就转变为病理过程，进而发生妊娠期疾病（diseases during gestation period）。

妊娠期疾病很多，比较常见的有流产、胎水过多、孕畜水肿、孕畜瘫痪、阴道脱出及妊娠毒血症等。

第一节 流 产

流产（abortion）是指由于胎儿或母体异常而导致妊娠的生理过程发生扰乱，或它们之间的正常关系受到破坏而导致的妊娠中断。可以发生在妊娠的各个阶段，但以妊娠早期较为多见。母体可能没有明显的临床症状，或排出死亡的孕体，也可能排出活的但不能独立生存的胎儿。如果母体在配种后表现为怀孕，但随后在没有明显临床症状的情况下发生的流产，称为隐性流产（subclinical abortion），绝大多数是由于胚胎早期死亡（early embryonic death，专指妊娠一个月之内发生的胚胎死亡）引起的。如果母体在怀孕期满前排出成活的未成熟胎儿，称为早产（premature birth）；如果在分娩时排出死亡的胎儿，则称为死产（stillbirth）。

各种家畜均能发生流产，乳牛流产的发病率在10%左右，即使在无布鲁菌病流行的地区，发病率也常达2%～5%。因此，流产所造成的损失是严重的，它不仅能使胎儿死亡或发育受到影响，而且还能危害母畜的健康。

（一）病因

流产的原因极为复杂，可概括分为三类，即普通流产（由普通疾病和饲养管理不当引起的流产）、传染性流产（由传染性疾病引起的流产）和寄生虫性流产（由寄生虫性疾病引起的流产）（表6-1）。每类流产又可分为自发性流产与症状性流产。自发性流产为胎儿及胎盘发生异常或直接受到影响而发生的流产；症状性流产是孕畜某些疾病的一种症状，或者是饲养管理不当导致的结果。隐性流产为流产的一种类型，其病因也包括上述几方面的内容。

1. 隐性流产 这类流产占整个流产很大的比例，其病因也很复杂。

（1）自发性流产：包括遗传因素、分子和细胞信号、子宫环境及精液品质等。

①遗传因素：主要有染色体畸变和基因突变（如多倍体变异、异倍体变异、嵌合体，或染色体缺失、重复、倒位、易位等）、精卵结合异常（如第一极体或第二极体未被排出而发生的受精、双精受精、极体与卵子受精等）、双亲亲本亲和力差（如母子双方免疫不相容）等。

②子宫环境：胚胎的发育必须与子宫发育同步，胚胎才能附植；单胎动物怀双胎，子宫

空间不够，难以维持胚胎发育的需要；子宫中的蛋白质、能量物质及离子的异常。这些因素均可导致胚胎早期死亡。

表 6-1　流产的常见病因

病因分类			引起流产的常见因素
隐性流产	自发性流产	遗传因素	染色体畸变和基因突变、精卵结合异常、双亲亲本亲和力差等
		子宫环境	胚胎与子宫发育不同步、子宫空间不够、某些物质及离子的异常
		分子和细胞信号	激素和滋养层细胞分泌异常
		精液品质	品质不好、应用交配过度或长期不交配的种公畜配种
	症状性流产	传染病与寄生虫病	见传染性、寄生虫性流产
		营养因素	营养过剩、营养不足以及矿物质不平衡
		环境因素	光照周期的改变，气温的变化等
普通流产	自发性流产	胎膜及胎盘异常	无绒毛、绒毛发育不全、胚胎过多、子宫部分黏膜发炎变性等
		胚胎发育停滞	卵子和精子有缺陷、卵子老化、猪染色体异常等
		普通病	慢性子宫内膜炎、阴道炎、子宫粘连、胎水过多、生殖激素分泌失调等
	症状性流产	饲养不当	维生素 A 或维生素 E 不足、矿物质不足、饲喂方法不当、饲料霉败或含毒物等
		损伤、管理及利用不当	机械性损伤、应激反应、使役过重或过度疲劳等
		医疗错误	大量放血及大量使用泻剂、催情药物、糖皮质激素等
传染性流产	自发性流产		布鲁菌病、支原体病（牛、羊、猪）、SMEDI 病毒病（猪）*、衣原体病（牛、羊）、胎儿弧菌病（牛）、繁殖-呼吸综合征（猪）、马副伤寒等
	症状性流产		病毒性鼻肺炎（马）、病毒性动脉炎（马）、钩端螺旋体病（牛、羊、马）、李氏杆菌病（牛、羊）、乙型脑炎（猪）、O 型口蹄疫、传染性鼻气管炎（牛）等
寄生虫性流产	自发性流产		马媾疫、滴虫病（牛）、弓形虫病（羊、猪）、新孢子虫感染（牛、犬、绵羊、马、猫）等
	症状性流产		马梨形虫病、牛梨形虫病、环形泰勒虫病、边缘无浆体病等

* 表现为 stillbirth（死产）、mummification（干尸化）、embryonic death（胚胎死亡）及 infertility（不孕），简称 SMEDI 病毒病，主要是由肠病毒、细小病毒和日本乙型脑炎病毒引起。

③分子和细胞信号：分子信号主要指激素而言，细胞信号是指滋养层细胞发生的变化。母体子宫妊娠早期产生的激素，是胚胎存活必不可少的信号。孕酮必须与雌二醇成适当比例才能维持妊娠。对生育力差的母畜增补孕酮，可提高受胎率；注射人绒毛膜促性腺激素与注射孕酮的效果相似；但对生育力正常者，增补孕酮并不能提高生育力。胎儿信号的特征及功能因家畜不同而异。附植前猪囊胚产生的雌激素和蛋白质在延长黄体结构和功能方面起着重要作用，如果应用抗雌二醇物质，囊胚即不能发育。

④精液品质：公畜精子品质的好坏，直接影响胚胎的活力。应用交配过度或长期不交配的种公猪配种，窝产仔数明显下降。

（2）症状性流产：包括传染病与寄生虫病、分子和细胞信号、营养因素和环境因素等。

①传染病与寄生虫病：见传染性、寄生虫性流产。

②营养因素：营养过剩、营养不足以及矿物质不平衡均影响胚胎生长。饲料中过量的

Ca、P、Na、Mo、F 等能抑制下丘脑-垂体轴的活动，降低受精率或影响胚胎质量，或通过改变母体内分泌而影响胚胎的存活。如犬缺镁时，既不发情，配种后的妊娠率也降低，且妊娠一般维持不超过 3 周便流产。含有雌激素样物质的饲料（如红三叶草），可使胚胎的存活数减少。

③环境因素：光照周期延长，公羊的精液品质降低，输精后胚胎存活率和妊娠率均低；高温环境对公羊精液具有不良影响，因而应用长期处于炎热气温下的公绵羊精液输精，妊娠羊的胚胎死亡率高；精液的稀释、储存条件以及输精时间都可能影响胚胎的存活。

2. 普通流产　其原因可归纳为以下几种。

（1）自发性流产：常见于胎膜及胎盘异常、胚胎过多和胚胎发育停滞。

①胎膜及胎盘异常：胎膜异常往往导致胚胎死亡。例如，无绒毛或绒毛发育不全，可使胎儿与母体间的物质交换受到限制，胎儿不能发育。这种异常有时为先天性的，有时则可能是因为母体子宫部分黏膜因患某些疾病而发炎变性所致。

②胚胎过多：每次妊娠子宫内可允许胎儿发育的数量与遗传和子宫容积有关。猪、犬在胚胎过多时，发育迟缓的胚胎因邻近胚胎的排挤，不能和子宫黏膜形成充分的联系，血液供应受到限制，即不能继续发育。牛、羊双胎，特别是两胎儿在同一子宫角内，流产也比怀单胎时多。

③胚胎发育停滞：胚胎发育停滞是妊娠早期流产中胚胎死亡的主要因素。发育停滞可能是因为卵子或精子有缺陷、染色体异常或由于配种过迟、卵子老化而产生的异倍体；也可能是由于近亲繁殖、受精卵的活力降低等。此时，囊胚不能发生附植，或附植后不久死亡。

（2）症状性流产：广义的症状性流产不仅包括因母畜普通疾病及生殖激素失调引起的流产，也包括因饲养管理、利用不当、损伤及医疗错误引起的流产。有时流产是几种原因共同作用的结果。

①生殖器官疾病：母畜生殖器官疾病是流产的常见病因。例如，局限性慢性子宫内膜炎，交配后可能受孕，但在妊娠期间如果炎症发展，则因胎盘受到侵害，致胎儿死亡。患阴道脱出及阴道炎、子宫颈炎时，炎症可以破坏子宫颈黏液塞，侵入子宫，引起胎膜炎。此外，先天性子宫发育不全、子宫粘连等，也能妨碍胎儿的发育，妊娠至一定阶段即不能继续下去。

②激素失调：母畜生殖道的机能状况，在时间上需和受精卵进入子宫及其在子宫内的附植处于精确的同步阶段。激素作用紊乱，子宫内环境不能满足胚胎发育的需要，可致胚胎早期死亡。其中孕酮、雌激素和前列腺素是直接相关的生殖激素。孕酮不足，子宫收缩，可使胚胎不易附着。

③非传染性全身疾病：疝痛病、瘤胃臌气、里急后重等，可反射性地引起子宫收缩；血液中 CO_2 增多、起卧打滚、腹内压升高、频频努责等，可引起流产。牛顽固性瘤胃弛缓及真胃阻塞，拖延时间长的，也能够导致流产。马、驴患妊娠毒血症，有时也会发生流产。此外，能引起体温升高、呼吸困难、高度贫血的疾病，都有可能发生流产。

④饲喂及饮食不当：饲料数量严重不足和矿物质含量不足，饲料品质不良及饲喂方法不当，饲喂了发霉的饲料、有毒的植物或被有毒农药污染的饲料，孕畜由舍饲突然转为放牧，饥饿后喂以大量可口饲料等，都可能引起流产。另外，孕畜吃霜冻草、露水草、冰冻饲料，饮冷水，尤其是出汗、空腹及清晨饮冷水，均可反射性地引起子宫收缩，将胎儿排出。

⑤管理及使用不当：子宫和胎儿受到直接或间接的机械性损伤，或孕畜遭受各种逆境的

剧烈危害，引起子宫反射性收缩。例如，腹壁的抵伤和踢伤、跌倒、使役过久过重、惊吓、清晨空腹饮冷水等。

⑥治疗及检查失误：全身麻醉，大量放血，手术，应用过量泻剂、驱虫剂、利尿剂，注射糖皮质激素类制剂、可引起子宫收缩的药物（如氨甲酰胆碱、毛果芸香碱、槟榔碱、麦角制剂、新斯的明），误给大量堕胎药（如雌激素制剂、前列腺素等）或刺激发情的制剂以及注射某些疫苗等，均有可能引起流产。粗鲁的直肠检查、阴道检查，怀孕后再发情时误配，也可能引起流产。

3. 传染性与寄生虫性流产 是由传染性疾病和寄生虫性疾病所引起的流产。很多微生物与寄生虫都能引起家畜流产，它们既可侵害胎盘及胎儿引起自发性流产，又可以流产作为一种症状，发生症状性流产。引起传染性流产和寄生虫性流产的常见疫病见表6-2。

表 6-2 危害家畜繁殖力的常见传染病及寄生虫病

病名	病原	畜种	症状与诊断	处理方法
布鲁菌病	布鲁菌	牛、猪、羊、犬	妊娠后期流产，公畜不育，睾丸炎与附睾炎；细菌学检查，凝集反应，全乳环状反应（乳牛）	检疫、预防接种（猪）、淘汰（牛）
钩端螺旋体病	钩端螺旋体	牛、猪、马	妊娠后期流产，牛血红蛋白尿（牛），死产（猪），周期性眼炎（马）；镜检，凝集-溶解反应和补体结合反应（牛）	预防接种（猪）
马副伤寒	马流产沙门菌	马	妊娠后期流产；凝集反应，分离培养	预防接种
马鼻肺炎	马Ⅰ型疱疹病毒	马	妊娠后期流产，幼驹呼吸道疾病；胎儿肝有坏死灶和肺水肿，包涵体，分离病毒	预防接种
马病毒性动脉炎	马动脉炎病毒	马	呼吸道感染，蜂窝织炎，流产；分离病毒	隔离病马
马媾疫	马媾疫锥虫	马	阴唇、阴道、阴茎、包皮有病变，后期神经麻痹；补体结合试验	屠宰病马
牛传染性鼻气管炎	牛传染性鼻气管炎病毒	牛	呼吸道疾病、死产、流产、干尸化；分离病毒、血清中和试验、荧光抗体试验	预防接种
牛病毒性腹泻	牛病毒性腹泻-黏膜病毒	牛	妊娠早期流产，死胎，干尸化；分离病毒，血清中和试验	预防接种
支原体病	支原体	牛	不育，流产；分离培养	隔离，药物治疗
滴虫病	胎儿毛滴虫	牛	不育，子宫积脓，流产；原虫检查	停止本交
李氏杆菌病	单核细胞增生性李氏杆菌	牛、绵羊	神经症状，圆周运动，流产；分离培养	隔离，人工授精
弯杆菌病	胎儿弯杆菌	牛、绵羊	不育（牛），流产（绵羊）；阴道黏液凝集反应，分离培养，荧光抗体检查	人工授精，预防接种
弓形虫病	弓形虫	羊、猪、犬、猫	脑炎，流产；原虫检查，色素试验，细胞凝集反应，荧光抗体检查	隔离，药物治疗
猪瘟	猪瘟病毒	猪	死胎，仔猪水肿；病理学和病原学检查	屠宰病猪群
猪乙型脑炎	乙型脑炎病毒	猪	死胎，神经症状；血清学检查，病理学检查，分离病毒	隔离，停止配种
细小病毒病	细小病毒	猪	死胎，流产，干尸化；分离病毒，红细胞凝集抑制试验	隔离，封锁病猪群

（二）症状

由于流产的发生时期、原因及母畜反应能力不同，流产的病理过程及所引起的胎儿变化和临床症状也很不一样。但基本可以归纳为四种，即隐性流产、排出不足月的活胎儿、排出死亡而未经变化的胎儿和延期流产。

1. 隐性流产 母畜不表现明显的临床症状，常见于胚胎早期死亡。表现为屡配不孕或返情推迟，妊娠率降低，多胎动物（羊、猪、犬等）可表现为窝产仔数或年产仔数减少。多胎动物，隐性流产可能是全流产，也可能是部分流产；发生部分流产时，妊娠仍可维持下去。

2. 排出不足月的活胎儿 临床表现与正常分娩相似，但不像正常分娩那样明显。往往仅在排出胎儿前 2～3 天乳腺突然膨大，阴唇稍微肿胀，阴门内有清亮黏液排出，乳头内可挤出清亮液体。有的孕畜出现腹痛、起卧不安、呼吸和脉搏加快等临床症状。

3. 排出死亡而未经变化的胎儿 胎儿死后，它对母体类似于异物，可引起子宫收缩反应（有时则否，见胎儿干尸化），于数天之内将死胎及胎衣排出。妊娠初期的流产，事前常无预兆，因为胎儿及胎膜很小，排出时不易被发现，有时可能被误认为是隐性流产。妊娠末期流产的预兆和早产相似。胎儿未排出前，直肠检查摸不到胎动，妊娠脉搏变弱。阴道检查发现子宫颈口开张，黏液稀薄。

4. 延期流产（死胎停滞） 胎儿死亡后，由于阵缩微弱、子宫颈管不开张或开放不足，死后长期停留于子宫内，称为延期流产。依子宫颈是否开放，可分为胎儿干尸化和胎儿浸溶两种。

（1）胎儿干尸化（mummification）：妊娠中断后，由于黄体没有退化，仍维持其机能，所以子宫颈不开张，无微生物侵入子宫，死亡胎儿组织中的水分及胎水被吸收，变为棕黑色，好像干尸一样，称为胎儿干尸化。

给猪接生时，经常能发现正常胎儿之间夹杂有干尸化胎儿。这可能是由于各个胎儿的生活能力不同，发育慢的胎儿尿膜绒毛膜和子宫黏膜接触的面积受到邻近发育快的胎儿的限制，胎盘发育不够，得不到足够的营养，中途停止发育，变成干尸（图 6-1）；发育快的胎儿则继续生长至足月出生。

胎儿干尸化也常见于牛、羊，这与母体对胎儿死亡的反应不敏感有关。干尸化胎儿可在子宫中停留相当长的时间。母牛一般是在妊娠期满后数周，黄体的作用消失，再次发情时才

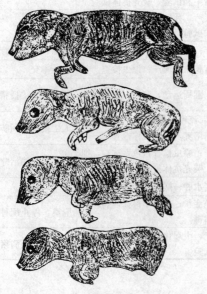

图 6-1　猪胎儿干尸化

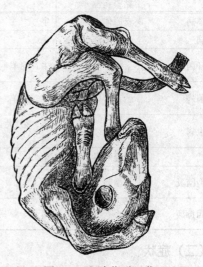

图 6-2　牛胎儿干尸化

将胎儿排出（图 6-2）。也可发生在妊娠期满以前，个别的干尸化胎儿则长久停留于子宫内而不被排出。

排出胎儿以前，母牛不出现外表症状，不易被发现。但如经常注意母牛的全身状况，则可发现母牛妊娠至某一时期后，妊娠的外表现象不再发展。直肠检查感到子宫呈圆球状，其大小依胎儿死亡时间的不同而异，且较妊娠月份应有的体积小得多。一般大如人头，但也有较大或较小的。内容物硬，在硬的部分之间为较软的胎体各部分之间的空隙。子宫壁紧包着胎儿，摸不到胎动、胎水及子叶。有时子宫与周围组织发生粘连。卵巢上有黄体，摸不到妊娠脉搏。

（2）胎儿浸溶（maceration）：妊娠中断后，由于黄体退化，所以子宫颈管开张，微生物即侵入子宫，死亡胎儿的软组织被分解，变为液体流出，而骨骼则留在子宫内，称为胎儿浸溶。

胎儿浸溶比干尸化少，有时见于牛、羊，猪也可发生。发生胎儿浸溶后，微生物沿阴道侵入子宫腔及胎儿，胎儿的软组织先是气肿，随后开始液化分解而排出，大骨骼则因子宫颈开放不足，未能排出（图 6-3）。

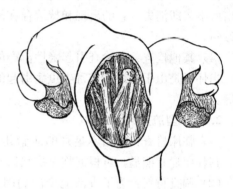

图 6-3　羊胎儿腐败溶解

胎儿气肿及浸溶时，细菌引起子宫炎，母畜表现为败血症及腹膜炎的症状。先是气肿阶段的精神沉郁，体温升高，食欲减退，胃肠蠕动减弱，并常有腹泻。如为时已久，上述症状可以有所好转，但极度消瘦，母畜经常努责。胎儿软组织分解后变为红褐色或棕褐色难闻的黏稠液体，在努责时流出，排出物中可带有小的骨片。后期，仅排出脓液，液体沾染在尾巴和后腿上，干后成为黑痂。阴道检查，发现子宫颈开张，在子宫颈内或阴道中可以见到胎骨，阴道及子宫颈黏膜红肿。直肠检查，子宫壁厚，但可摸到胎儿参差不平的骨片，捏挤子宫可能感到骨片互相摩擦；子宫颈粗大。如在分解开始后不久检查，因软组织尚未溶解，则摸不到骨片摩擦。

有时胎儿浸溶发生在妊娠初期，胎儿小，骨片间的联系组织松软，容易分解，所以大部分骨片可以排出，仅留下少数大骨片。后期，子宫中排出的液体逐渐变得清亮。如果不了解母畜曾经怀孕，多误认为母畜屡配不孕或患子宫内膜炎。

猪、犬发生胎儿浸溶时，精神沉郁，体温升高、心跳呼吸加快，不食、喜卧，阴门中流出棕黄色黏性液体，恶臭；病犬常呕吐，腹围增大，时常舔会阴部。影像检查可以确诊。偶尔浸溶仅发生于部分胎儿，如距产期已近，排出的胎儿中可能还有活的。

发生胎儿浸溶时，可以引起子宫内膜炎、子宫炎、腹膜炎、败血症或脓毒血症而导致死亡。对于母畜以后的受孕能力和生命安全，预后不佳。

（三）诊断

流产的诊断既包括流产类型的确定，还应当确定引起流产的病因，如为传染性或寄生虫性的，应及早采取措施。流产病因的确定，需要参考流产母畜的临床表现、发病率、母畜生殖器官及胎儿的病理变化等，怀疑可能的病因并确定检测内容。通过详细的资料调查与实验室检测，最终做出病因学诊断。

1. 隐性流产的诊断

(1) 临床检查：可根据配种后返情正常或延长，大体估测是配种未孕还是隐性流产，但误差大，应谨慎对待。对牛、马和驴，配种后1~1.5个月通过直肠检查已肯定妊娠，而以后又返情，同时直肠检查原有的妊娠现象消失；小型动物，交配后经过一个周期未见发情，或经影像检查确诊为妊娠，但过了一些时间后又发情，且从阴门中流出的分泌物较多，可诊断为隐性流产。

(2) 孕酮分析：妊娠早期，家畜血、奶中的孕酮水平一直维持高水平，一旦胚胎死亡，孕酮水平即急剧下降。据此，可以通过血浆或乳汁中的孕酮水平，确诊胚胎是否死亡。

(3) 早孕因子（early pregnancy factor，EPF）测定：早孕因子是妊娠依赖性蛋白复合物，在牛、绵羊、猪以及人的血清中都存在。配种或受精后不久在血清中出现，胚胎死亡或取出后不久即消失。它的出现和持续存在能代表受精和孕体发育，也可用于早孕或胚胎死亡的诊断。

(4) 其他检查：在检查引起隐性流产的病因时，如怀疑哪种病因，可做相应的检查。例如，当怀疑是由传染病或寄生虫病引起的，应做血清学检查；由中毒引起的，应做毒物分析等。

2. 临床型流产的诊断

(1) 临床检查：排出不足月的活胎儿或死胎、延期流产（死胎滞留）均属于临床型流产，其临床症状明显，可根据临床症状做出临床诊断。

(2) 调查材料：为了查清流产的病因，首先应做详细的调查。内容包括流产母畜的数量、胎儿的大小与变化以及流产母畜的表现，饲养管理及使役情况，是否受过伤害、惊吓，流产发生的季节及气候变化，母畜是否发生过普通病，畜群中是否出现过传染性及寄生虫性疾病，对疾病的防治情况如何，流产时的妊娠月份，母畜是否有习惯性流产等。

(3) 病理检查：自发性流产，胎膜及（或）胎儿常有病理变化。对排出的胎儿及胎膜，要细致观察有无病理变化及发育异常。由于饲养管理不当、损伤及母畜本身的普通病、医疗事故引起的流产，胎膜及胎儿多没有明显的病理变化。

(4) 血清学检查：传染性及寄生虫性的流产，可在病理学检查的基础上，将胎儿、胎膜以及子宫或阴道分泌物送实验室进行血清学检查。

（四）治疗

首先应确定属于何种流产以及妊娠能否继续进行，在此基础上再确定治疗原则。

1. 先兆流产的处理 如果孕畜出现腹痛、起卧不安、努责、阴门有分泌物排出，呼吸和脉搏加快等临床症状，属于先兆流产（threatened abortion）。处理的原则为安胎。

可使用抑制子宫收缩药和镇静药物。例如，肌肉注射孕酮，马、牛50~100mg，羊、猪、犬10~30mg，每日或隔日一次，连用数次。有习惯性流产的病例，可在妊娠的一定时间试用孕酮。给以镇静剂，如溴剂、氯丙嗪等，禁用赛拉唑等麻醉性镇静剂。禁止做阴道检查，尽量减少直肠检查，以免刺激母畜。牵遛母畜，以减少努责。

2. 难免流产的处理 出现流产先兆，经上述处理后病情仍未稳定下来，阴道排出物继续增多，起卧不安加剧；阴道检查发现子宫颈口已经开放，胎囊已进入阴道或胎膜已破，属于难免流产（inevitable abortion）。应尽快促使子宫内容物排出，以免胎儿死亡、腐败。

如子宫颈口已经开大，可用手将胎儿拉出。流产时，胎儿的位置及姿势往往异常，如胎儿已经死亡，矫正有困难，可以施行截胎术。如子宫颈管开张不大，手不易伸入，可参考人工引产中所介绍的方法，促使子宫颈开放，促进子宫收缩。对于早产胎儿，如有吮乳反射，可尽量加以挽救，帮助吮乳或人工喂奶，并注意保暖。

3. 延期流产的处理　对于胎儿发生干尸化或浸溶者，可先使用前列腺素制剂，继之或同时应用雌激素，溶解黄体并促使子宫颈扩张。因为产道干涩，应在子宫及产道内灌入润滑剂，以便子宫内容物的排出。

在干尸化胎儿，由于胎儿头颈及四肢蜷缩在一起，且子宫颈开放不足，必须用一定力量或预先截胎才能将胎儿取出，但应注意勿损伤子宫颈和阴道壁。

在胎儿浸溶，如软组织已基本液化，须尽可能将胎骨逐块取净。分离骨骼有困难时，须根据情况先将它破坏后再取出。操作过程中，术者须防止母畜和自己受到损伤与污染。

取出干尸化及浸溶胎儿后，子宫中留有分解的胎儿组织，需用0.2%高锰酸钾溶液或5%~10%盐水等，冲洗子宫。注射促子宫收缩药，排出子宫积液。在子宫内放入抗生素，并依据病情进行全身疗法，防治子宫内膜炎、子宫炎或脓毒败血症等并发症。患犬若不做繁殖用，建议做子宫或子宫卵巢摘除术。

4. 隐性流产的处理　对隐性流产的病畜，应加强饲养管理，尽可能地满足家畜对维生素及微量元素的需要。妊娠早期，可视情况补充孕酮或人绒毛膜促性腺激素。在发情期间，用抗生素生理盐水冲洗子宫。

（五）预防

引起流产的原因较多且非常复杂。除了个别病例的流产在刚一出现症状时可以试行抑制以外，大多数流产一旦有所表现，往往无法阻止。尤其是群牧牲畜，流产常常是成批的，损失严重。因此在发生流产时，除了采用适当治疗措施，以保证母畜及其生殖道的健康外，还应对整个畜群的情况进行详细调查，检查排出的胎儿及胎膜，必要时采样并进行实验室检查。只有诊断确切，方能提出有效的预防措施。

防治流产的原则是：在可能的情况下，制止流产的发生，当不能制止时，应尽快促使死胎排出，以保证母畜及其生殖道的健康不受损害；然后分析流产发生的原因，根据具体原因提出预防措施；杜绝自发传染性及自发寄生虫性流产的传播，以减少损失。

第二节　孕畜水肿

孕畜水肿（pregnant edema）又称为妊娠水肿，是指妊娠末期孕畜腹下、乳房及后肢等处发生的水肿，统称为腹下水肿（ventral abdominal edema）。水肿包括生理性与病理性两种类型。水肿面积小，症状轻者，是妊娠末期的一种正常生理现象；水肿面积大，症状严重的，是病理状态。

本病多见于马和奶牛，有时也见于驴和黄牛等家畜。生理性水肿，一般始于分娩前1个月左右，产前10天变得显著，分娩后2~4周可自行消退。

（一）病因

妊娠末期，胎儿迅速增大，母体代谢旺盛，如机体对水的代谢不能及时处理或某些营养物质不足，均可引起水肿。

（1）妊娠末期，因胎儿生长发育迅速，子宫体积增大，腹内压增高。同时，乳房胀大，孕畜的运动减少，因而腹下、乳房及后肢的静脉血流滞缓，导致静脉滞血，血液中的水分渗出增多，同时亦妨碍了组织液回流至静脉内，因此发生组织间隙液体积聚。

（2）妊娠母畜新陈代谢旺盛，迅速发育的胎儿、子宫及乳腺也都需要大量的蛋白质等营养物质，若孕畜饲料的蛋白质不足，则使血浆蛋白浓度降低，血浆蛋白胶体渗透压降低，组织液回流障碍，导致组织间隙水分增多。

（3）若孕畜运动不足，机体衰弱，特别是有心、肾疾病以及后腔静脉或乳房静脉血栓形成时，则容易发生水肿。

（4）妊娠期间体内抗利尿激素、雌激素及醛固酮等的分泌均增多，肾小管远端对钠的重吸收增强，加之钠、钾食用过量，结果会导致组织内的钠增加和水潴留。

（5）奶牛乳房水肿可能与遗传因素有关，需观察公牛的雌性后裔和母牛雌性后裔的发病情况。

（二）症状及诊断

水肿常从腹下和乳房开始出现，以后逐渐向前蔓延至前胸，向后延至阴门，有时也可涉及后肢下部。生理性水肿较少蔓延至胸前，但因心脏疾病引起的病理性水肿，常出现胸前水肿。

奶牛乳房生理性水肿始于产前几周，初产母牛最为常见且水肿明显。水肿始于乳房后部、前部、左侧或右侧，或在乳房的四个部位对称出现，但在其后部和底部更为明显。中度到重度的乳房水肿，常蔓延至腹底壁。指压留有压痕，或有波动感，或为坚实感。

病理性水肿持续的时间比生理性水肿长，可达数月或整个泌乳期，且易引起乳房的支撑结构的垮塌和泌乳能力下降。乳房水肿的病例，易发生漏奶、乳腺炎；运动时因乳房疼痛和乳房体积过大，出现步态强拘；站立时，两后肢外展；卧地时常取侧卧，两后肢伸开（图6-4）。

图6-4　奶牛妊娠水肿
乳房及腹底壁皮下水肿，乳房肿大，两后肢外展

腹下水肿一般呈扁平状，左右对称。触诊感觉其质地如面团状，留有指压痕，皮温稍低，皮肤紧张，无被毛处的皮肤有光泽。通常无全身症状，但如果水肿严重或有全身性疾病时，可出现沉郁、食欲减退等现象。

在奶牛，本病应与急性乳腺炎区别诊断，后者有乳汁理化性质改变，多为某个乳区单独发病，局部充血或淤血、肿胀疼痛、坚硬，常有全身症状。

（三）治疗

改善病畜的饲养管理，给予含蛋白质、矿物质及维生素丰富的饲料。根据当时的天气情况和饲料中盐含量，限制饮水，减少多汁饲料及食盐。水肿轻者，不必用药。

大量漏奶或水肿严重的孕畜，可应用强心利尿剂。产前的孕畜，可以应用呋塞米，初次剂量为每千克体重0.5～1.0mg，以后减量，每天1～2次，连用2～3天。产后可应用呋塞米与地塞米松合剂，但地塞米松应仅用1～2次。长时间应用呋塞米有导致低钙血症的危险。

（四）预防

妊娠母畜，尤其是乳牛，每天要进行适当运动，不可长期拴系在圈内。擦拭皮肤，按摩乳房，给予营养丰富、易消化的饲料。注意血清钾、钠、氯等阴阳离子的平衡。

第三节　阴道脱出

阴道脱出（vaginal prolapse）是指阴道底壁、侧壁和上壁的一部分组织、肌肉松弛扩张，连带子宫和子宫颈向后移，使松弛的阴道壁形成皱襞嵌堵于阴门内（又称阴道内翻）或突出于阴门外（又称阴道外翻）。可以是部分阴道脱出，也可以是全部阴道脱出（图6-5）。常发生于妊娠末期，牛、羊、猪、马等家畜也可发生于妊娠3个月后的各个阶段以及产后时期。本病多发生于奶牛，其次是羊和猪，较少见于犬和马。绵羊常发生于干乳期和产羔后，但主要发生于妊娠末期。水牛偶见于发情期。有些品种的犬发情时，常发生阴道壁水肿和脱出。

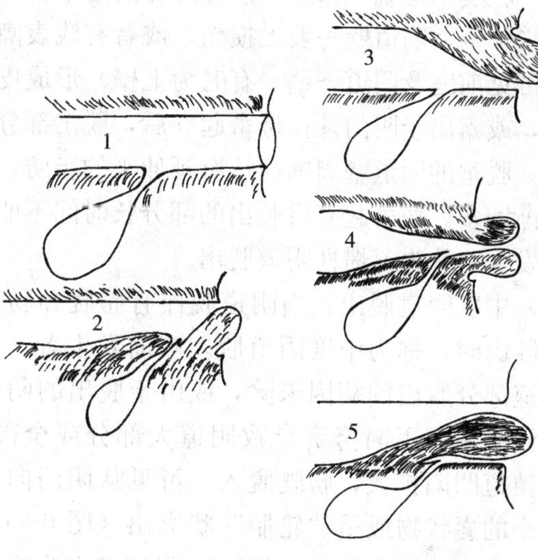

图6-5　阴道脱出类型的示意图
1. 正常阴道　2. 阴道腹侧壁脱出　3. 阴道背侧壁脱出
4. 阴道全脱出　5. 尿道外口前方阴道腹侧壁水肿脱出

（一）病因

病因较复杂，可能与母畜骨盆腔的局部解剖构造有关。

由于生殖道、子宫阔韧带及膀胱韧带具有延伸性，直肠生殖道凹陷、膀胱生殖道凹陷和膀胱耻骨凹陷的"空间"的存在，为膀胱、子宫及阴道向后延伸或脱出于阴门外提供了解剖学条件，但只有在骨盆韧带及其邻近组织松弛、阴道腔扩张、阴道壁松软，并有一定的腹内压时才可发生阴道脱出。

妊娠母畜年老经产，衰弱，营养不良，缺乏钙、磷等矿物质及运动不足，常引起全身组织紧张性降低，骨盆韧带松弛。妊娠末期，胎盘分泌的雌激素较多，或摄食含雌激素较多的牧草，可使骨盆内固定阴道的软组织及外阴松弛。猪喂饲霉变饲料（大麦、玉米）时，由于雌激素含量高和毒素作用，可引起阴唇红肿、韧带松弛、里急后重、以至阴道脱出。在上述基础上，如同时伴有腹内压持续增高（如胎儿过大、胎水过多、瘤胃膨胀、便秘以及产后努责过强等），均可压迫松软的阴道壁，使其发生阴道脱出。患卵泡囊肿时，因雌激素分泌较多，常继发阴道脱出。

阴道脱出也可能与遗传有关，如荷斯坦牛、海福特牛、绵羊以及拳狮犬等短头品种的犬，均易发生阴道脱出。

犬在发情前期或发情期发生的阴道水肿（vaginal edema）或阴道增生（vaginal hyperplasia），与遗传及雌激素水平过高有关。另外，在母犬与公犬配种结束前强行分开公、母犬，公犬易发生阴茎损伤，母犬则易发生阴道损伤和阴道脱出。有些犬在发情前期和发情期对雌激素反应过强烈，致使阴道底壁（尿道前部）黏膜褶过度水肿、增生，并向后垂脱出。

（二）症状及诊断

1. 牛的阴道脱出 按其脱出程度，可分为轻度阴道脱出、中度阴道脱出和重度阴道脱出三种。

（1）轻度阴道脱：尿道口前方部分阴道下壁突出于阴门外，除稍微牵拉子宫颈外，子宫和膀胱未移位，阴道壁一般无损伤，或者有浅表潮红或轻度糜烂。主要发生在产前。病畜卧下时，可见前庭及阴道下壁（有时为上壁）形成皮球大、粉红湿润并有光泽的瘤状物，堵在阴门内，或露出于阴门外；母畜起立后，脱出部分能自行缩回。若病因未除，动物多次卧下和站起，脱垂的阴道壁周围往往有延伸来的脂肪，或因分娩损伤引起松弛时，导致脱出的阴道壁逐渐增多，病畜起立后脱出的部分长时间不能缩回，黏膜红肿干燥。有的母畜每次妊娠末期均发生，称为习惯性阴道脱出。

（2）中度阴道脱出：当阴道脱伴有膀胱和肠道也脱入骨盆腔内时，称为中度阴道脱。产前发生者，常常是由于阴道部分脱出的病因未除，或由于脱出的阴道壁发炎、受到刺激，不断努责导致阴道大部分或全部脱出，膀胱生殖道凹陷扩大，膀胱脱入。可见从阴门向外突出排球大小的囊状物或呈"轮胎"状突出（图6-6）。病畜起立后，脱出的阴道壁不能缩回；阴道壁发生充血、水肿，刺激动物频频努责，使阴道脱出更为严重，阴道黏膜表面干燥或溃疡，由粉红色转为暗红或蓝色，甚至黑色。严重的，发生坏死或穿孔。

（3）重度阴道脱：子宫和子宫颈后移，子宫颈脱出于阴门外。阴道的腹侧可见到尿道口，排尿不畅；有时在脱出的囊内可触摸到胎儿的前置部分。若脱出的阴道前端子宫颈明显并紧密关闭，则不易发生早产及流产；

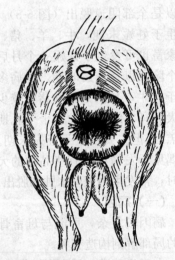

图6-6 牛阴道脱出

若宫颈外口已开放且界限不清，则常在24～72h内发生早产。产后发生者，脱出往往不完全，在其末端有时可看到子宫颈膣部肥厚的横皱襞。持续强烈的努责，可引起直肠脱出、胎儿死亡及流产等。脱出的阴道黏膜淤血、水肿；严重的，黏膜可与肌层分离，阴道黏膜破裂、糜烂或坏死，易继发全身感染。

2. 犬的阴道黏膜水肿脱出 多发生在发情前期或发情期。病犬阴唇肿胀、充血，不愿与公犬接触。卧地时，阴门张开，阴门内露出一增生物，粉红色，质地柔软。以后增生物脱至阴门外，顶部光滑，后部背侧有数条纵形皱褶，向前延伸至阴道腹侧壁，与阴道皱褶吻合。增生物腹侧向后终止于尿道乳头前方。

本病与其他动物普通的阴道脱出不同，它多为全层阴道壁（包括尿道乳头）外翻至阴门外，类似车轮状。阴道脱出可以整复，但阴道增生不能整复。黏膜表面含有大量角化细胞和复层鳞状细胞，与正常发情时阴道黏膜增生、脱落一致。

（三）治疗

根据动物种类、病情轻重、妊娠阶段、畜主护理能力，选择不同的治疗方法。

1. 牛的阴道脱出

（1）轻度脱出：轻度阴道脱出易于整复，关键是防止复发。在病畜起立后能自行缩回时，使其多站立并取前低后高的姿势，以防脱出部分继续增大，避免阴道损伤和感染。将尾拴于一侧，以免尾根刺激、损伤脱出的黏膜。适当增加自由运动，给予易消化饲料，降低腹内压；对便秘、腹泻及瘤胃弛缓等疾病，应及时治疗。孕牛注射孕酮，可有一定的疗效，每天肌肉注射孕酮 50~100mg，至分娩前 20 天左右为止。

（2）中度和重度脱出：必须及时整复，并加以固定，防止复发。现将整复操作步骤和常用的固定方法分述如下：

①整复及阴门缝合法：整复前将病畜处于前低后高位置（不能站立的应将后躯垫高，小动物可提起后肢，以减少骨盆腔内的压力）。努责强烈，妨碍整复时，在荐尾、尾椎间隙行硬膜外麻醉。用温热的防腐消毒液（如 0.1% 高锰酸钾，0.05%~0.1% 苯扎溴铵等）清洗脱出的阴道黏膜，充分洗净脱出阴道上的污物，除去坏死组织。伤口大时要进行缝合，并涂以抗生素油膏。若黏膜水肿严重，可先用毛巾浸以 2% 明矾水或 50% 葡萄糖水进行冷敷，并适当压迫 15~30min；或同时针刺、挤压水肿的黏膜，使水肿减轻，黏膜发皱。表面应用油剂润滑后整复。

整复时先用消毒纱布将脱出的阴道托起，在病畜不努责时，用手将脱出的阴道向阴门内推送。推送时，手指不能分开，以防损伤阴道黏膜。待全部推入阴门后，再用拳头将阴道推回原位。推回后手臂在阴道内放置一段时间，使回复的阴道适应一会（也可将阴道托放置其中）。最后，在阴道腔内注入消毒药液，或在阴门两旁注入抗生素，以便抗菌或减轻努责。如果努责强烈，可在阴道内注入 2% 普鲁卡因 10~20mL，或行尾间隙硬膜外麻醉、注射肌肉松弛剂等。整复后，对一再脱出的病畜，必须进行固定。可采用压迫固定阴门、缝合阴门以及将阴道侧壁和臀部皮肤缝合等方法。

对一般阴道脱出或妊娠后期脱出的病例，整复后适合用阴门缝合法（图 6-7）。即用粗缝线在阴门上做 2~3 针间断纽扣缝合。向后牵引阴唇，距阴门口 3~5cm 皮厚处一侧阴唇进针至对侧阴唇壁出针，穿上一个橡胶垫，距出针孔 1.5~2cm 处再进针至对侧皮肤出针，再穿一橡胶垫，两线尾打结。用同样的方法再做一个纽扣缝合。阴门下 1/3 不缝合，以免妨碍排尿。数天后病畜不再努责时，拆除缝线。拆线不要过早，但如术后很快临产，需及时拆线。

②永久性固定法：对重度阴道脱的病例，可选用下列方法进行固定。

a. 阴道侧壁固定法：是用缝线通过坐骨小孔穿过荐坐韧带背侧壁，将阴道前部侧壁固定在臀部皮肤上的方法（图 6-8）。方法是：在坐骨小孔投影的臀部位置剪毛消毒，皮下注射 1% 盐酸普鲁卡因后用外科刀做一皮肤小切口。术者一手伸入阴道，将双股粗线的两端带

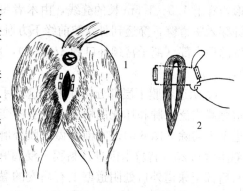

图 6-7　阴门缝合固定术
1. 双纽扣缝合法
2. 纽扣缝合穿透阴门壁全层，并在其两侧放置胶管

入其内，缝线上穿有一个大的衣服纽扣。手推阴道壁使其尽量贴近骨盆侧壁，另一只手拿着带有槽钩的长直针，从皮肤切口刺入阴道腔。然后，在阴道内将缝线的两端嵌入针的槽钩内，回抽直针，将线尾自皮肤切口拉出体外。拉紧两根线尾、打结。线结打在皮肤切口处的纱布圆枕上，使阴道侧壁紧贴骨盆侧壁。一侧做完后，再做另一侧。术后肌肉注射抗生素3～4天，阴道内涂抗生素油膏，10天后拆线。整复固定后，还可在阴门两侧深部组织内各注入70%酒精20～40mL，以刺激组织炎性肿胀。

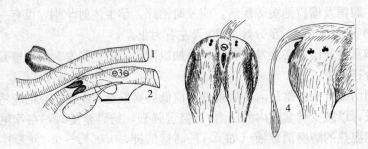

图 6-8 阴道与臀部固定术
1. 肛门　2. 阴道　3. 在坐骨小孔处进针，大的衣扣被用于预防阴道撕脱
4. 臀部穿刺部位与打结方法

对阴道脱出的孕畜，特别是卧地不起的患畜，有时整复及固定后仍持续强烈努责，无法制止，甚至引起直肠脱出及胎儿死亡。对这样的病例，若胎儿已死亡，或胎儿活着且临近分娩，应进行人工引产或剖腹产。

对产后阴道脱出，应查明是否存在卵泡囊肿。对有卵泡囊肿的病例，在整复固定脱出的阴道后，要及时治疗卵泡囊肿。若无囊肿，则应着重检查产道是否有损伤。

b. 阴道腹侧壁固定法：是用不吸收缝线将阴道腹壁和子宫颈固定在耻骨前腱上。方法是：硬膜外麻醉，清洗和整复脱出的阴道，导尿管插入尿道和膀胱，将长三棱针弯成U字形，穿上1.3～1.5m长的缝线，由术者带入牛阴道前部。在子宫颈外口下方的阴道腹壁将针穿入阴道壁，穿透到骨盆腔前缘下方耻骨前腱。然后，针再折回到阴道内，穿过子宫颈腹壁的后半部（离子宫颈外口约1cm处），将针线拉至阴门外打结，再将线结推向阴道内收紧。

c. 阴道黏膜下层部分切除术：这种手术适用于阴道黏膜广泛水肿和坏死的病例。将有病变的黏膜从阴道壁上切除（图6-9）。术前除做硬膜外麻醉外，可局部注射0.25%普鲁卡因进行黏膜下浸润麻醉。切除子宫后部至尿道外口处阴道壁上有病变的黏膜。切除的范围是：阴道背面少切，腹面多切，用3-0或4-0可吸收缝线将黏膜前后创缘缝合。边切除，边止血，边缝合，以减少出血。只能切除黏膜和黏膜下层，不能

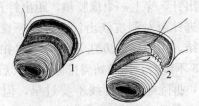

图 6-9 脱出阴道部分黏膜切除术
1. 环形切除阴道黏膜　2. 间断缝合黏膜创口

伤及肌层和浆膜层。对3～4周即将分娩或流产的病例，不能应用此法。

d. 阴道周围脂肪切除术：适于阴道周围脂肪过多造成阴道脱出的病例。术前常规消毒和硬膜外腔麻醉。从阴唇两侧各做一条长10～12cm的切口，用钝性分离法，分开阴道周围

筋膜，将阴道壁与骨盆之间的脂肪取出。在阴道周围和骨盆之间组织中做几针结节缝合，皮肤切口用连续缝合，但皮肤切口要留有小排液口，以防术后积液。

2. 犬的阴道黏膜水肿脱出　对有阴道黏膜水肿脱出病史的犬，在发情前期使用醋酸甲地孕酮（每天每千克体重 2mg，连用 7 天）抑制发情，在靶组织内拮抗雌激素的作用。增生物小者，一般不影响配种或进行人工授精。或用 GnRH（每天每千克体重 2μg，连用 7 天）诱导排卵，缩短发情时间。

组织水肿、增生严重、脱出于阴门外者，可进行手术切除（图 6-10）。手术方法是：插入导尿管。施行会阴切开术，从阴门背联合到肛门括约肌远端，做一正中线皮肤切口；用剪刀剪开肌肉和阴道壁，显露阴道、前庭及水肿增生物。然后，提起肿块，显露肿块基部和尿道外口，自增生物前部至其腹面尿道外口前部做阴道黏膜的弧形切开，由前向后仔细锐性分离黏膜下组织，将增生物全部切除。分离时，应触摸导尿管，避免损伤尿道。用可吸收缝线连续或结节缝合阴道腹侧壁切口。最后，简单间断缝合或连续缝合法缝合阴道黏膜，阴道内打结；连续缝合肌肉和皮下组织；间断缝合皮肤。为减少炎症和水肿，术后应立即冷敷，第 2 天热敷。在下次发情时可能再次发生，卵巢子宫切除术能彻底防止复发。

（四）预后

预后视发生的时期、脱出的程度及时间、致病原因是否除去而定。部分脱出，预后良好。完全脱出，发生在产前者，距分娩越近，预后越好，不会妨碍胎儿排出，分娩后多能自行恢复。如距分娩尚早，预后则需十分谨慎，因为整复后不易固定，反复脱出，容易发生阴道炎、子宫颈炎，炎症可能破坏黏液塞，侵入子宫，引起胎儿死亡及流产，产后可能屡配不孕。

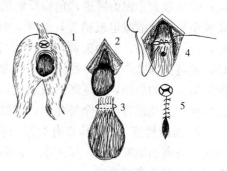

图 6-10　犬阴道水肿脱出及切除术
1. 阴道脱出　2. 会阴切开术显露水肿部
3. 在水肿阴道黏膜的基部做环形切开
4. 缝合阴道黏膜创口　5. 缝合会阴部切口

对妊娠母畜要注意饲养管理。舍饲乳牛应适当增加运动，提高全身组织的紧张性。病畜要少喂容积过大的粗饲料，给予易消化的饲料。及时防治便秘、腹泻、瘤胃膨胀等疾病，可减少此病的发生。

第四节　妊娠毒血症

妊娠毒血症（pregnancy toxemia）母畜妊娠后期发生的一种代谢性疾病。临床上常见有绵羊妊娠毒血症和马属动物妊娠毒血症，牛、猪、兔等家畜则少见。

一、绵羊妊娠毒血症

绵羊妊娠毒血症（pregnancy toxemia of ewe）是妊娠末期母羊由于糖类和脂肪酸代谢障碍而发生的一种以低糖血症、酮血症、酮尿症、虚弱和失明为主要特征的亚急性代谢病。主要临床症状为精神沉郁，食欲减退，运动失调，呆滞凝视，卧地不起，甚而昏睡等。杂种羊、放牧羊易患。

主要发生于妊娠最后一个月，多发于分娩前 10～20 天，有时则在分娩前 2～3 天发生。

（一）病因

病因及发病机理还不十分清楚。主要见于母羊怀双羔、三羔或胎儿过大时，因胎儿消耗大量营养物质，母羊不能满足这种需要而发病。此外，缺乏运动也与此病的发生有关。

发病的机理可能是：妊娠末期如果母体获得的营养物质不能满足本身和胎儿生长发育的需要（特别是在多胎时），则促使母羊动用组织中储存的营养物质，使蛋白质、糖类和脂肪的代谢发生严重紊乱。同时，代谢异常引起肝营养不良，使肝脏机能降低，糖异生障碍，并且丧失解毒功能，导致低糖血症和血液酮体及血浆皮质醇的水平升高。病羊出现严重的代谢性酸中毒及尿毒症。

下列情况下绵羊易发此病：妊娠末期的母羊营养不足、饲料单纯、维生素及矿物质缺乏，特别是饲喂低蛋白、低脂肪的饲料，且碳水化合物供给不足；妊娠早期过于肥胖的母羊，至妊娠末期突然降低营养水平；膘情好的母羊在优良牧草的牧地上放牧，由于运动不够或突然减少摄入的饲草数量；舍饲期间，缺乏精料或在冬季放牧时牧草不足，长期饥饿。

（二）症状及诊断

1. 临床症状 病初，患羊精神沉郁，放牧或运动时常离群单独行动，对周围事物无反应；瞳孔散大，视力减退，角膜反射消失，出现意识紊乱。随着病情发展，精神极度沉郁，黏膜黄染，食欲减退或消失，磨牙，瘤胃弛缓，反刍停止。呼吸浅快，呼出的气体有丙酮味，脉搏快而弱。运动失调，表现为行动拘谨或不愿走动。行走时步态不稳，无目的地走动，或将头部紧靠在某一物体上，或做转圈运动。粪粒小而硬，常包有黏液，甚至带血。小便频数。病的后期，视觉降低或消失，肌肉震颤或痉挛，头向后仰或弯向一侧，多在 1～3 天内死亡。死前昏迷，全身痉挛，四肢做不随意运动。

2. 血液检查 血液检查有类似酮病的变化，即低糖血症和高酮血症，血液总蛋白减少，而血浆游离脂肪酸增多，尿丙酮呈强阳性反应，淋巴细胞及嗜酸性粒细胞减少；病的后期，有时可发展为高糖血症。

3. 病理剖检 肝有颗粒变性及坏死，肾亦有类似病变。肾上腺肿大，皮质变脆，呈土黄色。

（三）病程及预后

病程一般持续 3～7 天，少数病例可能拖延稍久，而有些病羊发病后 1 天即可死亡。死亡率高达 70%～100%。病羊如果流产或者经过引产及适当治疗，饲养和营养状况得到改善，症状可有所缓解。娩出胎儿后，症状多随之减轻。但已卧地不起的病羊，即使引产，也预后不良。

（四）治疗

为了保护肝机能和供给机体所必需的糖，可用 10% 葡萄糖 150～200mL，加入维生素 C 0.5g，静脉输注。同时还可肌肉注射大剂量的维生素 B_1。

出现酸中毒时，可静脉注射 5% 碳酸氢钠溶液 30～50mL。此外，还可使用促进脂肪代谢的药物，如肌醇注射液；也可同时注射维生素 C。

有人曾应用类固醇激素治疗：肌肉注射泼尼松龙 75mg 或地塞米松 25mg，并口服乙二醇、葡萄糖和注射钙、镁、磷制剂，存活率可达 85%；但单独使用类固醇的存活率不高，仅为 61%。大剂量应用糖皮质激素，易发生流产。

无论应用哪一种方法治疗，如果治疗效果不显著，建议施行剖腹产或人工引产。在患病早期，改善饲养管理，可以防止病情发展，甚至使病情迅速缓解。增加糖类饲料的数量，如块根饲料、优质青干草，并给以葡萄糖、蔗糖或甘油等含糖物质，对治疗此病有良好的辅助作用。

（五）预防

合理搭配饲料，是预防妊娠毒血症的重要措施。对妊娠后期的母羊，必须饲喂营养充足的优良饲料，保证供给母羊所必需的糖类、蛋白质、矿物质和维生素。对于临产前的母羊或环境条件骤变时，补饲胡萝卜、甜菜、芜菁与青贮等多汁饲料。

对于完全舍饲不放牧的母羊，应当每日做驱赶运动。在冬季牧草不足的季节，对放牧的母羊应补饲适量的青干草及精料等。一旦发现羊群出现妊娠毒血症，应立即采取措施，给妊娠母羊普遍补饲胡萝卜、豆料、麸皮等优质饲料，有条件时还可饲喂小米汤、糖浆等含糖多的食物。

二、马属动物妊娠毒血症

马属动物妊娠毒血症（equine pregnancy toxemia）是驴、马妊娠末期的一种代谢性疾病，主要特征是产前顽固性不吃不喝。如发病距产期尚远，多数不到分娩就母子双亡。此病在我国北方驴、马分布地区常有发生，死亡率高达70%左右。发病多在产前数天至1个月以内，10天以内发病者占多数。

（一）病因

发病与胎儿过大、缺乏运动及饲养管理不当有密切关系。

发病的可能机理是：怀骡驹时，胎儿具有杂种优势，生活能力强，发育迅速，体格较大，使母体的新陈代谢和内分泌系统的负荷加重。特别是在妊娠末期，胎儿生长迅速，代谢过程愈加旺盛，需要从母体摄取大量营养物质。如母体因运动不足而消化、吸收机能降低，就不得不动用储存的糖原、体脂和蛋白质等营养物质，使机体出现代谢紊乱和有毒产物蓄积，继而导致发病。

下列情况下，驴、马易发病：怀骡驹的驴和马，驴较马多发；马怀马驹有时也可发病，驴怀驴驹时却罕见患病；1～3胎的母驴发病最多，但发病率与年龄、营养、体型及配种公畜均无明显关系；膘情好，妊娠后不使役，不运动的驴、马易发。

（二）症状

共同症状是产前食欲减退，时有时无，或突然长时间不吃不喝。驴和马的临床表现基本相似，略有不同之处。

1. 驴　可分为轻症和重症两种。

轻症者表现为精神沉郁，口色较红而干，口稍臭，舌无苔。结膜潮红。排粪少，粪球干黑，有的带有黏液，有的粪便稀软，有的则干稀交替。体温正常。

重症表现为精神极度沉郁，喜站于阴暗处，头低耳耷，昏然不动。食欲废绝，或仅吃几口不常吃到的草料，如新鲜青草、胡萝卜、麸皮等；而且咀嚼无力，下唇松弛下垂。结膜暗红或呈污黄红色。口干黏，少数流涎；口恶臭，舌质软、色红；舌苔光剥，少数有薄白苔。肠音极弱或废绝。粪量少，粪球干黑，病的后期可能干稀交替，或者在死亡前一两天排出极臭的暗灰色或黑色稀粪。尿少，黏稠如油。心率快，多在80次/min以上；心音亢进，常节律不齐。颈静脉怒张，波动明显。

2. 马 通常由顽固性慢食发展到食欲废绝。可视黏膜呈红黄或橘红色。口干舌燥，苔黄腻，严重时口黏，舌色青黄或淡白。初期腹胀便燥，粪球硬小，量少，表面被有淡黄色黏液甚至黏液团；后期粪呈稀糊状或黑水。大小肠音极弱或消失，尿浓、色黄。呼吸短浅，心跳快、弱，有时节律不齐。体温一般正常，有的后期升到 40℃ 以上。少数马伴发蹄叶炎。

重症的马，分娩时阵缩无力，难产增多。有时发生早产，或胎儿出生后很快死亡。一般在产后逐渐好转，开始恢复食欲，但也有两三天后才开始采食的。严重的病例，顺产后也可能死亡。

（三）尿液、血液及病理变化

1. 尿液变化 发病后尿多呈酸性尿和酮尿。

2. 血液变化 血脂含量高，淋巴细胞减少，嗜酸性粒细胞下降。

3. 病理变化 剖检时，多数尸体肥胖。血液黏稠，凝固不良，血浆呈不同程度的乳白色。内脏器官的主要变化为肝、肾、心、脑垂体均增大增重，肝、肾严重脂肪浸润，实质器官及全身静脉充血、出血。有广泛性的血管内血栓形成。肝肿大，呈土黄色，部分间有红黄色斑块；质脆易破，切面油腻；肝小叶充血；镜检肝组织呈蜂窝状，肝细胞肿大，胞质内有大小不一的空泡；脂肪染色为强阳性，有时整个肝组织似变为脂肪组织；细胞核偏于一端，故肝细胞呈戒指状。肾呈土黄色或有土黄色条纹，质软，包膜粘连；切面多有黄色染斑或出血区；肾小管上皮细胞有脂肪浸润；实质变性或坏死较为严重。

（四）诊断

根据血浆或血清的颜色和透明度出现的特征变化，再结合妊娠史和症状，可以做出临床诊断。

将采集的血液置于小瓶中，静置 20～30min 进行观察。病驴的血清或血浆呈不同程度的乳白色、混浊、表面带有灰蓝色，将全血倒于地上或桌面上，其表面也附有这种特殊颜色。病马血浆则呈现暗黄色奶油状。

尿多呈酸性尿和酮尿，血脂含量高，麝香草酚浊度试验（TTT）、谷草转氨酶试验（COT）、黄疸指数、胆红素总量等指标均明显升高；血糖和白蛋白含量减少，球蛋白含量增多。血酮则随着疾病严重程度而增多（病驴从 0.076 9mg/mL 增加到 0.4516 mg/mL），高脂血症。

病理剖检，血液黏稠，凝固不良，血浆呈不同程度的乳白色。实质器官及全身静脉充血、出血。肝、肾均出现严重的脂肪浸润。

（五）治疗

原则是应用促进脂肪代谢、降低血脂、保肝、解毒疗法。在实践中可以根据病情选用下列方法进行治疗。

（1）静脉注射 12.5% 肌醇注射液，驴 20～30mL、马 30～50mL，加到 1 000mL 10% 葡萄糖注射液中，每日 1～2 次。还可加入维生素 C 2～3g。必须坚持用药，直至食欲恢复为止。

（2）复方胆碱片（0.15g/片）20～30 片、酵母粉（食母生）10～15g、磷酸酯酶片（0.1g/片）15～20 片，稀盐酸 15mL。每日灌服 1～2 次。大型马，前两种药的剂量可加倍。

（3）氢化可的松注射液 500mg，用生理盐水或 5% 葡萄糖盐水 500～1 000mL 稀释后，缓慢静脉注射，每日 1 次。连用两次后减半，再静脉注射 3～5 次。其作用除能解毒、消炎、抗过敏、抗休克外，还可引起流产。利用此种药物引产，较用机械方法、催产药物进行引产安全。

治疗期间，应尽可能刺激病畜的食欲。例如，更换饲料品种，饲喂新鲜青草、苜蓿、胡萝卜及麸皮，或者在初春草发芽时将病畜牵至青草地，任其自由活动，这些措施对于改善病情、促进病畜痊愈有益。

由于病畜身体虚弱及阵缩无力，往往发生难产，而且胎儿的生活力不强，有的还可能发生窒息。因此，临产时必须及时助产。对接近产期的病畜，可应用前列腺素类药物、氢化可的松或其他催产药物进行人工引产。

（六）预防

对妊娠母畜应合理使用和增加运动，决不能让其静立不活动。经常运动可以增强母畜代谢机能，防止或大大减少此病的发生。

合理搭配饲料，供给足够的营养物质，对预防本病很重要。饲料品种要多样化，合理搭配，避免长期单纯饲喂一种饲料或过多饲喂精料。及时发现，及时治疗，可提高治愈率。

（李建基）

▌本章执业兽医资格考试试题举例

1. 猪阴道脱出发生的主要机制是：（　　　）

    A. 子宫弛缓 　　　　　　　　　B. 会阴松弛

    C. 骨盆松弛 　　　　　　　　　D. 阴门松弛

    E. 固定阴道的组织松弛

2. 奶牛，离分娩尚有 1 月余。近日出现烦躁不安，乳房胀大。临床检查心率 90 次/min，呼吸 30 次/min，阴门内有少量清亮黏液。最适合选用的治疗药物是：（　　　）

    A. 雌激素 　　　　　　　　　　B. 黄体酮

    C. 前列腺素 　　　　　　　　　D. 垂体后叶素

    E. 马绒毛膜促性腺激素

3. 奶牛，6 岁，努责时阴门流出红褐色难闻的黏稠液体，其中偶有小骨片。主诉，配种后已确诊怀孕，但已过预产期半月。

（1）该病最可能的诊断是：（　　　）

    A. 阴道脱出 　　　　　　　　　B. 隐性流产

    C. 胎儿浸溶 　　　　　　　　　D. 胎儿干尸化

    E. 排出不足月胎儿

（2）该病例最可能伴发的其他变化是：（　　　）

    A. 慕雄狂 　　　　　　　　　　B. 子宫颈关闭

    C. 卵泡交替发育 　　　　　　　D. 卵巢上有黄体存在

    E. 阴道及子宫颈黏膜红肿

（3）如要进一步确诊，最简单直接的检查方法是：（　　　）

    A. 阴道检查 　　　　　　　　　B. 直肠检查

    C. 细菌学检查 　　　　　　　　D. 心电图检查

    E. 血常规检查

第七章

分 娩 期 疾 病

妊娠期满后，胎儿能否顺利产出，主要取决于产力、产道和胎儿三者之间的相互关系。如果其中任何一方面出现异常，就会导致难产，同时亦可能使子宫及产道受损，这些都属于分娩期疾病。本章仅介绍难产，其他将在产后期疾病中一并阐述。

难产（dystocia）是指由于各种原因而使分娩的第一阶段（开口期），尤其是第二阶段（胎儿排出期）明显延长，如不进行人工引产，则母体难于或不能排出胎儿的产科疾病。与难产相对应的顺产（eutocia）指安全顺利的自然或生理性分娩。

家畜中牛最常发生难产，发病率为 3.25%；初生牛及体格较大的品种，以及肉牛进行品种间杂交繁育时小体格品种母牛更易发生难产。马、猪和羊的难产发病率相对较低，犬和猫则因品种不同而差别很大。难产可造成母畜子宫及产道损伤、腹膜炎、休克、弥散性血管内凝血等疾病，严重的，可导致母畜死亡；同时，可因脐带受压、胎盘过早剥离、子宫肌压迫性收缩等原因导致胎儿死亡。因此，如何预防、处理母畜难产，是实现安全分娩的关键。

第一节　难产的检查

难产的检查是实施难产救助的重要环节。通过全面的难产检查，兽医师才能准确诊断难产的类型、母畜全身状况、产道润滑及损伤程度、胎儿存活情况，制定正确的助产方案，达到良好的救助效果或做出准确的预后判断。

难产的检查主要包括病史调查、母畜全身状况检查、产道检查、胎儿检查以及术后检查等五个方面。

（一）病史调查

调查的目的是尽可能详细地了解病畜的情况，以便大致预测难产的种类与程度。主要内容包括以下一些方面：

1. 预产期　实际临产日期和预产期的差距与胎儿发育的个体大小有关，因此应根据有效配种日期准确了解难产母畜的预产期。如妊娠母畜未到预产期，则可能是早产或流产，这时胎儿一般较小，有利于从产道拉出；但也因子宫颈的松软开张程度不够和胎儿的胎位、胎势的异常，可能给实施矫正术带来困难。如产期已超过预产期，胎儿可能较大，实施矫正术及牵引术的难度将会增大。

2. 年龄及胎次　母畜的年龄及胎次与骨盆发育程度有关。年龄较小或初产的母畜，常因骨盆发育不全，分娩过程较缓慢，胎儿不易排出，相对于成年母畜而言更易发生难产。

3. 分娩过程　通过对母畜分娩过程的详细了解可以获得分析难产的基础信息。了解的内容包括母畜开始出现不安和努责的时间，努责的强弱，胎膜及胎儿是否已经外露、胎水是否已经排出，胎儿外露的情况以及已排出胎儿的数量等。

当产程尚未超过正常的胎儿产出期，且胎膜未外露、胎水未排出、母畜努责不强时，分娩可能并未发生异常，仍处于开口期；或因努责无力，子宫颈开张不全，胎儿进入产道缓慢。如果母畜努责强烈，胎膜已经破裂并流出胎水，而胎儿长时间未排出，则可能发生了难产。

对大动物而言，通过询问胎儿外露的情况，可以大致了解胎儿的胎向、胎位及胎势是否异常。仅露出一侧或两侧前肢蹄部而不见胎儿唇部，或唇部已经露出而不见两前肢蹄尖时，表明发生了正生的胎势异常；如外露一后蹄，则表示已发生倒生时的胎势异常。在牛和羊，如果阵缩及努责不太强烈，胎盘血液循环未发生障碍，短时间内胎儿尚有存活的可能。但马和驴正常的产程很短，而且尿膜绒毛膜很容易与子宫内膜脱离，胎儿排出期一旦延长，胎儿一般在强烈努责 30min 后发生死亡。

在多胎动物，如果部分胎儿排出后母畜仍有强烈努责，但超出正常产出间隔期仍未见下一个胎儿排出，则可能发生部分胎儿难产，并可能导致胎儿死亡。

4. 既往繁殖史 以前是否患过产科疾病或其他繁殖疾病；此外，公畜的品种、体格大小对胎儿的体格大小具有遗传影响。当小型品种母畜与大型品种公畜，或小型体格母畜与大型体格公畜配种繁殖时，其后代体格相对较大，易发生难产。

5. 饲养管理与既往病史 怀孕期间饲养管理不当或过去发生的某些疾病，也可能导致分娩时母畜的产力不足或产道狭窄。如较长时期的腹泻性疾病、营养原因导致的体弱或肥胖、运动不足、胎水过多、腹部的外伤等，可不同程度地降低子宫或腹肌的收缩能力；既往发生的阴道脓肿、阴门及子宫颈创伤可使软产道产生瘢痕组织，降低软产道的开张能力；有骨盆骨折病史的难产病例则可能出现硬产道狭窄，造成胎儿排出困难。

6. 就诊前的医疗救助情况 难产病例如果在就诊前已接受过难产的医疗救助，应详细询问前期的诊断结论、救治中所使用的药物与剂量、采用的助产方法及胎儿的存活情况等，以便从中为进一步做出正确诊断、制定助产方案和评价预后获取有价值的信息。

在实际中，前期对难产病例处理不当的情形时有发生，主要见于在尚未做出难产类型正确诊断之前，盲目地强力实施牵引术或大剂量使用子宫收缩药物。助产方法不当，可能造成胎儿死亡，或加剧胎势异常程度，导致软产道严重水肿、损伤甚至子宫破裂，给后期的手术助产增加难度。如助产过程不注意消毒，则容易使子宫及软产道遭受感染，也会增大以后继发生殖器官疾病的可能性。

（二）母畜的全身检查

母畜全身检查主要包括母体全身状况的一般检查和骨盆韧带及阴户等的检查。

1. 一般检查 检查内容包括母畜的体温、呼吸、脉搏、可视黏膜、精神状态以及能否站立。母畜发生难产后因高度惊恐、疼痛和持续的强烈努责，机体处于高度应激状态，体力大量消耗，体质明显下降，严重时甚至可以危及生命。因此，救治难产病畜时应首先对母畜全身状况进行全面检查，并根据检查结果评价母畜的体质状况及病况危重程度，确定对母畜应采取的相应医疗措施。当难产母畜处于高度虚弱或出现生命危症时，母体将出现体温偏低、呼吸短促、脉搏细弱、精神沉郁或知觉迟钝、站立不稳等症状；如果因难产造成子宫或产道损伤而发生大量出血时，母畜的可视黏膜将变得苍白。

视诊检查犬、猫等小动物腹部充盈程度和触诊腹部，可以大致确认子宫中是否仍有胎儿。

2. 骨盆韧带及阴户的检查 触诊检查骨盆韧带和阴户的松软变化程度，或向上提举尾根观察其活动程度如何，以便评估骨盆腔及阴门能否充分扩张。

（三）产道检查

产道检查主要用于判定阴道的松软及润滑程度，子宫颈的松软及开张程度，骨盆腔的大小及软产道有无异常等。

检查时术者需将手臂或手指伸入产道，如果触摸阴道壁表面感到干涩或有粗糙处，说明产道湿滑程度不够，粗糙处可能有损伤。当触摸到子宫颈时，如果子宫颈已经完全松软或开张，术者可以在仅有胎囊挤入产道的情况下很容易地将手伸入到子宫颈内，或者在胎儿大小正常且宽大部位已进入产道的情况下仍能将手掌较容易地挤入胎儿与子宫颈之间；反之则可能发生子宫颈松软或开张不全，致使子宫颈狭窄而阻碍胎儿的通过。如果因子宫捻转导致软产道狭窄或捻闭，检查中可以在阴道或子宫颈的相应部位触摸到捻转形成的皱褶。若检查时子宫颈尚未开张，充满黏稠的黏液，则胎儿产出期可能尚未开始。如果在骨盆腔的检查中发现其形状异常、畸形或大的肿瘤时，则可能发生骨盆腔狭窄。

当阴道分泌物中混有血液时，表明软产道可能发生了损伤；如果分泌物有恶臭气味或含有腐败组织块，则说明难产发生的时间已久，子宫内已发生感染。此外，如果发现阴门处有部分胎膜外露，应观察胎膜的新鲜程度和变化。如果难产的持续时间过久，软产道黏膜往往发生严重水肿而使得软产道变得狭窄，甚至给产道检查造成很大困难。如果产道液体混浊恶臭，含有脱落的胎毛，则可能胎儿发生气肿或腐败。如果阴道有分泌物排出，需检查其颜色和气味。

（四）胎儿检查

胎儿检查主要用于确定胎儿的胎向、胎位、胎势以及胎儿的死活、体格大小以及进入产道的深浅等。如果胎膜尚未破裂，触诊时应隔着胎膜进行，避免胎膜破裂，以免胎水过早流失，影响子宫颈的扩张及胎儿的排出；如果胎膜已经破裂，可将手伸入胎膜内直接触诊。

1. 胎向、胎位及胎势的检查　可以通过产道内触摸胎儿身体的头、颈、胸、腹、背、臀、尾及前肢和后肢的解剖特征部位，判断胎儿的方向、位置及姿势有无异常。

检查时，首先要观察露出到阴门外的胎儿前置部分。如果有前肢和唇部或后肢已经露出到阴门外，表明胎向正常，为纵向的正生或倒生。如果两前腿已经露出很长而不见唇部，或者唇部已经露出而看不到一或两侧前腿，或者只见尾巴而不见一或两后腿，均为胎势异常；这时需将手伸入产道，进一步确定胎儿姿势异常的部位及程度。如果在产道内发现胎儿的腿，应仔细判断是前腿还是后腿；若为两条腿，则应判断是同一个胎儿的前后腿、双胎还是畸形。判定前腿与后腿时，可以根据腕关节和跗关节的形状和可屈曲的方向以及蹄心的方向进行区别。

2. 胎儿大小的检查　胎儿大小的检查通常可以根据胎儿进入母体产道的深浅程度，通过触摸胎儿肢体的粗细和检查胎儿与母体产道的相适宜情况来综合判断。四肢粗壮的胎儿通常体格较大，其身体宽大部位进入产道相对困难，胎儿头部或臀部的宽大部分一般难于进入子宫颈。如果产道因胎儿楔入而出现处于极度扩张状态，则胎儿可能体格太大，与产道不相适应，不宜简单地采用牵引术助产。

3. 胎儿生死状态的检查　实施难产救助之前，需对胎儿的生死状态做出正确的判断。错误的判断可能导致救助方法选择不当而造成胎儿或母体的伤害。若胎儿死亡，在保全产道不受损伤的情况下，对胎儿可采用各种措施；若胎儿还活着，则应首先考虑挽救母子双方，其次是要挽救母畜。

如果正生，可将手指塞入胎儿口内，检查有无吸吮反应；牵拉舌头，注意有无回缩反应；压迫眼球，注意眼球有无转动。此外，在可以触摸到颈部及胸部时，应注意感觉有无心脏及血管的搏动。胎儿为倒生时，则可将手指伸入肛门，感觉是否有收缩反应，也可触诊脐动脉是否有搏动。有反应的胎儿可以判断为存活，但对没有反应的胎儿不能简单地做出死亡的判定，需再次仔细检查和核实后做出判定。

一般来说，触诊时胎儿的反应强度与其活力有关。活力旺盛的胎儿可以对触诊的刺激快速做出明显的反应。活力不强或濒死的胎儿对触诊的反应微弱，甚至无反应，但受到锐利器械刺激引起剧痛时则可能出现程度不同的反射活动。胎儿对任何刺激做出某种微弱反应都表明胎儿是存活的，因此需仔细检查判定。

此外，在检查中发现胎毛大量脱落，皮下发生气肿，触诊皮肤有捻发音，胎衣和胎水的颜色污秽，有腐败气味，说明胎儿死亡已久，可做出胎儿死亡的诊断。

（五）术后检查

助产手术后，应对母畜的全身状况和生殖道进行系统检查，及时发现异常并采取相应的处理措施。通过术后检查，母畜因难产或助产过程中所受到的损伤可以得到及时诊断和治疗，有利于母畜早日恢复健康。

1. 母畜的全身状况的检查　术后应对母畜体温、呼吸、心跳和可视黏膜等情况进行仔细检查，诊断有无全身感染、出血和休克等并发症，如果出现疾病状况则应立即治疗。此外，须检查母畜能否站立，如果母畜站立困难，则应查找原因，检查是否有坐骨神经麻痹、关节错位或脊椎损伤，是否有低血钙等，并及时采取治疗措施。还应检查乳房有无病理变化、乳头有无损伤，对异常情况及时进行治疗处理。

2. 生殖道检查　当难产胎儿经产道助产成功排出后，须仔细检查和确认术后子宫内是否还有其他胎儿滞留，子宫和软产道是否受到损伤，以及子宫有无内翻情况的发生等。若子宫内还有其他胎儿滞留，可通过产道触诊胎儿确认，或者经腹壁外部触诊以及 X 光检查（犬、猫等）确认。检查术后子宫及产道损伤情况时，应注意黏膜水肿和损伤情况、子宫及产道的出血和穿孔等。子宫体和子宫颈因靠近耻骨前缘部位，在强力的挤压下易发生挫伤甚至穿孔；强行牵引体格大的胎儿时，阴道壁也可能因过度扩张而破裂，使周围脂肪发生脱出。此外，如果发现有子宫内翻的情况，应马上进行整复，将子宫内翻的部分推回原位。

第二节　助产手术

救治难产时，可供选择的助产手术很多，但大致可以分为两类：用于胎儿的手术和用于母体的手术。用于胎儿的手术主要有牵引术、矫正术和截胎术，用于母体的手术主要有剖腹产术、外阴切开术、子宫切除术、骨盆联合切开术和子宫捻转时的整复手术。用于母体子宫捻转时的整复手术将在产道性难产一节中介绍。由于子宫切除术和骨盆联合切开术在动物上作为助产的手术费用高，护理麻烦，使用甚少，所以不做介绍。

一、牵 引 术

牵引术（traction，forced extraction）又称拉出术，指用外力将胎儿拉出母体产道的助产手术，是救治难产最常用的助产手术。

（一）适应症

主要适用于子宫迟缓，轻度的胎儿与母体产道大小不适应，经矫正术或截胎术后拉出胎儿等。

（二）基本方法

牵引术可以徒手操作，也可以使用产科器械。徒手操作时，可以牵拉胎儿的四肢和头部。正生时，术者可把拇指从口角伸入口腔握住下颌或用手指掐住胎儿眼窝（图7-1），牵拉头部；在马和羊，还可将中、食二指弯起来夹在下颌骨体后，用力牵拉胎儿头部。

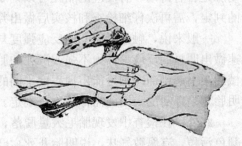

图7-1　徒手牵拉头部
（引自 Diseases of cattle，1942）

在猪，正生时可用中指及拇指捏住两侧上犬齿，并用食指按拉住鼻梁牵拉胎儿（图7-2），或者掐住两眼窝牵拉。倒生时，可将中指放在两胫部之间握住两后腿跖部牵拉（图7-3）。

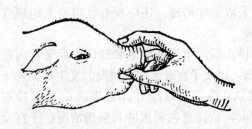

图7-2　掐住两侧上犬齿拉小猪
（引自甘肃农业大学,兽医产科学,第二版,1988）

图7-3　用手握住倒生小猪后脚的方法
（引自甘肃农业大学,兽医产科学,第二版,1988）

可用于牵引术的产科器械主要有产科绳、产科链、产科套、产科钩和产科钳等。牵拉四肢可用产科绳、产科链，将绳或链拴在系关节之上，为防止绳子下滑到蹄部造成系部关节损伤，可在系关节之下将绳或链打半结（图7-4）。用产科绳、产科链、产科套牵拉头部时，可将绳、链套在耳后，绳结移至口中，避免绳子滑脱或绳套紧压胎儿的脊髓和血

图7-4　四肢拴绳方法
（引自 Mohamed S H）

管，引起死亡。牵拉已死亡胎儿时，可将产科链套在脖子上，也可用产科钩钩住胎儿下颌骨体或眼窝、鼻后孔、硬腭等部位牵拉。使用产科钩时，应将产科钩牢固地挂钩在相应部位，或将钩子伸入胎儿口内并将钩尖向上转钩住硬腭，均衡使力缓慢牵拉，以防产科钩滑落创伤

子宫及母体。

实施牵引术时，可采用两点牵引法或三点牵引法。两点牵引法即牵拉两前腿或两后腿，两条腿交替牵拉以缩小肩宽/臀宽，使胎儿宽大部位容易通过骨盆腔。在胎儿头部通过产道时应采用三点牵引法（图7-5），即牵引两前肢和头部，伴随着两条腿的交替牵拉，同时牵引头部。

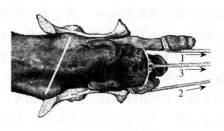

图 7-5　三点牵引法
（引自 Mohamed S H）

由于各种家畜骨盆特点不同，牵引胎儿时应沿骨盆轴的走向牵拉。当胎儿尚在子宫时，应向上（母体背侧）、向后牵拉，使胎儿的前置部分越过骨盆入口前缘进入产道，然后向后牵拉；当胎儿肢端和头部接近阴门时，应向后和稍向上方向牵引；胎儿胸部通过阴门后改为向下后方牵拉至胎儿产出。牵拉过程中，可左、右方向轻度旋转胎儿，使其肩部或臀部从骨盆宽大处通过。牵拉中应配合母体的子宫阵缩和努责均衡使力，尽可能与母畜的产力同步。努责时，助手可推压母畜腹部，以增加努责的力量。

（三）注意事项

为保证母体不受损伤并顺利牵拉出胎儿，在实施牵引术中应注意下列事项。

（1）胎儿的胎向、胎位及胎势无异常，无胎儿绝对过大情形，产道无严重异常。

（2）牵拉的力量应均匀，用力适当，与母畜的努责相配合，不可强行猛力牵拉。

（3）产道必须充分润滑，产道干燥时必须灌入大量润滑剂。

（4）如果牵拉难以奏效，应马上停止，仔细检查产道及胎儿，以确定其原因。

（5）下列情况下慎用牵引术：母畜坐骨神经麻痹，产道有严重损伤或狭窄，母畜子宫强力收缩而紧包胎儿，子宫颈管狭窄或开张不全，胎位、胎向和胎势存在严重异常。

二、矫　正　术

矫正术（mutation）是指通过推、拉、翻转的方法对异常胎向、胎位及胎势进行矫正的助产手术。胎儿由于姿势、位置及方向异常而无法排出时，必须先加以矫正。

（一）适应症

正常分娩时，单胎动物的胎儿呈纵向（正生或倒生）、上位，头、颈及四肢伸直，与此不同的各种异常情况均可用矫正术进行矫正。

（二）基本方法

矫正术是通过推、拉、旋转和翻转等操作实现对胎儿胎向、胎位及胎势异常的矫正。施术中使用的主要产科器械有：产科柽、推拉柽、扭正柽和产科绳（链）及产科钩等。矫正时母畜宜保持前低后高的站立姿势或侧卧并四肢伸展姿势，以免腹腔脏器挤压胎儿影响操作。

1. 推拉　推（repulsion）就是用产科柽或者术者的手臂将胎儿或其一部分从产道中向前推动；拉（traction）是将姿势异常的头和四肢矫正成正常状态后通过术者手臂和牵拉的产科器具拉出。矫正术中，推和拉是矫正胎儿胎向、胎位及胎势异常最常用的方法，配合进行推和拉为有效矫正的关键。通常需要将胎儿从产道推回子宫，以便有足够空间将阻碍胎儿通过的肢体屈曲部位牵引为正常姿势，或将异常胎位、胎向矫正为正常的胎位和胎向。在推的操作中，术者可通过手臂或产科梃等推的器械均衡用力推动胎儿。正生时，术者可依据矫正的需要，将手或梃放在胎儿的肩与胸之间或前胸处推动胎儿；倒生时，可将手或梃置于胎儿坐骨弓上方的会阴区推移胎儿。使用产科梃时术者应用手护住梃的前端，防止滑落损伤子宫。

2. 旋转（version） 是以胎儿纵轴为轴心将胎儿从下位或侧位旋转为上位的操作，主要用于异常胎位的矫正。胎儿为下位时，可采用交叉牵拉或直接旋转的方式进行矫正。交叉牵拉时，首先在两前肢球关节上端（正生）或后肢跗趾关节上端（倒生）分别拴上绳（链），将胎儿躯干推回子宫，然后由两名助手交叉牵引绳（链）。在牵引之前，先决定旋转胎儿的方向，如果向母体骨盆右侧旋转胎儿，则应将位于母体骨盆左侧的胎儿腿向右、上、后的方向牵拉，并同时将胎儿另一条腿沿左、下、后的方向牵引。在交叉牵引过程中，胎儿可逐渐由下位矫正为上位或轻度侧位转。如果胎儿为纵向正生的下位，应在交叉牵引的过程中同时以相应方向旋转胎儿头颈部，以利于胎位的矫正。采用同样的方法也可以对胎儿的侧位进行有效矫正。

以直接旋转胎儿方式进行胎儿下位或侧位的矫正时，可在前置的两前肢或后肢上捆绑扭正梃（图 7-6），或在两腿之间固定一短木棒（图 7-7），然后向一个方向旋转进行矫正。矫正羊和猪胎位时术者可用手扭转胎儿；犬和猫胎位的矫正可产科钳夹住胎儿进行旋转矫正。

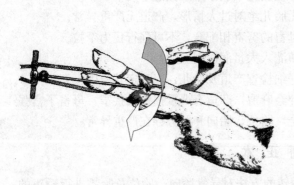

图 7-6　应用扭正梃旋转胎儿
（引自 Mohamed S H）

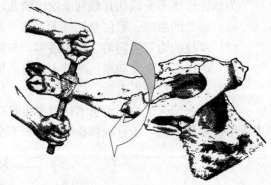

图 7-7　应用木棒旋转胎儿
（引自 Mohamed S H）

3. 翻转（rotation） 是以胎儿横轴为轴心进行的旋转操作，可将横向或竖向异常胎向矫正为纵向。胎儿横向时，一般有胎儿躯体的一端（前躯或后躯）邻近骨盆入口，另一端稍远离骨盆入口。矫正时可将胎儿远离骨盆入口一端往前推入子宫深处，同时把邻近骨盆入口一端拉向产道，使胎儿在牵拉过程中绕其横轴旋转约 90°，由横向转为纵向。如横向胎儿身体的两端与骨盆入口的距离大致相等，则应选择推移前躯和牵拉后躯的方式，将胎儿矫正为倒生纵向（图 7-8），不再需要矫正胎儿头颈即可比较容易地拉出胎儿。

图 7-8　背横向胎儿的矫正
（引自 Mohamed S H）

胎儿的竖向一般为腹竖向头部向上的类型。矫正时尽可能先把后蹄推回子宫，然后牵拉胎儿头和前肢；或者在胎儿体格较小的情况下先牵拉后肢，同时将前躯推入子宫深处，然后以交叉牵引的方式将胎儿矫正为上位拉出。如果胎儿为背竖向时，可围绕着胎儿的横轴转动胎儿，将其臀部拉向骨盆入口，变为坐生，然后再矫正后腿拉出。

（三）常见胎儿姿势异常的矫正

在临床中，因胎儿头颈侧弯、前肢或后肢姿势异常导致难产的病例较为多见，一般可通过矫正术达到助产目的。

1. 头颈侧弯的矫正　头颈侧弯是常见的一种难产类型，助产中通常首先选用矫正术。

矫正时可先将产科梃顶在头颈侧弯对侧的胸壁与前腿肩端之间，向前并向对侧推动胎儿，使骨盆入口之前腾出空间，然后把头颈拉入产道。如果术者能握住胎儿的唇部，可将肘部支在母体骨盆上，先用力向对侧推压胎头，然后把唇部拉入盆腔入口（图7-9）。如果头颈弯曲程度大，用手扳拉胎儿头部有困难时，可以用单滑结缚住胎头，再将颈上的两段绳子之一越过耳朵，滑至颜面部或口腔，出助手牵拉绳子，术者握住唇部向对侧推压，将头拉入盆腔。此外，也可用绳系住下颌牵拉。在矫正过程中，推动胎儿和扳正胎头的操作应相互配合。

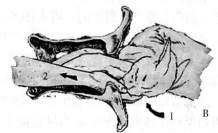

图7-9　头颈侧弯的矫正
A. 握住胎儿的唇部　B. 向对侧推压胎头，把唇部拉入盆腔
（引自 Diseases of cattle，1942）

2. 前腿姿势异常的矫正　前腿姿势异常以腕关节屈曲、肩关节屈曲和肘关节屈曲较为多见，一般采用矫正术进行助产。

（1）腕关节屈曲的矫正：首先助手将产科梃顶在胎儿胸壁与异常前腿肩端之间向前推动胎儿，术者用手钩住蹄尖或握住系部尽量向上抬，或者握住掌部上端向前向上推，使骨盆入口之前腾出矫正空间（图7-10）；然后向后向外侧拉，使蹄子呈弓形越过骨盆前缘伸入骨盆腔。如果屈曲较为严重，也可将绳子拴住异常前腿的系部，术者用单手握住掌部上端向前向上推，即可在助手牵拉系绳的配合下将前腿拉入产道。

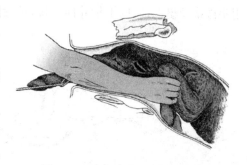

图7-10　胎儿腕关节屈曲的矫正
（引自 Peter G G Jackson，Handbook of veterinary obstetrics, 2nd ed，2004）

（2）肩关节屈曲的矫正：矫正可分两步进行。如果胎头进入骨盆不深，首先将产科梃或

推拉梃抵在对侧胸壁与肩端之间，在助手向前并向对侧推的同时，术者用手握住异常前腿的前臂下端向后拉，使肩部前置变成腕部前置，然后按腕部前置的矫正方法继续进行矫正并拉出胎儿（图 7-11）。

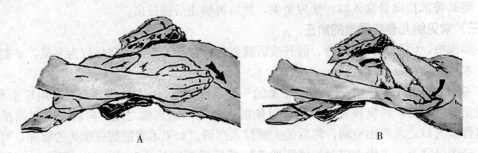

图 7-11　肩关节屈曲的矫正
A. 徒手矫正第一步　B. 徒手矫正第二步
（引自 Diseases of cattle，1942）

（3）肘关节屈曲的矫正：因肘关节屈曲的难产多见于牛，其他家畜如果不是两侧性异常，一般不导致难产。当肘关节呈屈曲姿势时，肩关节也随之发生屈曲，从而使得胎儿的胸部体积增大而引起难产。矫正时，可先用绳拴住异常前腿系关节的上端，在术者用手向前推动异常前腿肩部的同时，助手向后牵拉前肢即可完成矫正；或者助手用产科梃推动异常前腿的肩部，术者用手或绳子牵拉异常前腿的蹄部，将肘关节拉直。

3. 后腿姿势异常的矫正　它包括跗关节屈曲和髋关节屈曲的矫正。

（1）跗关节屈曲的矫正：当跗关节屈曲时，助手可将产科梃抵在尾根和坐骨弓之间向前推，术者用手钩住蹄尖或握住系部尽量向上抬举，或者握住跗部上端向前、向上并向外侧推，然后把蹄子拉入骨盆腔，将后腿拉直；或者用绳子拴住异常后腿的系部，术者用一只手握住跗部上端向前、向上推，与此同时助手牵拉系绳，即可将后腿拉入骨盆腔。

（2）髋关节屈曲的矫正：矫正分两步进行。首先助手将产科梃顶在尾根和坐骨弓之间，术者用手握住胫骨下端或将推拉梃固定在胫部下端；然后在助手向前用力推动胎儿的同时，术者用手或推拉梃向前、向上抬并向后拉，把后腿拉成跗部前置，然后再继续矫正拉直（图7-12）。

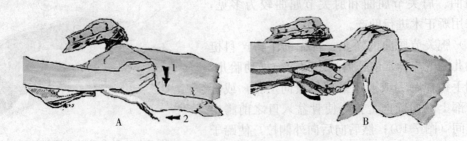

图 7-12　髋关节屈曲的矫正
A. 徒手矫正第一步　B. 徒手矫正第二步
（引自 Diseases of cattle，1942）

（四）注意事项

为了保证矫正术的顺利进行和避免对母体及胎儿的损伤，施术过程应注意下列事项：

（1）使用产科钩、梃等尖锐、硬质器具时，术者应注意防护器具对母体及胎儿的损伤。

（2）为了避免母畜努责和产道及子宫干涩对操作的妨碍，可适度对母体进行硬膜外麻醉或肌肉注射二甲苯胺噻唑，以及在子宫内灌入大量润滑剂，以利于推、拉及转动胎儿，保证助产术顺利实施。

（3）难产时间久的病例，因子宫壁变脆而容易破裂，进行推、拉操作时需特别小心。

（4）如果矫正难度很大，应果断采取其他助产措施，如剖腹产术，或对死亡胎儿采用截胎术。

三、截 胎 术

截胎术（fetotomy）是通过产道对子宫内胎儿进行切割或肢解的一种助产术。采用该助产术可将死亡胎儿肢解后分别取出，或者把胎儿的体积缩小后拉出。在处理胎向、胎位和胎势严重异常且胎儿已死亡的难产病例中，该助产术常为首选的方法，一般可获得良好效果。

（一）适应症

主要适应于胎儿死亡且矫正术无效的难产病例，包括胎儿过大以及胎向、胎位和胎势严重异常等。若胎儿活着、母畜体况尚可，建议做剖腹产。

（二）基本方法

截胎的主要目的是缩小胎儿的体积以便将其从产道中拉出，通常是使用截胎的产科器械，如指刀、隐刃刀、产科钩刀、剥皮铲、产科凿、线锯和胎儿绞断器等，对胎儿进行肢解。施行截胎术时，可以截取胎儿的任何部分，也可以在任何正常或异常的胎向、胎位及胎势时进行。截胎采用的手术有两种：皮下法或开放法。

1. 皮下法（subtaneous fetotomy）　亦称覆盖法，是在截断胎儿骨质部分之前首先剥开皮肤，截断后皮肤连在胎体上，覆盖骨质断端，避免损伤母体，同时还可以用来拉出胎儿。

2. 开放法（percutaneous fetotomy）　亦称经皮法，是由皮肤直接把胎儿某一部分截掉，不留皮肤，断端为开放状态。在临床中，开放法因操作简便，应用较为普遍，因此如果有线锯、绞断器等截胎器械，宜采用此法。

（三）常见胎儿异常的截胎术

1. 皮下法的皮肤剥离方法　适应于皮下截胎术。施术前先用绳、钩等牵拉方法固定胎儿，然后用刀根据截断部位需要纵向或横向切开皮肤及皮下软组织，剥离切口周围一部分软组织后，将剥皮铲置于皮下，在助手的协助下利用其扩大剥离范围，以利于皮下对胎儿进行肢解。在使用剥皮铲的过程中，术者须用一只手隔着皮肤保护铲端，实时检查和引导剥皮铲的操作，防止操作失误损伤母体。

2. 头部缩小术（craniotomy）　适用于脑腔积水、头部过大及其他颅腔异常引起的难产。当胎儿因颅部增大，胎儿头部不能通过盆腔时，可用刀在头顶中线上切一纵向切口，剥开皮肤，然后用产科凿破坏头盖骨部，使它塌陷。如果头盖骨很薄，没有完全骨化，则可通过刀切的方法破坏颅腔，排出积水，使头盖骨塌陷。如果线锯条能够套住头顶突出部分的基部，也可把它锯掉取出，然后用大块纱布保护好断面上的骨质部分，把胎儿取出。

3. 头骨截除术（craniectomy）　适用于胎头过大。施术时，首先尽可能在耳后皮肤作一横向切口，把线锯条放在切口内，然后将锯管的前端伸入胎儿口中，把胎头锯为上下两半，先将上半部取出，再护住断面把胎儿拉出。

4. 下颌骨截断术（amputation of the mandible） 适用于胎头过大。施术时先用钩子将下颌骨体拉紧固定住，将产科凿置于一侧上下臼齿之间，敲击凿柄，分别把两侧下颌骨支的垂直部凿断；然后将产科凿放在两中央门齿间，将颌骨体凿断，用刀沿上臼齿咀嚼面将皮肤、嚼肌及颊肌由后向前切断。此后，当牵拉胎头通过产道受到挤压时，两侧下颌骨支叠在一起，可使头部变小。

5. 头部截除术（decapitation） 适用于胎头已伸至阴门处、矫正困难的难产，如肩部前置或枕部前置。施术时，用绳拴系下颌骨或用眼钩钩住眼眶，拉紧固定胎头，用刀经枕寰关节把头截除，然后用产科钩钩住颈部断端拉出胎儿，或推回矫正前肢异常后拉出胎儿。

6. 头颈部截除术（amputation of the head and neck） 适用于矫正无效的胎儿头颈姿势严重异常（头颈侧弯、下弯、上仰等）。主要利用线锯或绞断器截除胎儿的头颈部。施术前先用绳导把锯条或钢绞绳绕过胎儿颈部，将锯管或绞管的前端抵在颈的基部，将颈部截断，然后把胎头向前推，先拉出胎儿躯干，再拉出胎儿头颈的部分，或用产科钩钩住颈部断端先拉出头颈部，再拉出胎体（图7-13）。

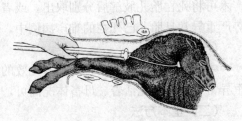

图 7-13 头颈部截胎术
（引自 Peter G G Jackson，Handbook of veterinary obstetrics，2nd ed，2004）

7. 前肢截除术（amputation of the forelimbs） 它包括肩部和腕部的截除，适用于胎儿前肢姿势严重异常（如肩部前置、腕部前置），或矫正头颈侧弯等异常胎势时需截除正常前置前腿等情形。施术时用刀沿一侧肩胛骨背缘切透皮肤、肌肉及软骨，用绳导把锯条绕过前肢和躯干之间，将锯条放在此切口内，锯管前端抵在肩关节与躯干之间，从肩部锯下前肢，然后分别拉出躯干和截除的前肢腿；或采用截胎器截除前肢，即把钢绞绳绕过一侧肩部，将钢管前端抵在肩关节和躯干之间，直接从肩部绞断前肢（图7-14）。

图 7-14 前肢截除术
（引自 Peter G G Jackson，Handbook of veterinary obstetrics，2nd ed，2004）

对矫正头颈侧弯需要截除正常前置前肢的情况，可把锯条或钢绞绳从蹄端套入，随锯管或绞管前端向前推至前腿基部，截除之后拉出前肢，然后矫正头颈的异常，拉出胎儿。进行腕关节截除术时，可将线锯条或钢绞绳从蹄尖套到腕部，锯管或绞管前端放在其屈曲面上，然后截断腕关节。

8. 后肢截除术（amputation of the posterior limbs） 包括坐骨前置时的后腿截除术、正常前置后腿的截除术和跗关节的截除术。它适用于倒生时后肢姿势异常及骨盆围过大等。

坐骨前置时的后腿截除术适用于倒生时胎儿坐骨前置。施术时，用绳导引导锯条或钢绞绳绕过后腿与躯干之间，将锯管或绞管前端抵于尾根和对侧坐骨粗隆之间，上部锯条或钢绞绳绕至尾根对侧，截除后腿，然后先拉出后腿，再将躯体拉出。在拉出胎儿时术者应注意保护骨质断端，避免对母体的损伤。

后腿正常前置时的截除术适用于胎儿骨盆围过大导致的难产。手术方法与坐骨前置时的后腿截除术相同，但锯条或钢绞绳可从蹄尖套入一后肢，随锯管或钢绞绳管向前推移至后腿与躯干之间，锯管或钢绞绳管前端抵于尾根和对侧坐骨粗隆之间，截除后腿（图 7-15）。

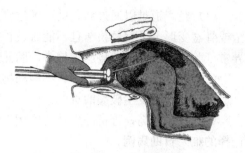

图 7-15　后肢截除术
（引自 Peter G G Jackson，Handbook of veterinary obstetrics，2nd ed，2004）

跗关节截除术适用于跗部前置（跗关节屈曲）的难产。手术方法与腕部前置基本相同。施术时，先用绳导把线锯或钢绞绳绕过跗部，锯管或绞管前端放在跗部下面进行截断。截断的部分应在跗骨之下，以便拉动胎儿时可将绳子拴在胫骨下端而不易滑脱。

9. 胸部缩小术（destruction of the thorax）　它适用于胎儿胸部体积过大而不能通过母体骨盆腔造成的难产。胸部缩小术包括内脏摘除术和肋骨破坏术等。以下以肋骨破坏术为例简要介绍胸部缩小手术。

正生时，可在肩胛下的胸壁上作一皮肤切口，将剥皮铲伸至皮下剥出一条管道，把产科钩刀从皮下管道伸至最后一个肋骨后方，钩住最后一条肋骨，然后用产科桯牢牢顶住胎儿，用力拉钩刀将肋骨逐条拉断，胸壁即塌陷缩小。胎儿倒生时，先截除一侧或两侧后腿，从腹腔开口处先拉出腹腔脏器，再拉出胸腔脏器。如需要破坏肋骨弓，可用产科钩刀从第一根肋骨处开始，拉断肋骨弓。

10. 截半术（bisection）　它是把胎儿从腰部截为两半，然后用产科钩分别拉出截断的前躯和后躯部分。该手术适用于胎向异常（胎儿横向或竖向）且矫正困难的情况。施术时将线锯或钢绞绳套在胎儿腰部，然后截为两半。在实践中，除个体小的胎儿外，一般很难把锯条或钢绞绳穿绕在胎儿腰部。若实施截半术时遇到很大困难，应及时改用其他方法。

（四）注意事项

截胎术是重要的助产手术，常见的胎儿反常都可以用截胎术顺利解决。为了使手术获得良好的效果，应注意下列事项：

（1）严格掌握截胎术适应症。建议在确定胎儿死亡后方行截胎术。

（2）尽可能站立保定。如果母畜不能站立，应将母畜后躯垫高。

（3）产道中灌入大量的润滑剂。

（4）应在子宫松弛、无努责时施行截胎术。随时防止损伤子宫及阴道，注意消毒。

（5）残留的骨质断端尽可能短，在拉出胎儿时其断端用皮肤、纱布块或手等覆盖。

四、剖腹产术

剖腹产术（cesarean section，cesarotomy）是一种通过切开母体腹壁及子宫取出胎儿的难产助产手术。在临床上适用于那些难以通过实施胎儿助产术达到救治效果的难产病例，是难产助产的一种重要方法。剖腹产术如果实施得当，不但可以挽救母子生命，而且还可能使母畜以后仍保持正常的繁殖能力。

（一）适应症

剖腹产适用于以下几个方面：

（1）经产道难以通过胎儿助产术达到助产目的的难产，包括产道严重狭窄（骨盆发育不全或骨盆变形、子宫颈狭窄且不能有效扩张、子宫捻转、阴道极度肿胀或狭窄）、胎儿严重异常（胎向、胎位或胎势严重异常、胎儿过大或水肿、胎儿畸形、胎儿严重气肿）等。

（2）猪、羊、犬、猫等中、小型动物的难产，且催产或助产无效。

（3）子宫已发生破裂的难产。

（4）妊娠期满，母畜因患其他疾病生命垂危，需剖腹抢救仔畜或以保全胎儿生命为首要选择的难产救助病例。

剖腹产术主要适用于救助活的胎儿以及难以经产道有效实施胎儿助产术的难产病例。如果难产时间已久，胎儿腐败以及母畜全身状况不佳时，施行剖腹产术需谨慎。

（二）基本方法

牛、羊、马的手术方法基本相同，犬和猫的基本相同，猪的稍有不同。现将牛、猪、犬和猫的方法介绍如下。

1. 牛的剖腹产术

（1）保定：根据选择的手术部位，可相应采用左侧卧或右侧卧保定。如果产畜体况良好，腹侧切开法也可采用站立保定。

（2）麻醉：在侧卧保定时采用硬膜外麻醉（2%盐酸普鲁卡因 5～10mL）与切口局部浸润麻醉相结合，或肌肉注射盐酸二甲苯胺噻唑配合切口局部浸润麻醉。站立保定时，采用腰旁神经干传导麻醉配合切口局部浸润麻醉。胎儿活的情况下应尽量少用全身麻醉及深麻醉。

（3）术部准备及消毒：剪剃被毛、清洁术部，用碘液消毒术部，铺盖并用巾钳固定手术巾。

（4）手术方法：手术过程依次包括切开腹腔、拉出子宫、切开子宫、取出胎儿、处理胎衣、缝合子宫和腹壁。

①腹下切开法：腹下切口部位有 5 处，即乳房基部前端的腹中线、腹中线与左乳静脉之间、腹中线与右乳静脉之间、乳房和左乳静脉的左侧 5～8cm 处、乳房和右乳静脉的右侧 5～8cm 处。

以腹中线与右乳静脉间的切口为例（图 7-16）。首先从乳房基部前缘向前切一个 25～35cm 的纵行切口，切透皮肤、腹黄筋膜和腹斜肌腱膜、腹直肌；用镊子夹住并提起腹横肌腱膜和腹膜，切一小口，然后将食指和中指伸入腹腔，引导手术剪扩大腹膜切口。切开腹膜后，术者一只手伸入腹腔，紧贴腹壁向下后方滑行，绕过大网膜后向腹腔深部触摸子宫及胎儿，隔着子宫壁握住胎儿

图 7-16　右腹下切开法的切口部位
（引自甘肃农业大学，兽医产科学，第二版，1988）

后肢（正生时）或前肢（倒生时）向切口牵拉，挤开小肠和大网膜，然后在子宫和切口之间垫塞大块纱布，以防切开子宫后子宫内液体流入腹腔。如果子宫发生捻转，应先在腹腔中矫正子宫，然后再将子宫向切口牵拉。

切开子宫时，切口不能选择在血管较为粗大的子宫侧面或小弯上，应在血管少的子宫角大弯处、避开子叶切开一个与腹壁切口等长的切口，切透子宫壁及胎膜，缓慢放出胎水；然

后取出胎儿，交给助手按常规方法断脐和清除口、鼻腔黏液，或对发生窒息的胎儿进行急救处理。在切开子宫和取出胎儿的过程中，助手应注意提拉子宫壁，防止子宫回入腹腔和子宫液体流入腹腔。胎儿取出后，剥离一部分子宫切口附近的胎膜，然后在子宫中放入 1～2g 四环素族抗生素或其他广谱抗生素或磺胺类药物，缝合子宫。缝合时，用圆针、丝线或肠线以连续缝合法先将子宫壁浆膜和肌肉层的切口缝合在一起，然后采用胃肠缝合法再进行一次内翻缝合。子宫缝合后，用温生理盐水清洁暴露的子宫表面，蘸干液体，涂布抗生素软膏，然后将子宫送放回腹腔并轻拉大网膜覆盖在子宫上。

腹壁的缝合可用皮肤针和粗丝线以锁边缝合法将腹膜、腹横肌腱膜、腹直肌、腹斜肌腱和腹黄筋膜切口一起缝合，然后以相同缝合法缝合皮肤切口并涂抹消毒防腐软膏。因下腹部切口承受腹腔脏器压力较大，腹壁的缝合必须确实可靠。在缝合关闭腹腔前，可向腹腔内投入抗生素，以防止腹腔感染。

②腹侧切开法：子宫破裂时，破口多靠近子宫角基部，此时宜施行腹侧切开法，以方便缝合，基本方法可参照腹下切开法。首先在切口部位切开皮肤 25～30cm，然后按肌纤维方向依次切开腹外斜肌、腹内斜肌，或者按皮肤切口方向切开腹外斜肌，按肌纤维方向依次切开腹内斜肌、腹横肌腱膜及腹膜。通过腹壁切口术者将手伸入腹腔，隔着子宫壁握住胎儿肢体细小部分向切口牵拉，暴露子宫，在子宫大弯部位切开子宫和胎膜，取出胎儿。切开子宫或胎膜前，如果子宫或胎囊内存有大量液体或胎水，应首先切一小口缓慢放出子宫内液体或胎水，然后再扩大切口，确保子宫内液体不流入腹腔。如果发生了子宫捻转，切开腹膜后，应仔细检查和确定捻转的方向，并进行矫正；如果矫正困难，在不影响手术实施的情况下，可在完成子宫手术后再行矫正。如果发生了子宫破裂，则应在取出胎儿后对破口进行修整和缝合，并用大量温生理盐水冲洗腹腔。

缝合子宫和腹壁时，首先以前述方法处理和缝合子宫，在对腹腔进行相应处理后，用连续缝合法缝合腹横肌腱膜和腹膜，再用结节缝合法缝合肌层，用结节缝合法或锁边缝合法缝合皮肤。

（5）术后护理：术后可注射催产素，以促进子宫收缩和止血；每天应检查伤口并连续注射抗生素 3～5 天以防止术后感染。如果伤口愈合良好，可在术后 7～10 天拆线。

2. 猪的剖腹产术

（1）麻醉：可选择腰旁神经干传导麻醉，配合切口局部浸润麻醉；或采用氯胺酮联合速眠新 2 号复合麻醉。

（2）手术部位：猪剖腹产术切口部位可选择腹侧（左侧或右侧）髋结节下角与脐孔的连线上（图 7-17），即从髋结节下方约 10cm 处（膝关节皮肤皱襞之前）向前向下作斜行切口 15～20cm。

（3）手术方法：依次切开皮肤、皮下脂肪及皮肌、腹外斜肌腱膜、腹内斜肌及其腱膜、腹横肌、腹膜外脂肪（切除部分切口周边的脂肪）、腹膜。

图 7-17　猪剖腹产腹壁切口位置
（引自甘肃农业大学，兽医产科学，第二版，1988）

打开腹腔后，术者手伸入腹腔检查两侧子宫角的胎儿数量。如果两侧子宫角有胎儿，可先将一侧子宫角及胎儿拉至腹腔外，选择子宫角基部大弯处切开子宫（10～15cm），分别取出胎儿并做断脐处理。当一侧子宫角的胎儿全部取出后，先将该子宫角的其他部分送回腹腔，子宫切口的部分仍保留在腹腔外；然后暴露另一侧子宫角，从该切口处分别取出胎儿。远离子宫切口的胎儿，术者可隔着子宫壁用手挤压将其推移至切口处取出。

为了手术操作的方便，如果仅一侧子宫角内有少量胎儿，则可选择胎儿附近的子宫角大弯处作切口；如果两侧子宫角胎儿较多，也可以分别在每侧子宫角各作一切口。取出全部胎儿之后，术者清除脱落及切口周围的胎衣，然后缝合、复位子宫和缝合腹壁，并在子宫和腹腔内相应作抗生素处理。

（4）术后护理：术后可注射催产素，以促进子宫收缩和止血，也注射抗生素 3～5 天以防止术后感染。

3. 犬和猫的剖腹产术

（1）麻醉：犬的剖腹产多用全身麻醉，可肌肉注射速眠新注射液（参考用量：每千克体重，杂种犬 0.08～0.10mL，纯种犬 0.04～0.08mL；手术结束后注射苏醒剂）。此外，也可采用麻醉机进行吸入麻醉。

猫的剖腹产可采用肌肉注射复方氯胺酮注射剂或隆朋联合氯胺酮进行全身麻醉；也可采用麻醉机进行吸入麻醉。

（2）手术部位：犬和猫的剖腹产手术部位可选择腹中线部位，亦可在腹侧壁距乳腺基部 2～3cm 处作水平切口。犬的切口长度 7～12cm，猫为 5～7cm。

（3）手术方法：犬和猫的剖腹产方法基本相同。首先分层切开腹壁及腹膜，然后术者用右手食指、中指伸入腹腔，将一侧子宫角引出切口之外，充分暴露子宫角基部，在子宫体的背部或一侧子宫角做一切口，通过同一切口中取出双侧胎儿，并通过挤压胎盘和牵拉脐带分离取出胎盘。缝合子宫、腹壁的方法与上述的手术方法相同。

（4）术后护理：术后应注意观察，防止子宫出血引起的休克，也可注射 10～20IU 的催产素。其他术后护理措施可按一般腹腔手术进行。

五、外阴切开术

外阴切开术（episiotomy）是救治难产时，为了避免会阴撕裂而采取的一种扩大阴道出口而利于胎头娩出的手术方法。救治难产时，如果发现胎儿头部已经露出阴门，牵引胎儿时会引起会阴撕裂，此时可施行外阴切开术。

（一）适应症

此手术主要适用于阴门明显阻止胎儿的排出，或明显妨碍进行矫正或牵引，胎儿过大或巨型胎儿，阴门发育不全或阴门损伤而扩张不全等情况时。

（二）基本方法

1. 麻醉　如果阴门被胎儿的身体撑的很紧，则动物对疼痛的反应性降低，手术前可不施行麻醉，而是把阴门切开将胎儿拉出后再进行麻醉，缝合切口。如果胎儿尚未露出，可用局部浸润麻醉。

2. 手术部位及方法　切口可选择在阴唇的背侧面，距背联合部 3～5cm 且拉得最紧的游离缘。切口应切透整个阴唇，长度一般 7cm 左右。

拉出胎儿后，马上清洗伤口，褥式缝合。缝线一次穿过阴唇黏膜外的所有组织。缝合一定要平整，以便尽可能减少纤维化和影响阴门的对称性，防止形成气腔。另外，如果胎儿已经发生气肿，则尽量不用此手术。

第三节 产力性难产

在兽医临床实践中，难产的类型可以分别依据产力、产道和胎儿异常的直接原因分为产力性难产、产道性难产和胎儿性难产，其中产力性难产和产道性难产亦可对应于胎儿性难产而合称为母体性难产（maternal dystocia）。此外，难产也可根据病因的原发性和继发性分为原发性难产和继发性难产，或根据难产的性质分为机械性难产和功能性难产。

产力性难产是指子宫肌、腹肌和膈肌收缩功能异常所引起的难产。在临床上主要表现为子宫迟缓和阵缩及努责过强两种类型。

一、子宫迟缓

子宫迟缓（uterine inertia）亦称子宫阵缩微弱，是指在分娩的开口期及胎儿排出期子宫肌层的收缩频率、持续期及强度不足，以至胎儿不能排出。主要见于牛、猪和羊，发病率随胎次和年龄的增长而升高。多胎动物的发病率较高。

（一）分类及病因

子宫弛缓可分为原发性和继发性子宫弛缓两种。原发性子宫迟缓（primary uterine inertia）指分娩一开始子宫肌层收缩力就不足；继发性子宫弛缓（secondary uterine inertia）指开始时子宫阵缩正常，以后由于排出胎儿受阻或子宫肌疲劳等导致的子宫收缩力变弱或弛缓。

原发性子宫弛缓的病因很多，但其发病率比继发性的低得多。妊娠末期，特别是在分娩前，孕畜体内激素平衡失调（如雌激素、前列腺素或催产素的分泌不足，或孕酮分泌过多），妊娠期间营养不良、体质弱、年老、肥胖、胎儿过大或胎水过多使子宫肌纤维过度伸张、子宫肌菲薄、子宫与周围脏器粘连、低血钙、流产等均可引起子宫弛缓。

继发性子宫弛缓通常是继发于难产，见于所有动物，尤其大动物多发。多胎动物可见于前几个胎儿难产的病例，起先子宫及腹壁的收缩是正常的，但由于长时间不能排出或不能排净胎儿，最终因过度疲劳，导致阵缩和努责减弱或完全停止。

（二）症状及诊断

原发性子宫弛缓时若母畜妊娠期满，部分分娩预兆已出现，但长久不能排出胎儿或无努责现象。低钙血症时产程延长，或努责微弱或无努责。在猪、山羊、犬、猫等，胎儿排出的间隔时间延长，努责无力或不努责。产道检查，胎儿的胎向、胎位及胎势均可能正常，子宫颈松软开放，但有时开张不全，可摸到子宫颈的痕迹。胎儿及胎膜囊尚未进入子宫颈及产道。如果时间较久，可致胎儿死亡。

继发性子宫弛缓，在此之前子宫有正常的收缩，母畜不时努责，但随后阵缩、努责减弱或停止。直肠检查，马、牛子宫紧缩、裹着胎儿。猪、山羊、犬常已排出一部分胎儿，易误认为是分娩结束。若动物产后1～2天内还有努责、阴门流出液体，可能是子宫内仍有胎儿或子宫内翻等。若胎儿死亡，易发生腐败分解、浸溶，或继发子宫炎或脓毒败血症。

（三）处理方法

可根据分娩持续时间的长短、子宫颈扩张的大小（牛）或松软程度（马、驴）、胎水是

否排出或胎囊是否破裂以及胎儿死活等来确定处理的方法

1. 药物催产　在猪、羊、犬等小动物常用药物催产，但大家畜多行牵引术。用药时母畜的子宫颈必须充分扩张，骨盆无狭窄或其他异常，胎向、胎位、胎势均无异常。否则，子宫剧烈收缩可能使其破裂。如果用药物催产后 20min 尚不能使胎儿排出，则必须及时进行手术助产。常用药物为催产素。麦角新碱可引起子宫强直性收缩，不常用。在应用催产素前 30min 可静脉滴注葡萄糖和钙剂。

2. 牵引术　若子宫颈尚未开放或不松软、胎囊未破、胎儿还活着，就不要急于牵引，可用手将下腹壁向上向后推压并按摩，以刺激子宫收缩。当胎水已经排出和胎儿死亡时，应立即矫正异常部位并施行牵引术，将胎儿拉出。对多胎动物，拉出头几个胎儿后，当手或器械触摸不到前部的胎儿时，宜等待片刻，待它们移至子宫角基部时再牵拉。

3. 截胎术或剖腹产术　对复杂的难产，如伴有胎位、胎势的异常，矫正后不易拉出或不易矫正的病例，宜采用剖腹产术，但若胎儿死亡，可用截胎术。对助产过迟、子宫颈口已缩小的病例，尽早施行剖腹产术。经助产的动物需预防子宫感染，产后子宫内或全身应用抗生素。

二、子宫痉挛

子宫痉挛（hysterospasm，uterine cramp）亦称努责过强（strong straining），是指母畜在分娩时子宫壁的收缩时间长、间隙短、力量强烈，或子宫肌出现痉挛性的不协调收缩，形成狭窄环。子宫肌强烈的收缩可导致胎膜囊破裂过早，出现胎水流失。

（一）病因

胎势、胎位和胎向不正，产道狭窄，胎儿不能排出时；临产前由于惊吓、环境突然改变、气温下降或空腹饮用冷水等刺激；过量使用子宫收缩药物或分娩时乙酰胆碱分泌过多等，均可造成努责过强与子宫痉挛。

（二）症状

母畜努责频繁而强烈，两次努责的间隔时间较短。这时若胎儿与产道无异常，可迅速排出胎儿；有时可见到胎儿和完整的胎膜同时排出。若存在异常，往往导致胎膜囊过早破裂或子宫破裂。胎膜囊过早破裂，易引起难产。子宫长期持续收缩可使子宫和胎盘的血管受到压迫，引起胎儿窒息、死亡。阴道检查，如产道无其他异常，可能子宫颈松软、开张不足。胎儿排出后，持续强烈收缩可引起胎衣不下。

（三）处理方法

用指尖掐压病畜的背部皮肤，以减缓努责。如子宫颈完全松软开放，胎膜已破，可及时矫正胎儿姿势、位置等异常情况后行牵引术。如果子宫颈未完全松软开放，胎囊尚未破裂，为缓解子宫的收缩和痉挛，可注射镇静药物。在马，可以静脉注射水合氯醛（7%）硫酸镁（5%）溶液 150～250mL；也可以先灌服 10～30g 溴剂，10min 后再注射水合氯醛硫酸镁溶液。如果胎儿死亡，矫正、牵引均无效时，施行截胎术或剖腹产术。

第四节　产道性难产

产道性难产是指由于母体的软产道及硬产道异常而引起的难产。常见的软产道异常有子宫颈开张不全、子宫捻转等。另外，阴道及阴门狭窄、双子宫颈等亦可造成难产。硬产道异常多是骨盆腔狭窄。

一、子宫颈开张不全

子宫颈开张不全（incomplete dilation of the cervix）是指分娩过程中子宫颈管不能充分扩张，由此导致胎儿难以通过而发生难产。子宫颈开张不全是牛和羊最常见的难产病因之一，羊的子宫颈开张不全以前曾称为子宫环（ring womb）。其他动物较少发生。

（一）病因

牛、羊子宫颈的肌肉组织十分发达，产前受雌激素作用变软的过程较长。若阵缩过早、产出提前，或各种原因导致雌激素及松弛素分泌不足，子宫颈不能充分软化，即不能迅速达到完全扩张的程度。流产或难产时胎儿的头和腿不能伸入产道、原发性子宫弛缓、子宫捻转、胎儿死亡或干尸化、多胎动物怀胎少、子宫颈硬化等均可导致子宫颈开张不全。

（二）症状

母畜已具备了分娩的全部预兆，阵缩努责也正常，但长久不见胎儿排出，有时也不见胎水与胎膜。产道检查发现阴道柔软而有弹性，但子宫颈管轮廓明显。根据子宫颈管开张程度不同，可将它分为四度：一度狭窄是胎儿的两前腿及头在牵拉时尚能勉强通过；二度狭窄是两前腿及头前部能进入子宫颈中，但头不能通过，硬拉时易致子宫颈撕裂；三度狭窄是仅两前蹄能伸入子宫颈管中；四度狭窄是子宫颈仅开一小口。常见的是一度和二度狭窄。

（三）处理方法

如果牛阵缩努责不强、胎膜未破且胎儿还活着，宜稍等候。在等待期间，为了促进子宫颈开放，胎囊未破前，可注射苯甲酸雌二醇（牛 5～20mg，羊 1～3mg）；然后再注射催产药物及葡萄糖酸钙，以增强子宫的收缩力，帮助子宫颈开张；同时可按摩子宫颈 0.5～1h，促进其松弛。

过早拉出会使胎儿或子宫颈发生损伤。当胎膜及胎儿的一部分已通过子宫颈管时，应向子宫颈管内涂以润滑剂，慢慢牵引胎儿。用药后几小时仍未松弛开放时，若母仔面临危险，应考虑手术助产。牵引术可用于一度及二度狭窄；在二度狭窄，拉出可使胎儿受到伤害，还易使子宫颈破裂，必须小心。三度和四度狭窄时，建议施行剖腹产手术。

二、阴道、阴门及前庭狭窄

阴道、阴门及前庭狭窄（stenosis of vagina, vulva and vestibule）可以发生在各种家畜，但主要是牛、羊、猪，且多见于青年母畜。

（一）病因

导致阴道、阴门及前庭狭窄的主要病因有：配种过早，生殖道尚未充分发育；软组织的松软变化不够，不能充分扩张；阴道、阴门及前庭部位因过去受到损伤和感染，形成瘢痕或纤维组织增生而引起狭窄；阴道及阴门肿瘤引起的阴道及阴门狭窄。此外，分娩过程中产道黏膜发生严重充血和水肿，也可引起继发性阴道狭窄等。

（二）症状及诊断

在阵缩和努责正常的情况下，胎儿长久排不出来。阴道狭窄时，通过阴道触诊检查发现阴道狭窄部位极度紧张地包裹着胎儿的前置部分，阻滞胎儿的排出。阴门及前庭狭窄时，随着母畜的阵缩及努责，胎儿的前置部分或部分胎膜可突入于阴门处，正生的胎头或两前蹄抵在会阴壁上形成明显的会阴部突起；如果努责过于强烈，可导致阴门撕裂。

若因阴道、阴门及前庭狭窄致使胎儿长时间不能排出，也可引起胎儿死亡。

（三）处理方法

如果为轻度狭窄，阴道及阴门还能开张，应在阴道内及胎儿体表涂以润滑剂，缓慢牵拉胎儿。胎儿通过阴门时，用手将阴唇上部向前推，帮助胎儿通过，避免撕裂阴唇。

如果胎头已经露出阴门，牵拉胎儿会导致阴门撕裂或不易牵引成功，可行阴门切开术。在阴唇背侧做全层切开。拉出胎儿后，经清创后分别间断缝合阴唇的黏膜侧和皮肤侧。

如果狭窄严重，不能通过产道拉出胎儿，或者这样助产对仔畜、母畜有生命危险，应施行剖腹产术。

三、骨盆狭窄

骨盆狭窄（stenosis of pelvis）是指因骨盆骨折、异常或损伤引起骨盆腔大小和形态异常，妨碍排出胎儿。

（一）病因

骨盆先天性发育不良，或过早交配而骨盆尚未发育完全，或因营养不良、疾病等影响骨盆发育，可造成骨盆狭窄，如骨软症（多见于猪）所引起的骨盆腔变形、狭小等。骨盆骨折或裂缝引起骨膜增生和骨质突入骨盆腔内，也可使骨盆发生形态改变和狭窄。

（二）症状及诊断

骨盆狭窄对分娩的影响视其狭窄程度和与胎儿大小的相适应性而异。如果狭窄程度不严重且胎儿较小，分娩过程可能正常，否则会导致难产。若遇到母畜阵缩及努责强烈，胎水已经排出，但胎儿宽大部位难于通过骨盆腔时，应对骨盆进行仔细检查，以确定骨盆是否狭窄，并与子宫颈狭窄相区别。

（三）处理方法

对于轻度骨盆狭窄的，可先在产道内灌注大量润滑剂，然后配合母畜的努责，试行拉出胎儿。当拉出困难时，或耻骨联合前端有骨瘤、骨质增生或软骨病引起的骨盆变形狭窄时，宜采用剖腹产术。正生时胎头及两前肢难以同时进入骨盆腔，或倒生时胎儿骨盆明显比母体骨盆入口大时，最好采用剖腹产术。

四、子宫捻转

子宫捻转（uterine torsion）是指整个子宫、一侧子宫角或子宫角的一部分围绕自己的纵轴发生扭转。主要见于奶牛、羊、马和驴，猪则少见。

子宫捻转的部位多为子宫颈及子宫颈之前或之后的部位。发生在子宫颈前的称为子宫颈前捻转，位于阴道前端的称为子宫颈后捻转。子宫捻转可使子宫颈或阴道发生拧闭或狭窄，因此造成产道性难产。轻度的捻转子宫可能自行转正；如果达到 $180°\sim270°$ 的严重捻转且未能及时诊断矫正，子宫可发生充血、出血、水肿，胎盘血液循环发生障碍，胎儿不久即死亡。马的子宫捻转易继发急性败血症而死亡。

（一）病因

能使母畜围绕其身体纵轴急剧转动的任何动作，都可成为子宫捻转的直接原因。妊娠末期，母畜如急剧起卧并转动身体，因胎儿重量大，子宫不随腹壁转动，就可发生向一侧捻转。下坡时绊倒，或运动中突然改变方向，也易引起捻转。临产时发生的子宫捻转，可能是母畜因疼痛起卧，或胎儿转变体位时引起的。

（二）症状及诊断

1. 外部表现　产前发生的捻转，如果不超过90°，母畜无临床症状。超过180°时，母畜有明显的不安和阵发性腹痛，并随着病程的延长和血循受阻，腹痛加剧，且间歇时间缩短。若捻转严重且持续时间太长，子宫坏死，则疼痛消失，但病情恶化。弓腰、努责，但不见排出胎水。体温正常，但呼吸、脉搏加快。牛、羊常有磨牙。若子宫阔韧带撕裂和血管破裂，则发生内出血。

临产时的捻转，孕畜可出现正常的分娩预兆与表现，但腹痛不安比正常分娩时严重。产道内无胎膜和胎儿前置器官。

2. 阴道及直肠检查　妊娠期牛子宫常有45°～90°的捻转。若发生90°～180°的捻转，逐渐出现临床症状。因此，对妊娠后期表现腹痛症状的家畜，均需做阴道及直肠检查。

（1）子宫颈前捻转：阴道检查，在临产时若捻转不超过360°，子宫颈口总是稍微开张，并弯向一侧。达360°时，宫颈管封闭，也不弯向一侧，子宫颈腔部呈紫红色，子宫颈塞红染。产前发生捻转，常需要做直肠检查。

直肠检查时，在耻骨前缘摸到软而实的捻转子宫体，阔韧带从两旁向此捻转处交叉，其中一侧韧带位于前上方，另一侧则位于后下方（图7-18）。若捻转不超过180°，后下方的韧带比前上方的韧带紧张，子宫向着韧带紧张的一侧捻转，但两侧子宫动脉很紧。捻转超过180°时，两侧韧带均紧张，韧带内静脉怒张。胎儿的位置靠前。在马，因为小结肠受到子宫韧带的牵连，直肠前端狭窄，手进入直肠一定距离后不易再向前向下伸入。

（2）子宫颈后捻转：阴道检查，在产前或临产时发生的捻转，阴道壁紧张，阴道腔越向前越狭窄，阴道壁的前端呈螺旋状皱褶；如果捻转严重，与子宫捻转方向相反一侧的阴唇可肿胀歪斜（图7-19）。螺旋状皱褶从阴道背部开始向哪一侧旋转，则子宫就向该方向捻转。当发生右侧捻转时，右手背朝上伸入阴道内，顺着阴道皱褶缓慢前进，当手指接近子宫颈时手掌发生顺时针旋转；相反，若为左侧捻转，手掌则发生逆时针旋转。捻转不超过90°时，手可以自由通过；达到180°时，手仅能勉强伸入。在阴道前端的下壁上可摸到一个较大的皱褶，阴道腔弯向一侧。达270°时，手不能伸入阴道；达360°时管腔拧闭，阴道检查看不到子宫颈口，

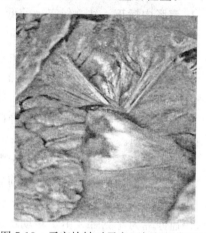

图7-18　子宫捻转时子宫两侧阔韧带交叉

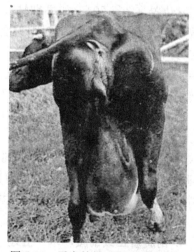

图7-19　子宫捻转时阴唇肿胀歪斜

只能看到前端的皱褶。

直肠检查，所发现的情况与颈前捻转相同。

（三）处理方法

临产时发生的捻转，应将子宫转正后拉出胎儿；产前捻转应转正子宫后保胎。对捻转程度小的，可选用产道内或直肠内矫正；对捻转程度较大且产道极度狭窄、手难以伸入产道抓住胎儿或子宫颈尚未开放的产前捻转，常选用翻转母体、剖腹矫正或剖腹产的方法。

1. 产道内矫正 是救治子宫捻转引起难产最常用的方法。主要目的是借助胎儿矫正捻转的子宫。母畜站立保定，前低后高，必要时行后海穴麻醉。手伸入胎儿的捻转侧下方，握住胎儿的某一部分向上向对侧翻转。边翻转，边用绳牵拉位置在上的肢体。对活胎儿，用手指抓住两眼眶，在掐压眼眶的同时向捻转的对侧扭转，借助胎动使捻转得以纠正。

从产道矫正羊的子宫捻转时，助手可将母羊的后腿提起，使腹腔内的器官前移，然后手伸入产道抓住胎腿向捻转的对侧翻转胎儿。如果捻转程度不大，很容易矫正过来。

2. 直肠内矫正 站立保定，前低后高，第1～2尾椎间隙脊髓麻醉。如果子宫向右侧捻转，可将手伸至子宫右下方，向上向左翻转，同时一助手用肩部或背部顶在右侧腹下向上抬，另一助手在左侧由上向下施加压力。向左捻转时，操作方向相反。

3. 翻转母体 这是一种间接矫正子宫的简单方法，可用于马、牛、羊，比直肠矫正省力，有时能立即矫正成功。翻转前，如果母畜挣扎不安，可施行硬膜外麻醉，或注射肌松药物，使腹壁松弛；马还可以加以镇静措施。病畜头下垫以草袋；乳牛必须先将乳挤净，以免转动时乳房受损。

（1）直接翻转母体法：子宫向哪一侧捻转，使母畜卧于哪一侧。翻转时把前后肢分别捆住，后躯抬高。如右侧捻转，则应右侧卧，然后快速仰翻为左侧卧。由于转动迅速，子宫因胎儿重量的惯性，不能随母体转动，而恢复到正常位置（图7-20）。如果翻转成功，阴道前端螺旋状皱褶消失，无效时则无变化；如果翻转方向错误，软产道会更加狭窄。因此，每翻转一次，经产道或直肠进行一次验证。几次翻转不成功的，可施行剖腹矫正或剖腹产术。

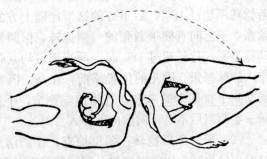

图7-20 矫正向右捻转的子宫
（引自甘肃农业大学，兽医产科学，第二版，1988）

（2）腹壁加压翻转法：可用于马、牛，操作方法与直接法基本相同。但另用一长3m，宽20～25cm的木板，将其中部置于被施术动物腹胁部最突出的部位上，一端着地，术者站立或蹲于着地的一端上，然后将母畜慢慢向对侧仰翻（图7-21），同时另一人翻转其头部，翻转时助手尚可从另一端帮助固定木板，防止其滑向腹部后方，以免压迫胎儿。翻转后同样必须进行产道检查或直肠检查。第一次不成功，可重新翻转。

4. 剖腹矫正或剖腹产术 上述几种方法施行后仍达不到目的的，可剖开腹壁在腹腔内矫正，矫正不成则行剖腹产术。矫正时大动物仰卧保定，采取腹白线右侧切口。不易矫正者，改为右侧卧保定，行剖腹产术。小动物做脐后腹白线切开，行矫正术或剖腹产术。

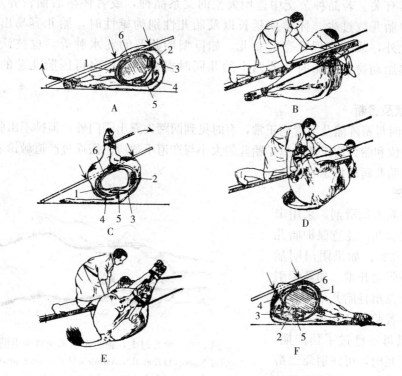

图 7-21　用腹壁加压翻转法矫正子宫向右侧捻转

A. 开始矫正之前，子宫向右捻转 180°时，子宫阔韧带的位置　B. 向右翻转的开始

C. 将牛翻转 90°时，子宫阔韧带的起点及附着点　D. 翻转 90°时，助手的位置

E. 翻转 135°时，助手的位置　F. 翻转 180°时，子宫阔韧带的起点及附着点

1. 腹壁　2. 瘤胃的后部　3、4. 左及右子宫阔韧带的起点

5. 左子宫阔韧带在空角上的附着点　6. 右子宫阔韧带在孕角上的附着点

（引自甘肃农业大学，兽医产科学，第二版，1988）

第五节　胎儿性难产

胎儿性难产主要是由胎儿异常所引起，包括因胎向、胎位及胎势异常，胎儿过大和胎儿畸形，或两个胎儿同时楔入产道等所引起的难产。

一、胎儿过大

胎儿过大（fetal oversize）是指胎儿体格相对过大和绝对过大，与母体大小或骨盆大小不相适应。胎儿相对过大是表示胎儿大小正常而母体骨盆相对较小；绝对过大是指母体骨盆大小正常而胎儿体格过大。胎儿绝对过大的情况可发生在发育正常的胎儿，但也出现在一些病理状态的胎儿，如巨型胎儿、胎儿水肿、胎儿气肿等。无论胎儿相对过大还是绝对过大，都与产道不相适应，均可导致难产的发生。

（一）病因

引起胎儿过大的原因是多方面的，主要与遗传、营养、胎儿数量、怀孕时间以及胎儿性别等因素有关。若品种杂交中选用大型的父系品种，或者怀孕后期营养水平过高，多胎动物怀孕胎儿数过少，怀孕期延长以及胎儿性别为雄性时，胎儿容易出现体格过大的情况。此外，某些病理状态的胎儿，如巨型胎儿及胎儿水肿等，也被认为与遗传因素有关。单胎动物怀双胎时，若两个胎儿同时楔入产道，也可因胎儿总的体积过大引发难产。

（二）症状及诊断

分娩开始时母畜阵缩及努责均正常，有时见到两蹄尖露出阴门外，但排不出胎儿来。产道、胎向、胎位和胎势均正常，只是胎儿的大小与产道不适应。需通过产道触诊才能准确做出胎儿过大及胎儿病理状态的诊断。

（三）助产

在产道内灌入润滑剂，采用牵引术缓慢斜拉胎儿，注意保护胎儿与产道（图 7-22）。如果阴门明显较小，可行外阴切开术。如经牵引术难以将胎儿拉出且胎儿活着，应行剖腹产术。若胎儿已死亡，多用截胎术。如果母畜已过了预产期，且仍无分娩征兆时，可注射雌二醇和 $PGF_{2\alpha}$ 诱导分娩，注射药物后应注意观察，及时助产。

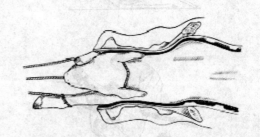

图 7-22　胎儿过大，施行牵引术交替牵引前肢
（引自 Noakes D E et al., Arthur's Veterinary reproduction and obstetrics，8th ed，2001）

二、双胎难产

双胎难产（dystocia due to twins）是指两个胎儿同时楔入母体骨盆，都不能通过，这时往往伴有胎势和胎位的各种异常。

（一）症状及诊断

如果两个胎儿均为正生，产道内可发现两个头及四条前腿；若均为倒生，只见四条后腿。如果发现有两个头或三条以上的腿时（图 7-23），就应考虑双胎难产，并区别是两胎儿同时楔入产道，还是一个胎儿的四肢楔入产道。也要将双胎与裂体畸形、连体畸形、胎儿竖向及横向等加以区别。

（二）助产

采用矫正术中的推拉法，先推回一个胎儿，拉出另一个胎儿，然后再将推回的胎儿拉出。在推回胎儿时一定要防止子宫破裂。如果矫正及牵引均困难很大时，应施行剖腹产术。药物催产的效果较差，但可在矫正处理后与牵引术联合应用。

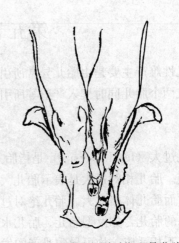

图 7-23　两个胎儿同时楔入骨盆腔
（引自甘肃农业大学，兽医产科学，第二版，1988）

三、胎儿畸形难产

这类难产是由于胎儿畸形，难于从产道中娩出所致。胎儿处于胚胎期时，如果参与器官发育过程中的任一环节出现异常，均会导致畸形。畸形胎儿有些可发育至妊娠期满，但生后多因无法独立生活而死亡。引起难产的常见畸形有胎儿水肿、裂腹畸形、先天性假佝偻、先天性歪颈、脑积水、重复畸形等。

（一）症状及诊断

1. 胎儿水肿（fetal anasarca）　时常伴有胸腔积液和胎膜水肿，胎儿体积增大，不易通过母体骨盆腔。在皮肤较松的地方，可有波动感（图7-24）。

2. 裂腹畸形（schistosomus reflexus）　是最常见的引起胎儿难产的一种畸形。发生于胚胎早期，当胎盘的侧缘形成体腔时，未向腹腔扩展，而折向背侧，腹膜或胸腹腔开放。胎儿脊柱向背侧屈曲，四肢缩短，胎势异常。胸、腹腔开放，暴露的内脏漂浮在羊水中（图7-25）。分娩时可见到胎儿的内脏突出于阴门外，易将其误认为是母体的子宫破裂，但经检查子宫有无裂口、突出的内脏与胎儿的关系等就容易鉴别。

图7-24　小猪的鬐甲水肿
（引自甘肃农业大学，兽医产科学，第二版，1988）

图7-25　山羊的裂腹畸形
（引自甘肃农业大学，兽医产科学，第二版，1988）

3. 先天性假佝偻（chondrodystrophy，achondroplasia）　胎儿的头、四肢及其躯体粗大而短小，前额突出，颌骨突出。

4. 先天性歪颈（wry-neck）　胎儿的颈椎畸形发育，颈部歪向一侧，颜面部也常是歪曲的，四肢伸屈腱均收缩，球节以下的部分与上部垂直，有时四肢痉挛，关节硬结，不能活动。

5. 胎头积水（hydrocephalus）　由于脑室系统或蛛网膜下腔液体积聚而引起的脑部肿胀，颅骨壁扩张，骨壁薄，骨缝之间常有间隙、没有骨化，有的胎儿没有颅骨壁；头部畸形、体积增大。

6. 重复畸形（duplication）　分为对称联胎和非对称联胎。对称联胎重复部分的发育是对称性的，如双头畸形、胸部联胎、脐部联胎等。非对称联胎有一胎儿（附生胎儿）的一部分长在基本胎儿身上。附生胎儿是不成形的组织，或是发育良好的前躯或后躯，或是几乎发育完成的胎儿，附着于基本胎儿的躯干上，借皮肤和骨骼或皮肤和皮下组织与基本胎儿相连；有时附生胎儿被包在基本胎儿的某一器官内，称为包涵联胎或寄生胎儿。

（二）助产

1. 基本原则

（1）尽可能弄清胎儿畸形的部位及程度，估计胎儿的大小及通过产道的可能性，避免胎儿的异常部位损伤产道。当难以弄清畸形的种类和程度时，应首先考虑剖腹产术。

（2）采用牵引术如果难以奏效，且确定胎儿不易成活时，则用截胎术或剖腹产术。

（3）畸形比较严重或胎儿的体积太大或胎儿的胎向不规则时，截胎术常难以奏效，应施行剖腹产术。

（4）畸形胎儿引起的难产中，有时胎儿的前置部分正常，但位于产道深部的部分严重畸形，在分娩开始时进展基本正常，当畸形部分楔入骨盆入口时引起难产。此时再进行剖腹产术，常不能挽救胎儿。

2. 助产方法

（1）对水肿的胎儿如果拉出困难，可以在肿胀的部位作多处切口，放出积水后试行牵引术。

（2）对裂腹畸形胎儿应先除去内脏，可用产科钩钩住胎儿，试行拉出；如果牵引难以奏效，可选线锯施行截胎术或剖腹产术。

（3）对先天性假佝偻和先天性歪颈的胎儿若无法拉出，可施行截胎术或剖腹产术。

（4）若需要消除胎头积水，可用指刀或产科凿切开颅部的皮肤及脑膜，放出脑积水；如果骨质发育较硬，将线锯自脑基部纵向截开；有时胎儿倒生，在这种情况下可施行剖腹产。

（5）对于重复畸形，需仔细触摸才能诊断，如果不宜施行牵引术或截胎术，应做剖腹产术。

四、胎势异常

胎势异常是指分娩时胎儿的姿势发生异常，包括头颈姿势异常、前腿姿势异常及后腿姿势异常。

（一）头颈姿势异常

头颈姿势异常（postural defects of head and neck）主要有头颈侧弯、头向后仰、头向下弯和头颈捻转四种，其中以头颈侧弯最为常见。

1. 症状及诊断

（1）头颈侧弯（lateral head posture）：当正生发生头颈侧弯时，胎儿的两前腿伸入产道，但头颈侧弯于躯干的一侧，引起难产（图 7-26A）。因受头颈侧弯姿势的影响，伸入产道的两前肢有长短差别，头颈侧弯一侧的前肢伸出得较短，另一侧前肢则较长。产道触诊检查时，可在骨盆入口处触摸到头颈弯曲部位，如沿弯曲方向前行可触摸到头部。

（2）头向后仰（dorsal head posture）：此种难产是指头颈向上向后仰。但临床中很少见单纯的后仰，因为头颈总是偏在背部一侧，因此可以视为头颈侧弯的一种。触诊胎儿，摸到气管位于颈部的上面，可以和头颈侧弯区别开来。

（3）头向下弯（downward head posture）：根据弯曲程度不同可分为额部前置、枕部前置和颈部前置三种类型。额部前置时，胎儿额部向着产道，唇部向下，头下弯抵着母体骨盆前缘；枕部前置是由额部前置发展而来，枕寰关节极度屈曲，唇部向下向后，枕部朝向产道

（图 7-26B）；颈部前置是最严重
的头向下弯，胎儿的头颈弯于两
前腿之间，下颌抵着胸骨，颈部
向着产道。

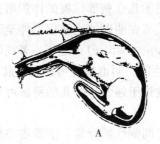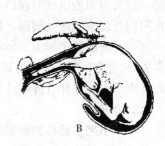

（4）头颈捻转（torsion of
head）：是指胎儿头颈绕其纵轴发
生捻转。当胎儿头颈成 90°捻转
时，头部成为侧位；当捻转为
180°时，头成为下位，额部在下，
下颌朝上，颈部也因捻转而显著
变短。

图 7-26　头颈姿势异常

A. 头颈侧弯　B. 枕部前置

（引自 Diseases of cattle，1942）

2. 助产　由于头颈姿势异常发生的程度和时间不同，可采用不同的方法。

（1）一般情况下，可参照矫正术中头颈侧弯的矫正方法，矫正后再施行牵引术将胎儿拉出。

（2）如果胎儿活着，而弯曲的头颈难于矫正时，可施行剖腹产术。

（3）对于矫正困难的，且胎儿已经死亡的，可施行截胎术。

（二）前腿姿势异常

在胎儿性难产中前腿姿势异常较为常见。这些姿势异常可能发生在一侧或者两侧，主要有腕关节屈曲、肩关节屈曲、肘关节屈曲和前腿置于颈上四种。

1. 症状及诊断

（1）腕关节屈曲（carpal flexion posture）：这种异常又称腕部前置，因前腿腕关节没有伸直，一侧或双侧腕关节屈曲，楔入骨盆腔引起难产（图 7-27A）。产道检查可发现腕关节呈屈曲状态楔入骨盆腔内或骨盆入口处，腕部前置朝向产道。单侧性腕关节屈曲时可以在阴门处见到另一伸直的前腿和胎儿唇部。

（2）肩关节屈曲（shoulder flexion posture）：这种异常又称肩部前置，胎儿一侧或者两侧肩关节屈曲朝向产道，前腿肩关节以下部分伸于自身躯干之旁或腹下（图 7-27B），使胎儿在胸部位置的体积增大，并由此引起难产。临床检查可发现阴门处仅有胎儿唇部露出（两侧肩关节屈曲）或唇部与一前蹄同时露出（一侧肩关节屈曲）。产道检查可以触摸到屈曲的肩关节。

（3）肘关节屈曲（elbow flexion posture）：这种异常是胎儿肘关节未伸直，呈屈曲姿

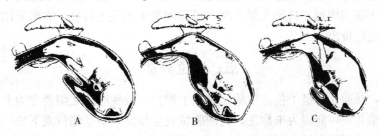

图 7-27　前腿姿势异常

A. 腕部前置　B. 肩部前置　C. 前腿置于颈上

（引自 Diseases of cattle，1942）

势，肩关节因而也同时屈曲，使胎儿在胸部位置的体积增大，并由此引起难产。临床检查可在阴门处观察到胎儿唇部，肘关节屈曲侧的前肢仅能伸至下颌处。

（4）前腿置于颈上（foot-nape posture）：是指一条或两条前腿交叉置于头颈部之上的异常姿势（图7-27C），多为双侧性的。阴道检查可摸到前肢交叉于颈上或一侧前肢置于颈上。此类难产中如果伴有阵缩及努责过于强烈，胎儿的蹄部可穿裂阴道壁。

2. 助产

（1）小型多胎动物如果不是两侧性的异常，前腿姿势异常一般可拉出。

（2）一般情况下，可参照矫正术中前腿姿势异常的矫正方法矫正，再施行牵引术拉出。

（3）如果矫正极为困难，且胎儿已死亡，可采用截胎术截去前肢，以便腾出空间矫正胎头，或者截去胎头及前肢再行处理。

（三）后腿姿势异常

后腿姿势异常是倒生时可能发生的异常情况，主要发生在四肢较长的家畜，如牛、马、羊等，并引起难产。后腿姿势异常主要有跗关节屈曲和髋关节屈曲两种。

1. 症状及诊断

（1）跗关节屈曲（hock flexion posture）：这种异常又称为跗部前置，即后腿没有伸直进入产道，跗关节屈曲朝向产道（图7-28A），楔入骨盆入口或骨盆腔。当发生一侧跗部前置时，因另一侧后肢正常伸入产道，因此仅有一侧后肢蹄部露出在阴门处，蹄底朝上；双侧跗关节屈曲时，可通过产道检查，在骨盆入口处可以摸到胎儿的尾巴、肛门、臀部及屈曲的跗关节。

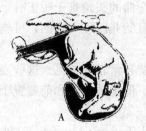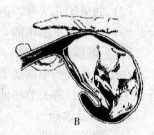

图7-28 后腿姿势异常
A. 跗部前置　B. 坐骨前置
（引自 Diseases of cattle, 1942）

（2）髋关节屈曲（hip flexion posture）：这种异常又称坐骨前置，胎儿的髋关节屈曲，后腿伸于自身躯干之下，坐骨向着盆腔（图7-28B）。如果坐骨前置为双侧性的，也叫坐生，在产道检查中可以摸到胎儿的臀部、尾巴、肛门和向前伸于躯干下的后肢。若为一侧坐骨前置，阴门内可见一后肢，蹄底朝上。

2. 助产

（1）一般情况下，参照矫正术中后腿姿势异常的矫正方法，矫正后采用牵引术可拉出。

（2）如矫正遇到困难，且胎儿死亡时，可采用截胎术截去后肢，亦可采用骨盆截半术破坏胎儿骨盆，然后拉出。

五、胎位异常

妊娠末期，马胎儿常呈下位，牛胎儿多是上侧位。分娩时胎儿则要变为上位。无论是正生还是倒生，胎儿均可能因为未翻正，而使胎位发生异常，即呈侧位或下位。胎位异常主要有正生时的侧位及下位和倒生时的侧位及下位两种。

（一）症状及诊断

1. 正生时的侧位及下位（dorsoilial and dorsopubic position in anterior presentation）

胎儿侧位时，其背部或腹部朝向母体侧腹部。产道检查发现两前肢及头部伸入骨盆腔，下颌朝向一侧；或两前肢和头颈屈曲、侧卧在子宫内，背部或腹部朝向母体侧腹部。下位时，胎儿仰卧在子宫内，背部朝下，两前肢和头颈位于盆腔入口处（图 7-29A），或前肢伸直进入盆腔，蹄底向上，头颈侧向弯曲在子宫内。

2. 倒生时的侧位及下位（dorsoilial and dorsopubic position in posterior presentation）这种异常的胎位与正生时的侧位及下位相同，但臀部靠近盆腔入口。侧位时两后肢屈曲或伸入产道，蹄底朝向一侧面（侧位）。下位时两后肢屈曲在子宫内（图 7-29B）。检查胎儿时，借跗关节可以确定是否为后腿；继续向前触诊，可以摸到臀部向着侧面或位于下面。

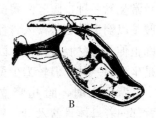

图 7-29　胎位异常正生时的下位
A. 正生时下位　B. 倒生下位
（引自 Diseases of cattle, 1942）

（二）助产

母畜站立保定，产道内灌入大量的润滑剂。

正生时，先把一前腿拉直伸入产道，然后用手钩住胎儿鬐甲部向上抬，使它变为侧位。再钩住下面前肢的肘部向上抬，使胎儿基本变为上位。用手握住下颌骨，把胎头转正拉入骨盆腔，最后把另一前腿拉入盆腔。在发生侧位的活胎儿，有时用拇指及中指掐住两眼眶，借助胎儿的挣扎就能把头和躯干转正。如果母畜不站立时，侧卧保定，前低后高，将胎儿的一前腿变成腕部前置后术者紧握掌部固定。然后，将母畜向一侧迅速翻转。产道干燥时，翻转前灌入大量润滑剂。至于母畜卧于哪一侧好，应视胎头的位置而定，如胎头在自身左方，让母畜左侧卧保定，翻转为右侧卧。

倒生时，先将两后腿拉直进入盆腔。胎儿两髋结节间的长度较母畜骨盆的垂直径短，通过盆腔并无困难，可不矫正，缓慢拉出。倒生下位，牵拉位置在上的一条后腿，同时抬位置在下的髋关节，使骨盆先变成侧位，然后再继续矫正拉出。如胎儿已死，而跗部已露出于阴门之外，可在两跗部之间放一粗棒，用绳把它们一起捆紧，缓慢用力转动粗棒，将胎儿转正、拉出。

六、胎向异常

胎向的异常包括横向和竖向。胎向异常时，胎儿身体纵轴与母体纵轴呈水平面垂直，胎儿横卧或竖立于子宫内，引起难产。

（一）症状及诊断

1. 横向的胎向异常（abnormal transverse presentation）　这种异常可分为腹横向和背横向两种类型。腹横向时，胎儿横卧于子宫内，腹部朝向产道，四肢伸向骨盆腔（图 7-30A）。背横向时，胎儿横卧于子宫内，背部朝向母体骨盆入口（图 7-30B）。这两种横向胎向都使得胎儿躯干部分阻塞于骨盆入口处，胎儿不能排出而发生难产。

2. 竖向的胎向异常（abnormal vertical presentation）　这种异常分为腹竖向和背竖向两种类型，每种类型又可为头部向上（头部及四肢伸入产道）和臀部向上两种。

腹竖向时，胎儿竖立于子宫内，腹部朝向产道，四肢伸向骨盆腔。腹竖向头部向上时，后肢多在髋关节处屈曲，跗趾关节可能楔入骨盆腔（图 7-31），因此又称之为犬坐式，是胎向异常中比较常见的一种。腹竖向臀部向上时，后肢是以倒生的姿势楔入骨盆入口，两前蹄也伸至骨盆腔入口处，因此也被看做是坐生的一种，但较为少见。

背竖向时，胎儿竖立于子宫内，背部向着母体骨盆入口，头和四肢呈屈曲状态，但这种异常极为少见。

（二）助产

所有胎向异常的难产均极难救治。母畜侧卧或半仰卧，后躯垫高，施硬膜外麻醉，产道内灌入润滑剂。在未进行矫正或未矫正成功之前不要向外牵拉胎儿。转动胎儿，将竖向或横向矫正成纵向。一般是先将最近的肢体向骨盆入口

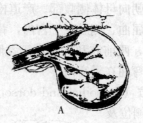

图 7-30　胎向异常
A. 腹横向　B. 背横向
（引自 Diseases of cattle，1942）

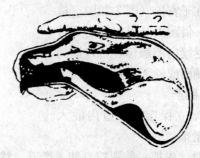

图 7-31　腹竖向
（引自 Diseases of cattle，1942）

处拉，如果四肢都差不多时，多将其矫正成倒生。当胎儿活着时，宜尽早施行剖腹产术；若胎儿死亡，则宜施行截胎术。

头部向上的腹竖向，若头及前躯进入骨盆腔不深，用手握住后蹄向上抬，越过耻骨前缘将其推回子宫腔。然后，将胎儿矫正成正常的正生纵向后拉出。也可将其矫正成倒生下位，用推拉梃顶着胎儿肩部或颈部回推，同时用绳套拴住后肢牵拉胎儿。如果矫正困难而且胎儿尚活着，应立即施行剖腹产术。若胎儿死亡，在矫正有困难时应施行胸部缩小术，然后将手伸入产道，把后蹄推回子宫，再拉出胎儿。如果无法把后蹄推回子宫或拉直，可行前躯截断术。截除前躯后，将剩下的腰臀部推回子宫，然后以倒生拉出。

第六节　难产的综合预防措施

由于难产的原因十分复杂，且常是几种原因联合发挥作用，但通过积极的预防措施还是能够得到一定程度的控制。目前预防难产的综合措施主要包括科学饲养管理和临产检查两个方面。

（一）预防难产的饲养管理措施

1. 做好育种工作　避免近亲繁殖，对有生殖道畸形的母畜和其后裔有生殖道畸形的种畜不用于繁殖。近亲繁殖易出现生殖道畸形，生殖道畸形有一定的遗传性。

2. 避免过早配种　即使营养和生长都良好的母畜，也不宜配种过早，否则易因骨盆狭窄造成难产。这多见于公母混群饲养的家畜。

3. 保证母畜的营养需要　妊娠期间，供给母畜充足的含有维生素、矿物质和蛋白质的

饲料，不仅可保证胎儿生长发育的需要，还能维护母畜的身体健康和子宫肌的紧张度。但不可使母畜过于肥胖，影响全身肌肉的紧张性。在妊娠后期，应适当减少蛋白质饲料，避免胎儿过大。

4. 加强运动　役用动物妊娠前半期可正常使役，以后减轻，产前两个月停止使役，但要进行牵遛或自由运动。运动可提高母畜对营养物质的利用，使胎儿活力旺盛，同时也可使腹部及子宫肌肉的紧张性提高。

5. 分娩时避免应激性刺激　接近预产期的母畜，应在产前 1 周至半月送入产房，适应环境，以避免因改变环境造成的惊恐和不适。在分娩过程中，要保持环境安静、整洁，配备饲养员专人护理和接产。人员不要过多干扰母畜和大声喧哗。但对分娩过程中出现的异常要留心观察，以免延误纠正、助产的时机。

（二）预防临产动物难产的几点注意事项

1. 临产前检查的意义　生产中虽然不易预防家畜的难产，但早期检查是减少难产的积极措施。对刚开始的某些难产，通过矫正后有些是可以转化为顺产的。相反，如不进行临产检查，随着子宫的收缩，胎儿前躯进入骨盆腔越深，头颈或肢体的弯曲或异常就越严重，终至成为难以纠正的难产。预防难产的主要方法是在临产前进行产道检查，对分娩正常与否做出早期诊断，以便及早对各种异常进行纠正。

2. 临产前检查的内容和注意事项

（1）经产道除检查胎位、胎向、胎势外，还应检查胎儿的大小、活力、胎儿进入产道的深度，检查母畜的骨盆腔大小及有无狭窄，检查阴门、阴道和子宫颈等软产道的松弛、润滑及开放程度等。这些可以帮助诊断有无可能发生难产，从而及时做好助产的准备工作。

（2）如果子宫颈未开张，需等待或采取松弛宫颈的措施。如果胎儿是正生，前置部分三件（唇和两个蹄）俱全、且正常，可让它自然排出。如果有异常，应立即进行矫正，因这时胎儿的躯体尚未楔入盆腔，异常程度轻，胎水尚未流尽，子宫尚未紧裹胎儿，矫正比较容易。

（3）如果胎势异常，不要把露出的部分向外拉，以免使胎儿的异常加剧，给矫正及以后的处理带来困难。另外，对产道内胎儿的腿，应仔细判断是前腿还是后腿；如为两条腿，则应判断是同一个胎儿的前/后腿、双胎或是畸形；前后腿可以根据腕关节和跗关节的形状，尤其是蹄底方向和上述两关节可屈曲方向加以鉴别。胎儿如为倒生，必须迅速处理异常并拉出，防止胎儿窒息；或如果胎儿较小、异常不严重，虽然胎儿进入产道很深、不能推回，但可先试行拉出。

3. 牛临产前检查几点要求　在牛，如遇到以下任何一种情况，应进行检查及助产：

（1）如果母牛进入宫颈开张期后已超过 6h 仍无进展。

（2）如果母牛在胎儿排出期已达 2～3h 仍进展非常缓慢或毫无进展，但青年母牛比成年母牛进展缓慢，产程较长。

（3）如果胎囊已悬挂或露出于阴门，在 2h 内胎儿仍难以娩出。

（4）有关人员应随时观察有无难产的症状，观察预产牛的时间不应少于 3h，以免难于准确确定胎儿排出期的长短。

4. 不同动物助产的时间要求　分娩的第一阶段（开口期），如果绵羊和山羊超过 6～12h，马超过 4h，犬、猫和猪超过 6～12h；或者是分娩的第二阶段（胎儿排出期），在绵羊

和山羊超过 $2\sim3h$，马超过 $20\sim40min$，猪、犬和猫超过 $2\sim4h$，则应及时进行检查与助产。

（三）手术助产后的护理

手术助产时，不可避免地会对母畜产道造成一定的损伤，如不及时处理，会影响以后的生育力，并引起下次难产，因此术后护理是必不可少的。

1. 注射催产素 手术助产后应肌肉或静脉注射催产素，促进子宫的收缩和复旧，加快胎衣的排出，也可用来止血。牛、马等大动物可注射 $30\sim50IU$，羊、猪 $10\sim30IU$，犬、猫 $5\sim10IU$。

2. 预防感染 手术助产后，产道和子宫污染难以避免。因此，应全身及生殖道应用抗生素治疗。可于子宫内放入广谱抗生素，如有必要，也可以用广谱抗生素（如头孢菌素等）进行全身治疗，以防因胎衣不下等引发的子宫内膜炎、子宫炎或全身感染；在破伤风散发的地区，为防止术后感染，应于手术同时注射破伤风抗毒素。

3. 加强管理 注意观察全身有无异常变化，有无其他疾病的发生；将手术后的动物与其他动物分离，以免发生外伤；改善饲养管理，注意卫生，加快术后母畜的恢复。

（薛立群　余四九）

■ 本章执业兽医资格考试试题举例

1. 引起猪继发性子宫迟缓的主要原因是：（　　）

    A. 体质虚弱　　　　　　　　B. 胎水过多

    C. 身体肥胖　　　　　　　　D. 子宫肌疲劳

    E. 催产素分泌不足

2. 治疗牛临产时发生子宫捻转不宜采用的方法是：（　　）

    A. 翻转母体　　　　　　　　B. 剖腹矫正

    C. 产道内矫正　　　　　　　D. 直肠内矫正

    E. 牵引术矫正

3. 牵引术助产的适应症是：（　　）

    A. 子宫捻转　　　　　　　　B. 骨盆狭窄

    C. 原发性子宫弛缓　　　　　D. 继发性子宫弛缓

    E. 子宫颈开张不全

4. 奶牛，已妊娠 276 天。后肢踢腹，脉搏 93 次/min。阴道检查发现阴道壁紧张，阴道腔深部狭窄、出现螺旋状顺时针旋转、子宫颈口不明显。该牛最可能发生的疾病是：（　　）

    A. 子宫颈后右侧捻转　　　　B. 子宫颈后左侧捻转

    C. 子宫颈前右侧捻转　　　　D. 子宫颈前左侧捻转

    E. 子宫痉挛

5. 犬，分娩努责 2h 未见胎儿排出。阴道检查发现其盆腔入口处摸到胎儿的背侧朝向产道，头部朝向母体的背侧。该犬发生难产的原因是：（　　）

    A. 胎儿下位　　　　　　　　B. 胎儿侧位

    C. 胎儿上位　　　　　　　　D. 胎儿背竖向

    E. 胎儿腹横向

第八章

产 后 期 疾 病

由于受妊娠、分娩以及产后泌乳等过程中各种应激因素的影响，动物在分娩后发生的各种疾病或者病理现象统称为产后期疾病（puerperal disease）。特别是难产时，易造成子宫迟缓、产道损伤、子宫复旧延缓，并易导致胎衣不下、产后子宫感染和子宫内膜炎等。上述疾病既可发生在正常分娩以后，也会因难产救助时间过迟或采用不正确的接产方法而发生。如果能在适当的时间内采用正确的助产手术，将会减少产后期疾病的发生。

第一节　产道损伤

母畜在分娩时，由于胎儿和母体产道的不相适应，或者在手术助产时，由于人为的因素，造成软产道不同程度的损伤，统称为产道损伤（trauma of the birth canal）。常见的产道损伤有阴道及阴门损伤以及子宫颈损伤。

一、阴道及阴门损伤

阴道及阴门损伤（trauma of the vagina and vulva）指由各种原因引起的阴道及阴门的损伤。分娩和难产时，产道的任何部位都可能发生损伤，但阴道及阴门损伤更易发生。如果不及时处理，容易被细菌感染。

（一）病因

初产母牛分娩时，阴门未充分松软，开张不够大，或者胎儿通过时助产人员未采取保护措施，容易发生阴门撕裂；胎儿过大，强行拉出胎儿时，也能造成阴门撕裂。

难产过程中，使用产科器械不慎，截胎之后未将胎儿骨骼断端保护好就拉出胎儿，助产医生的手臂、助产器械及绳索等对阴门及阴道反复刺激，都能引起损伤。

胎衣不下时，在外露的胎衣部分坠以重物，成为索状的胎衣能勒伤阴道底壁。

（二）症状

阴道及阴门损伤的病畜表现出极度疼痛的症状，尾根高举，骚动不安，拱背并频频努责。

阴门损伤时症状明显，可见撕裂口边缘不整齐，创口出血，创口周围组织肿胀，阴门内黏膜变成紫红色并有血肿。阴道创伤时从阴道内流出血水及血凝块，阴道黏膜充血、肿胀、有新鲜创口。阴道壁发生穿透创时，其症状随破口位置不同而异（图8-1）。

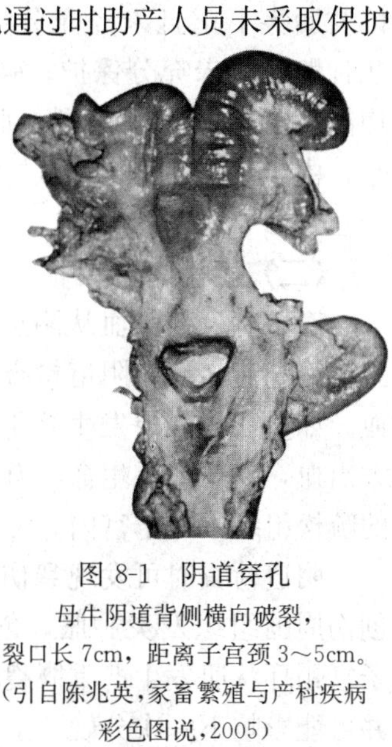

图 8-1　阴道穿孔
母牛阴道背侧横向破裂，
裂口长 7cm，距离子宫颈 3～5cm。
（引自陈兆英，家畜繁殖与产科疾病
彩色图说，2005）

透创发生在阴道前端时，病畜很快就出现腹膜炎症状，如果不及时治疗，马和驴常很快死亡，牛也预后不良。如果破口发生在阴道前端下壁上，肠管及网膜还可能突入阴道腔内，甚至脱出于阴门之外。

（三）诊断

根据病史，结合临床症状即可做出诊断。

（四）治疗

阴门及会阴的损伤应按一般外科方法处理。新鲜撕裂创口可用组织黏合剂将创缘黏接起来，也可用尼龙线按褥式缝合法缝合。在缝合前应清除坏死及损伤严重的组织和脂肪。阴门血肿较大时，可在产后3～4天切开血肿，清除血凝块；形成脓肿时，应切开脓肿并做引流。

对阴道黏膜肿胀并有创伤的患畜，可向阴道内注入乳剂消炎药，或在阴门两侧注射抗生素。若创口生蛆，可滴入2％敌百虫，将蛆杀死后取出，再按外科方法处理。

对阴道壁发生透创的病例，应迅速将突入阴道内的肠管、网膜用消毒溶液冲洗净，涂以抗菌药液，推回原位。膀胱脱出时，应将膀胱表面洗净，用皮下注射针头穿刺膀胱，排出尿液，撒上抗生素粉后，轻推复位。将脱出器官及组织复位处理后，立即缝合创口。缝合前不要冲洗阴道，以防药液流入腹腔。缝合后，除按外科方法处理外，还要连续肌肉注射大剂量抗生素4～5天，防止发生腹膜炎而死亡。

二、子宫颈损伤

子宫颈损伤（cervix trauma）主要指子宫颈撕裂，多发生在胎儿排出期。牛、羊（有时包括马、驴）初次分娩时，常发生子宫颈黏膜轻度损伤，但均能愈合。如果子宫颈损伤裂口较深，则称为子宫颈撕裂。

（一）病因

子宫颈开张不全时强行拉出胎儿；胎儿过大、胎位及胎势不正且未经充分矫正即拉出胎儿；截胎时胎儿骨骼断端未充分保护；强烈努责和排出胎儿过速等，均能使子宫颈发生撕裂。此外，人工输精及冲洗子宫时，由于术者的技术不过关或者操作粗鲁，也能损伤子宫颈。

（二）症状

产后有少量鲜血从阴道内流出，如撕裂不深，见不到血液外流，仅在阴道检查时才能发现阴道内有少量鲜血。如子宫颈肌层发生严重撕裂创时（图8-2），能引起大出血，甚至危及生命。有时一部分血液可以流入盆腔的疏松组织中或子宫内。

阴道检查时可发现裂伤的部位及出血情况。以后因创伤周围组织发炎肿胀，创口出现黏液性脓性分泌物。子宫颈环状肌发生严重撕裂时，会使子宫颈管闭锁不全，并可能影响下一次分娩。

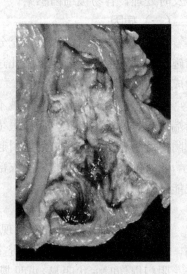

图8-2　宫颈黏膜损伤
牛宫颈环黏膜损伤，由输精管造成
（引自陈兆英，家畜繁殖与
产科疾病彩色图说，2005）

（三）诊断

结合病史，通过阴道检查即可做出确诊。

（四）治疗

用双爪钳将子宫颈向后拉并靠近阴门，然后进行缝合。如操作有困难，且伤口出血不止，可将浸有防腐消毒液或涂有乳剂消炎药的大块纱布塞在子宫颈管内，压迫止血。纱布块必须用细绳拴好，并将绳的一端拴在尾根上，便于以后取出，或者在其松脱排出时易于发现。

局部止血的同时，可肌肉注射止血剂（牛、马可注射 20％酚磺乙胺 20mL，凝血素20～40mL），静脉注射含有 10mL 甲醛的生理盐水 500mL，或 10％的葡萄糖酸钙 500mL。止血后创面涂 2％甲紫、碘甘油或抗生素软膏。

第二节　子宫破裂

子宫破裂（rupture of uterus）是指动物在妊娠后期或者分娩过程中造成的子宫壁黏膜层、肌肉层和浆膜层发生的破裂。按其程度可分为不完全破裂与完全破裂（子宫穿透创）两种。不完全破裂是子宫壁黏膜层或黏膜层和肌层发生破裂，而浆膜层未破裂；完全破裂是子宫壁三层组织都发生破裂，子宫腔与腹腔相通。子宫完全破裂的破口很小时，又称为子宫穿孔（perforation of uterus）。

（一）病因

难产时，子宫颈开张不全，胎儿和骨盆大小不适，胎儿过大并伴有异常强烈的子宫收缩，胎儿异常尚未解除时就使用子宫收缩药。特别是胎儿的臀部前置时，填塞母体骨盆入口，胎水不能进入子宫颈而使子宫内压增高，均容易造成子宫破裂。

难产助产时动作粗鲁、操作失误可使子宫受到损伤或子宫破裂；难产子宫捻转严重时，捻转处有时会破裂；妊娠时胎儿过大、胎水过多或双胎在同一子宫角内妊娠等，致使子宫壁过度伸张而易引起子宫破裂。

冲洗子宫使用导管不当，插入过深，可造成子宫穿孔。此外，子宫破裂也可能发生在妊娠后期的母畜突然滑跌、腹壁受踢或意外的抵伤时。

（二）症状

根据创口的深浅、大小、部位、动物种类不同以及裂口是否感染等，患畜表现出的症状不完全一样。

子宫不完全破裂时可自行痊愈，有时可见产后有少量血水从阴门流出，但很难确定其来源，只有仔细进行子宫内触诊，才有可能触摸到破口而确诊。

子宫完全破裂，若发生在产前，有些病例不表现出任何症状，或症状轻微，不易被发现，只是以后发现子宫粘连或在腹腔中发现脱水的胎儿；若子宫破裂发生在分娩时，则努责及阵缩突然停止，子宫无力，母畜变安静，有时阴道内流出血液；若破口很大，胎儿可能坠入腹腔；也可能出现母畜的小肠进入子宫，甚至从阴门脱出。

子宫破裂后引起大出血时，迅速出现急性贫血及休克症状，全身情况恶化。患畜精神极度沉郁，全身震颤出汗，可视黏膜苍白；心音快而弱，呼吸浅而快；因受子宫内容物污染，患畜很快继发弥散性脓性腹膜炎。病畜常于短时间（马）或 2～3 天内（牛）死亡。如果子宫破口很小（子宫穿孔），且位于上部，胎儿亦已排出，且感染不严重，在牛不出现明显的临床症状。产后因子宫体积迅速缩小，使裂口边缘吻合，能够很快自行愈合，但易引起子宫粘连；马则易出现腹膜炎症状，全身症状明显。

（三）治疗

如果发现子宫破裂，应立即根据破裂的位置与程度，决定是经产道取出胎儿还是经剖腹取出胎儿，最后缝合破口。应注意的是，除破口不大且在背位、不需要过多干预即可娩出胎儿的情况外，多数子宫破裂都需要行剖腹产术。

对子宫不全破裂的病例，取出胎儿后不要冲洗子宫，仅将抗生素或其他抑菌防腐药放入子宫内即可，每日或隔日一次，连用数次，同时注射子宫收缩剂。

子宫完全破裂，如裂口不大，取出胎儿后可将穿有长线的缝针由阴道带入子宫内，进行缝合。如破口很大，应迅速施行剖腹产术，但应根据易接近裂口的位置及易取出胎儿的原则，综合考虑选择手术通路，从破裂位置切开子宫壁，取出胎儿和胎衣，再缝合破口。在闭合手术切口前，应向子宫内放入抗生素。因腹腔有严重污染，缝合子宫后，要用灭菌生理盐水反复冲洗，并用吸干器或消毒纱布将存留的冲洗液吸干，再将 200 万～300 万 IU 青霉素注入腹腔内，最后缝合腹壁。

子宫破裂，无论是不全破裂还是完全破裂，除局部治疗外，均需要肌肉注射或腹腔内注射抗生素，连用 3～4 天，以防止发生腹膜炎及全身感染。如失血过多，应输血或输液，并注射止血剂。

第三节　子宫脱出

子宫角前端翻入子宫腔或阴道内，称为子宫内翻（inversion of the uterus）；子宫角的前端全部翻出于阴门之外，称为子宫脱出（prolapse of the uterus）。二者为程度不同的同一个病理过程（图 8-3）。各种动物的发病率不同，牛最高，羊和猪也常发生，犬的发病率近些年的报道也增加，但马和猫较少见。子宫脱出多见于产程的第三期，有时则在产后数小时之内发生，产后超过 1 天发病的患畜极为少见。

（一）病因

各种动物子宫脱出的原因不尽相同，主要与产后强烈努责、外力牵引以及子宫弛缓有关。

1. 产后强烈努责　子宫脱出主要发生在胎儿排出后不久、部分胎儿胎盘已从母体胎盘分离。此时只有腹肌收缩的力量能使沉重的子宫进入骨盆腔，进而脱出。因此，母畜在分娩第三期由于存在某些能刺激母畜发生强烈努责的因素，导致子宫脱出。

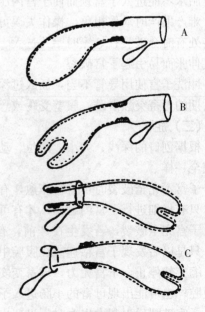

图 8-3　子宫内翻及脱出模式图
A. 产后正常子宫　B. 子宫内翻　C. 子宫脱出
（引自甘肃农业大学，兽医产科学，1988）

2. 外力牵引 在分娩第三期，部分胎儿胎盘与母体胎盘分离后，脱落的部分悬垂于阴门之外，特别是当脱出的胎衣内存有胎水或尿液时，或者母畜站在前高后低的斜坡上，都会增加胎衣对子宫的拉力，牵引子宫使之内翻。分娩第三期子宫的蠕动性收缩以及母畜的努责，更有助于子宫脱出。此外，难产时，产道干燥，子宫紧包胎儿，如果未经很好处理即强力拉出胎儿，子宫常随胎儿翻出阴门之外。

3. 子宫弛缓 子宫弛缓可延迟子宫颈闭合时间和子宫角体积缩小速度，更易受腹壁肌收缩和胎衣牵引的影响。在犬，子宫脱出的主要原因是由于其体质虚弱、孕期运动不足、过于肥胖、胎水过多、胎儿过大和多次妊娠，致使子宫肌收缩力减退和子宫过度伸张所引起的子宫弛缓。

（二）症状

子宫轻度内翻，能在子宫复旧过程中自行复原，常无外部症状；子宫角尖端通过子宫颈进入阴道内时，患畜表现轻度不安，经常努责，尾根举起，食欲、反刍减少。如母畜产后仍有明显努责时，应及时进行检查。手伸入产道，可发现柔软、圆形的瘤样物。对于大家畜，直肠检查时可发现，肿大的子宫角似肠套叠，子宫阔韧带紧张。病畜卧下后，可以看到突入阴道内的内翻子宫角。子宫角内翻时间稍长，可能发生坏死及败血性子宫炎，有污红色、带臭味的液体从阴道排出，全身症状明显。

牛、羊脱出的子宫较大，有时还附有尚未脱离的胎衣。如胎衣已脱离，则可看到黏膜表面上有许多暗红色的子叶（母体胎盘），并极易出血（见图8-4、图8-5）。有时脱出的子宫角分为大小不同的两个部分，大的为孕角，小的为空角，每一角的末端都向内凹陷。脱出时间稍久，子宫黏膜即淤血、水肿，呈黑红色肉冻状，并发生干裂，有血水渗出。寒冷季节常因冻伤而发生坏死。如子宫脱出继发腹膜炎、败血病等，病牛即表现出全身症状。

图 8-4 牛的子宫脱出
（引自 Peter G G Jackson，Handbook of veterinary obstetrics，2nd ed，2004）

图 8-5 羊的子宫脱出
（引自 Peter G G Jackson，Handbook of veterinary obstetrics，2nd ed，2004）

猪脱出的子宫角很像两条肠管（图8-6），但较粗大，且黏膜表面状似平绒，出血很多，颜色紫红，因其有横皱襞容易和肠管的浆膜区别开来。猪子宫脱出后症状特别严重，卧地不起，反应极为迟钝，很快出现虚脱症状。

犬脱出的子宫露出于阴门外，有的一侧子宫角完全脱出，外观呈棒状；也有两侧子宫角连子宫体完全脱出者。脱出的子宫黏膜淤血或出血，有的发生坏死。极少数患犬会咬破脱出的子宫阔韧带而引起大出血。

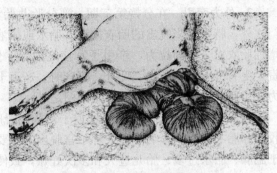

图 8-6　猪的子宫脱出
（引自 Peter G G Jackson，Handbooks of veterinary obstetrics，2nd ed，2004）

（三）诊断

子宫脱出通常结合病史及临床症状不难诊断。

（四）治疗

对子宫脱出的病例，必须及早实施手术整复。子宫脱出的时间越长，整复越困难，所受外界刺激越严重，康复后不孕率也越高。对犬、猫和猪子宫脱出的病例，必要时可行剖腹产术，通过腹腔整复子宫。

1. 整复法　整复脱出的子宫之前必须检查子宫腔中有无肠管和膀胱，如有，应将肠管先压回腹腔并将膀胱中尿液导出，再行整复。

（1）保定：整复顺利与否的关键，是能否将母畜的后躯抬高。后躯越高，腹腔器官越向前移，骨盆腔的压力越小，整复时的阻力就越小，操作起来越顺利。在保定前，应先排空直肠内的粪便，防止整复时排便，污染子宫。

（2）清洗：首先将子宫放在用消毒液浸洗过的塑料布上，用温消毒液将子宫及外阴和尾根区域充分清洗干净，除去其上黏附的污物及坏死组织。黏膜上的小创伤，可涂以抑菌防腐药，大的创伤则要进行缝合。

（3）麻醉：可施荐尾间硬膜外麻醉，但麻醉不宜过深，以免使患畜卧下，妨碍整复。

（4）整复：由于不同动物子宫的大小有差别，整复难易程度也有区别。

①牛的子宫整复：病牛侧卧保定时，可先静脉注射硼葡萄糖酸钙，以减少瘤胃鼓气。由两助手用布将子宫兜起提高，使它与阴门等高，然后整复。在确证子宫腔内无肠管和膀胱时，为了掌握子宫，并避免损伤子宫黏膜，也可用长条消毒巾把子宫从下至上缠绕起来，由一助手将它托起，整复时一面松解缠绕的布条，一面把子宫推入产道。整复时应先从靠近阴门的部分开始，亦可以从下部开始，但都必须趁患畜不努责时进行，而且在努责时要把送回的部分紧紧顶压住，防止再脱出来。为保证子宫全部复位，可向子宫内灌注 9～10L 热水，然后导出。整复完后，向子宫内放大剂量抗生素或其他防腐抑菌药物，并注射促进子宫收缩药物。

②猪的子宫整复：猪脱出的子宫角很长，不易整复。如果脱出的时间短，或猪的体型大，可在脱出的一个子宫角尖端的凹陷内灌入淡消毒液，并将手伸入其中，先把此角尖端塞回阴道中后，剩余部分就能很快被送回去；用同法处理另一子宫角。如果脱出时间已久，子宫颈收缩，子宫壁变硬，或猪体型小，手无法伸入子宫角中，整复时可先在近阴门处隔着子宫壁将脱出较短的一个角的尖端向阴门内推压，使其通过阴门。

③犬的子宫整复：对于发现及时且子宫脱出不严重的病例，只需整复，不需内固定。可采用粗细合适、一端钝圆的胶皮管或圆管从阴道进行整复。抬高犬的后躯，术者左手握住脱

出的子宫角，右手持消毒过的胶皮管，钝端涂抹碘甘油，然后轻轻插入子宫角内斜面，向前下方徐徐推进，边推边涂抹碘甘油，到子宫体后将胶管取出。为防止子宫内膜炎的发生，可通过此胶管送入抗生素。对于严重病例，如子宫完全脱出或连同肠管一同脱出，经阴道不易整复的，或者脱出时间较长，黏膜表面损伤严重，强行还纳容易加重损伤的，可进行腹腔切开手术牵引子宫复位。方法是：将犬仰卧保定，在腹正中线的脐部至耻骨前缘之间，腹白线侧方 2～3cm 处，剪毛、消毒，做一切口，将子宫脱出部分涂抹润滑油，找到子宫角内斜面，向前下方徐徐推进，还纳至子宫体内，同时术者伸入手指从腹腔内轻轻牵引子宫至正常位置。另一侧同样操作。最后可对阴门进行纽扣缝合。

2. 预防复发及护理 整复后为防止复发，应皮下或肌肉注射 50～100IU 催产素。为防止患畜努责，也可进行荐尾间硬膜外麻醉，但不宜缝合阴门，以免刺激患畜持续努责，而且缝合后虽能防止子宫脱出，但不能阻止子宫内翻。

3. 脱出子宫切除术 如确定子宫脱出时间已久，无法送回，或者有严重的损伤及坏死，整复后有引起全身感染、导致死亡的危险，可将脱出的子宫切除，以挽救母畜的生命。牛手术预后良好，猪则死亡率较高。下面简述牛脱出的子宫切除法。

患牛站立保定，局部浸润麻醉或后海穴麻醉，常规消毒，用纱布绷带裹尾并系于一侧。

手术可采用以下方法：在子宫角基部作一纵行切口，检查其中有无肠管及膀胱，有则先将它们推回。仔细触诊，找到两侧子宫阔韧带上的动脉，在其前部进行结扎。粗大的动脉需结扎两道，并注意不要把输尿管误认为是动脉。在结扎之下横断子宫阔韧带，断端如有出血应结扎止血。断端先做全层连续缝合，再行内翻缝合，最后将缝合好的断端送回阴道内。另一种方法是：在子宫颈之后，用直径约 2mm 的绳子，外套以细橡皮管，用双套结扎子宫体。为了拉紧扎牢，可在绳的两端缠上木棒加以帮助，但由于多数病例有水肿现象，所以不能充分勒紧。为了补救，可在第一道结扎绳之后，再用缝线穿过子宫壁，做一道贯穿结扎（分割结扎）。然后在距第二道结扎之后 2～3cm 处，把子宫切除。最后检查如不出血，将断端送回阴道内即可。

术后必须注射强心剂并输液。密切注意有无内出血现象。努责剧烈者，可行硬膜外麻醉，或者在后海穴注射 2% 普鲁卡因，防止引起断端再次脱出。术后阴门内常流出少量血液，可用收敛消毒液（如明矾等）冲洗。如无感染，断端及结扎线经过 10 天以后可以自行愈合并脱落。

第四节 胎衣不下

母畜娩出胎儿后，如果胎衣在正常的时限内不能排出，就称为胎衣不下或胎膜滞留（retained fetal membrane，RFM）。各种家畜排出胎衣的正常时间为：马 1～1.5h，猪 1h，羊 4h（山羊较快，绵羊较慢），牛 12h；如果超过以上时间，则表示异常。正常健康奶牛分娩后胎衣不下的发生率在 3%～12% 之间，平均为 7%；羊偶尔发生；猪和犬发生时胎儿和胎膜同时滞留，很少见单独的胎衣不下；马胎衣不下的发生率为 4%，重挽马较多发。

（一）病因

引起胎衣不下的原因很多，主要和产后子宫收缩无力及胎盘未成熟或老化、充血、水肿、发炎、胎盘构造等有关。

1. 产后子宫收缩无力　饲料单纯，缺乏钙、硒以及维生素 A 和维生素 E，消瘦，过肥，老龄，运动不足和干奶期过短等都可导致动物发生子宫弛缓。胎儿过多，单胎家畜怀双胎，胎水过多及胎儿过大，流产、早产、生产瘫痪、子宫捻转、难产后子宫肌疲劳，产后未能及时给仔畜哺乳，致使催产素释放不足，都能影响子宫肌的收缩。

2. 胎盘未成熟或老化　胎盘平均在妊娠期满前 2～5 天成熟，成熟后胎盘发生一些形态结构的变化，有利于胎盘分离；未成熟的胎盘，不能完成分离过程。因此，早产时间越早，胎衣不下的发生率越高。胎盘老化时，母体胎盘结缔组织增生，母体子叶表层组织增厚，使绒毛钳闭在腺窝中，不易分离；胎盘老化后，内分泌功能减弱，使胎盘分离过程复杂化。

3. 胎盘充血和水肿　在分娩过程中，子宫异常强烈收缩或脐带血管关闭太快会引起胎盘充血，使绒毛钳闭在腺窝中。同时还会使腺窝和绒毛发生水肿，不利于绒毛中的血液排出。水肿可延伸到绒毛末端，结果腺窝内压力不能下降，胎盘组织之间持续紧密连接，不易分离。

4. 胎盘炎症　妊娠期间如果胎盘受到各种感染而发生胎盘炎，会引起其结缔组织增生，胎儿胎盘和母体胎盘发生粘连。

5. 胎盘组织构造　牛、羊胎盘属于上皮绒毛膜与结缔组织绒毛膜混合型，胎儿胎盘与母体胎盘联系比较紧密，这是胎衣不下多见于牛、羊的主要原因。马、猪的胎盘为上皮绒毛膜型胎盘，故胎衣不下发生较少。

6. 其他原因　除上述主要原因外，胎衣不下还和下列因素有关，如畜群结构、年度及季节、遗传因素、饲养管理失宜、激素紊乱、胎衣受子宫颈或阴道隔的阻拦、剖腹产时误将胎膜缝在子宫壁切口上、母体对胎儿性主要组织相容性复合物出现耐受性等。有时，胎衣不下只由一种原因引起，而有时是多种因素综合作用的结果。

（二）症状

胎衣不下分为胎衣部分不下及胎衣全部不下两种类型。

牛和绵羊对胎衣不下不是很敏感，山羊较敏感，猪的敏感性居中，马和犬则很敏感。

牛发生胎衣不下时（图 8-7），常常表现拱背和努责，如努责剧烈，可能发生子宫脱出。胎衣在产后 1 天之内就开始变性分解，从阴道排出污红色恶臭液体，患畜卧下时排出量较多。排出胎衣的过程一般为 7～10 天，长者可达 12 天。由于感染及腐败胎衣的刺激，病畜会发生急性子宫炎。胎衣腐败分解产物被吸收后则会引起全身症状。胎衣部分不下通常仅在恶露排出时间延长时才被发现，所排恶露的性质与胎衣完全不下时相同，仅排出量较少。

羊发生胎衣不下时的临床症状与牛大致相似。

马发生胎衣不下时，一般在产后超过半天就会出现全身症状，病程发展很快，临床症状严重，有明显的发热反应。

猪的胎衣不下多为部分不下，并且多位于子宫角最前端，触诊不易发现。患猪表现出不安，体温升高，食欲降低，泌乳减少，喜喝水。阴门内流出红褐色液体，内含胎衣碎片。为了及早发现胎衣不下，产后需检查排出的胎衣上的脐带断端数目是否与胎儿数目相符。

犬很少发生胎衣不下，偶尔见于小品种犬。犬

图 8-7　胎衣不下
病牛阴门悬吊部分胎衣，大部分仍滞留于子宫

在分娩的第二产程排出黑绿色液体，待胎衣排出后很快转变为排出血红色液体。如果犬在产后12h内持续排出黑绿色液体，就应怀疑发生了胎衣不下。如12～24h胎衣没有排出，就会发生急性子宫炎，出现中毒性全身症状。

（三）治疗

胎衣不下的治疗原则是：尽早采取治疗措施，防止胎衣腐败吸收，促进子宫收缩，局部和全身抗菌消炎，在条件适合时剥离胎衣。胎衣不下的治疗方法很多，概括起来可以分为药物疗法和手术疗法两大类。

1. 药物疗法 在确诊胎衣不下之后要尽早进行药物治疗。

（1）子宫腔内投药：向子宫腔内投放四环素族、土霉素、其他抗生素或磺胺类，起到防止腐败、延缓溶解的作用，然后等待胎衣自行排出。药物应投放到子宫黏膜与胎衣之间，隔日投药1次，共1～3次。子宫颈口如果已经缩小，则可先肌肉注射苯甲酸雌二醇，使子宫颈口开放，排出腐败物，然后再放入防止感染的药物。

（2）肌肉注射抗生素：在胎衣不下的早期阶段，常常采用肌肉注射抗生素的方法。当出现体温升高、产道创伤等情况时，还应根据临床症状的轻重缓急，增大药量，或改为静脉注射，并配合使用支持疗法。特别是对于小家畜，全身用药是治疗胎衣不下必不可少的措施。

（3）促进子宫收缩：为加快排出子宫内已腐败分解的胎衣碎片和液体，可先肌肉注射苯甲酸雌二醇（牛、羊、猪分别注射20mg、3mg和10mg），1h后肌肉或皮下注射催产素（牛50～100IU，猪、羊5～20IU，马40～50IU），2h后重复一次。这类制剂应在产后尽早使用，对分娩后超过24h或难产后继发子宫弛缓者，效果不佳。除催产素外，尚可应用麦角新碱，牛5～2mg，猪、羊0.5～1.0mg，皮下注射。麦角新碱比催产素的作用时间长，但不能与催产素联用。

2. 手术疗法 即徒手剥离胎衣，原则是：容易剥则坚持剥，否则不可强剥，患急性子宫内膜炎或体温升高者，不可剥离。马胎衣不下超过24h就应进行剥离，牛最好到产后72h进行剥离。剥离胎衣应做到快（5～20min内剥完）、净（无菌操作，彻底剥净）、轻（动作要轻，不可粗暴），严禁损伤子宫内膜。

徒手剥离胎衣是一种治疗胎衣不下的传统方法，目前仍不失其临床应用价值。但应注意，胎衣即使是正常脱落，子宫内膜上仍然残留一些胎衣上的绒毛；在手术剥离时，存留的绒毛更多。特别是强行剥离时，实际上绒毛的一部分较大的分支是被拔出来的，其断端仍遗留在子宫内膜中。这个过程极易损伤子宫内膜及腺窝上皮，甚至造成感染。

（1）术前准备：在大家畜，术者穿戴长靴及围裙，清洗母畜的外阴及其周围，并按常规消毒。用绷带包缠病畜的尾根，拉向一侧系于颈部。如果操作方便，术者可戴上长臂手套，否则手臂除按常规消毒外，应涂擦0.1％碘酒加以鞣化，然后涂油保护。手上如有伤口，应注意防止受到感染。为了避免胎衣粘在手上妨碍操作，可向子宫内灌入10％盐水1 000～1 500mL。如努责剧烈，可在荐尾间隙注射2％普鲁卡因15mL。

（2）手术方法：由于动物体格大小和胎盘的构造不同，所采用的方法亦有所不同。

①牛胎衣的剥离：首先将阴门外悬吊着的胎衣理顺，并轻拧几圈后握于左手，右手沿着它伸进子宫进行剥离（图8-8）。剥离要按顺序，由近及远螺旋前进，并且先剥完一个子宫角，再剥另一个。在剥胎衣的过程中，左手要把胎衣扯紧，以便顺着它去找尚未剥离的胎盘，达到子宫角尖端时更要这样做。为防止已剥出的胎衣过于沉重把胎衣拽断，可先剪掉一

部分。位于子宫角尖端的胎盘最难剥离，一方面是空间过小妨碍操作，再一方面是手的长度不够。这时可轻拉胎衣，使子宫角尖端向后移或内翻以便于剥离。在母体胎盘与其蒂交界处，用拇指及食指捏住胎儿胎盘的边缘，轻轻将它自母体胎盘上撕开一点，或者用食指尖把它抠开一点。再将食指或拇指伸入胎儿胎盘与母体胎盘之间，逐步把它们分开，剥得越完整效果越好。辨别一个胎盘是否剥过的依据是：剥过的胎盘表面粗糙，不和胎膜相连；未剥过的胎盘和胎膜相连，表面光

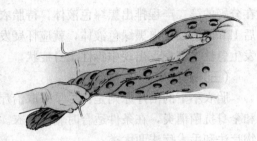

图 8-8　牛胎衣的剥离
（引自 Peter G G Jackson，Handbook of veterinary obstetrics，2nd ed，2004）

滑。如果一次不能剥完，可在子宫内投放抗菌防腐药物，等 1～3 天再剥或留下让其自行脱落。

②羊胎衣的剥离：羊的阴门和阴道较小，只有手小的人才能进行胎衣剥离。如果将手勉强伸入子宫，不但不易进行剥离操作，反而有损伤产道的危险。剥离时，手伸入子宫，由近及远，先用中指和拇指捏挤子叶的蒂，然后设法剥离盖在子叶上的胎膜。为了便于剥离，事先可用手指捏挤子叶。

③马胎衣的剥离：用左手拉紧露在阴门外的胎衣，右手顺着进入子宫，手指并拢，手掌平伸入子宫黏膜与绒毛膜之间，用手指尖或手掌边缘向胎膜侧方轻轻用力向前伸入，即可将绒毛膜从子宫黏膜上分离下来（图 8-9）。破口边缘很软，需仔细触诊才能摸清楚。另一办法是将手伸进胎膜囊中，轻轻按摩尚未分离的部位，使胎衣脱离。当子宫体部分的尿膜绒毛膜

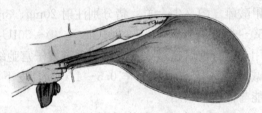

图 8-9　马胎衣的剥离
（引自 Peter G G Jackson，Handbooks of veterinary obstetrics，2nd ed，2004）

剥下之后，其他部分可随之而出，因为粘连往往仅限于这一部分。此外，也可以拧紧露在外面的胎衣，然后把手沿着它伸入子宫，找到脐带根部，握住后轻轻扭转拉动，这样绒毛即逐渐脱离腺窝，使胎衣完全脱落下来。马部分胎衣不下时，应仔细检查已脱落的胎衣，确定未下的是哪一部分，然后在子宫找到相应部位将它剥下来。如果不能一次将胎衣全部剥离，可继续进行抗生素疗法和支持疗法，等待 4～12h 后再试行剥离。

④猪胎衣的剥离：猪剥离胎衣的关键是对时间的把握，剥离过早，子宫内膜易出血，剥离过晚，胎衣腐败分解，不利于手术操作。所以，剥离时间的选择是：夏季产后48h 左右，冬季产后72h 左右，并且体温不超过39.4℃。对高烧的母猪要退烧后才能进行剥离手术。剥离时，先向子宫内注入10％氯化钠溶液100mL，术者左手握住阴门外脱出胎衣并加以捻转，随即将右手沿胎衣和阴道壁伸向子宫，先剥离子宫体胎盘，再逐渐向子宫角尖端剥离，同时左手边捻转边轻轻向外拉，促使子宫角上升，使手指到达子宫角进行剥离，最后将胎衣全部剥离。

⑤犬胎衣的剥离：当怀疑犬发生胎衣不下时，可伸一手指进入病犬阴道内探查，找到脐带后轻轻向外牵拉，在多数情况下这样就可将胎衣取出。也可以用包有纱布或药棉的镊子在阴道中旋转，将胎衣缠住取出。在小型犬，通过腹壁触诊感觉到子宫内有一个纺锤形的团块，就可做出诊断，此时将病犬前身提起加大腹腔压力，按摩腹壁，也可能使胎衣排出。无

效时，可间隔几小时重复一次。一旦上述尝试均告失败，就需及早进行剖腹术。胎衣剥离完毕后，用虹吸管将子宫内的腐败液体吸出，并向子宫内投放抗菌防腐药物，每天或隔天一次，持续 1～3 次。

（四）预防

给怀孕母畜饲喂富含多种矿物质和维生素的饲料。舍饲奶牛要有一定的运动时间和干奶期。产前 1 周要减少精料，搞好产房的卫生消毒工作。分娩后让母畜舔仔畜身上的羊水，并尽早挤奶或让仔畜吮乳。分娩后，特别是在难产后应立即注射催产素或钙制剂，避免使产畜饮用冷水。

第五节　奶牛生产瘫痪

奶牛生产瘫痪（parturient paresis of the cow）亦称乳热症（milk fever）或奶牛低钙血症（hypocalcemia of the cow），是奶牛分娩前后突然发生的一种严重的代谢性疾病，其特征是低血钙、全身肌肉无力、知觉丧失及四肢瘫痪。

奶牛生产瘫痪主要发生于饲养良好的高产奶牛，而且出现于一生中产奶量最高时期(5～8 岁)，但第 2～11 胎也有发生。奶牛中以娟姗牛多发，初产母牛则几乎不发生此病。此病大多数发生在顺产后的 3 天内（多发生在产后 12～48h），少数则在分娩过程中或分娩前数小时发病，极少数在分娩后数周或妊娠末期发病。

本病为散发的，然而个别牛场的发病率可高达 25%～30%。治愈的母牛下次分娩亦可能再次发病。此外，该病可导致患牛难产、胎衣不下和生殖道感染等围产期疾病。因此，应当及时发现，及时治疗。

（一）病因

奶牛生产瘫痪的发病机理不完全清楚，目前有两种说法，大多数人认为分娩前后血钙浓度剧烈降低是本病发生的主要原因，也有人认为可能是由于大脑皮质缺氧所致。

1. 低血钙　虽然所有母牛产犊之后血钙水平都普遍降低，但患本病的母牛下降得更为显著。根据测定，产后健康牛的血钙浓度为 0.08～0.12mg/mL，平均为 0.1mg/mL 左右；病牛则下降至 0.03～0.07mg/mL，同时血磷及血镁含量也减少。目前认为，生产瘫痪的发生可能是下列一种因素单独作用或几种因素共同作用的结果。

（1）分娩前后大量血钙进入初乳且动用骨钙的能力降低，是引起血钙浓度急剧下降的主要原因。干奶期中母牛甲状旁腺的功能减退，分泌的甲状旁腺激素减少，因而动用骨钙的能力降低；妊娠末期不变更饲料配合，特别是饲喂高钙日粮的母牛，血液中的钙浓度增高，刺激甲状腺分泌大量降钙素，同时也使甲状旁腺的功能受到抑制，导致动用骨钙的能力进一步降低。因此，分娩后大量血钙进入初乳时，血液中流失的钙含量不能迅速得到补充，致使血钙含量急剧下降而发病。

（2）分娩前后从肠道吸收的钙量减少，也是引起血钙含量降低的原因之一。妊娠末期胎儿迅速增大，胎水增多，妊娠子宫占据腹腔大部分空间，挤压胃肠器官，影响其活动，降低消化机能，致使从肠道吸收的钙量显著减少。分娩时雌激素水平增高，食欲降低，也影响消化道对钙的吸收量。

（3）牛患生产瘫痪时常并发血镁浓度降低，而镁在钙代谢途径的许多环节中具有调节作用。血镁浓度低时，机体从骨骼中动员钙的能力降低，因此低血镁时，生产瘫痪的发病率高，特别是产前饲喂高钙饲料，以致分娩后血镁浓度过低而妨碍机体从骨骼中动员钙，难以维持血中钙浓度，从而发生生产瘫痪。

2. 大脑皮质缺氧 有报道认为，本病为一时性脑贫血所致的脑皮质缺氧，脑神经兴奋性降低的神经性疾病，而低血钙则是脑缺氧的一种并发症。

分娩后为生乳的需要，乳房迅速增大，机体血量的20%以上流经乳房；泌乳期肝的体积增大，新陈代谢增强，正常可以储存机体20%血量的肝脏储血量更多，借以保证来自消化道的物质转化为生成乳汁的原料；排出胎儿后腹压突然下降，腹腔的器官被动充血。上述血流量的重新分配造成了一时性脑贫血、缺氧。中枢神经系统对缺氧极度敏感，一旦脑皮质缺氧，即表现出短暂的兴奋（不易观察到）和随之而来的功能丧失的症状。这些症状和生产瘫痪症状的发展过程极其吻合。

（二）症状

牛发生生产瘫痪时，表现的症状不尽相同，有典型的与非典型（轻型）两种。

1. 典型症状 病程发展很快，从开始发病至出现典型症状，整个过程不超过12h。病初通常是食欲减退或废绝，反刍、瘤胃蠕动及排粪、排尿停止，泌乳量降低；精神沉郁，表现轻度不安；不愿走动，后肢交替负重，后躯摇摆，好似站立不稳，四肢（有时是身体其他部分）肌肉震颤。有些病例则出现惊慌、哞叫、目光凝视等兴奋和敏感症状；头部及四肢肌肉痉挛，不能保持平衡。开始时鼻镜干燥，四肢及身体末端发凉，皮温降低，脉搏则无明显变化。不久，出现意识抑制和知觉丧失的特征症状。病牛昏睡，眼睑反射微弱或消失，瞳孔散大，对光线照射无反应，皮肤对疼痛刺激也无反应。肛门松弛、反射消失。心音减弱，速率增快，每分钟可达80～120次；脉搏微弱，勉强可以摸到；呼吸深慢，听诊有啰音；有时发生喉头及舌麻痹，舌伸出口外不能自行缩回，呼吸时出现明显的喉头呼吸声。病畜四肢屈于躯干下，头向后弯到胸部一侧（图8-10）。

体温降低也是生产瘫痪的特征症状之一。病初体温可能仍在正常范围之内，但随着病程发展，体温逐渐下降，最低可降至35～36℃。

2. 非典型症状 呈现非典型（轻型）症状的病例较多，产前及产后较长时间发生的生产瘫痪多表现为非典型症状，其症状除瘫痪外，主要特征是头颈姿势不自然，由头部至鬐甲呈一轻度的S状弯曲（图8-11）。病牛精神极度沉郁，但不昏睡，食欲废绝。各种反射

图8-10 典型奶牛生产瘫痪
病牛卧地不起，头颈弯向体侧
（引自陈怀涛，兽医病理学原色图谱，2008）

图8-11 非典型奶牛生产瘫痪
病牛卧地，头颈至鬐甲部呈S形弯曲
（引自陈怀涛，兽医病理学原色图谱，2008）

减弱,但不完全消失。病牛有时能勉强站立,但站立不稳,且行动困难,步态摇摆。体温一般正常或不低于37℃。

(三) 诊断

诊断奶牛生产瘫痪的主要依据是病牛为3～6胎的高产母牛,刚刚分娩不久(绝大多数在产后3天之内),并出现特征的瘫痪姿势及血钙含量降低(一般在0.08mg/mL以下,多为0.02～0.05mg/mL)。如果乳房送风疗法有良好效果,便可做出确诊。

非典型的生产瘫痪必须与奶牛酮血病进行鉴别诊断。酮血病虽然有半数左右也发生在产后数天,但在泌乳期间的任何时间都可发生,妊娠末期也可发病。酮血病患畜的奶、尿及血液中丙酮含量增多,呼出的气体有丙酮气味。另外,酮血病对钙疗法,尤其是对乳房送风疗法没有反应。

如果同时发生酮病和生产瘫痪,诊断就比较困难。如果用上述方法治疗生产瘫痪有效,但患畜仍不能很好采食,此时应检查有无酮病。伴有早期生产瘫痪的神经型酮病病牛,表现为肌肉震颤、步态蹒跚,行走类似麻醉和酒醉,随后倒地,并可能出现感觉过敏和惊厥。

产后截瘫与生产瘫痪的区别是除后肢不能站立以外,病牛的其他情况,如精神、食欲、体温、各种反射、粪尿等均无异常。

(四) 病程及预后

奶牛生产瘫痪的病程进展很快,如不及时治疗,有50%～60%的病畜在12～48h内死亡。在分娩过程中或产后不久(6～8h以内)发病的母牛,病程进展更快,病情也较严重,个别牛可在发病后数小时内死亡。如果治疗及时而且正确,90%以上的病牛可以痊愈或好转。有的病例治愈后可能复发,复发者预后较差。

(五) 防治

静脉注射钙剂或乳房送风是治疗生产瘫痪最有效的常用疗法,治疗越早,疗效越高。

1. 静脉注射钙剂　最常用的是硼葡萄糖酸钙溶液(葡萄糖酸钙溶液中加入4%的硼酸,以提高葡萄糖酸钙的溶解度和稳定性),一般为静脉注射20%～25%硼葡萄糖酸钙500mL。如无硼葡萄糖酸钙溶液,可改用市售的10%葡萄糖酸钙注射液,但剂量应加大,也可按每千克体重20mg纯钙的剂量注射。静脉补钙的同时,肌肉注射5～10mL维丁胶性钙有助于钙的吸收和减少复发率。注射后6～12h病牛如无反应,可重复注射;但最多不得超过3次,而且继续注射可能发生不良后果。使用钙剂的量过大或注射的速度过快,可使心率增快和节律不齐,一般注射500mL溶液至少需要10min的时间。

2. 乳房送风疗法　本法至今仍然是治疗牛生产瘫痪最有效和最简便的疗法,特别适用于对钙疗法反应不佳或复发的病例。其缺点是技术不熟练或消毒不严时,可引起乳腺损伤和感染。

乳房送风疗法的原理是在打入空气后,乳房内的压力随即上升,乳房的血管受到压迫,因此流入乳房的血液减少,随血流进入初乳而丧失的钙也减少,血钙水平(也包括血磷水平)回升。与此同时,全身血压也升高,可以消除脑的缺血和缺氧状态,使其调节血钙平衡的功能得以恢复。另外,向乳房打入空气后,乳腺的神经末梢受到刺激并传至大脑,可提高脑的兴奋性,解除其抑制状态。

向乳房内打入空气需用乳房送风器(图8-12),使用之前应将送风器的金属筒消毒并在其中放置干燥消毒棉花,以便滤过空气,防止感染。没有乳房送风器时,也可利用大号连续注射器或普通打气筒，但过滤空气和防止感染比较困难。

打入空气之前，使牛侧卧，挤净乳房中的积乳并给乳头消毒，然后将消过毒而且在尖端涂有少许润滑剂的乳导管插入乳头管内，注入青霉素 10 万 IU 及链霉素 0.25g（溶于 20～40mL 生理盐水内）。四个乳区均应打满空气。打入的空气量以乳房皮肤

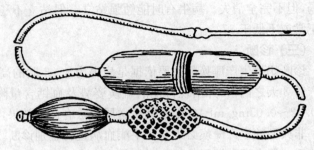

图 8-12　乳房送风器
（引自甘肃农业大学，兽医产科学，第二版，1988）

紧张，乳腺基部的边缘清楚并且变厚，同时轻敲乳房呈现鼓响音时为宜。应当注意，打入的空气不够，不会产生效果。打入空气过量，可使腺泡破裂，发生皮下气肿。打气之后，用宽纱布条将乳头轻轻扎住，防止空气逸出。待病畜起立后，经过 1h，将纱布条解除。扎勒乳头不可过紧及过久，也不可用细线结扎。

3. 其他疗法　用钙剂治疗疗效不明显或无效时，也可考虑应用胰岛素和肾上腺皮质激素，同时配合应用高糖和 2%～5% 碳酸氢钠注射液。对怀疑血磷及血镁浓度也降低的病例，在补钙的同时静脉注射 40% 葡萄糖溶液和 15% 磷酸钠溶液各 200mL 及 25% 硫酸镁溶液50～100mL。

4. 预防　在干奶期中，最迟从产前 2 周开始，给母牛饲喂低钙高磷饲料，减少从日粮中摄取的钙量，是预防生产瘫痪的一种有效方法。应用维生素 D 制剂也可有效地预防生产瘫痪，可在分娩后立即一次肌肉注射 10mg 双氢速甾醇；分娩前 8～2 天，一次肌肉注射维生素 D_2 1 000 万 IU，或按每千克体重 2 万 IU 的剂量应用。如果用药后母牛未产犊，则每隔 8 天重复注射一次，直至产犊为止。

第六节　犬产后低钙血症

母犬产后低钙血症（puerperal hypocalcemia of the bitch）也称为产后癫痫、产后子痫或产后痉挛等，是以低血钙和运动神经异常兴奋而引起的肌肉痉挛为特征的严重代谢性疾病。多发于产后 1～3 周的产仔数较多或体型较小的母犬。

（一）病因

母犬怀孕前、中期，日粮中缺少含钙的食物和维生素 D。妊娠阶段，随着胎儿的发育，其骨骼形成过程中母体的钙被胎儿大量利用。哺乳阶段，血液中大量的钙质进入母体的乳汁中，大大超出母体的补偿能力，从而使肌肉兴奋性增高，出现全身性肌肉痉挛症状。

（二）症状

根据病情的轻重缓急和病程长短，可分为急性和慢性两种。

1. 急性型　病犬初步态蹒跚，共济失调，很快四肢僵硬，后肢尤为明显。表现不安，全身肌肉强直性痉挛。站立不稳，随后倒地，四肢呈游泳状，口角和颜面部肌肉痉挛等。重症者狂叫，全身肌肉发生阵发性抽搐，头颈后仰，体温 41.5℃ 以上，脉搏每分钟 130～145 次。呼吸急促，眼球上下翻动，口不断开张闭合，甚至咬伤舌面，唾液分泌量明显增加，口

角附着白色泡沫或唾液不断流出口外。

2. 慢性型　有的病犬后肢乏力，迈步不稳，难以站立，呼吸略急促，流涎。有的肌肉轻微震颤，张口喘气，乏食，嗜睡；有的伴有呕吐、腹泻，体温在 38~39.5℃ 之间。

（三）诊断

本病主要根据犬的病史，结合临床症状进行诊断，确诊需要在实验室检查血液中钙的含量。如果血清钙含量 7mg/100mL 以下（正常为 9~11.5mg/100mL），则可诊断为本病。

（四）治疗

本病的治疗原则是尽早补充钙剂，防止钙质流失，对症治疗。

静脉缓慢注射 10％葡萄糖酸钙是十分有效的疗法。一般在滴注钙的一半量后大部分病犬的症状可得到缓解，输入全量钙后症状即可消除。

用 10％葡萄糖酸钙 20~40mL 及 25％硫酸镁 2~5mL 溶于 200mL 生理盐水或林格氏液中缓慢静脉滴注。为防止继发感染可用氨苄西林 1~3g 静脉注射。体温高者可用安乃近2~4mL 肌肉注射。母犬发病后应尽早隔离幼犬，施行人工哺乳，以改善母犬营养，促进恢复，防止复发。

第七节　奶牛产后截瘫

奶牛产后截瘫（puerperal paraplegia of the cow）是指在分娩的过程中由于后躯神经受损，或者由于钙、磷及维生素 D 不足而导致母畜产后后躯不能起立。

（一）病因

常见原因是难产时间过长，或强力拉出胎儿，使坐骨神经及闭孔神经受到胎儿躯体的粗大部分（如头和前肢、肩胛围、骨盆围）长时间压迫和挫伤，引起麻痹；或者使荐髂关节韧带剧伸、骨盆骨折及肌肉损伤，因而母畜产后不能起立。这些损伤发生在分娩过程中，但产后才发现瘫痪症状。

饥饿及营养不良，缺乏钙、磷等矿物质及维生素 D，阳光照射不足，也可导致产后截瘫。

（二）症状

病牛分娩后，体温、呼吸、脉搏及食欲、反刍等均无明显异常。皮肤痛觉反射也正常，但后肢不能起立，或后肢站立困难，行走时有跛行症状。症状的轻重依损伤部位及程度而异。闭孔神经由第四、五腰神经发出，经髂骨体内侧进入闭孔前部，分布于闭孔外肌、耻骨肌、内收肌及股薄肌；故一侧闭孔神经受损，同侧内收肌群就麻痹，病畜虽仍可站立，但患肢外展，不能负重；行走时患肢亦外展，膝部伸向外前方，膝关节不能屈曲，跨步较正常大，容易跌倒。两侧闭孔神经麻痹，则两后肢强直外展，不能站立；若将病畜抬起，把两后肢扶正，虽能勉强站立，但向前移动时，由于两后肢强直外展，而立即倒地。

（三）诊断

本病在分娩后发生。结合病史，如果动物其他部位反射正常，只是后躯不能站立即可做出诊断。在临床上应与生产瘫痪进行鉴别诊断。

（四）防治

治疗产后截瘫要经过很长时间才能看出效果，所以加强护理特别重要。病牛如能勉强站立，或仅一侧神经麻痹，每天可将其抬起数次，或用吊床吊起，帮助其站立（图 8-13）。对神经麻痹引起的瘫痪患畜，可以采用针灸疗法。根据患病部位，针刺或电针刺激相应的穴位，与此同时可在腰荐区域试用醋灸。

（五）预后

症状轻、能站立的患畜，预后良好。如能及时治疗，效果也好。症状严重，不能站立的患畜，预后要谨慎，因为病程常拖延数周，长期爬卧易发生褥疮，最后导致全身感染和败血症而死亡。因此，治疗半个月不见好转的病例，预后不佳。

图 8-13　吊起截瘫牛的方法
（引自 Peter G G Jackson，Handbooks of veterinary obstetrics，2nd ed，2004）

第八节　产后感染

产后感染（puerperal infection）是指动物在分娩过程中以及分娩后，由于其子宫及软产道可能有程度不同的损伤，加之产后子宫颈开张、子宫内滞留恶露以及胎衣不下等给微生物的侵入和繁殖创造了条件，从而引起的感染。

引起产后感染的微生物很多，但主要的是化脓放线菌、链球菌、溶血性葡萄球菌及大肠杆菌，偶尔有梭状芽胞杆菌。

产后感染的病理过程是受到侵害的部位或其邻近器官发生各种急性炎症，甚至坏死；或者感染扩散，引起全身性疾病。常见的产后感染有急性阴门炎及阴道炎、急性子宫内膜炎、产后败血病等。

一、产后阴门炎及阴道炎

在正常情况下，母畜阴门闭合，阴道壁黏膜紧贴在一起，将阴道腔封闭，阻止外界微生物侵入，抑制阴道内细菌的繁殖。当阴门及阴道发生损伤时，细菌即侵入阴道组织，引起产后阴门炎及阴道炎（puerperal vulvitis and vaginitis）。本病多发生于反刍家畜，也可见于马，猪则少见。

（一）病因

微生物通过各种途径侵入阴门及阴道组织，是发生本病的常见原因。特别是在初产奶牛和肉牛，产道狭窄，胎儿通过时困难或强行拉出胎儿，使产道受到过度挤压或裂伤；难产助产时间过长或受到手术助产的刺激，阴门炎及阴道炎更为多见。少数病例是由于用高浓度、强刺激性防腐剂冲洗阴道或是坏死性厌氧丝杆菌感染而引起的坏死性阴道炎。

（二）症状

由于损伤及发炎程度不同，表现的症状也不完全一样。

黏膜表层受到损伤而引起的发炎，无全身症状，仅见阴门内流出黏液性或黏液脓性分泌物，尾根及外阴周围常黏附有这种分泌物的干痂。阴道检查，可见黏膜微肿、充血或出血，黏膜上常有分泌物黏附。

黏膜深层受到损伤时，病畜拱背，尾根举起，努责，并常做排尿动作。有时在努责之后，从阴门中流出污红、腥臭的稀薄液体。有时见到创伤、糜烂和溃疡。阴道前庭发炎者，往往在黏膜上可以见到结节、疮疹及溃疡。全身症状表现为有时体温升高，食欲及泌乳量稍降低。

（三）治疗

当炎症轻微时，可用温防腐消毒液冲洗阴道，如 0.1% 高锰酸钾溶液、0.5% 苯扎溴铵或生理盐水等。阴道黏膜剧烈水肿及渗出液多时，可用 1%～2% 明矾或鞣酸溶液冲洗。对阴道深层组织的损伤，冲洗时必须防止感染扩散。冲洗后，可注入防腐抑菌的乳剂或糊剂，连续数天，直至症状消失为止。

二、产后子宫内膜炎

产后子宫内膜炎（puerperal endometritis）为子宫内膜的急性炎症。常发生于分娩后的数天之内，如果不及时治疗，炎症易于扩散，引起子宫浆膜层及子宫周围组织的炎症，并常转为慢性过程，最终导致长期不孕。本病常见于牛、马，羊和猪也有发生。

（一）病因

分娩时或产后期中，微生物可以通过各种感染途径侵入。当母畜产后首次发情（马 5～12 天，牛 12～18 天）时，子宫可排除其腔内的大部分或全部感染细菌。而首次发情延迟或子宫弛缓不能排出感染细菌的动物，可能发生子宫炎。尤其是在发生难产、胎衣不下、子宫脱出、流产或当猪的死胎遗留在子宫内时，使子宫弛缓、复旧延迟，均易引起子宫发炎。患布鲁菌病、沙门菌病、媾疫以及其他许多侵害生殖道的传染病或寄生虫病的母畜，子宫及其内膜原来就存在慢性炎症，分娩之后由于抵抗力降低及子宫损伤，可使病程加剧，转为急性炎症。

（二）症状

致病微生物在未复旧的子宫内繁殖，一旦其产生的毒素被吸收，将引起严重的全身症状，有时出现败血症或脓毒血症，全身症状明显。病畜频频从阴门排出少量黏液或黏液脓性分泌物；重者分泌物呈污红色或棕色，且带有臭味，卧下时排出量增多。

阴道检查所见变化不明显，子宫颈稍开张，有时可见胎衣或有分泌物排出。阴门及阴道肿胀并高度充血。子宫探查时，可引起患牛高度不安和持续性努责。直肠检查，感到子宫角比正常产后期的大，壁厚，子宫收缩反应减弱。

（三）治疗

主要是应用抗菌消炎药物，防止感染扩散，清除子宫腔内渗出物并促进子宫收缩。

对胎衣不下者应轻轻牵拉露在外面的胎衣，将胎衣除掉，但禁止用手探查子宫和阴道，因为此时子宫壁质地脆并含有大量的腐败物质。粗暴地清除胎衣，甚至轻微地探查阴道和子宫，都会引起严重损伤和毒素的吸收。如果患牛出现强烈、持续努责，可用硬膜外麻醉缓解。

对病畜应用广谱抗生素全身治疗及其他辅助治疗。可直接向子宫内注入或投放抗菌药物。用温热的、非刺激性的消毒液冲洗子宫，反复冲洗几次，尽可能将子宫腔内容物冲洗干净。各种家畜常用的子宫冲洗液有：0.10%高锰酸钾溶液、0.10%依沙吖啶溶液、0.01%~0.05%苯扎溴铵溶液等。对伴有严重全身症状的病畜，为了避免引起感染扩散使病情加重，禁止冲洗疗法。

为了促进子宫收缩，排出子宫腔内容物，可静脉内注射 50IU 催产素，也可注射麦角新碱、$PGF_{2\alpha}$ 或其类似物。应禁止使用雌激素，因为它可增加子宫的血液流量，从而加速细菌毒素的吸收。

三、产后败血病和脓毒血病

产后败血病和脓毒血病（puerperal septicemia and pyemia）是产后感染后局部炎症扩散而继发的严重全身性感染疾病。产后败血病的特点是细菌进入血液并产生毒素；脓毒血症的特征是静脉中有血栓形成，以后血栓受到感染，化脓软化，并随血流进入其他器官和组织中，发生迁移性脓性病灶或脓肿。有时二者同时发生。此病在各种家畜均可发生，但败血病多见于马和牛，脓毒血病主要见于牛、羊。

（一）病因

本病通常是由于难产、胎儿腐败或助产不当，软产道受到创伤和感染而发生的；也可能是由严重的子宫炎、子宫颈炎及阴道阴门炎引起的。胎衣不下、子宫脱出、子宫复旧延迟以及严重的脓性坏死性乳腺炎有时也可继发此病。

病原菌通常是溶血性链球菌、葡萄球菌、化脓棒状杆菌和梭状芽胞杆菌，而且常为混合感染。

（二）症状及病程

产后败血病的病程及转归在各种家畜有很大的差异。马、驴的败血病大多数是急性的，通常在产后 1 天左右发病，如不及时治疗，病畜往往经过 2~3 天后死亡。牛的急性病例较少，亚急性者居多。亚急性病例如能得到及时治疗，一般均可痊愈，但常遗留慢性子宫疾病或其他实质器官疾病。在急性病例，如果延误治疗，病牛也可在发病后 2~4 天内死亡。羊的病例大多为急性，猪的多半是亚急性的。

产后败血病发病初期，体温突然上升至 40~41℃，四肢末端及两耳变凉。临近死亡时，体温急剧下降，且常发生痉挛。整个病程中出现稽留热是败血病的一种特征症状。体温升高的同时，病畜精神极度沉郁。病牛常卧下、呻吟、头颈弯于一侧，呈半昏迷状态；反射迟钝，食欲废绝，反刍停止，但喜饮水。泌乳量骤减，2~3 天后完全停止泌乳。眼结膜充血，且微带黄色，病的后期结膜发绀，有时可见小出血点。脉搏微弱，90~120 次/min，呼吸浅快。病畜往往还表现腹膜炎的症状，出现腹泻，粪中带血，常从阴道内流出少量带有恶臭的污红色或褐色液体，内含组织碎片。

产后脓毒血病的临床症状表现常不一致，但也都是突然发生的。在开始发病及病原微生物转移、引起急性化脓性炎症时，体温升高 1~1.5℃；待脓肿形成或化脓灶局限化后，体温又下降，甚至恢复正常。在整个患病过程中，体温呈现时高时低的弛张热型。脉搏常快而弱，马、牛可达 90 次/min 以上。大多数病畜的四肢关节、健鞘、肺脏、肝脏及乳房发生迁徙性脓肿。

（三）防治

治疗原则是处理病灶，消灭侵入体内的病原微生物和增强机体的抵抗力。因为本病的病程发展急剧，所以治疗必须及时。

对生殖道的病灶，可按子宫内膜炎及阴道炎治疗或处理，但绝对禁止冲洗子宫，并需尽量减少对子宫和阴道的刺激，以免炎症扩散，使病情加剧。为了促进子宫内聚集的渗出物迅速排出，可以使用催产素、前列腺素等。

及时全身应用抗生素及磺胺类药物，抗生素的用量要比常规剂量大，并连续使用，直至体温降至正常 2～3 天后为止。可以静脉注射头孢氨苄、环丙沙星，或肌肉注射恩诺沙星等。磺胺类药物中以选用磺胺二甲嘧啶及磺胺嘧啶较为适宜，首次使用剂量加倍。

为了增强机体的抵抗力，促进血液中有毒物质排出和维持电解质平衡，防止组织脱水，可静脉注射葡萄糖液和盐水；补液时添加 5%碳酸氢钠溶液及维生素 C，同时肌肉注射复合维生素 B。另外，根据病情还可以应用强心剂、子宫收缩剂等。注射钙剂可作为败血病的辅助疗法，对改善血液渗透性，增进心脏活动有一定的作用。

第九节　子宫复旧延迟

分娩后，如果母畜正常的子宫复旧时间延长，称为子宫复旧延迟（delayed uterine involution）。多发于老年经产家畜，特别是奶牛。子宫复旧延迟可引起奶牛产犊间隔时间延长，降低其繁殖力，因此一直受到普遍重视。

（一）病因

子宫复旧的速度取决于产后子宫收缩的频率和力量，以及子宫肌内胶原蛋白和肌浆球蛋白降解成为氨基酸的速度。凡能影响产后子宫收缩和蛋白降解的各种因素，都能导致子宫复旧延迟。如促进子宫产后收缩的有关激素（如雌激素、OT 和 $PGF_{2\alpha}$ 等）分泌不足，某些围产期疾病（如难产、胎衣不下、子宫脱出、子宫内膜炎和产后低血钙等）以及其他因素（如年老体弱、怀双胎、胎儿过大、胎水过多、运动不足等）都可引起子宫复旧延迟。

（二）症状

主要特征是产后恶露排出的时间明显延长。由于子宫收缩力量弱，恶露常积留于子宫内，母畜卧下时排出量较多。由于腐败分解产物的刺激及病原菌的繁殖，常继发慢性子宫内膜炎。

一般无明显全身症状，有时体温升高，精神食欲不振，食欲及产奶量下降。阴道检查可见子宫颈口开张，有的病牛产后 7 天子宫颈口仍能通过整个手掌，产后 14 天还能通过 1～2 根手指。直肠检查可感觉到子宫下垂，壁厚而软，反应微弱；若子宫有积液，触诊有波动感。

（三）治疗

治疗原则是提高子宫收缩力和增强其抗感染能力，促使恶露排出，防止发生慢性子宫内膜炎。

可注射雌激素、催产素和前列腺素等收缩子宫的药物。用 40～42℃盐水（或其他防腐液）冲洗子宫，冲洗液的量应按子宫的大小确定，不可过多，以免冲洗液通过输卵管进入腹腔。每次治疗，反复冲洗 2～3 次。冲洗完后，向子宫内注入或放置抗生素。

（四）预防

牛正常子宫复旧的时间为 30 天左右，故产后 1 个月应进行常规直肠检查，查明子宫复旧情况。如复旧延迟，应及时治疗；病牛同时要推迟 1～2 个发情周期配种。

（余四九）

本章执业兽医资格考试试题举例

1. 奶牛，2.5 岁，产后已经 18h，仍表现弓背和努责，时有污红色带异味液体自阴门流出。治疗原则为：（   ）

    A. 增加营养和运动量   B. 剥离胎衣、增加营养

    C. 抗菌消炎和增加运动量   D. 促进子宫收缩和抗菌消炎

    E. 促进子宫收缩和增加运动量

2. 高产奶牛顺产后出现知觉丧失、不能站立，首先应考虑：（   ）

    A. 酮病   B. 产道损伤

    C. 产后截瘫   D. 生产瘫痪

    E. 母牛卧地不起综合征

3. 牛子宫全脱整复过程中不合理的方法是：（   ）

    A. 荐尾间硬膜外麻醉   B. 子宫腔内放置抗生素

    C. 牛体位保持前高后低   D. 皮下或肌肉注射催产素

    E. 对脱出子宫进行清洗、消毒、复位

4. 与其他动物相比，牛胎衣不下发生率较高的主要原因是：（   ）

    A. 肥胖   B. 瘦弱

    C. 内分泌紊乱   D. 饲养管理失宜

    E. 胎盘组织构造特点

5. 牛胎衣不下时最常用的检查方法是：（   ）

    A. B 超检查   B. X 线检查

    C. 阴道检查   D. 直肠检查

    E. 血液生化检查

6. 高产奶牛，分娩正常，产后当天出现不安、哞叫、兴奋，不久出现四肢肌肉震颤、站立不稳、精神沉郁、感觉丧失，体温 37℃。

（1）最可能发生的疾病是：（   ）

    A. 酮血病   B. 产后截瘫

    C. 生产瘫痪   D. 胎衣不下

    E. 产后败血症

（2）发病的主要原因是：（   ）

    A. 低血钾   B. 低血钙

    C. 后躯神经受损   D. 子宫收缩无力

    E. 产道及子宫感染

(3) 最适宜的治疗原则是：（　　　）

    A. 抗菌消炎　　　　　　　　B. 补充钙剂

    C. 补充葡萄糖　　　　　　　D. 注射催产素

    E. 补充电解质

7. 引起牛产后子宫脱出最主要的原因是：（　　　）

    A. 子宫积液　　　　　　　　B. 子宫迟缓

    C. 子宫内膜炎　　　　　　　D. 分娩时间过长

    E. 卵巢分泌功能减退

母 畜 的 不 育

　　不育（sterility）是专指动物受到不同因素的影响，生育力严重受损或被破坏而导致的绝对不能繁殖，但目前通常将暂时性的繁殖障碍也包括在内。由于各种因素而使母畜的生殖机能暂时丧失或者降低，称为不孕（infertility）。不孕症（infertilitas）则是指引起母畜繁殖障碍的各种疾病的统称。生产实际中，对未孕母畜有时还用空怀这个概念。空怀（barren，open）是指按照家畜的繁殖能力所制定的繁殖计划未能完成的部分，其百分率是由未完成计划的母畜头数来决定的。

　　关于母畜不育的标准，目前尚无统一规定。以奶牛为例，一般认为，超过始配年龄的或产后的奶牛，经过3个发情周期（65天以上）仍不发情，或繁殖适龄母牛经过三个发情周期（或产后发情周期）的配种仍不受孕或不能配种的（管理利用性不育），就是不育。

第一节　母畜不育的原因及分类

　　引起母畜不育的原因比较复杂，按其性质不同可以概括为七类，即先天性（或遗传）因素、营养因素、管理利用因素、繁殖技术因素、环境气候因素、衰老、疾病。每一类中又包括各种具体原因。为了有效防治不育，迅速从畜群中找出引起不育的原因，从而制订切实可行的防治计划，并对不育获得一个比较完整的概念和便于在防治工作中查考，现将母畜不育的主要原因及其分类列于表9-1。

表9-1　母畜不育的原因及分类

不育的种类			引起的原因
先天性不育			先天性或遗传性因素导致生殖器官发育异常或各种畸形
后天获得性不育	营养性不育		饲料数量不足、营养过剩而肥胖、维生素不足或缺乏、矿物质不足或缺乏
	管理利用性不育		使役过度、运动不足、哺乳期过长、挤奶过度、厩舍卫生不良
	繁殖技术性不育	发情鉴定	未注意到发情而漏配、发情鉴定不准确错配
		配种	本交：未及时让公畜配种（漏配）、配种不确定、精液品质不良（公畜饲养管理不良，配种或采精过度）、公畜配种困难
			人工输精：精液处理不当，精子受到损害，输精技术不熟练
		妊娠检查	不及时进行妊娠检查，或检查不准确、未孕母畜未被发现
	环境气候性不育		由外地引进的家畜对环境不适应，气候变化无常影响卵泡发育
	衰老性不育		生殖器官萎缩，机能衰退
	疾病性不育	非传染性疾病	配种、接产、手术助产消毒不严，产后护理不当，流产、难产、胎衣不下及子宫脱出等引起的子宫、阴道感染，卵巢、输卵管疾病以及影响生殖机能的其他疾病
		传染性疾病和寄生虫病	病原微生物或寄生虫使生殖器官受到损害，或引起影响生殖机能的疾病，如结核病、布鲁菌病、沙门菌病、支原体病、衣原体病、阴道滴虫病等，从而使生育力减退或丧失
	免疫性不育		精子或卵母细胞的特异性抗原引起免疫反应，产生抗体，使生殖机能受到干扰或抑制，导致不育

必须指出，在生产实践中许多不育可能不是单纯由某一种原因引起的，例如有的是饲养性和管理利用性，管理利用性和繁殖技术性，疾病性和繁殖技术性等综合引起。因此，遇到不育病例，特别是群体中有许多母畜不育时，要从多方面进行调查、研究、分析，善于从错综复杂的情况下找出最主要的原因，确定大多数母畜不育的类型，从而采取相应的措施，达到防治不育的目的。

第二节　先天性不育

母畜的先天性不育（infertility due to congenital factors in domestic female animals）是指由于雌性动物的生殖器官发育异常，或者卵子、精子及合子有生物学上的缺陷，而使母畜丧失繁殖能力。母畜及仔畜先天性畸形的病例很多，但只有在同一品种动物或同一地域重复发生类似畸形时，才认为可能是遗传性的。

一、生殖道畸形

先天性及遗传性生殖道畸形（anomalies of genital tract）多为单个基因所引起，其中有些基因对雌雄两性都有影响，而有些则为性连锁性的。病情严重的母畜因为无生育能力，在第一次配种后可能就被发现；而病情较轻者，只有在连续几次配种后仍未受孕，经检查后才被发现。母畜常见的生殖道畸形是指子宫角、子宫颈、阴道或阴门的先天性缺陷或发育不全，主要表现形式有：缪勒氏管发育不全、子宫内膜腺体先天性缺失、子宫颈发育异常、双子宫颈、子宫粘连、阴道畸形、沃尔夫氏管异常及膣肛等。

（一）缪勒氏管发育不全

牛的缪勒氏管发育不全（segmental aplasia of the Mullerian or paramesonephric duct）与其白色被毛有关，因此，亦称为白犊病（white heifer disease），是由一隐性性连锁基因与白毛基因联合而引起。

在正常情况下，牛的胚胎发育到 5～15cm 长时（胚胎 35～120 日龄），缪勒氏管融合形成生殖道。发生此病的主要表现是：阴道前段、子宫颈或子宫体缺失，剩余的子宫角呈囊肿状扩大，其中含有黄色或暗红色液体，容量多少不等。阴道通常短而狭窄，或阴道后端膨大，含有黏液或脓液。子宫角通常可能为单子宫角（图 9-1）。这种情况，患病动物也可能尚有一定的生育能力，但发情的间隔时间延长，每一次受胎的配种次数明显增加。如果排卵发生在无子宫角一侧的卵巢，则由于不能正常产生 PGs，因此黄体不能退化。

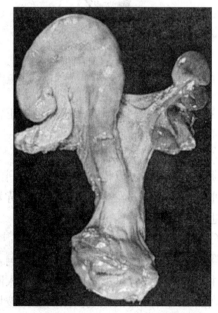

图 9-1　牛的缪勒氏管发育不全所致单子宫角
（引自 Younguist R S and Threlfall W R，Current Therapy in Large Animal Theriogenology，2nd ed.，2007）

（二）子宫颈发育异常

子宫颈发育异常（genetic or congenetic anomalies of the cervix）是比较常见的，尤其以牛最为多见。缪勒氏管发育不全也会造成子宫颈发育异常，多表现为子宫颈管闭锁，其中充满黏稠的液体（图9-2），因此也能引起母牛不育。这种异常现象采用金属棒探测子宫颈口，结合直肠检查的方法很容易检查出来。在其他一些原因引起的子宫颈发育异常，还可表现为子宫颈短，缺少环状结构，子宫颈严重歪曲等。发生上述情况时，常常由于继发子宫内膜炎而使子宫及宫颈中充塞大量黏液而影响母畜的生育力，甚至造成不育。

子宫颈发育异常的另一表现是双子宫颈（图9-3）。在牛，双子宫颈多由缪勒氏管不能融合所致，且具有遗传性，可能是通过阴性基因传递的。双子宫颈患牛，有的是在子宫颈外口之后或其中，有一宽1～5cm、厚1～2.5cm的组织带，用开膣器视诊时发现子宫颈好像有两个外口；有的则是由组织带将子宫颈管全部分开并各自开口。在极少数的病例，还可形成完整的两个子宫颈，甚至为双子宫，每个子宫各有一个子宫颈。另有一种情况是，双子宫颈之间的组织带向后延伸，形成纵隔，将阴道前段或者整个阴道一分为二。

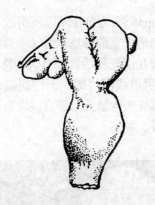

图9-2　牛的子宫颈管闭锁
（引自甘肃农业大学，兽医产科学，第二版，1988）

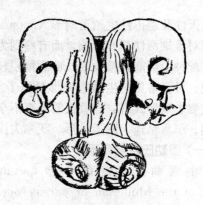

图9-3　牛的双子宫颈
（引自甘肃农业大学，兽医产科学，第二版，1988）

在一般情况下，双子宫颈患牛可以正常妊娠，但在分娩时胎儿身体的不同部分可能分别进入不同的子宫颈而发生难产。在各有一子宫颈的双子宫母牛进行人工输精时，可能误将精液输入非排卵侧的子宫中而影响受胎。

阴道触诊时，可以摸到双子宫颈中间的组织带，直肠检查时可发现子宫颈要比正常的宽而扁平。双子宫颈的发生有一定的遗传背景，这样的母牛一旦检查出来应予以淘汰，所产的犊牛也不宜用于繁殖。

（三）阴道及阴门畸形

阴道及阴门畸形一般对受孕没有影响，只有对交配或正常分娩会有影响。

牛有时阴瓣发育过度，阴茎不能伸入阴道。在这种情况下，可以用外科刀将阴瓣的上缘划开，然后用开膣器机械地扩张阴道，破坏发育过度的阴瓣。以后每日送入开膣器1～2次，防止在愈合时发生狭窄。如果阴道及阴门过于狭窄或者闭锁不通，则不宜用于繁殖。有时直肠开口入前庭或阴道成为所谓的膣肛（vaginal anus），可见于猪和羊。膣肛患畜的阴道往往受到感染，因此不宜用作繁殖。这种家畜往往发育不良，应考虑及早淘汰。

二、卵巢发育不全

卵巢发育不全（ovarian hypoplasia）是指一侧或两侧卵巢的部分或全部组织中无原始卵泡所导致的一种遗传性疾病，为常染色体单隐性基因不完全透入所引起。因病情的严重程度不同以及是单侧性或是双侧性（图9-4），其预后表现不一，患病动物可能生育力低下或者根本不能生育。此病在许多动物均有发现，尤以牛和马较为多见。

（一）病因

引起卵巢发育不全的主要原因是染色体异常。这可能与配子生成时染色体未进行分离，正常卵子与无性染色体的精子受精，从而形成非整倍体的合子有关。

（二）症状

牛患此病时多表现为生殖道发育幼稚。马患此病时，虽然可以出现发情症状，但发情周期往往不规则，不易受

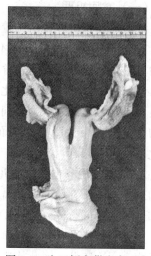

图9-4　牛双侧卵巢发育不全
（引自 Roberts S J，Veterinary obstetrics
and genital diseases，3rd ed，1986）

孕；外生殖器正常，但子宫发育不全。患此病核型为（60，XY）的牛多不表现发情，外生殖器一般正常，但乳房及乳头发育不良，子宫细小。核型为（61，XXX）的患牛，体格较小，子宫发育不良。直肠检查时，可查出卵巢很小，表面光滑。进行组织学检查，可发现部分或全部卵巢组织中无原始卵泡。青年母牛在正常情况下，原始卵泡的数量一般为50 000个左右（680～100 000个），患牛则在 500 个以下或完全没有。

一侧卵巢发育不全的母牛，生殖道可能正常；双侧性的患牛，生殖道往往细小，呈幼稚状态，且不出现发情。由于缺乏雌激素的刺激，所以缺少第二性征。两侧卵巢发育不全的母牛没有生育能力，一侧或部分卵巢发育不全的患牛通过繁殖可以遗传此病，因此一旦发现均应及时淘汰。此病尚无有效的治疗方法。

三、异性孪生母犊不育

异性孪生母犊不育（freemartinism）是指雌雄两性胎儿同胎妊娠，母犊的生殖器官发育异常，丧失生育能力。其主要特点是：具有雌雄两性的内生殖器官，有不同程度向雄性转化的卵睾体，外生殖器官基本为正常雌性。

异性孪生母犊在胎儿的早期从遗传学上来说是雌性（XX）的。由于特定的原因，在怀孕的最后阶段称为 XX/XY 的嵌合体。这种母犊性腺发育异常，其结构类似卵巢或睾丸，但不经腹股沟下降，亦无精子生成，并可产生睾酮。生殖道由沃尔夫氏管和缪勒氏管共同发育而成，但均发育不良，存在精囊腺。外生殖器官通常与正常的雌性相似，但阴道很短，阴蒂增大，阴门下端有一簇很突出的长毛（图9-5）。

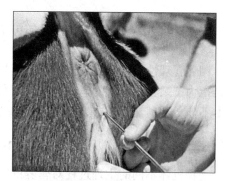

图9-5　异性孪生母犊
异性孪生母犊外阴，阴门小，阴门下方有一大丛毛，向前庭插入一小棍，显示阴道发育缺失
（引自陈兆英，家畜繁殖与产科疾病彩色图说，2005）

（一）发病机理

此病的发病机理目前比较认可的有以下几种解释：

1. 激素学说　母牛同时怀上异卵双胎，由于两个胎儿的绒毛膜血管之间有吻合支，雄性胎儿的生殖腺（睾丸）发育较早，所产生的雄激素可能经过融合的胎盘血管到达雌性胎儿，使雌性胎儿的性腺雄性化，从而抑制雌性胎儿的卵巢皮质及生殖道的发育，导致生殖器官发育不全。也有人认为，同处一子宫内的雄性胎儿分泌缪勒氏管抑制因子（MIF），MIF随吻合支进入雌性胎儿，从而抑制了雌性胎儿的生殖器官发育或使雌性胎儿生殖器官雄性化。

2. 细胞学说　在两个胎儿之间存在着相互交换成血细胞（blood forming cell）和生殖细胞的现象。由于在胎儿期间就完成了这样的交换，因此，孪生胎儿具有完全相同的红细胞抗原和性染色体嵌合体（XX/XY），XY细胞则导致雌性胎儿的性腺异常发育。

根据统计学分析两性比例的结果，异性孪生不育母犊属于雌性，其性染色质为阴性，组织细胞为XX核型，因此从遗传学来说亦应属于雌性。

在牛，合子的胚盘血管是在妊娠18～20天时相互融合，妊娠至28天时羊膜绒毛膜的血管亦融合相通，性别的分化则开始于妊娠40～50天时，因此孪生异性母犊多数是不育的。

（二）诊断

1. 外科检查　为了检查异性孪生母犊是否保持生育能力，可用一粗细适当的玻璃棒或木棒涂上润滑油后缓慢向阴道插送。在不育的母犊，玻棒插入的深度不会超过10cm。诊断此病也可通过阴道镜进行视诊。牛犊达到8～14月龄时，尚可进行直肠触诊。在不育的母犊，阴道、子宫颈及性腺都很微小或难于找到，或者生殖器官有不规则的异常结构。外部检查可发现阴门狭小、位置低、阴蒂长，乳房极不发达，乳头与公牛相同。

2. 直肠检查　卵巢发育不良，大小如西瓜子，有时不能找到。由于雌性激素分泌不足，导致子宫角细小，很难触摸到子宫颈。

3. 染色体检查　牛的异性孪生不育母犊的神经细胞核中存在有典型的性染色质。

4. 血型检查　在诊断牛和羊的异性孪生不育上有一定的应用价值。因为在妊娠期间每个胎儿除了自己的红细胞外，还获得了来自对方的红细胞，因此可以用检查血型的方法进行诊断。

第三节　饲养管理及利用性不育

饲养管理性不育是指母畜由于营养物质的缺乏或过剩而导致的生育能力下降；利用性不育是指为了某种生产目的，如使役、哺乳等过度使（利）用母畜而导致的不育。此外，繁殖技术不佳、生殖器官衰老、环境气候的变化或不适，也是导致不育的原因。

一、营养性不育

动物机体不同的生理过程对营养的需要是不相同的，在生长、发育及泌乳等阶段中都有各自的独特需要，尤其是繁殖功能对营养条件更有严格的要求，营养缺乏时它会首当其冲受到影响。在有些动物，即使营养缺乏的临床症状不太明显，但往往繁殖能力已经受到严重影响。

营养性不育（infertility due to nutritional factors）是指由于营养物质缺乏（如饲料数量不足、蛋白质缺乏、维生素缺乏、矿物质缺乏）或营养过剩而引起动物的生育力降低或停止。营养缺乏对生殖机能的直接作用主要是通过垂体前叶或下丘脑，干扰正常的 LH 和 FSH 释放，而且也影响其他内分泌腺。有些营养物质缺乏则可直接影响性腺，例如某些营养物质的摄入或利用不足，即可引起黄体组织的生成减少，孕酮含量下降，从而使繁殖机能出现障碍。营养失衡也会对生殖机能产生直接影响，在母畜还可引起卵子和胚胎死亡。

（一）营养缺乏对雌性动物繁殖的影响

营养缺乏常指营养失衡、营养物质摄入不足，可以延迟初情期，降低排卵和受胎率，引起胚胎或胎儿死亡，使产奶量降低，产后乏情期延长。

1. 对初情期的影响　在猪，通过改变营养物质的摄入可以提前或推迟其初情期。限制牛的能量摄入也会使初情期延迟。

蛋白质摄入不足，或在质量低下的草场上放牧，亦会使初情期延迟。日粮中蛋白质的含量与初情期的年龄呈负相关。

2. 对排卵的影响　猪配种前增加能量摄入可以提高排卵率。在羊，营养对排卵率的影响要经过较长时间才能看出来，而且在成年羊比较明显。

3. 对妊娠的影响　动物配种前及排卵前后的营养水平对胚胎生存的影响很大，营养水平过高或过低都会严重妨碍胚胎的生存和生长。限制母羊的能量摄入时，体况差的青年及老年母羊受到的危害最大，可延缓胚胎的发育。

4. 对产后繁殖的影响　对所有家畜产后卵巢功能的恢复，营养均起有十分重要的作用。产后为了泌乳、子宫复旧、维持体况以及重新恢复生殖功能，对营养的需要最为迫切，因此从营养学的角度来看，这是最为困难的时期。如果这一阶段供给的营养不足，则往往会引起不育，产后至配种间隔时间延长，出现营养性乏情。

营养对产后生育能力的影响是通过体重的变化来调节的。动物营养不良的程度越严重，体重减轻也越严重，生育力也越低。例如，猪的体重严重下降，会使从分娩到配种的间隔时间延长，乏情率增加。牛体重的变化与产犊百分比呈线性相关。

（二）营养过剩对雌性动物繁殖的影响

营养过剩常指营养物质摄入过量或比例失调，主要影响其发情、排卵及其他繁殖过程。过肥引起的不育，常由于饲料过多且单纯，同时又缺乏运动。

1. 对发情、排卵的影响　在猪，营养过剩即使不引起不育，也可能导致少胎。长期单纯饲喂过多的蛋白质、脂肪或糖类饲料时，可以使卵巢内脂肪沉积，卵泡发生脂肪变性，其临床上表现为不发情。在牛，直肠检查发现卵巢体积缩小，而且没有卵泡或黄体，有时尚可发现子宫缩小、松软。

2. 对妊娠的影响　妊娠早期营养水平过高，则会引起血浆孕酮浓度下降（可能是营养水平增高时，流向肝脏的血量增加，孕酮的清除率升高所致），也会妨碍胚胎的发育，甚至引起死亡。注射外源性孕酮可以消除这种影响。

（三）营养因素影响动物繁殖机能的机理

营养因素对生殖激素起有重要的调控作用。发情周期显现之后，营养水平主要是对甾体激素的生成起作用，进而影响下丘脑-垂体轴系而调节促性腺激素的分泌；但也可直接对下丘脑-垂体轴系发挥作用。营养状态引起的繁殖性能变化主要有两种：其一是急性反应，这种反应几天之内即可快速发生，通常体况并没有明显改变；另外一种为慢性反应，一般出现的时间较迟，体况有明显的变化。

（四）各种营养物质（元素）缺乏对雌性动物繁殖的影响

1. 糖类 糖类是动物日粮的主要成分，为机体提供能量。如果猪在发情前后饲喂的日粮能量水平高，则可增加排卵率，但对妊娠早期胚胎的生存有不良影响。奶牛在配种时摄入的能量水平高，体重会增加，受胎率亦高。

糖类对生育力的影响可能与孕酮浓度有关系。配种时孕酮浓度高，生育力一般较高，而孕酮浓度的变化是与营养水平紧密相关的。奶牛的营养水平高，每一次受胎的配种次数就少，产后孕酮浓度出现峰值的时间也比在营养状态低下时早 23 天左右，卵巢恢复功能的时间也早。

但是，如果动物增重过快，消耗的能量过多则会对其生育力产生不良影响，可使受胎间隔时间延长，每一次受胎的配种次数增多。营养太高还会引起"肥胖母牛综合征"及各种围产期疾病。肥胖的奶牛，产后子宫复旧比较缓慢，产后至配种的间隔时间也长。

一般来说，为了提高繁殖性能，对产后期动物应供给较高的能量，以避免失重过多，但摄入的能量应该是逐渐增加的，否则会引起肥胖。

2. 蛋白质 蛋白质缺乏可以引起动物初情期延迟，空怀期增长，干物质的摄入减少。此外，摄入足量的蛋白质对胎儿的生长发育也是必不可少的。

反刍动物对蛋白质的需要有两方面：其一是需要容易利用的蛋白质以便为瘤胃微生物的生长和增殖提供必需的氨；其二是动物机体需要由小肠消化的蛋白质提供营养。一般说来，到达小肠的蛋白质的量和组成决定动物摄入蛋白质的能力。蛋白质水平低，对生育力有不良影响，但如果蛋白质水平过高，也会对生育力产生不良影响。

3. 维生素 一般来说，维生素缺乏主要发生于两种情况下：其一是由于饲料储存时间过长而使其中的维生素丧失殆尽；其二是动物长期舍饲或长期处于应激状态，使其组织合成的维生素减少。

（1）维生素 A：维生素 A 对于动物上皮的正常发育是必不可少的，如果缺乏则可在某种程度上引起不育。这种不育的临床症状主要有：母畜的初情期延迟；流产或弱产，新生仔畜失明或共济失调；胎衣不下发病率增加，胎盘发生角化变性，子宫炎的发病率升高，卵巢机能减退。

（2）β-胡萝卜素：β-胡萝卜素在牛的繁殖中起着维生素 A 所不能替代的作用。黄体中蓄积有 β-胡萝卜素，在缺乏 β-胡萝卜素而维生素 A 充足的情况下，仍可引起孕酮含量下降、排卵延迟、发情强度降低、卵巢囊肿发病率上升、子宫复旧延迟、产后卵巢恢复功能的时间延长、发情开始及 LH 峰值后排卵的时间延迟以及早期胚胎死亡率升高等。但其作用在各个品种之间有差异。

（3）维生素 D：维生素 D 缺乏可引起家畜发情延迟，卵巢无功能活动。在奶牛，干奶期必须要有足量的维生素 D 维持钙的正常代谢，防止产后乳热症的发生。

（4）维生素 E：维生素 E 和硒是重要的抗氧化剂，但对其在动物繁殖中的作用尚不明了。有人报道，日粮中缺乏维生素 E 会引起小猪的先天性畸形。

4. 矿物质与微量元素 矿物质与微量元素的缺乏或失衡常能引起牛的不育，但在临床实践中很难确定不育到底是由于哪一种矿物质缺乏，而且单独由某一种矿物质缺乏所引起的不育极其少见，常常是多种矿物质同时缺乏所致。

（1）钙：钙对动物体的生长和运动系统的正常发育虽然是必不可少的，对繁殖的影响却是间接性的。钙缺乏时常引起生产瘫痪，并导致难产、子宫脱出和胎衣不下，进而引起不育。但为了防止生产瘫痪，相反，奶牛在干乳期必须限制钙的摄入量。有人发现，钙的摄入不足会降低牛子宫肌的张力，影响子宫复旧，钙、磷的比例过低还会引起产后子宫炎和不育。

（2）磷：磷参与能量代谢、骨骼的发育和产乳，因此在矿物质中其与牛繁殖障碍的关系是最明显的。动物血清磷的数值一般能反映出磷的摄入数量，但可受维生素 D 及钙含量的影响。磷缺乏的症状主要为初情期延迟和产后发情延迟，中等程度的缺乏可引起屡配不育，有时也引起卵巢囊肿。

（3）硒：硒缺乏时主要引起生育力降低，胎衣不下的发病率升高。

（4）碘：碘参与甲状腺素的合成，因此对生育力的影响主要是通过甲状腺素的合成而发挥的。碘缺乏时常常引起初情期延迟、停止发情或发情而不排卵。妊娠母畜日粮中缺乏碘时，常常引起弱产及死产、胎儿无毛、流产或者胎衣不下发病率升高。

（5）铜：铜对结缔组织的正常成熟及血红蛋白和红细胞的发育都十分重要，铜缺乏可引起生育力降低，而且可能与其所导致的贫血及衰弱有关。

（6）钴：钴是微生物合成维生素 B_{12} 所必需的，缺乏时可引起子宫复旧延迟、发情周期不规则及受胎率降低。

（7）镁：镁是许多酶系统的激活剂，而且可能参与黄体组织的代谢。缺乏时可引起乏情及产后发情延迟，受胎率降低及排卵延迟，还可引起流产、初生胎儿体重过轻以及新生胎儿关节肿大。

（五）营养性不育的诊断及防治

1. 诊断　营养性不育的诊断首先必须调查饲养管理制度，分析饲料的成分及来源。瘦弱或肥胖引起不育时，母畜往往在发生生殖机能紊乱之前，已表现出全身变化，因此不难做出诊断。根据临床表现主要有以下两种情况。

（1）营养不良：在瘦弱不育的病例，直肠检查时可发现卵巢体积小，不含卵泡；如有黄体，则为持久黄体。营养不良的家畜发情时，卵泡发育的时间往往延长。在实践中屡见马、驴的卵泡发育到第二期时停止发育，经连续检查一周，无任何进展，以后发情征象消失。再过十余天后，又重新出现明显的发情，经直肠检查确定仍为上次停止发育的卵泡继续发育增大，最后正常排卵。如果母畜极度消瘦，则不发情。

（2）营养过剩：动物主要表现为肥胖。肥胖可引起脂肪组织在卵巢上沉积，使卵巢发生脂肪变性。因此，临床上常表现为不发情。在牛，直肠检查时发现卵巢体积缩小，而且没有卵泡或黄体。有时尚可发现子宫缩小、松软等现象。

2. 防治　对营养不良引起的不育病畜，应当迅速供给足够的饲料，实行放牧并增加日照时间。饲料的种类要多样化，其中应含有足够数量的可消化蛋白质、维生素及矿物质。可补饲苜蓿、胡萝卜、大麦芽以及新鲜优质青贮饲料等。在以青贮饲料为主的奶牛场，日粮中青干草的比例不应少于 1/3，以维持瘤胃微生物的动态平衡和牛的营养需求。

对营养过剩引起不育病畜，应饲喂多汁饲料，减少精料，增加运动。对卵泡业已成熟而久不排卵的母畜，采用激素疗法，常可收到良好效果。过肥的奶牛，有时直肠检查可发现卵巢被脂肪囊包围，将卵巢从脂肪囊中分离出来，通常可使其发情。

二、管理利用性不育

管理利用性不育（infertility due to managemental factors）是指由于使役过度或泌乳过多，引起的母畜生殖机能减退或暂时停止。这种不育常发生于马、驴和牛，而且往往是由饲料数量不足和营养成分不全共同引起的。

（一）病因

母畜在使役过重时，过度疲劳，其生殖激素的分泌及卵巢机能就会降低。母畜泌乳过多或断奶过迟时，促乳素的作用增强，促乳素抑制因素的作用则减弱，因而卵泡不能最后发育成熟，也不能发情排卵。由于供应乳房的血液增多，机体所必需的某些营养物质也随乳汁排出，因此生殖系统的营养不足。此外，仔畜哺乳的刺激可能使垂体对来自乳腺神经的冲动反应加强，因而使卵巢的机能受到抑制。

（二）诊断

发生管理利用性不育时，母畜不发情，或者发情表现微弱，且不排卵。直肠检查时，在母牛可以发现持久黄体。马和驴则卵巢缩小，质地坚实或者卵巢表面高低不平；有时发情时可以发现有一个或两三个卵泡，这些卵泡长时间停留在2～3期，久不排卵。这类不育预后一般良好。如果利用过度，并且饲养管理不当历时已久，预后应当谨慎，因为可能长久不育。

（三）治疗

首先应减轻使役强度，或者改换工作；同时进行放牧，并供给富含营养的饲料。对于奶牛，应分析和变更饲料，使饲料所含的营养成分符合产乳量的要求。对母猪可及时断乳。为了促进生殖机能的迅速恢复，可以使用刺激生殖腺的催情药物。

三、繁殖技术性不育

繁殖技术性不育（infertility due to breeding techniques）是由于繁殖技术不良所引起的。这种不育在技术力量薄弱的奶牛场中及役畜极为常见。特别在采用人工授精技术的场户，发情鉴定准确率低、精液处理和输精技术不当是造成繁殖技术性不育的主要因素。另外，不进行妊娠检查或检查的技术不熟练，不能及时发现未孕母畜，也是造成不育的原因。

为了防止繁殖技术性不育，首先要提高繁殖技术水平，制定并严格按照发情鉴定、妊娠检查、配种制度和操作规程，使畜主和基层场站逐步达到不漏配（做好发情鉴定及妊娠检查）、不错配（不错过适当的配种时间，不盲目配种），检查技术熟练、准确，输精配种正确、适时。

（一）发情鉴定不准确及其改进措施

1. 发情鉴定不正确的原因　造成发情鉴定不准确的原因主要是人为的因素。

（1）对各种动物的发情症状缺乏正确的认识：各种动物发情时都表现有特征性的症状，例如牛在发情时最典型的症状是兴奋不安，其他牛接近时，站立不动，等待爬跨，或者爬跨其他牛。对这些特点如不了解，就会造成漏检或漏配。

（2）技术人员的配置与牛群的规模结构不甚合理：在现代化的奶牛场，牛群规模越来越大，繁殖技术人员对每头牛观察发情的时间势必相对减少，影响发情鉴定的效率及准确性。

（3）长期缺少异性刺激：现在奶牛场普遍施行人工授精，场内不再饲养公牛，母牛的发情征候不明显，隐性发情比例上升，增加了观察、识别发情母牛的难度。

（4）发情期短暂：牛的发情期平均为 15h，但有 20％的牛甚至不到 6h，而且多数是在晚上表现爬跨行为，稍有疏忽就会造成遗漏，使得发情鉴定的准确率下降。

（5）畜舍条件：牛舍面积太小，地面光滑，牛群过于拥挤，会妨碍发情母牛的活动和爬跨，使其发情行为不能充分表现出来而被漏检。

2. 提高发情鉴定准确率的措施 提高发情鉴定准确率的措施是多方面的，各地各养殖场的情况也有差异，下面介绍牛的一些发情鉴定方法，可视具体情况选用，其他母畜的发情鉴定可参考借用。

（1）改进标记母牛的方法：应尽可能采用较大的耳标，显明易见的牛号，使每头母牛都有明显的标记，便于观察。

（2）标记发情母牛：一旦母牛被其他牛爬跨，可在其身体某一部位留下染色的显明印记，以方便识别。

（3）增加观察次数：增加观察母牛发情的次数可以提高检出效率。每天观察 3 次（8:00、14:00 和 21:00），每次 30min，准确率为 81.2％；增加至 4 次（8:00、14:00、21:00 和 24:00）则准确率升高到 84.1％。在一天之中选定什么时间观察，对结果的影响并不重要，但应注意一定要避开挤奶及饲喂时间。

（4）应用公牛试情：将结扎过输精管的公牛或无生育能力的健康公牛，佩带发情标记打印器后，放入牛群试情。

（5）用犬查找发情母牛：牛在发情时，其生殖道、尿液及乳汁中均带有一种特殊气味，经过训练的犬能闻出这种异味，可以找出发情母牛。

（6）改进照明设备：畜舍应当光线充足，并有完善的照明设备。后者对运动场尤为重要，因为母牛夜间在运动场上表现爬跨行为更加频繁。

（7）利用计步器检测：发情牛活动频繁，走步增多，利用记录其走动步数的计步器作为辅助方法，间接进行发情鉴定。

（8）安装监视设备：在有条件的牛场，可装备闭路电视观察记录牛的活动情况。采用这种方法不但能减轻管理人员的劳动强度，而且可以昼夜不断连续监视，提高效率。

（9）乳汁孕酮分析：测定乳汁孕酮浓度，可以查出配种未孕的母牛，并预测其返情的大致时间。

（10）采用同期发情技术：采用这一技术，使大部分牛集中在预定期间内发情，便于观察配种。

（二）配种技术错误及其改进措施

配种错误引起的不育在繁殖技术性不育中占有很大的比例，其原因除在人工授精时精液品质不良及精液处理不当以外，最可能发生的是输精的时间不正确。特别是在牛，由于发情期相对较短，而且排卵后卵子通过输卵管及受精都有各自的时限。超过与这些时限相应的最适宜的输精时间，就会降低受胎率。现已证明，在母牛表现站立发情的中期或末期，亦即排卵前 13～18h 输精，受胎率最高；虽然牛在开始发情时，甚至发情结束后 36h 输精也可受孕，但受胎率均极低。

本交配种时，母牛只在发情的旺期，即最适宜配种期间，才静立不动，接受公牛爬跨，而且每次发情能够多次交配，不会因为配种时间错误而影响受胎。

采用人工授精技术时，输精适时与否完全取决于发情鉴定的准确程度。为了适时配种提高受胎率，可以采用如下确定最佳输精时间的简易方法，即第一次观察到发情是在早晨或上半天时，则当天下午输精；下午见到发情时，则第二天早晨或上午输精。

四、衰老性不育

衰老性不育（infertility due to senility）是指未达到绝情期的母畜，未老先衰，生殖机能过早地衰退。达到绝情期的母畜，由于全身机能衰退而丧失繁殖能力，在生产上已失去利用价值，应予淘汰。

衰老性不育见于马、驴和牛。经产的母马和母牛，由于阔韧带和子宫松弛，子宫由骨盆腔下垂至腹腔，阴道的前端也向前向下垂，因此排尿后一部分尿液可能流至子宫颈周围（尿膣），长久刺激这一部分组织，引起持续发炎，精子到达此处即迅速死亡，因而造成不育。

衰老母畜的卵巢小，其中没有卵泡和黄体。在马和驴，有时卵巢内有囊肿。经产母畜的子宫角松弛下垂，子宫内往往滞留分泌物。妊娠次数少的母畜子宫角则缩小变细。

这种母畜的外表体态也有衰老现象。如果屡配不育，不宜继续留用。

五、环境气候性不育

环境因素可以通过对雌性动物全身生理机能、内分泌及其他方面发生作用而对繁殖性能产生明显的影响。雌性动物的生殖机能与日照、气温、湿度、饲料成分的变异以及其他外界因素都有密切关系。

（一）影响因素

1. 季节 不同的季节，日照、气温、湿度、饲料构成都会发生显著变化，这些因素可以协同影响发情，它们对季节性发情的动物表现尤其显著。例如马的卵泡发育过程受季节和天气的影响很大，羊也如此，甚至发情母羊的多少也与天气阴晴有关。牛和猪在天气严寒，尤其是饲养不良的情况下，停止发情；或者即使排卵，也无发情的外表征候或征象轻微。奶牛在夏季酷热时，配种率降低，可能是由于高温使甲状腺机能降低，发生安静发情所致。将母畜转移到与原产地气候截然不同的地方，可以影响其生殖机能而发生暂时性不育；在同一地区各年之间气候的不同变化也可影响母畜的生育力。

2. 环境温度 适宜的气温对正常繁殖尤为重要。环境温度对雌性动物各个繁殖阶段都能产生影响，还可通过性行为、排出卵子的数量和质量、胚胎的生存及激活母畜一系列的生理反应而对胎儿的发育、产后的生长发生影响。

环境温度改变引起受胎率降低是由于引起胚胎生存的子宫内微环境变化所致。气候炎热时，奶牛的发情期减短到10h左右，而且发情行为微弱，这样可降低奶牛产生的代谢热，是其适应性的一种表现。

3. 热应激 热应激可能通过影响动物的激素水平而干扰繁殖活动。绵羊受精卵在卵裂早期受到热应激影响后，会导致早期胚胎的死亡率增高。输精时，直肠及子宫的温度与受胎率有密切关系，配种后环境温度升高72h，会完全阻止受精。

动物对热应激的调节反应，可以引起子宫的血流减少而使子宫温度升高，而且影响子宫对水、电解质、营养及激素的利用，结果造成妊娠早期胚胎死亡率增加。所谓的"不育性热应激综合征"可能是调控子宫微环境的各种因素共同作用的结果，生殖器官温度的升高、激素平衡的变化以及生殖道血流的减少可能改变胚胎与母体之间的精确平衡和生理同步，从而引起动物发生不育。

在围产期，环境热应激对孕体和母体均有不良的作用，影响它们各自的功能。研究结果表明，妊娠后期的热应激可以引起山羊子宫血流减少，胎盘重量减轻，胎儿生长迟缓。炎热夏季出生的黑白花牛犊，出生重比冬季出生的要轻，出生月份对胎盘及子叶干重均有明显影响，7～8月份分娩牛的胎盘干重较轻。

（二）症状及诊断

环境气候性不育母畜的生殖器官一般正常，只是不表现发情，或者发情现象轻微。有时虽然有发情的外表征候，但不排卵。一旦环境改变或者母畜适应了当地的气候，生殖机能即可恢复正常，由这一点即可做出确诊。

（三）防治

环境气候性不育是暂时性的，一般预后良好。

治疗及预防环境气候性不育时，应该注意母畜的习性。对于外地运来的繁殖动物要创造适宜的条件，使其尽快适应当地的气候。天气剧烈转变，变热或转冷时，对牛、猪要注意饲养管理，及时检查发情，有条件时就降温防寒。

第四节　疾病性不育

疾病性不育（infertility due to diseases）是指由母畜的生殖器官和其他器官的疾病或者机能异常造成的不育。不育既可以是这类疾病的直接结果（如由于卵巢机能不全、持久黄体或排卵障碍等导致不育），也可以是某些疾病的一种症状（如心脏疾病、肾脏疾病、消化道疾病、呼吸道疾病、神经疾病、衰弱及某些全身疾病），有些传染性疾病和寄生虫病也能引起不育。本节重点介绍直接侵害母畜生殖系统，从而导致不育的一类疾病，对于不育作为某些疾病的一种症状，已在相应的学科中做了专门介绍，在此不再重复。

一、卵巢机能不全

卵巢机能不全（inactive ovaries）是指包括卵巢机能减退、组织萎缩、卵泡萎缩及交替发育等在内的、由卵巢机能紊乱所引起的各种异常变化。

（一）病因

1. 卵巢机能减退　卵巢机能减退是指卵巢机能暂时受到扰乱，处于静止状态，不出现周期性活动。母畜有发情的外表症状，但不排卵或延迟排卵。卵巢机能减退和萎缩常常是由于子宫疾病、全身性的严重疾病以及饲养管理和利用不当（长期饥饿、使役过重、哺乳过度），使身体乏弱所致。雌性动物年老时，或者繁殖有季节性的动物在乏情季节中，卵巢机能也会发生生理性的减退。此外，气候的变化（转冷或变化无常）或者对当地的气候不适应（迁徙时）也可引起卵巢机能暂时性减退。

母畜正常排卵，适时配种能够受孕，但无发情的外表症状（安静发情）是卵巢机能不全的另一种表现，常见于牛和羊。卵泡发育时，需要有上一次遗留下来的黄体分泌少量孕酮作用于中枢神经，使它能够接受雌激素的刺激而表现发情。所以，缺乏适量的孕酮可能是引起安静发情的原因之一。因此，雌性动物初情期第一次发情、季节性发情动物发情季节中的第一次发情多为安静发情。牛还常见于产后第一次发情。

2. 卵巢组织萎缩　卵巢机能长久衰退以及卵巢炎时，可引起组织萎缩和硬化。此病发生于各种家畜，而且比较常见，衰老母畜尤其容易发生。

3. 卵泡萎缩及交替发育　卵泡萎缩及交替发育是指卵泡不能正常发育成熟到排卵的卵巢机能不全。此病主要见于早春发情的马和驴。引起卵泡萎缩及交替发育的主要因素是气候与温度的影响，早春配种季节天气冷热变化无常时，多发此病。饲料中营养成分不全，特别是维生素 A 不足可能与此病有关。

（二）症状及诊断

1. 卵巢机能减退　卵巢机能减退的特征是发情周期延长或者长期不发情，发情的外表症状不明显，或者出现发情症状，但不排卵。直肠检查，卵巢的形状和质地没有明显的变化，但摸不到卵泡或黄体（图 9-6），有时只可在一侧卵巢上感觉到有一个很小的黄体遗迹。

2. 卵巢组织萎缩　卵巢萎缩时，母畜不发情，卵巢往往变硬，体积显著缩小，母牛的仅如豌豆一样大，母马的大如鸽蛋。卵巢中既无卵泡，又无黄体。如果间隔 1 周左右，经过几次检查，卵巢仍无变化，即可做出诊断。卵巢萎缩时，子宫的体积往往也会缩小。

诊断牛、羊的安静发情，可以利用公畜检查，亦可间隔一定的时间（3 天左右），连续多次进行直肠检查。

卵泡萎缩，在发情开始时卵泡的大小及发情的外表症状基本正常，但是卵泡发育的进展较正常时缓慢，一般达到第三期（少数则在第二期）时停止发育，保持原状 3～5 天，以后逐渐缩小，波动及紧张性逐渐减弱，外表发情症状也逐渐消失。因为没有排卵，所以卵巢上无黄体形成。发生萎缩的卵泡可能是一个，或者是两个以上；有时在一侧，有时也可在两侧卵巢上。

3. 卵泡萎缩及交替发育　卵泡交替发育是在发情时，一侧卵巢上正在发育的卵泡停止发育，开始萎缩，而在对侧（有时也可能是在同侧）卵巢上又有数目不等的新卵泡出现并发育，但发育至某种程度又开始萎

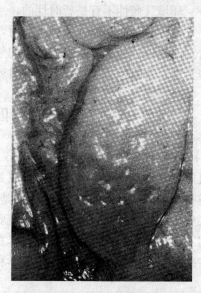

图 9-6　机能减退的卵巢
卵巢表面"光滑"，见于一瘦弱、不发情青年母牛
（引自 Roberts S J，Veterinary obstetrics and genital diseases，3rd ed，1986）

缩，此起彼落，交替不已，最终也可能有一个卵泡获得优势，达到成熟而排卵，暂时再无新的卵泡发育。卵泡交替发育的外表发情症状随着卵泡发育的变化有时旺盛，有时微弱，连续或断续发情，发情期拖延很长，有时可达 30～90 天。一旦排卵，1～2 天之内就停止发情。

卵泡萎缩及交替发育都需要进行多次直肠检查，并结合外部的发情表现才能确诊。

（三）预后

在年龄不大的母畜，卵巢机能不全预后良好。如果母畜衰老，卵巢明显萎缩硬化，与附近的组织发生粘连，或者子宫也同时萎缩时，预后不佳。

（四）治疗

1. 治疗原则 对卵巢机能不全的动物，首先必须了解其身体状况及生活条件，进行全面分析，找出主要原因，然后按照动物的具体情况，采取适当的措施，才能达到治疗效果。

（1）首先应从饲养管理方面着手，改善饲料质量，增加日粮中的蛋白质、维生素和矿物质的数量，增加放牧和日照的时间，规定足够的运动，减少使役和泌乳，往往可以收到满意的效果。因为良好的自然因素是保证母畜卵巢机能正常的根本条件，特别是对于消瘦乏弱的动物，更不能单独依靠药物催情，因为它们缺乏维持正常生殖机能的基础。对于牧区饲养的母畜，在草质优良的草场上放牧，往往可以得到恢复和增强卵巢机能的满意效果。

（2）对患生殖器官或其他疾病（全身性疾病、传染病或寄生虫病）而伴发卵巢机能减退的家畜，必须治疗原发疾病才能收效。

（3）在上述处理的基础上，可考虑应用药物进行治疗。虽然刺激母畜生殖机能的方法（催情）和药物种类繁多，但是目前还没有一种能够用于所有动物并且完全有效的方法和药物，即使是激素制剂也不一定对所有病例都能奏效。究其原因，这不但和方法本身及激素的效价和剂量有关，而且更重要的是取决于母畜的年龄、健康状况、激素水平、生活条件和气候环境等因素，影响催情效果的因素是极其复杂的。

2. 常用刺激家畜生殖机能的方法 对于单纯性卵巢机能不全的母畜，常用的方法有以下几种。

（1）利用公畜催情：公畜对母畜的生殖机能来说，是一种天然的刺激，它不仅能够通过母畜的视觉、听觉、嗅觉及触觉对母畜发生影响，而且也能通过交配，借助附性腺分泌物对母畜的生殖器官发生生物化学刺激，作用于母畜的神经系统。因此除了患生殖器官疾病或者神经内分泌机能紊乱的母畜以外，尤其是对与公畜不经常接触，分开饲喂的母畜，利用公畜催情通常可以获得效果。在公畜的影响下，可以促进母畜发情或者使发情征象增强，而且可以加速排卵。

催情可以利用正常种公畜进行。为了节省优良种畜的精力，也可以将没有种用价值的公畜，施行阴茎移位术（羊）或输精管结扎术后，混放于母畜群中，作为催情之用。

（2）激素疗法：

①FSH：肌肉注射，牛 200～300IU，马 300～400IU，犬 20～50IU，每日或隔日 1 次，连用 2～3 次。每注射一次后需做检查，无效时方可连续应用，直至出现发情征象为止。临床上使用 FSH 时，再配合应用 LH，对催情的效果更好。FSH∶LH 为 4∶1。

②hCG：马、牛静脉注射 2 500～5 000IU，肌肉注射 10 000～20 000IU；猪、羊肌肉注射 500～1 000IU，必要时间隔 1～2 天重复 1 次；犬 100～200IU，肌肉注射，每天 1 次，连用 2～3 天。在少数病例，特别是重复注射时，可能出现过敏反应，应当慎用。

③eCG 或孕马全血：妊娠 40～90 天的母马血液或血清中含有大量的 eCG，其主要作用类似于促卵泡素，因而可用于催情。牛 1 000～2 000IU，羊 200～1 000IU，猪每 100kg 体重为 1 000IU，犬 100～400IU，肌肉注射，每天 1 次，连用 2～3 天。

④雌激素：这类药物对中枢神经及生殖道有直接兴奋作用，可以引起母畜表现明显的外表发情症状，但对卵巢无直接刺激作用，不能引起卵泡发育及排卵。驴在应用之后，迅速奏效，80％以上的母驴在注射后半天之内即出现性欲和发情征象，但经直肠检查未查出有卵泡发育。给猪注射后也可迅速引起发情的外表征候。由于没有卵泡发育，故引起本次的发情实

质由外源性雌激素诱发的，不能进行配种。虽然如此，这类药物仍不失其实用价值，因为应用雌激素之后能使生殖器官血管增生，血液供应旺盛，机能增强，从而摆脱生物学上的相对静止状态，使正常的发情周期得以恢复。因此虽然用后的头一次发情不排卵，但在以后的发情周期中却可正常发情排卵。

目前常用的雌激素制剂为苯甲酸雌二醇，肌肉注射，马、牛 4～10mg，羊 1～2mg，猪 2～8mg，犬 0.2～0.5mg。本品可以用做治疗，但不得在动物性食品中检出。

应当注意，牛在剂量过大或长期应用雌激素时可以引起卵巢囊肿或慕雄狂，有时尚可引起卵巢萎缩或发情周期停止，甚至使骨盆韧带及其周围组织松弛而导致阴道或直肠脱出。

（3）维生素 A：维生素 A 对牛卵巢机能减退的疗效有时较激素更优，特别是对于缺乏青绿饲料引起的卵巢机能减退。一般每次给予 100 万 IU，每 10 天注射 1 次，注射 3 次后的 10 天内卵巢上即有卵泡发育，且可成熟排卵和受胎。

（4）冲洗子宫：对产后不发情的母马，用 37℃的温生理盐水或 1：1 000碘甘油水溶液 500～1 000mL 隔日冲洗子宫 1 次，连用 2～3 次，可促进发情。

（5）隔离仔猪：如果需要母猪在产后仔猪断奶之前提早发情配种，可将仔猪隔离，隔离后 5 天左右，母猪即可发情。

（6）其他疗法：刺激生殖器官或引起其兴奋的各种操作方法，如用开膣器视诊阴道及子宫颈、触诊或按摩子宫颈、子宫颈及阴道涂擦刺激性药物（稀碘酊、复方碘液）、按摩卵巢等等，都可很快引起母畜表现外表发情征象。例如在繁殖季节内按摩驴的子宫颈往往当时就出现发情的明显征象（拌嘴、拱背、伸颈及耳向后竖起等）。但是这些方法与雌激素一样，所引起的只是性欲和发情现象，而不排卵，不能有效地配种受胎。尽管如此，由于这些方法简便，因此在没有条件采用其他方法时仍然可以试用。

（7）淘汰：对于已近衰老，直肠检查卵巢明显萎缩硬化，经 1～2 次的激素治疗无效，或卵巢与附近的组织发生粘连，或者子宫也同时发生萎缩的家畜，建议淘汰。

二、持久黄体

持久黄体（persistent corpus luteum）是指妊娠黄体在分娩或流产之后，或周期黄体超过正常时间而不退化的黄体。在组织结构和对机体的生理作用方面，持久黄体与妊娠黄体或周期黄体没有区别。持久黄体同样可以分泌孕酮，抑制卵泡的发育，使发情周期停止循环而引起不育。此病多见于母牛，而且多是继发于某些子宫疾病；原发性的持久黄体较少见。

（一）病因

此症可能是由于饲养管理不当或子宫疾病造成内分泌紊乱，特别是 $PGF_{2\alpha}$ 分泌不足，体内溶解黄体的机制遭到破坏后所致（图9-7）。

（二）症状

持久黄体母畜发情周期停止，长时间不发情。

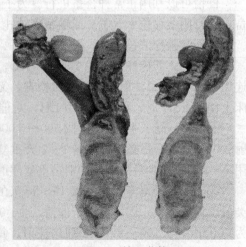

图9-7 持久黄体
由于子宫部分发育不良，子宫黏膜腺体不正常而不能有效地溶解黄体所致
（引自 Roberts S J，Veterinary obstetrics and genital diseases，3rd ed，1986）

直肠检查可发现一侧（有时为两侧）卵巢增大。在牛，卵巢表面或大或小的突出黄体，可以感觉到它们的质地比卵巢实质硬；血浆孕酮水平保持在 1.2mg/mL 以上。

（三）诊断

根据病史和间隔 1 周连续 2～3 次的直肠检查，发现同一个黄体持续存在就可做出诊断。但应仔细检查子宫，排除妊娠的可能性。

（四）治疗

持久黄体可用以下激素治疗：

1. PGF$_{2\alpha}$及其类似物　PGF$_{2\alpha}$及其类似物被公认为是治疗持久黄体的首选激素。如肌肉注射 15-甲基 PGF$_{2\alpha}$或氯前列烯醇 0.2～0.4mg，用药 3 天后母牛、母猪开始发情；母犬 0.05～0.1mg，肌肉注射，每天 1 次，连用 2～3 天（犬对前列腺素制剂在临床上有呕吐、腹泻等过敏性反应）。但持久黄体并不马上"溶解"，而是功能消失，即不能再合成孕酮，消失需经 2～3 个情期。

2. 催产素　用 OT 400IU 分 2～4 次肌肉注射，但临床效果不如 PGF$_{2\alpha}$。

3. 雌激素　用 20～30mg 苯甲酸雌二醇肌肉注射，每天 2～3 次，连用 3 天，可以诱导黄体消退和发情。

三、卵巢囊肿

卵巢囊肿（ovarian cysts）是指卵巢上有卵泡状结构，其直径超过正常发育的卵泡，存在的时间在 10 天以上，同时卵巢上无正常黄体结构的一种病理状态。该病是引起动物发情异常和不育的重要原因之一，最常见于奶牛及猪，马、犬也可发生。犬卵巢囊肿发病率占卵巢疾病的 37.7%。按照发生囊肿的组织结构不同又可分为卵泡囊肿和黄体囊肿两种。

卵泡囊肿（cystic graafian follicles）壁较薄，单个或多个存在于一侧或两侧卵巢上。黄体囊肿（luteal ovarian cysts）一般多为单个，存在于一侧卵巢上，壁较厚。这两种结构均为卵泡未能排卵所引起。前者是卵泡上皮变性、卵泡壁结缔组织增生变厚，卵细胞死亡，卵泡液未被吸收或者增多而形成的；后者则是由于未排卵的卵泡壁上皮黄体化而引起，故又称之为黄体化囊肿。

除卵泡囊肿和黄体囊肿之外，临床上还有一种现象称囊肿黄体（cystic corpora lutea）。囊肿黄体是非病理性的，与前面两种情况不同，其发生于排卵之后，是由于黄体化不足，黄体的中心出现充满液体的腔体而形成（图 9-8）。其大小不等，表面有排卵点，具有正常分泌孕酮的能力，对发情周期一般没有影响。

正常的　　　病理的

黄体

卵泡囊肿

囊肿黄体

黄体囊肿

图 9-8　牛卵巢囊肿的类型
画线区域代表黄体组织，染黑部分为排卵点
（引自甘肃农业大学，兽医产科学，第二版，1988）

（一）病因

引起卵巢囊肿的原因很多，至今尚未有统一的认识。但普遍认为与下面因素有关：①缺乏运动，长期舍饲的牛在冬季发病较多。②所有年龄的牛均可发病，但以 2～5 胎的产后牛或者 4.5～10 岁的牛多发。③与围产期的应激因素有关，在双胎分娩、胎衣不下、子宫炎及生产瘫痪病牛，卵巢囊肿的发病率均高。④产后期卵巢囊肿的发病率最高。⑤可能与遗传有关，在某些品种的牛发病率较高。⑥饲喂不当，如饲料中缺乏维生素 A 或者含有大量雌激素时，发病率升高。

（二）发病机理

卵巢囊肿发生的确切机理尚不完全明了，可能与下面的激素变化有关：

1. LH 的分泌不足　在正常牛，丘脑下部的 β 细胞在发情开始后不久即释放 LH。而不能排卵的牛，则不释放 LH 或者释放量相对不足，因而阻碍了排卵及排卵后黄体的形成。另外，有些卵巢囊肿病牛 LH 分泌的数量虽足以引起排卵，但不能使卵泡正常黄体化；有些则是卵泡成熟而不能排卵，发生囊肿。

2. 雌激素样物质过多　注射雌激素，特别是在发情周期的后期注射雌激素可以引起牛的卵泡囊肿。在发情周期的第 16 天注射 5mg 苯甲酸雌二醇可以使 LH 提前释放，但引起的囊肿比较小，直径为 2～3cm。注射 LH 抗体时则引起的囊肿较大，直径可达 5～6cm。在这两种情况下，血浆中雌激素水平均较高。

（三）症状及病变

1. 发情行为的变化　卵巢囊肿病牛的症状及行为变化个体间的差异较大，按外部表现基本可以分为两类，即慕雄狂和乏情。

慕雄狂（nymphomania）是卵泡囊肿的一种症状表现，其特征是持续而强烈地表现发情行为。如无规律的、长时间或连续性的发情、不安，偶尔接受其他牛爬跨或公牛交配，但大多数牛常试图爬跨其他母牛并拒绝接受爬跨，常像公牛一样表现攻击性的性行为，寻找接近发情或正在发情的母牛爬跨。病牛常由于过多的运动而体重减轻，但颈部肌肉逐渐发达增厚，荐坐韧带松弛，臀部肌肉塌陷，尾部抬高，状似公牛（图 9-9）。

图 9-9　一头有典型慕雄狂体征的奶牛
（引自 Noakes D E et al., Arthur's Veterinary reproduction and obstetrics, 8th ed, 2001）

表现为乏情的牛则长时间不出现发情征象，有时可长达数月，因此常被误认为已妊娠。有些牛在表现一、二次正常的发情后转为乏情；有些牛则在病的初期乏情，后期表现为慕雄狂；但也有些患卵巢囊肿的牛是先表现慕雄狂的症状，而后转为乏情。

母牛表现为慕雄狂或是乏情，在很大程度上依产后发病的迟早为转移，产后 60 天之前发生卵泡囊肿的母牛中 85% 表现为乏情；以后随着时间的增长，卵泡囊肿患牛表现慕雄狂的比例增加。

2. 荐坐韧带及生殖器官的临床变化　卵巢囊肿常见的特征症状之一是荐坐韧带松弛，在其后端尤为明显。生殖器官常常水肿且无张力，阴唇松弛、肿胀。表现慕雄狂的牛可能发生阴道脱出，阴门流出的黏液数量增加，黏液呈灰色，有些为黏脓性。子宫颈外口通常松弛，子宫颈和子宫较大，子宫壁变厚，触诊时张力极弱且不收缩。在卵巢上可感觉到有囊肿状结构，囊肿常位于卵巢的边缘，壁厚，连续检查可发现其持续时间在 10 天以上，甚至达数月。卵巢囊变大，系膜松弛。

3. 卵巢及子宫的病理学变化　在发生卵泡囊肿的动物，见不到黄体组织，有时粒细胞层及卵子亦缺失，壁细胞层水肿且发生变性。大多数病例，子宫的外观正常，有时可见到子宫壁变厚，其中积有黄色的液体，镜检可发现液体中含有上皮细胞及沉渣。子宫内膜水肿，黏膜增生，有时可见到子宫内膜腺体有囊肿性变化。在表现乏情的牛，子宫黏膜轻度萎缩，在有些部位可以见到增生现象。

（四）诊断

1. 调查病史　如果发现有慕雄狂的病史、发情周期短或者不规则以及乏情时，即可怀疑患有此病。

2. 直肠检查　囊肿卵巢为圆形，表面光滑，有充满液体、突出于卵巢表面的结构。其大小比排卵前的卵泡大，牛囊肿直径通常在 2.5cm 左右，直径超过 5cm 的囊肿不多见（图 9-10）。卵泡壁的厚度差别很大，卵泡囊肿的壁薄且容易破裂，黄体囊肿壁很厚。囊肿可能只是一个，也可能是多个的，检查时很难将单个大囊肿与同一卵巢上的多个小囊肿区分开。仔细触诊有时可以将卵泡囊肿与黄体囊肿区别开来，由于两种囊肿均对 hCG 及 GnRH 发生反应，一般没有必要对二者进行鉴别。

（五）治疗

卵巢囊肿的治疗有许多方法，其中大多数是通过直接引起黄体化而使动物恢复发情周期。此病可自愈，牛卵巢囊肿的自愈率随着产后时间的延长有所差异，高者可达 60%，但有时只有 25%。

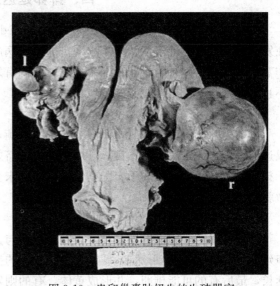

图 9-10　患卵巢囊肿奶牛的生殖器官
右侧卵巢（r）上有一壁很厚、直径约 10cm 的囊肿；
左侧卵巢（l）上有一黄体
（引自 Noakes D E et al.，Arthur's Veterinary reproduction and obstetrics，8th ed，2001）

1. 摘除囊肿　具体操作是将手伸入直肠，找到患病卵巢，将它握于手中，用手指捏破囊肿。这种方法只有在囊肿中充满液体的病例较易实施，捏破囊肿卵泡没有困难。但操作不慎时会引起卵巢损伤出血，使其与周围组织粘连，进而对生育造成不良影响。

2. 使用 LH　具有 LH 生物活性的各种激素制剂均可用于治疗卵巢囊肿，例如 hCG 及羊和猪的垂体提取物（PLH）等。奶牛的治疗剂量：hCG 为 5 000 IU（静脉注射或肌内注射），或者 10 000 IU（肌肉注射）；PLH 为 25mg（肌肉注射）。

对 LH 疗法有良好反应的牛，其囊肿黄体化或者其他卵泡不发生排卵而直接黄体化，在卵巢上形成黄体组织而痊愈。治疗后出现正常发情的牛可以进行配种，但没有受胎的牛或配种延误的牛有可能再次发生卵巢囊肿。由于 LH 为糖蛋白质激素，有些牛会出现变态反应，或者产生抗体，而使治疗效果降低。

3. 使用 GnRH　目前治疗卵巢囊肿多用合成的 GnRH，这种激素作用于垂体，引起 LH 释放。临床上常用的 GnRH 制剂是促排卵素 3 号（LRH-A$_3$），一般剂量为 25μg/头（牛），连用 3～5 天。犬每千克体重 2.2μg，一次肌肉注射；或每千克体重 1μg 肌肉注射，每天 1 次，连用 3 天。治疗之后，血浆孕酮浓度增加，囊肿出现黄体化，18～23 天后可望正常发情。GnRH 为小分子物质，注射之后不会引起免疫反应。

4. 使用 GnRH 和 PGF₂α 经 GnRH 治疗后，囊肿通常发生黄体化，后与正常黄体一样发生退化。因此同时可用 PGF₂α 或其类似物进行治疗，促进黄体尽快萎缩消退。

5. 使用孕酮 用孕酮治疗可以使患牛恢复发情周期。每天注射 50～100mg 孕酮，连用 14 天，或者一次使用750～1 000mg，可使 60%～70%卵巢囊肿病牛恢复正常的发情周期，但愈后的受胎率比用 GnRH 治疗的低。由于治疗周期长、受胎率低而很少采用。

四、排卵延迟及不排卵

排卵延迟及不排卵（anovulation and delayed ovulation），是指排卵的时间向后拖延，或在发情时有发情的外表症状但不出现排卵。本病严格说亦应属于卵巢机能不全。常见于配种季节的初期及末期，马、驴和绵羊多发，牛偶有发生。母猫排卵障碍的特征是交配后仍嚎叫不止，或未曾交配持续嚎叫。

（一）病因

垂体前叶分泌 LH 不足，激素的作用不平衡，是造成排卵延迟及不排卵的主要原因；气温过低或变化无常、营养不良、利用（使役或挤奶）过度，均可造成排卵延迟及不排卵。对于猫来说，其排卵方式属于交配刺激性排卵，未交配或交配时对阴道没有产生有效的生理刺激就不会发生排卵。

（二）症状及诊断

排卵延迟时，卵泡的发育和外表发情症状与正常发情相似，但发情的持续期延长。马可拖延到 30～40 天，牛可达 3～5 天或更长。马的排卵延迟一般是在卵泡发育到第四期时时间延长，最后有的可能排卵，并形成黄体，有的则发生卵泡闭锁。卵巢囊肿的最初阶段与排卵延迟的卵泡极其相似，应根据发情的持续时间、卵泡的形状和大小以及间隔一定的时间后重复检查的结果慎重鉴别。

（三）治疗

对排卵延迟的动物，除改进饲养管理条件、注意防止气温的影响以外，应用激素治疗，通常可以收到良好效果。对可能发生排卵延迟的马、驴，在输精前或输精的同时注射 LH 200～400IU，或 LRH-A₃ 50μg，或 hCG 1 000～3 000IU，可以收到促进排卵的效果；对配种季节初次发情的，可配合使用孕酮 100mg，效果更好。此外，应用小剂量的 FSH 或雌激素，亦可缩短发情期，促进排卵。

在牛，出现发情症状时，立即注射 LH 200～300IU 或 LRH-A₃ 25～50μg，可以促进排卵，对于确知由于排卵延迟而屡配不育的母牛，发情早期应用雌激素，晚期注射孕酮，也可得到良好效果。

在猫，对用于繁殖的猫，使其与公猫交配，交配后可停止嚎叫；对不作繁殖用而要终止嚎叫的，可在发情期间，肌肉注射 hCG 250IU 或 LRH-A₃ 25μg。

五、慢性子宫内膜炎

慢性子宫内膜炎（chronic endometritis）各种动物均可发病，牛最为常见，马、驴、猪、犬亦多见，为动物不育的重要原因之一。犬子宫内膜炎可以转化为子宫蓄脓，能够引起严重的全身症状，但除犬外，其他动物很少影响全身健康情况。

（一）病因

子宫内膜炎根据发病时间和病程，可以分为急性子宫内膜炎和慢性子宫内膜炎两类。急性子宫内膜炎为子宫内膜的急性炎症，常发生在分娩后的数天内（见产后子宫内膜炎）。

慢性子宫内膜炎是子宫内膜慢性的发炎，多由于急性的未及时治愈转归而来。主要病原是葡萄球菌、链球菌、大肠杆菌、变形杆菌、假单胞菌、化脓放线菌、支原体、昏睡杆菌等。输精时消毒不严，分娩、助产时不注意消毒和操作不慎，是将病原微生物带入子宫导致感染的主要原因。公牛患有滴虫病、弧菌病、布鲁菌病等疾病时，通过交配可将病原传给母畜而引起发病。公牛的包皮中常常含有各种微生物，也可能通过采精及自然交配而将病原传播给母畜。

据报道，在产后 10～15 天，90％～100％的奶牛会发生子宫感染，至产后 30～40 天时感染率降低到 30％，60 天时降为 10％～20％。产后的早期多为混合感染，一般来说，子宫的混合感染在产后前几周对生育力的影响不是很大，但在奶牛产后 21 天子宫中仍然存在化脓放线菌，尤其是在产后 50 天仍有感染时，会引起子宫复旧延迟及严重的子宫内膜炎，基本不可能受孕。

（二）症状及诊断

慢性子宫内膜炎按症状可分为隐性子宫内膜炎、慢性卡他性子宫内膜炎、慢性卡他性脓性子宫内膜炎和慢性脓性子宫内膜炎四种类型。一般来说，不同类型的慢性子宫内膜炎可根据不同情况选择临床症状、发情时分泌物的性状、阴道检查、直肠检查和实验室检查进行诊断。

1. 隐性子宫内膜炎　不表现临床症状，子宫无肉眼可见的变化。发情期正常，但屡配不育。发情时子宫排出的分泌物较多，有时分泌物不清亮透明，略微浑浊。直肠检查及阴道检查也查不出任何异常变化。

比较可靠的诊断方法是检查冲洗回流液。将冲洗回流液静置后发现有沉淀，或偶尔见到有蛋白样或絮状浮游物，即可做出诊断。浮游物为异常游走白细胞、黏液和变性脱落的子宫黏膜所形成。

2. 慢性卡他性子宫内膜炎　一般不表现全身症状，有时体温稍微升高，食欲及产乳量略微降低。发情周期正常，有时也可受到扰乱；有的发情周期虽然正常，但屡配不育，或者发生早期胚胎死亡。从子宫及阴道中常排出一些黏稠浑浊的黏液，子宫黏膜松软肥厚，有时甚至发生溃疡和结缔组织增生，而且个别的子宫腺可形成小的囊肿。

不发情时阴道检查，可见阴道黏膜正常，阴道内积有絮状的黏液；子宫颈稍微开张，子宫颈膣部肿胀，但充血不明显，有时阴道中有透明或浑浊的黏液。冲洗子宫的回流液略混浊，很像清鼻涕或淘米水。

直肠检查感觉子宫角变粗，子宫壁增厚、弹性减弱、收缩反应减弱。有的病例查不出明显的变化。直肠检查时应当与正常怀孕 1 个月左右的子宫进行鉴别。除经产多次的母畜（主要是牛）以外，患慢性卡他性子宫内膜炎时，两个子宫角的大小、形状都是一样的，其长短也大多相同；马的子宫体上没有怀孕所特有的膨大部。直肠检查的症状虽然与正常产后期的子宫有相似之处，但根据病史，特别是分娩时间，不难区别开来。

3. 慢性卡他性脓性子宫内膜炎　病畜往往有精神不振、食欲减少、逐渐消瘦、体温略高等轻微的全身症状。发情周期不正常，阴门中经常排出灰白色或黄褐色的稀薄脓液或黏稠脓性分泌物。病理变化的特征基本上与慢性卡他性子宫内膜炎一样，但变化比较重。子宫黏膜肿胀、剧烈充血和淤血，同时还有脓性浸润，上皮组织变性、坏死和脱落，有时子宫黏膜上有成片的肉芽组织或瘢痕，子宫腺可形成囊肿。

阴道检查可发现阴道黏膜和子宫颈膣部充血，往往黏附有脓性分泌物；子宫颈口略微张开。

直肠检查感觉子宫角增大，收缩反应微弱，壁变厚，且薄厚不均、软硬度不一致；若子宫集聚有分泌物时，则感觉有轻微波动。

冲洗回流液，像面汤或米汤，其中夹杂有小脓块或絮状物。

4. 慢性脓性子宫内膜炎　主要症状是阴门中经常排出脓性分泌物，在卧下时排出较多。排出物污染尾根及后躯，形成干痂。病畜可能消瘦和贫血。

直肠检查和阴道检查与慢性卡他性脓性子宫内膜炎所见症状相同，一侧或两侧子宫角增大，子宫壁厚而软，厚薄不一致，收缩反应很微弱。有时在子宫壁与子宫颈壁上可以发现脓肿。冲洗回流液浑浊，像稀面糊，有的似黄色脓液。

（三）治疗

各种动物慢性子宫内膜炎治疗总的原则是：抗菌消炎，促进炎性产物的排除和子宫内膜机能的恢复。由于不同种类动物子宫解剖学构造的差异，在治疗方法上也有不同。现将各种治疗方法介绍于下，可根据具体病例选用。

1. 子宫冲洗疗法　在马或驴，可用大量（3 000～5 000mL）1%的盐水或含有0.05%的呋喃唑酮盐水冲洗子宫。子宫内有较多分泌物时，盐水浓度可提高到5%。用高渗盐水冲洗子宫可促进炎性产物的排出，防止吸收中毒，并可刺激子宫内膜产生前列腺素，有利于子宫机能的恢复。马属动物的子宫颈宽而短，环形肌不发达，很易扩张，子宫角尖端向上，输卵管的宫管结合部有明显的括约肌，子宫内冲入液体的压力增大时，液体会自行经子宫颈排出，而不必担心液体经输卵管流入腹腔。

2. 子宫内给药　多胎动物如猪、犬和猫，子宫角很长，冲入的液体很难完全排出，一般不提倡冲洗子宫。在牛，特别是患慢性子宫内膜炎时，也不提倡冲洗子宫。原因在于其子宫颈管细长，环形肌发达，子宫角下垂，注入的液体不易排出；输卵管的宫管结合部呈漏斗状，无明显的括约肌，子宫内注入大量液体压力增加时，液体可经宫管结合部和输卵管流入腹腔，造成腹腔污染和炎症扩散。临床实践中，也常常见到对牛冲洗子宫后出现精神不佳、食欲减退现象。在子宫已复旧的牛，子宫内注药的容积也应严格控制，育成牛不超过20mL，经产牛一般为25～40mL。

由于子宫内膜炎的病原非常复杂，且多为混合感染，宜选用抗菌范围广的药物，如四环素、庆大霉素、卡那霉素、红霉素、金霉素、呋喃类药物、诺氟沙星等。子宫颈口尚未完全关闭时，可直接将抗菌药物投入子宫，或用少量生理盐水溶解，做成溶液或混悬液用导管注入子宫，每日2次。猪的慢性子宫内膜炎，由于子宫颈口关闭，可肌肉注射抗生素。牛的慢性子宫内膜炎可选用溶解度低、吸收缓慢的抗菌药物或剂型，用直肠把握法将输精管通过子宫颈送入子宫，直接将药物注入子宫。亦可用2%的罗他净溶液100mL注入子宫，隔日再注入1次，可促进子宫收缩，排出炎症分泌物，并能有效杀灭病原微生物。

3. 激素疗法　使用氯前列醇，可促进炎症产物的排出和子宫功能的恢复。对小型动物患慢性子宫内膜炎时，很难将药液注入子宫，可注射雌二醇 2～4mg，4～6h 后再注射催产素 10～20IU，以促进炎症产物排出；配合应用抗生素治疗可收到较好的疗效。

4. 胸膜外封闭疗法　主要用于治疗牛的子宫内膜炎、子宫复旧不全，对胎衣不下及卵巢疾病也有一定疗效。方法是在倒数第一和第二肋间、背最长肌之下的凹陷处，用长 20cm 的针头与地面呈 30°～35°角进针。当针头抵达椎体后时，稍微退针，使进针角度加大 5°～10°向椎体下方刺入少许。刺入正确时，回抽无血液或气泡，针头可随呼吸而摆动。注入少量液体后取下注射器，药液不吸入并可能从针头内涌出。确定进针无误后，按每千克体重 0.5mL 将 0.5％普鲁卡因等分注入两侧。

六、奶牛子宫积液及子宫积脓

奶牛子宫积液（mucometra of the cow）是指奶牛子宫内积有大量棕黄色、红褐色或灰白色的稀薄或黏稠液体，蓄积的液体稀薄如水者亦称子宫积水（hydrometra）。子宫积液多由慢性卡他性子宫内膜炎发展而成。

奶牛子宫积脓（pyometra of the cow）是指奶牛子宫腔中蓄积脓性或黏稠脓性液体，多由脓性子宫内膜炎发展而成，故又称子宫蓄脓。其特点为子宫内膜出现炎症病理变化，多数病畜卵巢上存在持久黄体，因而往往不发情。

（一）病因

奶牛子宫积液通常是由慢性卡他性子宫内膜炎发展而来的。由于慢性炎症过程，子宫腺的分泌功能加强，子宫收缩减弱，子宫颈管黏膜肿胀，阻塞不通，以至子宫内的渗出物不能排除而发生该病。长期患有卵巢囊肿、卵巢肿瘤、持久性处女膜、单角子宫、假孕及受到雌激素或孕激素长期刺激的母畜也可发生此病。

奶牛子宫积脓大多发生于产后早期（15～60 天），而且常继发于分娩期疾病，如难产、胎衣不下及子宫炎等。患慢性脓性子宫内膜炎的牛，由于黄体持续存在，加之子宫颈管黏膜肿胀，或者黏膜粘连形成隔膜，使脓不能排出，积蓄在子宫内，形成子宫积脓。配种之后发生的子宫积脓，可能与胚胎死亡有关，其病原是在配种时引入或胚胎死亡之后所感染。在发情周期的黄体期给动物输精，或给孕畜错误输精及冲洗子宫引起流产，均可导致子宫积脓。

（二）症状

1. 子宫积液　患子宫积液的牛，症状表现不一，如为卵巢囊肿所引起则普遍表现乏情，如为缪勒氏管发育不全所引起则乏情极为少见。子宫中所积聚液体黏稠度亦不一致，子宫内膜发生囊肿性增生时，液体呈水样，但存在持久性处女膜的病例，则为极其黏稠的液体。大多数病畜的子宫壁变薄，积液可出现在一个子宫角，或者两个子宫角中均有液体。阴道中排出异常液体，并黏附在尾根或后肢上，甚至结成干痂。

阴道检查时可发现阴道内积有液体，颜色黄、红、褐、白或灰白色。

直肠检查发现，子宫壁通常较薄，触诊子宫有软的波动感，其体积大小与妊娠 1.5～2 个月的牛子宫相似，或者更大（图 9-11）。两子宫角的大小可能相等，因两子宫角中液体可以互相流动，经常变化不定。卵巢上可能有黄体。

2. 子宫积脓　病牛一般不表现全身症状，但有时，尤其是在病的初期，体温可能略有升高。其症状视子宫壁损伤的程度及子宫颈的状况而异，特征症状是乏情，卵巢上存在持久黄体，子宫中积有脓性或黏脓性液体，其数量不等，可达200～2 000 mL。产后子宫积脓病牛由于子宫颈开放，大多数在躺下或排尿时从子宫中排出脓液，尾根或后肢粘有脓液或其干痂。

阴道检查时也可发现阴道内积有脓液，颜色为黄、白或灰绿色。

直肠检查发现，子宫壁通常变厚，并有波动感，子宫体积的大小与妊娠 2～4 个月的牛相似，个别病牛还可能更大。两子宫角的大小可能不相等，但对称者更为常见。当子宫体积很大时，子宫中动脉可能出现类似妊娠时的妊娠脉搏，且两侧脉搏的强度均等，卵巢上存在黄体（图 9-12）。

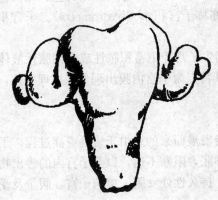

图 9-11　牛子宫积液
（引自甘肃农业大学，兽医产科学，第二版，1988）

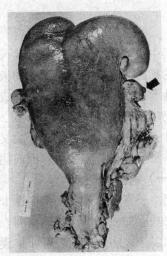

图 9-12　牛子宫积脓
箭头表示右侧卵巢上有黄体
（引自 Noakes D E et al.，Arthur's Veterinary
reproduction and obstetrics，8th ed，2001）

（三）诊断

子宫积液和子宫积脓可根据临床症状、阴道检查以及直肠检查做出初步诊断，但应当与正常怀孕 3～4 个月的子宫、胎儿干尸化和胎儿浸溶进行鉴别诊断（表 9-2）。

1. 怀孕 3～4 个月　奶牛怀孕三四个月以后，可以摸到子叶，而且怀孕脉搏两侧强弱不同。子宫壁较薄且柔软。另外，大都可以触及胎儿。间隔 20 天以上再进行直肠检查，可以发现子宫随时间增长而相应增大。

2. 子宫积液　子宫壁变薄，触诊波动极其明显，也摸不到子叶、孕体及妊娠脉搏，由于两子宫角中的液体可以相互流通，重复检查时可能发现两个子宫角的大小比例有所变换。

3. 子宫积脓　子宫壁较厚，而且比较紧张，大小与（牛）妊娠三四个月子宫相似，但摸不到子叶和孕体，间隔 20 天以上重复检查，发现子宫体积不随时间增长而相应增大。

4. 胎儿干尸化　子宫紧贴着胎儿，整个子宫坚硬，形状不规则。仔细触诊则发现有的地方坚硬，有的地方（骨骼的间隙处）柔软，但没有波动感觉。

5. 胎儿浸溶　触诊子宫感觉内容物坚硬，而且高低不平；用手挤压时有骨片的摩擦音。另外，病牛有从阴道排出黑褐色液体及小骨片的病史。

表 9-2　奶牛正常怀孕三四个月的子宫与类似妊娠的患病子宫的鉴别诊断

症状种类	直肠检查	阴道检查	阴道排出物	发情周期	全身症状	重复检查时子宫的变化
正常妊娠	子宫壁薄而柔软；妊娠3～4月后可以触到子叶，大部分可以摸到胎儿；两侧子宫中动脉有强度不等的妊娠脉搏，卵巢上有黄体	子宫颈关闭，阴道黏膜颜色比平常稍淡，分泌物黏稠，有子宫颈塞	无	停止循环	全身状况良好，食欲及膘情有所增进	间隔20天以上重复检查时，子宫体积增大
子宫积水	子宫增大，壁很薄，触诊波动明显；整个子宫大小与妊娠1.5～2个月的子宫相似，分叉清楚；两角大小相等，卵巢上有黄体	有时子宫颈阴道部有炎症	不定期排出分泌物	紊乱	无	子宫增大，有时反而缩小；两子宫角的大小比例可能发生变化
子宫积脓	子宫增大，两角大小相等，与妊娠2～4个月的子宫相似；子宫壁厚，但各处厚薄不均，感觉有硬的波动；卵巢上有黄体，有时有囊肿；子宫中动脉有类似妊娠的脉搏，且两侧强度相等	子宫颈及阴道黏膜充血及微肿，往往积有脓液	偶尔发情或子宫颈黏膜肿胀减轻时，排出脓性分泌物	停止循环，患病久时，偶尔出现发情	一般无明显变化，有时体温略微升高，出现轻度消化紊乱症状	子宫形状、大小和质地大多无变化
胎儿干尸化	子宫增大，形状不规则，坚硬，但各部分硬度不一致，无波动感，卵巢上有黄体	子宫颈关闭	无	停止循环	无	无变化
胎儿浸溶	子宫增大，形状不规则；表面高低不平，无波动感；内容物较硬，但各部分硬度不一致，挤压时有骨片摩擦音	子宫颈及阴道黏膜有慢性炎症，子宫颈口略开张，有时可看到小骨片，阴道内有污秽液体	有时排出黑褐色液体及小骨片	停止循环	体温略微升高，反复出现轻度消化紊乱症状	无太多变化，有时略缩小

（四）治疗

1. 前列腺素疗法　对子宫积脓或子宫积液病牛，应用前列腺素治疗效果良好，注射后24h 左右即可使子宫中的液体排出。子宫内容物排空之后，可用抗生素溶液灌注子宫，消除或防治感染。

2. 冲洗子宫　冲洗子宫是治疗子宫积脓或子宫积液行之有效的常用方法。通常采用的冲洗液有高渗盐水、0.02％～0.05％高锰酸钾、0.01％～0.05％苯扎溴铵及含 2％～10％复方碘溶液的生理盐水；也可将抗生素溶于大量生理盐水作为冲洗液应用。冲洗之后将抗生素注入或装于胶囊中送入子宫，效果更好。

3. 雌激素疗法　雌激素能诱导黄体退化，引起发情，促使子宫颈开张，便于子宫内容物排出，因此可用于治疗子宫积脓和子宫积液。

七、犬子宫蓄脓

犬子宫蓄脓（pyometra of the bitch）是指母犬子宫内感染后蓄积有大量脓性渗出物，并不能排出（图 9-13）。该病是母犬生殖系统的一种常见病，多发于成年犬，特征是子宫内膜异常并继发细菌感染。

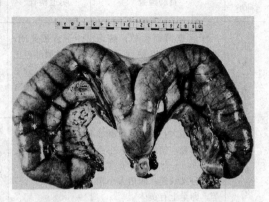

图 9-13　犬子宫蓄脓
（引自 Noakes D E et al. , Arthur's Veterinary reproduction and obstetrics, 8th ed, 2001）

（一）病因

本病是由于生殖道感染、长期使用类固醇药物以及内分泌紊乱所致，并与年龄有密切关系。

1. 年龄　子宫蓄脓是一种与年龄有关的综合征，多发于 6 岁以上的老龄犬，尤其是未生育过的老龄犬。老龄犬一般先产生子宫内膜囊性增生，后继发子宫蓄脓；发生子宫蓄脓常常与运用雌激素防止妊娠有关。

2. 细菌感染　犬子宫蓄脓多发生在发情后期，而发情后期是黄体大量产生孕酮的阶段，这时的子宫对细菌感染最为敏感。过量的孕酮诱发子宫腺体的增生并大量分泌，产生有利于细菌繁殖的环境。

3. 生殖激素　母犬的子宫蓄脓与细菌感染有一定的相关性，但更重要的是与母犬的激素特点有关。母犬排卵后形成的黄体与其他动物相比不同的是，在 50～70 天的时间范围内可以产生大量的孕酮。在此期孕酮水平很高的情况下，如果再长期注射或内服黄体激素或使用合成黄体激素以抑制发情，则很容易形成严重的子宫蓄脓。

（二）症状

临床症状与子宫颈的实际开放程度有关，按子宫颈开放与否可分为闭锁型和开放型两种。犬子宫蓄脓的症状在发情后 4～10 周较为明显。

1. 闭合型　子宫颈完全闭合不通，阴门无脓性分泌物排出，腹围较大，呼吸、心跳加快，严重时呼吸困难，腹部皮肤紧张，腹部皮下静脉怒张，喜卧。

2. 开放型　子宫颈管未完全关闭，从阴门不定时流出少量脓性分泌物，呈奶酪样，乳黄色、灰色或红褐色，气味难闻，常污染外阴、尾根及飞节。患犬阴门红肿，阴道黏膜潮红，腹围略增大。

（三）诊断

根据发病史、临床症状及血常规检验等可做出初步诊断。

1. 临床症状　病犬为处于发情期后 4～10 周的老年母犬，近段时间曾用过雌激素和孕酮，有假孕现象，阴道有脓性分泌物，可触摸到增大、柔软、面团状的子宫，闭锁型子宫蓄脓，腹部异常膨胀。

2. 血象检查　白细胞数增加，犬通常可升高至 20 000～100 000 个/mm³ [（20～100）× 10^9 个/L]；核左移显著，幼稚型白细胞达 30% 以上；发病后期出现贫血，血红蛋白含量下降。

3. 血液生化检查　呈现高蛋白血症和高球蛋白血症；毒血症导致出现肾小球性肾病，血清尿素氮增高。

4. X 线检查　对于闭锁型子宫蓄脓，其腹腔后部出现一液体密度的管状结构。

5. B 超检查　子宫腔充满液体，子宫壁由薄增厚，有时甚至能看到增厚的子宫壁上有一些无回声囊性暗区。

（四）治疗

1. 闭锁型　闭锁型子宫蓄脓的犬，毒素很快被吸收，因此立即进行卵巢、子宫切除是很理想的治疗措施。在手术前后和手术过程中必须补充足够的液体。术前和术后 7～10 天连续给予广谱抗菌药物，如甲氧苄啶和磺胺甲基异噁唑、恩诺沙星或左氧氟沙星。这些药物同样也可以用于开放型子宫蓄脓。

2. 开放型　开放型子宫蓄脓或留作种用的闭锁型子宫蓄脓的种犬，可以考虑保守治疗。治疗的原则是：促进子宫内容物的排出及子宫的恢复，控制感染，增强机体抵抗力。

（1）静脉补液，治疗休克，纠正脱水和电解质及酸碱异常，同时使用广谱抗菌药物。

（2）使用前列腺素治疗：每千克体重 0.25 mg 皮下注射，每天 1 次，连用 5～7 天。此方法对开放型子宫蓄脓的母犬效果较好，但对闭锁型的子宫蓄脓效果不佳，存在比手术更大的危险。

八、子宫颈炎

子宫颈炎（cervicitis）通常继发于子宫炎，更多见的是继发于异常分娩（如流产、难产）或阴道脱出之后，尤其在施行牵引术或截胎术引起子宫颈的严重损伤时。子宫颈外口的炎症可继发于阴道及阴门损伤，细菌或病毒引起的阴道感染常可诱发子宫颈炎。

（一）病因

常由于感染引起。引起子宫颈炎的病原通常为混合性的，感染子宫及阴道的任何病原均可成为引起子宫颈炎的原因，其中有些细菌如化脓放线菌致病性可能更强。自然交配时有时可能将病原引入子宫颈而造成感染。

除感染外，诸多因素可造成子宫颈炎。大多数的子宫颈炎发生在分娩之后，而且与子宫炎的关系极其密切。在老龄牛，子宫颈炎的发生通常与子宫颈皱襞的脱出有关，由于脱出的皱襞逐渐变厚，发生纤维化，因此容易感染。患化脓性阴道炎、阴唇损伤或萎缩而形成气膣可导致阴道发炎，特别是有尿液或粪便积存在阴道中时，更容易引起严重的子宫颈炎。各种原因的阴道脱出，子宫颈外口暴露于阴门外，是继发子宫颈炎的原因之一。

（二）症状

子宫颈发炎时，其外口通常充血肿胀，子宫颈外褶脱出，子宫颈黏膜呈红色或暗红色，有黏脓样分泌物。直肠检查时发现，发炎的子宫颈可能增大，严重的慢性子宫颈炎时，感觉子宫颈变厚实。

单纯的子宫颈炎，对受胎率没有大的影响，但子宫颈炎和子宫内膜炎往往同时发生，因此多数临床病例可能导致不育。

（三）预后

大多数子宫颈炎的预后良好，随着子宫炎和阴道炎的治愈多数可以自愈，但只要存在上述疾病，不可能自然康复。

(四) 治疗

在子宫炎及阴道炎同时伴发子宫颈炎的病例，必须对整个生殖道进行处理。治疗时，可用温和的消毒液冲洗阴道 3～4 天，以便清除黏脓性分泌物，促进阴道、子宫、子宫颈的血液循环。冲洗之后，可向子宫颈及子宫中注入抗生素，帮助消除感染。继发于阴道炎或气膣的子宫颈炎，则应施行阴门缝合术。子宫颈外环脱出而发生慢性子宫颈炎时，治疗常无效，此时可将脱出的外环截除，然后再将阴道黏膜与子宫颈黏膜缝合，以便止血及促进伤口愈合。

九、阴 道 炎

阴道炎（vaginitis）是指由各种原因引起的阴道黏膜的炎症，可分为原发性或继发性两种。

(一) 病因

原发性阴道炎通常是由于配种或分娩时受到损伤或感染而发生的。衰老瘦弱的母畜生殖道组织松弛，阴门向前下凹陷，并且开张，空气容易进入而形成"气膣"（pneumovagina），尿也易于滞留在阴道中，因而发生阴道炎。粪便、尿液等污染阴道也可诱发阴道炎。阴道感染以后，由于子宫及子宫颈将阴道向前、向下拉，因此病原物很难被排出去。

继发性阴道炎多数是由胎衣不下、子宫内膜炎、子宫炎、宫颈炎以及阴道和子宫脱出引起的；病初为急性，病久即转为慢性。

引起阴道炎的大多数病原菌为非特异性的，如链球菌、葡萄球菌、大肠杆菌、化脓放线菌及支原体等，有些则是特异性的，如牛传染性鼻气管炎病毒、滴虫、弯杆菌等。

(二) 症状

根据炎症的性质，慢性阴道炎可分为慢性卡他性、慢性化脓性和蜂窝织炎性三类。

1. 慢性卡他性阴道炎 症状不明显，阴道黏膜颜色稍显苍白，有时红白不匀，黏膜表面常有皱纹或者大的皱襞，通常带有渗出物。

2. 慢性化脓性阴道炎 病畜精神不佳，食欲减退，乳量下降。阴道中积存有脓性渗出物，卧下时可向外流出，尾部有薄的脓痂。阴道检查时动物有痛苦的表现，阴道黏膜肿胀，且有程度不等的糜烂或溃疡。有时由于组织增生而使阴道变狭窄，狭窄部之前的阴道腔积有脓性分泌物。

3. 蜂窝织炎性阴道炎 病畜往往有全身症状，排粪、尿时有疼痛表现。阴道黏膜肿胀、充血，触诊有疼痛表现，黏膜下结缔组织内有弥散性脓性浸润，有时形成脓肿，其中混有坏死的组织块；亦可见到溃疡，溃疡日久可形成瘢痕，有时发生粘连，引起阴道狭窄。

(三) 预后

单纯的阴道炎，一般预后良好，有时甚至无需治疗即可自愈。同时发生气膣、子宫颈炎或子宫炎的病例，预后欠佳。阴道发生狭窄或发育不全时，则预后不良。阴道炎如为传染性原因所引起，阴道局部可以产生抗体，有助于增强抵御疾病的能力。

(四) 治疗

治疗阴道炎时，可用消毒收敛药液冲洗。常用的药物有：200 μL/L 稀盐酸、0.05%～0.1%高锰酸钾、1∶100～1∶3 000 吖啶黄溶液、0.05%苯扎溴铵、1%～2%明矾、5%～10%鞣酸、1%～2%硫酸铜或硫酸锌。冲洗之后可在阴道中放入浸有磺胺乳剂的棉塞。冲洗阴道可以重复进行，每天或者每 2～3 天进行 1 次。

阴道炎伴发子宫颈炎或者子宫内膜炎的，应同时加以治疗。

气腔引起的阴道炎，在治疗的同时，可以施行阴门缝合术。其具体程序是首先给病畜施行硬膜外麻醉或术部浸润麻醉，并适当保定。对性情恶劣的病畜，可考虑给以适当的全身麻醉。在距离两侧阴唇皮肤边缘 1.2～2.0cm 处切破黏膜，切口的长度是自阴门上角开始至坐骨弓的水平面为止，以便在缝合后让阴门下角留下 3～4cm 的开口；除去切口与皮肤之间的黏膜，用肠线或尼龙线以结节缝合法将阴唇两侧皮肤缝合起来，针间距离 1～1.2cm；缝合不可过紧，以免损伤组织，7～10 天后拆线。以后配种可采用人工输精，在预产期前 1～2 周沿原来的缝合口将阴门切开，避免分娩时被撕裂。缝合后每天按外科常规方法处理切口，直至愈合为止，防止感染。

第五节　免疫性不育

在繁殖过程中，动物机体可对繁殖的某一环节产生自发性免疫反应，从而导致受孕延迟或不受孕，这种现象称为免疫性不育（infertility due to immunological factors）。动物的生殖细胞、受精卵、生殖激素等均可作为抗原而激发免疫应答，导致免疫性不育。引起免疫性不育的因素很多，直接影响生殖而成为免疫性不育的原因主要有睾丸自身免疫和卵巢自身免疫两类反应。也就是说主要是由于动物自身免疫系统的正常平衡状态遭到破坏，雄性动物血清中出现了抗精子抗体，雌性动物血清中出现了抗卵子透明带抗体，从而引起一系列免疫反应，影响整个生殖过程，最终导致不育。

（一）抗精子抗体性不育

精子本身就带有抗原的性质，只是由于血睾屏障的存在而不产生免疫反应。生殖系统的局部炎症，外伤及手术均可使这种屏障受到损伤，而使精子及其可溶性抗原透入并被局部巨噬细胞吞噬，进而致敏淋巴细胞，发生抗精子的免疫反应，生成抗精子抗体，导致不育，这种不育称为抗精子抗体性不育（infertility due to anti-sperm antibodies）。

抗精子抗体是由机体产生可与精子表面抗原特异性结合的抗体，它具有凝集精子、抑制精子通过宫颈黏液向宫腔内移动，从而降低生育能力的特性，是引起动物免疫性不育的最常见原因。目前已知的精子抗原有 100 多种，其中每一种都可诱发产生抗体。抗体一旦形成，就与抗原结合，覆盖在它们认为是异物的物质上，引起这些物质簇集在一起，而使白细胞易于将这些异物消灭。抗体还可以与细胞表面结合而干扰其他一些重要功能。

抗精子抗体性可通过下列几个方面引起不育：

（1）引起精子凝集，进而降低精子的活力。

（2）影响精子质膜上的颗粒运动，干扰精子获能。

（3）影响顶体酶的释放，使精子不易穿透放射冠和透明带，阻止精卵结合。

（4）阻碍精子黏附到卵子透明带上，影响受精。

（5）抗体与精子结合后可活化补体和抗体依赖性细胞毒活性，加重局部炎症反应，损伤精子细胞膜，增强生殖道内巨噬细胞对精子的吞噬作用。

（二）抗透明带抗体性不育

透明带具有精子的特异性受体，可以阻止异种精子或同种多精子受精。透明带抗原能够刺激机体发生免疫应答，产生的抗血清则能阻止带有透明带的卵子与同种精子结合，也能阻止同种精子穿透受抗血清处理过的透明带，以及在体内干扰受精卵着床，从而导致不育，这种不育称为抗透明带抗体性不育（infertility due to anti-zona pellucida antibodies）。

哺乳动物的透明带是围绕卵母细胞、排卵后的卵子及着床前受精卵的一层非细胞性胶样糖蛋白外壳，能防止异种或同种多精子受精。透明带具有良好的抗原性。在卵子生成过程中，卵母细胞合成和分泌的糖蛋白是透明带的主要成分，它们对精子的获能、精卵结合及受精卵的发育均起有重要作用，而且还可成为抗原而诱导机体产生抗体。机体对透明带抗原产生免疫应答或受到免疫损伤与否，视免疫系统的平衡协调作用的状态而定。机体遭受与透明带有交叉抗原性的抗原入侵时，或由于病毒感染等因素使透明带抗原变性时，免疫系统即将透明带抗原视为异物而产生抗透明带免疫反应。每次排卵后，透明带抗原可被部分吸收，使透明带免疫的易感性增高。

抗透明带抗体可通过下列几个方面引起不育：

（1）封闭精子受体，干扰或阻止同种精子与透明带结合及穿透，发挥抗受精作用。

（2）使透明带变硬，即使受精，也因透明带不能从受精卵表面自行脱落，而影响受精卵着床。

（3）抗透明带抗体在透明带表面与其相应抗原结合，形成抗原抗体复合物，从而阻止精子通过透明带，使精卵不能结合。

第六节　防治不育的综合措施

动物不育的防治是一项综合工程，它涉及动物品种、饲养管理、自然环境、繁殖技术、母畜生殖系统疾病和身体其他疾病等多方面的因素。因此，在防治不育时首先必须精确查明不育的原因，弄清它在群体中的发生和发展规律，然后根据实际情况，制定出切实可行的计划，采取具体有效的措施，消除不育。现以牛为例，对防治不育的综合措施做简要的介绍。

（一）重视繁殖母畜的日常管理及定期检查

防治母畜不育时，首先应该有目的地向饲养员、配种员或挤奶员调查了解母畜的饲养、管理、使役、配种情况；有条件时尚可查阅繁殖配种记录和病例记录。在此基础上，对母畜进行全面检查，不仅要详细检查生殖器官，而且要检查全身情况。

1. 病史调查内容　应尽可能获得详尽的病史资料，尤其是繁殖史等。这些资料包括：①年龄；②胎次；③上次产犊时间，产犊时正常与否；④产后首次发情时间；⑤生殖道分泌物是否正常；⑥最近一次配种时间；⑦配种后是否发情；⑧以前的生育力，尤其是从产犊到受胎的间隔时间和每次受胎的配种次数；⑨饲养管理情况；⑩健康状况，是否还有其他疾病，尤其是繁殖疾病。

2. 临床检查内容　应仔细检查母畜的全身情况，尤其是生殖道的状况，必要时可配合特殊诊断或实验室检查。检查内容包括：①阴道、会阴及前庭有无疤痕或分泌物；②尾根部有无塌陷，背部及腹胁部有无被爬跨的痕迹；③阴道黏膜及黏液的性状；④子宫的位置及大小、内容物的性状，是否有怀孕症状，是否有粘连；⑤输卵管有无病变；⑥卵巢的位置、质地、大小及其表面是否有黄体或卵泡，是否有粘连。

3. 临床检查的时间、检查时可能发现的变化以及应采取的措施

（1）产后7~14天：经产母牛的全部内生殖器官可能仍在腹腔内妊娠时原有的位置上。至产后14天，大多数经产牛的两子宫角已大为缩小，初产牛的子宫角已退回骨盆腔，复旧正常的子宫质地较硬，可以摸到角间沟。触诊子宫可以引起收缩反应，排出的液体数量和恶露颜色已接近正常。如果子宫壁厚，子宫腔内积有大量的液体或排出的恶露颜色及质量异常，特别是带有臭味，则是子宫感染的征候，应及时进行治疗。在此期间，对发生过难产、胎衣不下或其他分娩及产后期疾病的母牛应注意详细检查。

产后14天以前检查时，往往可以发现退化的妊娠黄体，这种黄体小而比较坚实，且略突出于卵巢表面。在分娩正常的牛，卵巢上通常有1~3个直径1.0~2.5cm的卵泡，因为正常母牛到产后15天时虽然大多数不表现发情症状，但已发生产后第一次排卵。如果卵巢体积较正常的小，其上无卵泡生长，则表明卵巢无活动，这种现象不是由于导致母牛全身虚弱的某些疾病，就是由于摄入的营养物质不够所引起。

（2）产后20~40天：在此期间应进行配种前的检查，确定生殖器官有无感染以及卵巢和黄体的发育情况。产后30天，初产母牛及大多数经产母牛的生殖器官已全部回到骨盆腔内。在正常情况下，子宫颈已变坚实，粗细均匀，直径3.5~4.0cm。子宫颈外口开张，其中排出或黏附有异常分泌物则是存在炎症的征象。由于子宫颈炎大多是继发于子宫内膜炎，因而应进一步检查，确定原发的感染部位，以便采用相应的疗法。

产后30天，母牛子宫角的直径在各年龄组间有很大的差异，但是各种年龄的母牛触诊时，在正常情况下，都感觉不出子宫角的腔体，摸到子宫角的腔体是子宫复旧延迟的征象，而且可能存在子宫内膜炎。触诊子宫时可同时进行按摩，促使子宫腔内的液体排出，触诊按摩之后再做阴道检查往往可以帮助诊断。产后20~40天内子宫如发生肉眼可见的异常，通过直肠检查一般都能检查出来。

产后30天时，许多母牛的卵巢上都有数目不等的正在发育的卵泡和退化的黄体，这些黄体是产后发情排卵形成的。在产后期的早期，母牛安静发情是极为常见的，因此在产后未见到发情的母牛，只要卵巢上有卵泡和黄体，就证明卵巢的机能活动正常，不是真正的乏情母牛。

（3）产后45~60天：对产后未见到发情或者发情周期不规律的母牛应当再次进行检查。到此阶段，正常母牛的生殖器官已完全复旧，如有异常，易于发现。检查时，可能查出的情况和引起不发情的原因包括下列几类：

①卵巢体积缩小，其上既无卵泡，又无黄体。这种情况是由导致全身虚弱的疾病、饲料质量低劣和过度挤奶所引起。这样的母牛除去病因之后，调养几周通常都会出现发情，不需进行特殊治疗。

②卵巢质地、大小正常，其上存在功能性的黄体，且子宫无任何异常。这表明卵巢机能活动正常，很可能为安静发情或发情正常而被漏检的母牛。对这种母牛应仔细触诊卵巢，并根据黄体的大小及坚实度估计母牛当时所处的发情周期阶段，告诉畜主下次发情出现的可能时间，届时应注意观察或改进检查发情的方法。如果要使母牛尽快配种受孕，在确诊它处于发情周期的第6~16天时，可注射$PGF_{2\alpha}$。处理后若发情时输精，或处理后80h左右定时输精。

③对子宫积脓引起黄体滞留而不发情的母牛，一旦确诊，先应注射$PGF_{2\alpha}$，促使子宫内容物排出。其后若发情时再按子宫内膜炎处理，用抗生素进行治疗。

④卵巢囊肿是母牛产后不发情或发情不规则的常见原因之一。产后早期发生此病的母牛多数可以自愈，不必进行治疗。在表现慕雄狂症状或分娩 60 天以后发现的病例可用激素治疗。除非是持续表现慕雄狂症状的病例，经过一次用药之后，30 天以内一般不需要重复治疗，以便生殖器官有足够的恢复时间。

（4）产后 60 天以后：对配种 3 次以上仍不受孕，发情周期和生殖器官又无明显异常的母牛，应在发情的第 2 天或者输精时反复多次进行检查，注意鉴别是根本不能受精，还是受精后发生早期胚胎死亡。引起母牛屡配不孕的其他常见病理情况有：排卵延迟、输卵管炎、隐性子宫内膜炎和老年性气膣等。

母牛屡配不孕，特别是有大批母牛不育时，不可忽视对公畜的检查。精液品质的好坏可以直接影响母畜的受胎率。此外，对输精（或配种）的操作技术也应加以考虑，因为繁殖技术错误往往可以引起母畜屡配不孕。

（5）输精后 30～45 天：在这一期间，应做例行的妊娠检查，以便及时查出未孕母牛，减少空怀引起的损失。对已确定妊娠的母牛，在妊娠中期和后期还要重复检查，有流产史的母牛更应多次重复检查。根据调查研究证实，在妊娠的中、后期，妊娠母牛中仍然有 5%～10%发生流产。

（二）建立完整的繁殖记录

每头动物应该有完整准确的繁殖记录，佩带的标记应该清楚明了，以便远距离进行观察。建立繁殖记录时，表格应该简单实用，使一般饲养人员也可就观察到的情况及时进行记载。一般来说，作为繁殖记录，应该包括生育史、分娩或流产的时间、发情及发情周期的情况、配种及妊娠情况、生殖器官的检查情况、父母代的有关资料、后代的数量及性别、公畜信息、预防接种、药物使用以及其他有关的健康情况。大型饲养场，管理人员应该准备有日常报表，记录分娩、配种及其他有关的异常或处理方法。

（三）完善管理措施

在母畜的不育中，由于管理不善引起的要占较大的比例，例如母畜的乏情、屡配不育等均与管理有很大关系，因此改善管理措施是有效防治不育的一个重要方面。在这方面兽医人员必须发挥主动作用，认真负责，恪尽职守。

1. 发情鉴定制度　在进行发情鉴定时，目前除了仔细观察、详细记录、准确输精外，尚无其他可行的方法，这就要求在观察发情时必须仔细认真，每次观察时间不应短于30min，每天进行 3～4 次。

2. 配种及人工授精操作规范　自然交配前，首先要检查公畜的健康、外生殖器的卫生，观察交配过程中公、母畜的行为是否正常，并记录交配时间、确定两次交配的间隔时间等。对采用人工技术的首先要检查精液是否符合配种要求，授精前做好授精器械的无菌准备和母畜外阴的清洁卫生，规范授精操作技术。

3. 产后护理制度　除了建立产房的消毒、药械储备管理等制度外，还应对仔畜制订母乳喂养、幼仔保健制度，对母畜制定产后子宫复旧、卵巢功能恢复的康复计划，争取产后早日发情配种。

（四）加强青年后备母畜的饲养

在确保后备母畜品质选育的基础上，对被选青年母畜必须提供足够的营养物质和平衡饲料，及时进行疫病预防和驱虫，保证健康成长，以便按时出现有规律的发情周期，发挥繁殖效益。

（五）严格执行卫生措施

在进行母畜的生殖道检查、输精以及母畜分娩时，一定要尽量防止发生生殖道感染，杜绝母畜感染严重影响生育力的传染性或寄生虫性疾病。新购入的母畜应该隔离观察 30～150 天，并进行检疫和预防接种。

虽然目前已研制出了一些防治母畜不育的激素或药物，而且经过临床验证，都有一定的疗效，但由于母畜患病时体内的生殖激素水平及各自的条件不同，因而某一种药品或疗法不一定对同一原因引起的不育都产生满意的效果。同时所有的不育只有在消除了不良的自然因素之后，给予适当的治疗，才能产生预期的效果。在实践中，这一点必须充分考虑。

在防治不育方面，饲养员、挤奶员和助产人员起着很大的作用。有些不育常常是由于工作上的原因造成的。例如，不能及时发现发情母畜和未孕母畜，未予及时配种或进行及时治疗；繁殖技术（排卵鉴定、妊娠检查、人工输精）不熟练；配种、接产消毒不严格、操作不慎，引起生殖器官疾病等，都是引起不育的常见原因。因此，技术人员必须加强学习，钻研业务，精益求精，不断提高理论和操作水平。

（黄利权）

本章执业兽医资格考试试题举例

1. 经产母牛，表现持续而强烈的发情行为，体重减轻。直肠检查发现卵巢为圆形，有突出于表面的直径约 2.5cm 的结构，触诊该突起感觉壁薄。2 周后复查，症状同前。该牛可能发生的疾病是：（　　）

　A. 卵泡囊肿　　　　　　　　　　B. 黄体囊肿
　C. 卵巢萎缩　　　　　　　　　　D. 卵泡交替发育
　E. 卵巢机能不全

2. 母牛，4 岁，产后 2 个多月未见发情。直肠检查发现，一侧卵巢比对侧正常卵巢约大 1 倍，其表面有一直径约 3cm 的突起，触摸该突起感觉壁厚，子宫未触及怀孕变化。该牛可能发生的疾病是：（　　）

　A. 卵泡囊肿　　　　　　　　　　B. 黄体囊肿
　C. 卵巢萎缩　　　　　　　　　　D. 卵泡交替发育
　E. 卵巢机能不全

3. 犬闭锁型子宫蓄脓的最适治疗方案是：（　　）

　A. 手术疗法　　　　　　　　　　B. 抗菌疗法
　C. 激素疗法　　　　　　　　　　D. 输液疗法
　E. 营养（维持）疗法

4. 一头成年奶牛，乏情，直肠检查子宫大小与妊娠 2 个月相似，子宫壁薄，波动极其明显，两侧子宫角容积大小可变动。

（1）本病初步的诊断为：（　　）

　A. 子宫积脓　　　　　　　　　　B. 子宫积液
　C. 卵巢机能不全　　　　　　　　D. 隐性子宫内膜炎
　E. 慢性子宫内膜炎

（2）与本病无关的是：（　　）

　A. 卵巢囊肿　　　　　　　　　　B. 卵巢静止

　C. 继发于子宫内膜炎　　　　　　D. 子宫内膜囊肿性增生

　E. 子宫受雌激素长期刺激

5. 奶牛，6 岁，生产第 3 胎时曾发生胎衣不下，产后发情周期正常，但屡配不孕。自阴门经常排出一些混浊的黏液，卧地时排出量较多。最可能发生的疾病是：（　　）

　A. 子宫积液　　　　　　　　　　B. 子宫积脓

　C. 隐性子宫内膜炎　　　　　　　D. 慢性脓性子宫内膜炎

　E. 慢性卡他性子宫内膜炎

6. 奶牛产后 65 天内未见明显的发情表现，直肠检查卵巢上有一小的黄体遗迹，但无卵泡发育，卵巢的质地和形状无明显变化。

（1）该牛可能患有的疾病是：（　　）

　A. 卵泡萎缩　　　　　　　　　　B. 卵巢萎缩

　C. 持久黄体　　　　　　　　　　D. 卵巢机能减退

　E. 卵巢发育不良

（2）治疗该病最适宜药物是：（　　）

　A. 黄体酮　　　　　　　　　　　B. 丙酸睾酮

　C. 地塞米松　　　　　　　　　　D. 前列腺素

　E. 促卵泡素

7. 奶牛，5 岁，发情表现正常。近 3 个月来，食欲、体温正常，但常从阴道中排出一些混浊黏液，发情时排出量较多，屡配不孕，冲洗子宫的回流液像淘米水。

（1）该牛最可能患的疾病是：（　　）

　A. 子宫积液　　　　　　　　　　B. 子宫积脓

　C. 隐性子宫内膜炎　　　　　　　D. 慢性脓性子宫内膜炎

　E. 慢性卡他性子宫内膜炎

（2）对该牛冲洗子宫时，首选的冲洗液是：（　　）

　A. 5％氯化钠溶液　　　　　　　 B. 10％葡萄糖溶液

　C. 0.9％氯化钠溶液　　　　　　 D. 0.01％苯扎溴铵溶液

　E. 0.01％高锰酸钾溶液

（3）促进子宫收缩及子宫内炎性物排出，可注射：（　　）

　A. 雌激素和催产素　　　　　　　B. 黄体酮和雌激素

　C. 人绒毛膜促性腺激素　　　　　D. 马绒毛膜促性腺激素

　E. 促黄体素和促卵泡素

8. 奶牛，5.5 岁，持续发情，外阴水肿，时有透明黏液流出，频频爬跨其他奶牛。直肠检查发现右侧卵巢上有数个较大的卵泡、波动明显。治疗该病的首选药物是：（　　）

　A. 雌二醇　　　　　　　　　　　B. 促卵泡素

　C. 氯前列烯醇　　　　　　　　　D. 孕酮

　E. 人绒毛膜促性腺激素

第十章

公 畜 的 不 育

公畜具有正常的生育力有赖于以下几个方面的功能正常，即精子生成、精子的受精能力、性欲和交配能力。公畜不育在临床上包含两个概念：一是指公畜完全不育，即达到配种年龄后缺乏性交能力、无精或精液品质不良，其精子不能使正常卵子受精；二是指公畜生育力低下，即由于各种疾病或缺陷使公畜生育力低于正常水平。

第一节 公畜不育的原因及分类

公畜的不育可分为先天性不育和后天性不育。作为种用公畜，先天性不育者多在选种时淘汰。生产中常见的公畜不育，主要是疾病、管理利用不当和繁殖技术错误造成的，主要表现为无精症、少精或死精症，性欲低下或无性欲，阳痿、自淫等。阴囊、睾丸、附睾和附性腺等炎症是无精、少精或死精症的主要原因。此外，精子的特异性抗原引起免疫反应而使精子发生凝集反应等，可造成不育。现将公畜不育的主要原因及其分类列于表 10-1。

生产实际中，防治公畜的不育首先应是严格选种，除注意血统外貌外，还应特别注意睾丸发育和对称性，阴囊壁的收缩能力等。种用公畜应加强饲养管理，供给全价日粮，建立合理的采精制度，保护阴囊不受损伤。高温季节要注意降温防暑，若发现炎症（包括全身性体温升高）应及时治疗。通常采用检查精液品质的方法来衡量公畜生育力的高低，但这些指标（如密度、活力、畸形精子百分率）与公畜生育力的关系并不是绝对的。配种受胎率的高低与配种母牛是否正常、配种是否适时、方法是否正确等有关。

表 10-1 公畜不育的原因及分类

不 育 的 种 类			引 起 的 原 因
先天性不育			先天性或遗传性因素导致生殖器官发育异常或各种畸形
后天获得性不育	营养性不育		营养不良、维生素不足或缺乏、饲料中含有害物质
	管理利用性不育		使役过度、运动不足、拥挤
	繁殖技术性不育		交配过度、采精频率过度、采精操作粗暴等
	疾病性不育	普通疾病	全身性疾病、生殖器官疾病
		传染性疾病	病原微生物或寄生虫使生殖器官受到损害，或引起影响生殖机能的疾病，如布鲁菌病、传染性化脓性阴茎头包皮炎、马媾疫、胎毛滴虫病等，从而使生育力减退或丧失
		神经内分泌失调	生殖器官、细胞和内分泌腺肿瘤以及激素分泌失调可引起性功能障碍
	免疫性不育		精子的特异性抗原引起免疫反应，产生抗体，使生殖机能受到干扰或抑制，导致不育

第二节　先天性不育

公畜的先天性不育（infertility due to congenial factors in domestic male animals）是由于染色体异常或基因表达调控出现异常，导致公畜不育或生育力低下。此类疾病主要包括睾丸发育不全、无精或精子形态异常、性机能紊乱、沃尔夫氏管道系统分节不全、两性畸形和隐睾。上述各类疾病中常见的为睾丸发育不全、两性畸形和隐睾。

一、睾丸发育不全

睾丸发育不全（testicular hypoplasia）指公畜一侧或双侧睾丸的全部或部分曲精细管生精上皮不完全发育或缺乏生精上皮，间质组织可能基本维持正常。本病多见于公牛和公猪，在各类睾丸疾病中约占 2%；但在有的公牛品种，发病率可高达 25%～30%，在一些猪群中可达 60%。

（一）病因

大多数是由隐性基因引起的遗传疾病或是由于非遗传性的染色体组型异常所致。一般是多了一条或多条 X 染色体，额外的 X 染色体抑制双侧睾丸发育和精子生成。由于公畜到初情期睾丸才得到充分发育，在此之前因营养不良、阴囊脂肪过多和阴囊系带过短也可引起睾丸发育不良。

（二）症状

发生本病的公牛在出生后生长发育正常，周岁时生长发育测定都能达到标准，公牛第二性征、性欲和交配能力也基本正常，但睾丸较小，质地软、缺乏弹性，精液水样，无精或少精，精子活力差，畸形精子百分率高，且多次检查结果比较恒定。有的病例精液品质接近正常，但受精率低，精子不耐冷冻和储存。

（三）诊断

根据睾丸大小（图 10-1）、质地，精液品质检查结果和参考公畜配种记录（一开始使用即表现生育力低下和不育），在初情期即可做出初步诊断。染色体检查有助于本病的确诊。

如进行睾丸活组织检查或死后睾丸组织学检查，可将睾丸发育不全分为三种类型：

（1）典型发育不全：整个性腺或性腺的一部分曲精细管完全缺乏生殖细胞，仅有一层没有充分分化的支持细胞，间质组织比例增加。

（2）精子生成抑制型：表现为不完全的生殖细胞分化，生精过程常终止于初级精母细胞或精细胞，几乎都不能发育到正常精子阶段。

图 10-1　睾丸发育不良

老龄瑞典高地公牛，观察阴囊，显示左侧睾丸发育不良

（引自陈兆英，家畜繁殖与产科疾病彩色图说，2005）

（3）生殖细胞低抵抗力型：曲精细管出现不同程度退化，虽有正常形态精子生成，但精子质量差，不耐冷冻和储存。

（四）处理方法

本病具有很强的遗传性，患畜可考虑去势后用作肥育或使役。即使病畜精液有一定的受胎率，但发生流产和死产的比例很高。据报道，1头睾丸发育不良的娟姗牛配种受胎的102头母牛中，4例流产，32例死产，因此病畜不应留作种用。

二、两性畸形

两性畸形（intersexualitism，intersexuality，hermaphorditism，hermaphoodite）是动物在性分化过程中某一环节发生紊乱而造成的个体兼具雌雄两性性别特征的一种疾病。根据两性畸形不同的表现形式，在临床上还可以分类为性染色体两性畸形、性腺两性畸形和表型两性畸形三类。各类畸形的代表性疾患见表10-2。

表 10-2　动物的两性畸形

表现形式	举　例
染色体两性畸形	XXY综合征、XXX综合征、XO综合征、嵌合体和镶嵌体、真两性畸形嵌合体、异性孪生不育母犊、XX/XY睾丸生成不全嵌合体
性腺两性畸形	XX真两性畸形、XX雄性综合征
表型两性畸形	雄性假两性畸形、睾丸雌性化综合征、尿道下裂、缪勒氏管残留综合征、其他雄性假两性畸形、雌性假两性畸形

（一）性染色体两性畸形

性染色体两性畸形（chromosomal intersexualism）是性染色体的组成发生变异，雄性不是正常的XY，雌性不是正常的XX，引起性别发育异常而形成的两性畸形。性染色体两性畸形中除了嵌合体外，其他的畸形一般是性腺和生殖道发育不全，雌雄间性极其少见。嵌合体引起的畸形则常为雌雄间性。现将常见的一些性染色体畸形分述如下。

1. XXY 综合征（XXY syndrome）　患病动物较正常雄性多一条X染色体，各种家畜都有发生。病畜外观呈雄性，具有基本正常的雄性生殖器官和性行为，但睾丸发育不全。组织学检查见不到精子生成过程，性腺内分泌功能减弱。睾丸及附睾虽然仍位于阴囊中，但均很小，射出物中不含精子。

患此病的动物，由于具有Y染色体，因而性腺为睾丸，并能产生睾酮；虽然雄性生殖器官发育正常，但由于X染色体不是一条，因而不能正常产生精子。此病的发生是由雄性配子的性染色体在减数分裂时或在早期合子分裂时未能分离所致。

2. XXX 综合征（XXX syndrome）　患病动物较正常雌性多一条X染色体，表型为雌性，一般均为卵巢发育不全。此病为卵子性染色体在分裂时未能分离所致。

3. XO 综合征（XO syndrome）　患病动物较正常雌性缺失一条X染色体，表型为雌性，通常为卵巢发育不全，相当于人的特纳综合征（Turner syndrome）。

4. 嵌合体和镶嵌体（chimeras and mosaics）　动物体内含有一种或一种以上不同源的组型不同的染色体细胞，称为异源性嵌合体。个体含有两种或两种以上组型不同但来源相同的染色体细胞，称为镶嵌体，是由单合子在减数分裂时未能分离而形成。

异源性镶嵌体和嵌合体动物的性腺和表型性别依细胞系所含的性染色体组成及其在性腺

原始基质中的分布情况而定。例如有一细胞系含有 Y 染色体而另一细胞系则没有，则在同一性腺中会有卵巢及睾丸组织同时发育（真两性畸形）或性腺发育不全，组织学上的特点是既有睾丸又有卵巢组织，且完全具备两种性腺的固有特征。真两性畸形嵌合体、异性孪生不育母犊（见第九章第二节）和 XX/YY 睾丸发育不全均属于此类。

（1）真两性畸形嵌合体（true hermaphrodite chimeras）：该类动物同时具有卵巢及睾丸两种组织，一个或两个性腺成为卵睾体，或一个为卵巢，另一个为睾丸，或上述两种组织的各种组合。常见于猪和奶山羊，牛和马次之。此种畸形动物在出生时通常被认为是雌性，其外生殖器官和生殖道与雌性动物无异，但在达到性成熟时体格一般要比正常的雌性大，头似雄性，颈部被毛竖起，乳头细小，阴蒂呈杆状并且较短。至初情期时阴蒂变大，并伴有尿道下裂。患畜不育，其行为在各个体之间差异较大，出生时比较温驯，性成熟以后则似雄性，喜欢攻击斗殴，有的可能对雌性表现雄性的性行为。

此种畸形的发生可能是由双精子受精或者受精卵与极体发育形成性染色体嵌合体所造成，也可能是雌性胚胎在早期发生嵌合（如异性孪生不育母犊），或第二极体与卵细胞融合之前分别与 X 或 Y 精子受精所致。

（2）XX/XY 睾丸生成不全嵌合体（XX/XY chimera with dysgenetic testes）：性染色体不同的两个合子融合则可形成 XX/XY 嵌合体。据报道，有例英格兰牧羊犬曾患此病，在 2 年期间未出现发情。此犬的外生殖器开口状似阴门，阴茎发育不全，尿道在它的前端开口，无阴囊及睾丸。腹腔镜检查发现在肾脏的后端有类似睾丸的性腺结构，并有细小的子宫。通过组织学检查发现睾丸中无精子生成；XX/XY 核型的淋巴细胞的比例为 1∶1。

（二）性腺两性畸形

性腺两性畸形（gonadal intersexualitism）个体染色体性别与性腺性别不完全一致，性腺同时具有睾丸和卵巢组织，又称为性逆转动物（sex-reversed animal）。

1. XX 真两性畸形（XX true hermaphroditism） XX 核型，具有大致相当的雌性生殖器，但阴蒂大，腹腔内具有卵睾体或独立存在的卵巢或睾丸。患病奶山羊和猪的性腺大多为睾丸组织。本病在牛、羊、猪和犬均有报道，病畜的性腺及生殖道的发育情况与真两性畸形嵌合体相似。

2. XX 雄性综合征（XX male syndrome） XX 核型，雄性表型，H-Y 抗原为阳性，性腺常为隐睾，阴茎小，畸形，存在缪勒氏管发育不完全的器官，在子宫肌层可发现输卵管组织。此种畸形在牛、猪、马及犬均有报道，但以奶山羊和猪较为多见。

（三）表型两性畸形

表型两性畸形（phenotypic intersexualitism）动物染色体性别与性腺性别相符，但外生殖器表型相左，这种畸形称为假两性畸形。根据其性腺是睾丸或卵巢，可分为雄性假两性畸形或雌性假两性畸形。

1. 雄性假两性畸形（male pseudoher maphroditism，MPH） 具有 XY 染色体及睾丸，但外生殖器界于雌雄两性之间。常见者有以下几种：

（1）睾丸雌性化综合征（testicular feminization syndrome）：动物具有 XY 核型，性腺为睾丸，但多为隐睾。由于雄激素靶组织细胞缺乏相应的特异性受体而导致雌性化，外生殖器官倾向于雌性，具有一定的雌性行为；有发育良好的雌性生殖器官和乳房，缪勒氏管和沃尔夫氏管均退化（图 10-2）。通过直检可以做出初诊，进行染色体检查和雄激素受体分析后才能确诊。本病能遗传。

（2）尿道下裂（hypospadias）：动物为 XY 核型，可能具有基本正常的睾丸，但其他外生殖器往往异常，尿道开口于阴茎下部（图 10-3）。这种畸形是由于尿道褶闭合不全所致，其起因可能是在胎儿期间分泌的睾酮或双氢睾酮不足。

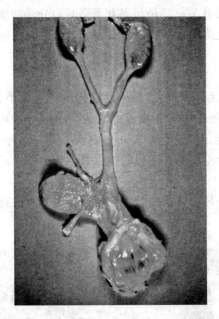

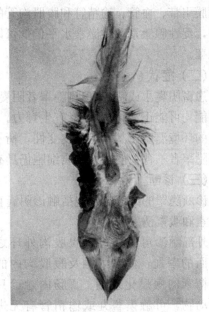

图 10-2　雄性假两性畸形
4 岁娟姗牛生殖器官，雄性假两性畸形，两侧性隐睾，
睾丸雌性化，阴道和前庭发育正常，缪勒氏管和沃尔
夫氏管均退化，无其他副性器官
（引自陈兆英，家畜繁殖与产科疾病彩色图说，2005）

图 10-3　雄性假两性畸形
山羊外阴部，5 月龄，显示尿道下裂，
短阴茎后接乳房
（引自陈兆英，家畜繁殖与产科
疾病彩色图说，2005）

（3）缪勒氏管残留综合征（persistent mullerian duct syndrome）：动物为 XY 核型，睾丸为单侧或双侧隐睾，表型倾向于雄性，但检查可发现由缪勒氏管发育而来的不完全雌性器官，如阴道前部、发育不全的囊肿性子宫。这种综合征可能是由于缪勒氏管抑制因子作用不够所致。

（4）其他雄性假两性畸形：病畜均有正常的雄性性染色体，两侧性腺均为睾丸（或隐睾），外生殖器为雌雄间性。生殖突隆不能融合，尿生殖嵴未能闭合，结果形成尿道下裂及似阴道结构的盲囊，阴茎的大小似阴蒂。此类畸形是由各种酶的缺乏所引起。

2. 雌性假两性畸形（female pseudoher maphroditism）　动物具有 XX 核型，有基本正常的卵巢，但外生殖器官雄性化，可能出现阴茎、前列腺，但同时有阴道前部及发育不全的子宫。在妊娠期大量使用雄激素或孕激素可能导致此类雌性假两性畸形。

三、隐　睾

隐睾（cryptorchidism）指因下降过程受阻，单侧或双侧睾丸不能降入阴囊而滞留于腹腔或腹股沟管的一种疾病。双侧隐睾者不育，单侧隐睾者可能具有生育力。正常情况下，牛、羊和猪的睾丸在出生前已降入阴囊，马在出生前后 2 周内降入阴囊。多数犬在出生时睾丸已经降于阴囊内，但也有迟至生后6～8月才降入阴囊内者。隐睾在猪、羊、马和犬多见，牛较少见。

（一）病因

隐睾具有明显的遗传性倾向，其发病机理不十分清楚。目前认为。一是与睾丸大小、睾丸系膜引带、血管、输精管和腹股沟管的解剖异常有关；二是与睾丸下降时内分泌功能紊乱有关，促性腺激素和雄激素水平偏低可以造成睾丸附属性器官发育受阻、睾丸系膜萎缩而导致隐睾。

（二）症状

患畜阴囊小或缺如，单侧隐睾者阴囊内只能触及一个睾丸，位于阴囊内的睾丸大小、质地和功能均可能正常，公畜可能有生育力。单侧和双侧隐睾者在腹腔或腹股沟管内的睾丸由于较高的环境温度使其生精上皮变性，精子发生不能正常进行，睾丸小而软（图10-4）。因此双侧隐睾者不育，但睾丸间质细胞仍具有一定的分泌功能，动物的性欲及性行为基本正常。

（三）诊断

诊断隐睾的方法一般包括触诊阴囊和腹股沟外环、直肠内骨盆区触诊、实验室检查血浆雄激素和激素诱发试验等。

外部触诊可查知位于腹股沟外环之外可缩回的睾丸，偶尔可触及腹股沟内的睾丸或精索的瘢痕化余端。直肠内触诊只限于大动物，可触摸睾丸或输精管有无进入鞘膜环。患隐睾的动物血浆雄激素的水平低，可通过实验室分析雄激素浓度来确定；或者在注射 hCG（或 GnRH）前后分别测定血浆睾酮浓度（患隐睾的动物用药后血浆睾酮浓度升高）。

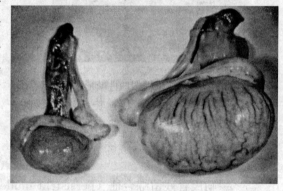

图 10-4　马左侧睾丸隐睾
马睾丸，左侧为隐睾，睾丸与附睾都很小，右侧睾丸正常
（引自陈兆英，家畜繁殖与产科疾病彩色图说，2005）

猪隐睾时除触诊检查外，还表现有性欲强、生长慢等特点。犬的睾丸提肌反射敏感度高，触摸睾丸能使其向腹股沟环回缩，因而易被误诊为隐睾。而一般情况下正常大小的睾丸可以推拿降至阴囊，但在患隐睾的犬推拿则不能使睾丸下降。

（四）处理方法

从种用角度出发，任何形式的隐睾均无治疗的必要，应禁止使用单侧隐睾公畜进行繁殖。但隐睾易诱发肿瘤，因此建议做去势术，去势后可用于肥育或使役。

如为皮下隐睾，可切开皮肤，分离出睾丸，双重结扎精索后切除睾丸。对腹腔隐睾者，切开腹底壁，在腹股沟内环处、膀胱背侧和肾脏后方等部位探查隐睾，剪断睾丸韧带，双重结扎精索后除去睾丸。

第三节　疾病性不育

疾病性不育（infertility due to diseases）是指由公畜的生殖器官和其他器官的疾病或者

机能异常造成的不育。公畜生殖系统各部位都可能罹患疾病而影响生育，这些疾病中有一部分通常不具有传染性（如睾丸炎、精索静脉曲张、精囊腺炎综合征、阴茎和包皮损伤、阳痿和性欲缺乏等），而有些是传染性不育性疾病（如马交媾疹、马媾疫、胎毛滴虫病、布鲁菌病、蓝耳病、附睾炎、传染性化脓性阴茎头包皮炎等）。本节主要介绍常见的几种引起雄性不育的疾病。

一、睾丸炎

睾丸炎（orchitis，testitis）是指由损伤或感染引起的睾丸实质的炎症。由于睾丸和附睾紧密相连，易引起附睾炎，两者常同时发生或互相继发。各种动物均可以发生，多见于牛、猪、羊、马和驴。

（一）病因

常因直接损伤或泌尿生殖道的化脓感染蔓延而引起，如打击、蹴踢、挤压、尖锐硬物的刺创或咬伤等，多见于一侧；某些全身性感染如布鲁菌病、结核病、放线菌病、鼻疽、腺疫、沙门菌病、乙型脑炎、衣原体、支原体、脲原体和某些疱疹病毒可经血流感染引起睾丸炎症；睾丸附近组织或鞘膜炎症蔓延，副性腺细菌感染沿输精管道蔓延均可引起睾丸炎症。

（二）症状

睾丸炎可分为急性和慢性两种。

1. 急性睾丸炎　一侧或两侧睾丸呈不同程度的肿大、疼痛。病畜站立时拱背、拒绝配种。有时肿胀很大，以至同侧的后肢外展。运步时两后肢开张前行，步态强拘，以避免碰触病睾。触诊可发现睾丸紧张、鞘膜腔内有积液、精索变粗，有压痛。

病情较重者除局部症状外，病畜出现体温增高、精神沉郁、食欲减退等全身症状。当并发化脓感染时，局部和全身症状更为明显，整个阴囊肿得更大，皮肤紧张、发亮。在个别病例，脓汁可沿鞘膜管上行进入腹腔，引起弥漫性化脓性腹膜炎。

2. 慢性睾丸炎　睾丸不表现明显热痛症状，睾丸组织纤维变性、弹性消失、硬化、变小，产生精子的能力逐渐降低或消失。

一些传染病引起的睾丸炎往往有特殊症状，如结核性睾丸炎常波及附睾，呈无热无痛冷性脓肿；布鲁菌和沙门菌常引起睾丸和附睾高度肿大，最终引起坏死性化脓病变；鼻疽性睾丸炎常呈慢性经过，阴囊呈现慢性炎症、皮肤肥厚肿大，固着粘连。

（三）治疗

主要应控制感染和预防并发症，防止转化为慢性，导致睾丸萎缩。

急性病例应停止使役，安静休息。24h 内局部冷敷，以后改用温敷、红外线照射等温热疗法。局部涂擦鱼石脂软膏或复方醋酸铅散，阴囊用绷带托起，可使睾丸得以安静并改善血液循环。疼痛严重的，可在局部精索区注射盐酸普鲁卡因青霉素溶液（2％盐酸普鲁卡因 20mL，青霉素 80 万 IU），隔日注射 1 次。

无种用价值者可去势。单侧睾丸感染而欲保留作种用者，可考虑尽早将患侧睾丸摘除。已形成脓肿摘除有困难者，可从阴囊底部切开排脓。

由传染病引起的睾丸炎，应首先考虑治疗原发病。

二、羊附睾炎

羊附睾炎（epididymitis in ram）是公羊常见的一种生殖疾病，以附睾出现炎症并可能导致精液变性和精子肉芽肿为特征。该病呈进行性接触性传染，病变可能单侧出现，也可能双侧出现。双侧感染常引起不育。

（一）病因

主要是由流产布鲁菌和马耳他布鲁菌感染所致。精液放线杆菌、羊棒状杆菌、羊嗜组织菌和巴斯德杆菌也可引起感染。传播感染的途径为公羊间同性性活动、小公羊圈舍拥挤以及公羊与因布鲁菌引起流产后 6 个月内发情的母羊交配。病原菌可经血源途径和生殖道上行途径引起附睾炎。

（二）症状

附睾感染一般都伴有不同程度的睾丸炎，呈现特殊的化脓性附睾及睾丸炎症状。公畜不愿交配，叉腿行走，后肢强拘，阴囊内容物紧张、肿大、疼痛，睾丸与附睾界限不明。精子活力降低，不成熟精子和畸形精子百分数增加。

布鲁菌感染一般不波及睾丸鞘膜，炎性损伤常局限于附睾，特别是附睾尾。通常在急性感染期睾丸和阴囊均呈水肿性肿胀，附睾尾明显增大，触摸时感觉柔软。慢性期附睾尾内纤维化，可能增大 4～5 倍，并出现粘连和黏液囊肿，触摸时感觉坚实，睾丸可能萎缩变性（图 10-5）。

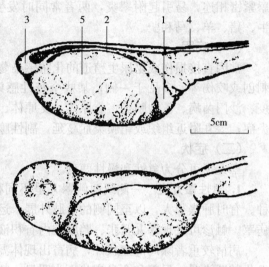

图 10-5　正常公羊（上图）与患附睾炎公羊
（下图）附睾和睾丸比较
1. 附睾头　2. 附睾体　3. 附睾尾　4. 输精管　5. 睾丸

精液放线杆菌感染常引起睾丸鞘膜炎，睾丸明显肿大并可能破溃流出灰黄色脓汁。感染所引起的温热调节障碍和压力增加可使生精上皮变性并继发睾丸萎缩。附睾管和睾丸输出管变性阻塞引起精子滞留，管道破裂后精子向间质溢出形成精子肉芽肿，病变部位呈硬结性肿大，精液中无精子。

（三）诊断

附睾的损伤和炎症通过观察和触摸均不难发现，困难的是要确定没有外部损伤的附睾炎的病因。通常采用精液细菌培养检查、补体结合测定（不适用于已接种布鲁菌疫苗公羊的检查和精液放线杆菌检查）、对死亡公羊剖检以及病理组织学检查等几种方法，并可同时进行病原菌的药物敏感性试验。

（四）治疗

可试用磺胺邻二甲氧嘧啶（周效磺胺）并配合甲氧苄啶治疗，但疗效常不佳。对处于感染早期、具有优良种用价值的种公羊，每日使用金霉素 800mg 和硫酸双氢链霉素 1g，3 周后可能消除感染并使精液质量得到改善。优良种畜在单侧感染时可及时将患侧附睾连同睾丸摘除，可能保持生育力；如已与阴囊发生粘连，可先用 10mL 1.5％利多卡因行腰部硬膜外麻醉，将阴囊一并切除。

预防的根本措施是及时鉴定出所有感染公羊，严格隔离或淘汰。预防接种可减少本病的发生。

三、精囊腺炎综合征

精囊腺炎综合征（seminal vesiculitis syndrome）指精囊腺炎及其并发症。精囊腺炎的病理变化往往波及壶腹、附睾、前列腺、尿道球腺、尿道、膀胱、输尿管和肾脏，而这些器官的炎症也可能引起精囊腺炎。壶腹炎在临床上不易觉察，但尸检时发现其发病率并不低于精囊腺炎；前列腺炎也不易确诊，尸检时发现患精囊腺炎的公牛其中有43％的患有前列腺炎；而在精囊腺炎发病率高达49％的牛群，尸检时发现尿道球腺炎发病率为15％；单纯性的前列腺炎和尿道球腺炎在家畜中很少见。

（一）病因

精囊腺炎病原包括细菌、病毒、衣原体和支原体。主要经泌尿生殖道上行引起感染，某些病原可经血源引起感染。常见于18月龄以下的小公牛，特别是从良好饲养条件转移到较差环境时易引起精囊腺感染。

（二）症状

由病毒或支原体引起感染的急性病例，常在急性期的后期症状减退。但如果继发细菌感染，或单纯由细菌感染，症状均很难自行消退，并可能引起精囊腺炎综合征。精囊腺病灶周围炎性反应可能引起局限性腹膜炎，体温达39.4～41.1℃，食欲废绝，腹肌紧张，拱腰，不愿移动，排粪时有痛感，配种时精神萎靡或完全缺乏性欲。精液中带血并可见其他炎性分泌物。如果脓肿破裂，可引起弥漫性腹膜炎。

慢性病例无明显临床症状。

（三）诊断

除观察临床症状外，可进行如下检查：

1. 直肠检查　急性炎症期双侧或单侧精囊腺肿胀、增大，分叶不明显，触摸有痛感；输精管壶腹也可能增大、变硬（图10-6）。慢性病例腺体纤维化变性，坚硬、粗大，小叶消失，触摸痛感不明显。化脓性炎症其腺体和周围组织可能形成脓肿区，并可能出现直肠瘘管，由直肠排出脓汁。同时应注意检查前列腺和尿道球腺有无痛感和增大。

2. 精液检查　精液中出现脓汁凝块或碎片，呈灰白-黄色、桃红-红色或绿色。精子活力低，畸形率增加，特别是尾部畸形的精子数量增加。

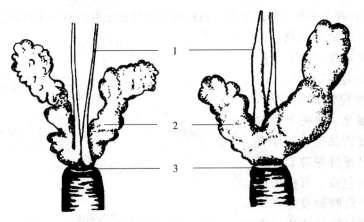

图10-6　正常公牛（左图）与患精囊腺炎综合征公牛（右图）输精管壶腹和精囊腺比较

1. 输精管壶腹　2. 精囊腺　3. 前列腺体

3. 细菌培养 有条件时可对精液中病原微生物进行分离培养，并试验其抗药性。为了避免包皮鞘微生物对精液的污染，可采用阴茎尿道插管，结合精囊腺和壶腹的直肠按摩，直接收集副性腺的分泌物。

（四）治疗

患病公牛应立即隔离，停止交配和采精。病势稍缓的病畜可能自行康复，生育力可望保持。

治疗时，由于药物到达病变部位浓度太低，必须采用对病原微生物敏感的磺胺类和抗生素药物，并使用大剂量，至少连续使用 2 周，有效者 1 个月后可临床康复。

单侧精囊腺慢性感染时如治疗无效，可考虑手术摘除。手术时在坐骨直肠窝避开肛门括约肌处作新月形切口，入手将腺体进行钝性分离，在靠近骨盆尿道处切除腺体，用肠线闭合直肠旁空腔，然后缝合皮肤。术后至少连续使用 2 周抗菌药物，手术治疗有时效果良好，公牛保持正常生育力。

临床康复的公牛必须经严格的精液检查后方可用于配种。

四、阴茎和包皮损伤

阴茎和包皮损伤（penis and preputial trauma）也包括尿道的损伤及其并发症，常见的有撕裂伤、挫伤、尿道破裂和阴茎血肿。

（一）病因

交配时阴茎海绵体内血压很高，母畜骚动或公畜自淫时阴茎冲击异物，使勃起的阴茎突然弯折，阴茎受蹴踢、鞭打、啃咬，公畜骑跨围栏等，均可造成阴茎海绵体、白膜、血管及包皮的擦伤、撕裂伤和挫伤，甚至还可能引起阴茎血肿和尿道破裂。

（二）症状

阴茎和包皮损伤一般有外部可见的创口和肿胀，或从包皮外口流出血液或炎性分泌物。肿胀明显者可引起包皮脱垂（preputial prolapse，指包皮口过度下垂并常伴有包皮腔黏膜外翻的现象）并可能形成嵌顿包茎（paraphimosis，指阴茎自包皮口伸出后不能缩回到原位的现象）。阴茎白膜破裂可造成阴茎血肿，发生血肿时肿胀可能局限，也可能扩散到阴茎周围组织，并引发包皮水肿。

由于包皮腔内存在多种病原微生物，各种损伤造成的血肿约有一半可继发感染而形成脓肿。感染后局部或全身发热，公畜四肢拘挛，跨步缩短，完全拒绝爬跨。如不发生感染，几天后水肿消退，血肿慢慢缩小变硬，并可能出现纤维化，使阴茎和包皮发生不同程度的粘连。如伴有尿道破裂，将出现排尿障碍，尿液可渗入皮下及包皮，形成尿性肿胀，并可能导致脓肿及蜂窝织炎。阴茎和包皮损伤导致的一系列病理变化见图 10-7。

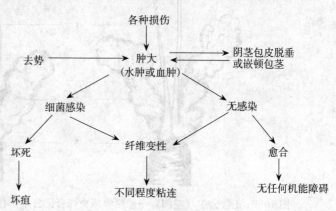

图 10-7 阴茎包皮损伤的病理变化

（三）诊断

调查损伤的原因，检查阴茎和包皮上是否有破口。必要时在严密消毒下穿刺检查肿胀部位液体并行细菌学检查。注意与原发性包皮脱垂、嵌顿包茎、传染性阴茎头包皮炎的区别。在公猪还应与包皮憩室溃疡区别。

（四）治疗

治疗以预防感染、防止粘连和避免各种继发性损伤为原则。公畜发生损伤后立即停止使用，隔离饲养，有自淫习惯的公畜可口服（每千克体重 5.5mg）或肌肉注射（每千克体重 0.55～1.00mg）安定，以减少性兴奋。损伤轻微者短期休息后可自愈。

1. 新鲜撕裂伤　仔细清理消毒创口，必要时可缝合，然后在伤口涂抹抗生素油膏。全身使用抗生素 1 周以预防感染。

2. 挫伤　初期冷敷，2～3 天后温敷，有肿胀者适当牵引运动，以利水肿消散。局部涂抹非刺激性的消炎止痛药物（如甘油磺胺酰脲），忌用强刺激药。全身使用抗生素药物和利尿药，限制饮水。

3. 血肿　以止血、消肿、预防感染为治疗原则。可肌肉注射维生素 K_3 止血（马、牛 0.1g；猪、羊 0.03～0.05g，每日 2～3 次）。血凝块的清除可采用保守疗法和手术清除方法。

（1）保守疗法：即在伤后 5～7 天注射蛋白水解酶使血凝块溶解。方法是将 80 万 IU 青霉素和 12.5 万 IU 链激酶溶于 250mL 生理盐水中，严格消毒后经皮肤分点注入血凝块。5 天后经皮肤作切口，插入吸管将已液化的血凝块吸出。该法可以减少因手术切口可能造成粘连的程度。对已经化脓的病例，可用此法排脓。

（2）手术清除：即在伤后 7～10 天血凝块已经形成、但组织尚未发生粘连时用手术方法清除。方法是取出全部血凝块和粘连组织，白膜上的创口用 2 号铬化肠线连续缝合，皮下结缔组织用肠线闭合，皮肤用丝线作结节缝合。缝合白膜是手术成功的关键，缝合时不能刺伤海绵体，也不能将皮下组织缝入。术后创腔内可放入 80 万～120 万 IU 青霉素，全身使用抗生素至少连续 10 天。创口愈合后可进行按摩并结合试情以防止阴茎粘连。但由于白膜愈合较慢，数月内不能用于交配。

（五）预后

决定于损伤的严重程度以及是否粘连和感染，纤维变性和瘢痕组织形成可引起包皮和阴茎粘连或包皮狭窄，使阴茎不能伸出。阴茎血肿愈合后阴茎海绵体和阴茎背侧静脉之间可能出现血管交通而导致阳痿。各种损伤引起的化脓感染预后均不良。阴茎头丧失敏感性者，说明已发生阴茎麻痹，可作为淘汰的依据。

五、阳　痿

阳痿（impotency）指阴茎不能勃起，或虽能勃起但不能维持足够的硬度以完成交配。公畜中种马和种驴发生阳痿较为常见。

（一）病因

阳痿是一种复杂的机能障碍，影响因素较多。根据病因又可将阳痿分为功能性阳痿和器质性阳痿。

1. 功能性阳痿　多是因老龄、过肥、使用过度、长期营养不良或消耗性疾病、疼痛以及不适宜的交配环境等原因造成。

2. 器质性阳痿 阴茎海绵体与其他海绵体或阴茎背侧静脉之间出现吻合的交通支，造成阴茎海绵体内血液外流，达不到很高的血压而使阴茎勃起；因睾丸肿瘤、原发性睾丸发育不全、睾丸间质细胞瘤引起雌性化以及甲状腺功能亢进和肾上腺出现肿瘤等引起的内分泌异常；颞叶、脊髓及阴部等部位的神经系统损伤；过量使用雌激素、阿托品、巴比妥、吩噻嗪、螺内脂、利血平等药物；动脉瘤、动脉炎、动脉硬化、动脉血栓阻塞等可能引起流入阴茎海绵体的血量不足。

（二）症状及诊断

用发情母畜逗引时，公畜可以出现性兴奋，甚至出现爬跨动作，但阴茎不能勃起或勃起不坚，完成不了性交过程。检查时要注意家畜的年龄、饲养管理条件、体况、阴茎及阴茎周围组织是否有损伤或炎症。

（三）治疗

各种原发性阳痿可能与遗传有关，无治疗价值。阴茎海绵体出现血管吻合支和神经系统损伤所致的阳痿一般无有效治疗办法。由疾病所致阳痿，应从消除病因、改善饲养管理、改换试情母畜或变更交配和采精的环境着手，并可试用皮下或肌肉注射丙酸睾酮、苯乙酸睾酮、hCG 等激素。

六、前列腺炎

前列腺炎（prostatitis）是前列腺的急性和慢性炎症，以犬发病较多。该病常呈化脓性炎症，形成前列腺脓肿（prostatic abscess）。

（一）病因

多数前列腺炎由尿道上行感染所致，其病原菌为大肠杆菌、支原体、链球菌及葡萄球菌等。前列腺增生、服用过量雌激素和患足细胞肿瘤可为本病的诱因。也有的是由血行性感染引起。

（二）症状

急性前列腺炎，全身症状明显，有高热，体温可达 40℃ 以上，呕吐。常伴有急性膀胱炎和尿道炎，病犬有尿频、尿痛、血尿等症状。偶尔因膀胱颈水肿或痉挛而导致尿闭。腹部及直肠触诊前列腺时表现疼痛。手指探查发炎的腺体时可感知增温、敏感与波动。血细胞检查发现白细胞增多。尿液检查可见白细胞及细菌。直肠按摩前列腺能收集到渗出物，有助于判断炎症反应的部位和确定渗出物的性质。

慢性前列腺炎的症状与急性前列腺炎基本相同，但症状较轻微，病程较长。出现前列腺脓肿后，病犬可无明显的临床症状，但若发生脓肿破溃或吸收脓性产物，则出现脓毒血症的症状，可能发生休克或死亡。

（三）诊断

直肠检查前列腺出现对称性或不对称性肿大，触压疼痛，质地软或有波动感。X 线检查可见前列腺增大和前列腺矿物化（密度增加）。膀胱造影可见膀胱壁增厚和迟缓，膀胱体积增大，有肿大前列腺压迫的凹陷。超声检查可发现前列腺肿胀，可能是脓肿，但不能与囊肿和血肿相区别。前列腺液检查发现白细胞和红细胞数量增加，中性粒细胞内有较多细菌。

（四）治疗

可根据微生物学检查及药敏试验采取相应的抗生素如青霉素、链霉素、庆大霉素、卡那霉素、氨苄西林等治疗。慢性前列腺炎可对其进行按摩，以促进炎症的消散，同时配合抗生素疗法。

（施振声）

本章执业兽医资格考试试题举例

1. 某种公猪，体重80kg，不宜留做种用，欲对其行去势术，打开总鞘膜后暴露精索，摘除睾丸的最佳方法是将精索：（　　）

    A. 用手捋断　　　　　　　　B. 捻转后切除

    C. 结扎后切除　　　　　　　D. 不结扎，捋断

    E. 不结扎直接切除

2. 公牛精囊腺炎综合征的常用诊断方法是：（　　）

    A. 激素分析　　　　　　　　B. 直肠检查

    C. 血常规检查　　　　　　　D. 尿常规检查

    E. 腹壁B超检查

3. 北京犬，发病1周，包皮肿胀，包皮口污秽不洁、流出脓样腥臭液体；翻开包皮囊，见红肿、溃疡病变。该病是：（　　）

    A. 包皮囊炎　　　　　　　　B. 前列腺炎

    C. 阴茎肿瘤　　　　　　　　D. 前列腺囊肿

    E. 前列腺增生

第十一章

新生仔畜疾病

新生仔畜（newborn，neonate）是指残留的脐带脱落以前的初生家畜。脱落以后至断奶这一时期的仔畜则称为哺乳幼畜。脐带脱落之前的仔畜疾病，称为新生仔畜疾病（diseases of the newborn）。一般仔畜脐带干燥脱落的时间为2～6天，猪、羊脐带脱落得较马、牛早。新生仔畜疾病多与接生助产和护理仔畜不当有关。疾病类型多，病因较复杂。本章着重介绍新生仔畜窒息、新生仔畜溶血病、脐尿管瘘和新生仔畜低糖血症。

第一节　窒　息

新生仔畜窒息（asphyxiation，neonatorum，suffocation）又称假死，其主要特征是刚产出的仔畜呼吸障碍，或无呼吸而仅有较弱的心跳。此病常见于马、牛和猪。如不及时抢救，往往导致仔畜死亡。

（一）病因

分娩时产出期拖长或胎儿排出受阻，胎盘水肿、胎盘过早剥离（常见于马）和胎囊破裂过晚；或倒生时胎儿产出缓慢和脐带受到挤压，脐带前置受到挤压或脐带缠绕，子宫痉挛性收缩等，均可因胎盘血液循环减弱或停止，导致胎儿缺氧，体内二氧化碳水平升高到一定程度，兴奋呼吸中枢，引起胎儿在体内过早呼吸。吸入的羊水阻塞呼吸道，出生后因不能正常呼吸而发生窒息。多胎动物，最后产出的一、二个胎儿，常因子宫收缩导致胎盘供血不足，胎儿过早呼吸，导致窒息。

分娩前母畜过度疲劳，发生贫血及大出血，患有某种严重的热性疾病或全身性疾病，使胎儿缺氧或体内二氧化碳数量增高，也可导致胎儿过早呼吸而发生窒息。

（二）症状

轻度窒息时，仔畜软弱无力，可视黏膜发绀，舌脱出于口角外，口腔和鼻腔内充满黏液。呼吸不匀，有时张口呼吸，有时呈气喘状。听诊心跳快而弱，肺部有湿啰音，特别是喉及气管的湿啰音更为明显。

严重的窒息，仔畜呈假死状态，表现为全身松软，卧地不动，各种反射消失，可视黏膜苍白。呼吸停止，仅有微弱的心跳。

（三）治疗

在排除呼吸道阻塞的前提下，采用人工呼吸配合吸氧，或用药物救治。

1. 排出呼吸道的羊水　首先用布擦净鼻孔及口腔内的羊水。为了诱发呼吸反射，可用草秆刺激鼻腔黏膜，或用浸有氨水的棉花放在鼻孔上，或在仔畜身上泼冷水等。如仍无呼吸，在猪和羊，可将仔畜后肢提起来抖动，并有节律地轻压胸腹部，以诱发呼吸，同时促使呼吸道内的黏液排出。在驹和牛犊，可吸出鼻腔及气管内的黏液及羊水，进行人工呼吸或输氧。

2. 人工呼吸配合吸氧　在排除呼吸道阻塞的前提下，人工呼吸配合吸氧或经气管插管连接呼吸囊或呼吸机输氧，是抢救窒息仔畜有效措施。人工呼吸的方法是有节奏按压胸腹部，使胸腔交替地扩张和缩小；或经过鼻孔用胶管进行吹气，一边吹气，一边用手压迫胸壁以排出吹入肺部的气体。进行人工呼吸时，需要注意用力强度，以防导致胸壁或肺的损伤。利用呼吸囊或呼吸机进行人工通气时，需注意呼吸的频率与压力，频率过高或压力过大，均可损伤肺；呼吸频率一般为 8～12 次/min。

3. 药物救治　没有输氧条件或呼吸微弱的动物，可静脉注射过氧化氢葡萄糖溶液。例如，犊牛可用 10% 葡萄糖溶液 500mL、3% 过氧化氢 30～40mL，混合后 1 次输注。还可使用刺激呼吸中枢的药物，如 25% 尼可刹米 1.0mL。为了纠正酸中毒，可静脉注射 5% 碳酸氢钠 50～100mL。为了预防窒息后继发肺炎，可注射抗生素或抗生素加小剂量地塞米松。

（四）预防

建立产房值班制度，在母畜分娩时能保证及时正确地接产和护理仔畜。接产时，对分娩过程延滞、胎儿倒生和胎膜破裂过晚者，应及时助产，以预防本病的发生或提高治愈率。

第二节　胎粪停滞

新生仔畜胎粪停滞（meconium retention）也称秘结或胎粪不下。正常情况下，仔畜生后若能及时吃上充足的初乳，在 1 天之内胎粪即可顺利排出。如果 1 天后不排粪且出现腹痛症状即为胎粪停滞，若不及早处理很易导致仔畜死亡。此病主要发生于体弱的新生驹、犊牛，也常见于绵羊羔。

（一）病因

母畜营养不良，初乳分泌不足或品质不佳，仔畜吃不到初乳。先天性发育不良或早产、体质衰弱的幼驹，都易发生便秘。

（二）症状

患病仔畜吃奶次数减少，表现为不安，拱背，摇尾，努责，有时踢腹、卧地，并回顾腹部，偶尔腹痛剧烈，前肢抱头打滚，肠音减弱。以后精神沉郁，不吃奶，结膜潮红带黄色，呼吸、心跳加快，肠音消失，全身无力。最后卧地不起，逐渐全身衰竭，呈现中毒症状；有的羊羔排粪时大声咩叫。由于粪块堵塞肛门，继发肠臌气。

用手指直肠检查，触到硬固的粪块，即可确诊。羔羊则为很黏的稠粪或硬粪块；有的病驹，特别是公驹，在骨盆入口处常有较大的硬粪块阻塞。

（三）治疗

治疗原则是润滑肠道和促进肠蠕动，可选用下列方法。

1. 灌肠排结　用温肥皂水先进行直肠浅部灌肠，将橡皮管插入直肠约 10cm 深，以排出浅部粪便；然后使橡皮管插入 20～40cm 深并灌注肥皂水。必要时经 2～3h 再灌肠一次。

2. 润肠排结　液体石蜡（或植物油）150～300mL（羔羊 5～10mL），一次灌服。

3. 疏通肠道　硫酸钠 20～50g，加温水 500～1000mL，另加植物油 50mL，鸡蛋清 2～3个，混合后一次灌服。

4. 刺激肠蠕动　硫酸新斯的明注射液 3～6mL，肌肉注射；或用 3% 过氧化氢 200～

300mL 一次灌服；灌肠投药后，按摩腹部并热敷，可增强肠蠕动，对促进粪便排出有良好的辅助治疗作用。

5. 掏结　剪短指甲并将手指涂上油脂，伸入直肠将粪结掏出。如果粪结较大且位于直肠深部，可用铁丝制的钝钩（或套）将粪结掏出。具体方法为：将仔畜放倒保定，灌肠后，用涂油的铁丝钝钩沿直肠上壁或侧壁伸到粪结处，并用食指伸入直肠内把握好钩的位置，使其钩住或套住粪块，用缓力将其掏出。

若上述方法无效，可施行剖腹术，然后挤压肠壁促使胎粪排出，或切开肠壁取出粪块。如有自体中毒症状，必须及时采取补液、强心、解毒及抗感染等措施。

（四）预防

母畜妊娠后期应改善饲养，给予全价饲料，以保证胎儿的正常生长发育。仔畜出生后，应使其吃到足够的初乳，以增强抵抗能力，促进肠蠕动机能。

第三节　脐尿管瘘

脐尿管瘘（urachal fistula）又称持久脐尿管（persistent urachus），其特征是在仔畜排尿时，从脐带断端或脐孔经常流尿或滴尿。主要发生于驹，有时见于犊牛、羊、犬等动物。

（一）病因

怀孕期间，胎儿膀胱借助脐尿管与体外的尿囊相连通。仔畜出生后，若脐尿管封闭不全，排尿时，尿液即由脐带断端外流。或因脐尿管与脐孔周围组织联系紧密，断脐后脐尿管未缩回脐孔内，导致脐尿管收缩不够、封闭不全。或有时因为脐带残段发生感染，封闭处受到破坏，或者脐带残段被舔坏（犊牛）等，都可能发生脐尿管瘘。

（二）症状及诊断

有的仔畜脐带断后即发现有尿液从脐带断端滴出，但多数病例是因脐带被结扎，待脐带残段脱落后才被发现。仔畜排尿时，从脐孔中滴尿或流尿。由于经常受尿液浸润，尿液刺激脐孔及其周围组织发炎、肉芽增生。

脐部检查，在脐孔创面中心可发现有一小孔，尿液从此孔中流出；或脐孔持续潮湿、湿润，排尿时更为明显。

（三）治疗

仔畜出生断脐后，如果有少许尿液自脐部滴出，可观察 24h。若 24h 后仍有漏尿现象，应加以治疗。

如果脐带残段尚存，可用碘酊充分浸泡脐带，然后紧靠脐孔结扎脐带。

若脐带残段已脱落，脐孔周围湿润或仅是从脐孔中滴尿，可用 5%碘酊每天涂抹 2~3 次；或每天用硝酸银腐蚀 1 次，数天后可以封闭。对持续滴尿或呈现流尿的病例，确实有效的方法是手术缝合结扎脐尿管（图 11-1）。具体方法是：清洗和消毒脐部，用弯圆针及丝线，在脐孔边缘做一荷包缝合，针刺至皮下；或在脐孔处做两个横向的纽扣缝合，在用止血钳向外牵引脐孔的同时，将瘘孔连同周围的组织一并结扎。术后，每日用 5%碘酊消毒脐部。大家畜应隔离饲养，犬、猫应戴伊丽莎白项圈，以防止其他动物或自我舔咬脐部。一般经 8~10 天拆除缝线，即可愈合。

对局部肉芽组织增生严重或顽固性病例，可施行脐尿管结扎切除术（图 11-2）：仰卧保定，用0.5%盐酸利多卡因局部浸润麻醉，必要时可做全身麻醉。在脐后腹中线旁切开腹底壁，显露出长袋形膀胱，在膀胱的远端分离显露脐尿管，用可吸收缝线对其进行双重结扎。若脐部增生严重，可在脐孔周围做梭形切除，并沿腹中线向后延长切口。切除增生的脐部组织后，在靠近膀胱处双重结扎脐尿管，并切除脐尿管远端。常规闭合腹壁切口。术后控制饮食量，降低腹内压，8～10天后拆除缝线。

抗生素疗法，可以预防或治疗因细菌感染引起的脓毒血症或败血病。

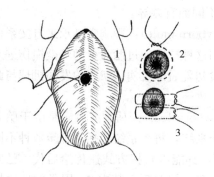

图11-1 脐尿管瘘缝合结扎术

1. 仰卧保定，缝合闭合脐尿管 2. 荷包缝合法 3. 双纽扣缝合法

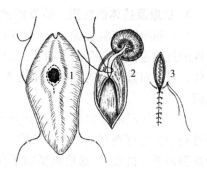

图11-2 脐尿管结扎切除术

1. 环形或梭形切除肉芽肿 2. 分离、结扎脐尿管 3. 闭合腹壁切口

第四节 新生仔畜溶血病

新生仔畜溶血病（haemolytic diseases of the neonates）又称新生仔畜溶血性黄疸（haemolytic icterus of the neonate）、同种免疫溶血性贫血（isoimmune haemolytic anaemia）或新生仔畜同种红细胞溶血病（neonatal isoerythrolysis），是指新生仔畜红细胞抗原与母体血清抗体不相容而引起的新生仔畜的同种免疫溶血反应。主要特征是当仔畜吮食初乳后，迅速出现以黄疸、贫血、血红蛋白尿为主的一种急性溶血性疾病。病情严重，死亡率高。多种新生仔畜均有发病，其中两日内幼驹发病多，也见于仔猪、犊牛、家兔、犬等。

（一）病因

由于在妊娠期间，胎儿的红细胞抗原进入母畜体内并刺激母畜产生特异性抗体，该抗体通过初乳途径被吸收到仔畜血液中而发生抗原抗体反应，导致新生仔畜发生溶血病。

1. 胎儿抗原的传递 胎儿抗原进入母体的可能途径，一般认为有以下两个方面。

（1）胎盘出血：怀孕期间，某些母畜的胎盘容易出血，溢出的胎儿血液被母体吸收。

（2）胎盘受损或出现病灶：分娩时，胎盘上发生的微小损伤，是胎儿抗原传递给母畜的一个重要途径。这时抗体的产生虽不充分，但由于免疫记忆的关系，在连续用同一种公畜或相同血型的种公畜配种、且胎儿红细胞抗原相同的情况下，随着胎次的增加，母体抗体效价可以达到较高的水平。这也是马驹溶血病的发病率随着胎次的增加而逐渐上升的重要原因。

2. 母体免疫抗体的传递 根据动物种类不同，其从母体获得免疫球蛋白的方式分为三类。

（1）第一类是在子宫内通过胎盘获得免疫球蛋白，几乎不从肠管初乳中吸收免疫球蛋白，如人类、灵长类及兔等。

（2）第二类是出生后从初乳中获得免疫球蛋白，如反刍动物、马、猪等。这类的吸收速度缓慢，主要在出生后24～48h内吸收初乳中的大量免疫球蛋白，24～48h之后不再吸收。这是与初乳中的胰蛋白酶抑制作用消失和肠管蛋白分解酶活性增高有关。

（3）第三类为两者的中间型，即从子宫内和初乳两方面获得免疫球蛋白，如大鼠、小鼠、犬和猫等。

3. 抗原及抗体的性质　诱发溶血病的抗原依畜种不同而有差异。

（1）新生骡驹溶血病（hemolytic icterus of the newborn mule）：骡驹常继承来自父系种属性的红细胞抗原，存在于胎儿红细胞膜上，怀孕期间这种抗原通过胎盘上的轻微损伤进入母体。母体对其产生的特异抗体进入初乳，新生骡驹食初乳后即发病。驴骡的发病机理与此相似。

（2）新生马驹溶血病（hemolytic icterus of the newborn foal）：马驹溶血病是由于胎儿与母马的血型存在有个体差异所致。马的血型分为7个系统，每个系统包括一种至数种不同的血型因子（抗原）。这些血型因子存在于红细胞表面，都能以直接方式遗传给后代。已知Aa、Qa、R、S、Dc及Ua等因子与马驹溶血病的发生有直接关系。其中Aa因子的抗原性最强，可诱发母马产生很强的抗Aa抗体。其余各因子的抗原性则依次减弱。红细胞的溶解大多是由Aa和Qa因子引起的，其他因子则极少发生问题。妊娠期间，血型不相合的胎儿血液抗原经损伤的胎盘进入母体，使母马产生同种免疫应答，血清中的抗胎儿Aa抗体进入初乳，继而导致新生马驹溶血病。

（3）新生仔猪溶血病（hemolytic disease in neonatal piglet）：与马驹大致相同，主要是由于母体与胎儿的血型不合所致。猪有15个血型。A型仔猪红细胞内并无A抗原，因此除A血型系统外，其他血型系统的血型因子都可能成为本病的病因。新生仔猪的溶血病，偶尔见于应用含猪血液的疫苗之后。例如，应用发病猪的实质脏器组织病料、病毒血症的血液病料等经过适当灭活后制备的疫苗，含有某种血型红细胞的抗原；使用后，母体除了产生抗病原体的特异抗体外也会产生抗某种红细胞的特异抗体。若抗红细胞抗体恰好与仔猪的红细胞能发生特异免疫反应，则导致新生仔猪的溶血病。

（4）新生犊牛溶血病（hemolytic disease in newborn calf）：母牛由胎儿红细胞致敏而产生的"自发性"抗体极为少见，但注射含有红细胞抗原的疫苗可以引发本病。

（5）新生仔犬溶血病（hemolytic disease in newborn puppy）：不加选择的配种或给母犬输血时，易诱发仔犬溶血症，尤其是A血型因子的犬更易发病。

（二）症状及诊断

溶血病虽依畜种不同，症状有所差异，但其共同之处是吃食母体初乳后即发病，表现为贫血、黄疸、血红蛋白尿等危重症状。

1. 骡（马）驹

（1）临床症状：吸吮初乳后1～2天发病，5～7天达到发病高峰。主要表现为精神沉郁，反应迟钝，头低耳聋，喜卧，有时有腹疼现象；可视黏膜苍白、黄染，特别是巩膜和阴道黏膜苍白、黄染；排尿时有痛苦表现，尿量少而黏稠，病轻者为黄色或淡黄色，严重者为血红色或浓茶色（血红蛋白尿）；粪便多呈蛋黄色；心跳增速，心音亢进，节律不齐；呼吸加快，呼吸音粗厉。病后期，病驹卧地不起，呻吟，呼吸困难；有的出现神经症状；最终多因高度贫血、极度衰竭（主要是心力衰竭）而死亡。

（2）血液检查：高度溶血，呈淡黄红色，血沉加快。红细胞数减少，轻者降为（3～4）×10^{12}个/L，重者可降至3×10^{12}个/L以下。红细胞形状不整，大小不匀。血红蛋白显著降低，白细胞相对值增高。患驹日龄愈小，溶血现象愈严重，病情也愈重。

（3）产后初乳检查：胎儿血液与母体初乳进行凝集反应，马生骡驹时的初乳效价高于1∶32、驴生骡驹时的初乳效价高于1∶128时，呈强阳性反应。

2. 仔猪

（1）临床症状：吮乳后数十小时甚至数小时发病。病初精神萎靡，震颤，畏寒，钻于母猪腹下或草窝中，或互相挤于一处；被毛粗乱、竖立；衰弱，后躯摇摆；可视黏膜及皮肤呈轻重不一的黄染，其中以结膜及齿龈最明显，腋下、股内侧及腹下皮肤较其他部分皮肤黄染显著；粪便稀薄；尿透明带红色，有时呈咖啡样，呈酸性反应；体温变化不明显；心跳150～200次/min，呼吸70～90次/min，病猪经过2～6天死亡。急性病猪，吮乳后2～3h食欲减退，4h可视黏膜贫血，皮肤苍白；急剧陷入虚脱状态，5～7h内便可死亡。

（2）病理剖检：可见皮下黄染，肠系膜、大网膜、腹膜、肠管均呈黄染。胃底有轻度卡他性炎症，肠黏膜充血、出血，肝、脾微肿大，膀胱内积存暗红色尿液。

（3）血液检查：血液不易凝固，白细胞总数为（6～7）×10^{12}个/L，红细胞数减少为（15～45）×10^{12}个/L，血红蛋白含量36～65g/L。红细胞多呈溶解状态、血清凡登白试验呈阳性，胆红素为54.08～216.32mmol/L。

3. 犊牛

（1）临床症状：吮乳后11～16h开始发病。病初精神不振，吃乳减少，喜卧，腹痛；可视黏膜稍苍白；尿色变黄；体温不稳定，呈弛张热（最高41.3℃）；呼吸及心率稍快。严重时，精神沉郁，食欲消失，惊厥；可视黏膜黄染、苍白；排黄痢或血痢；尿少且尿色呈淡红色；呼吸音粗厉，心音亢进。后期卧地不起,呻吟;呼吸困难;心率增加(150～180次/min)，且节律不齐；排尿异常困难，尿色为血红色；阵发性痉挛、角弓反张；最后因心力衰竭而死。

（2）病理剖检：皮下有胶质状炎性渗出物，肺、心肌有点状出血，心肌肿胀、质地变软，肝异常肿大、质地变脆、无弹性，胆囊充盈、肿大，胃肠道有点状出血。

（3）血液检查：血液稀薄，黏稠性差。48h血溶指数为17.5以上，红细胞数减少至2.89×10^{12}个/L。红细胞形态不整、大小不等。血红蛋白含量平均为67.2g/L，白细胞数高达34×10^{9}个/L。

（4）初乳凝集反应：胎儿血液与母体初乳进行凝集反应，初乳效价1∶128以下反应呈强阳性。

4. 仔犬

（1）临床症状：精神沉郁，反应迟钝，喜卧，吮乳力减弱或不吃乳；皮肤及可视黏膜苍白、黄染；尿量少而黏稠，轻者为黄色或淡黄色，重者为血红色或浓茶色；心音亢进，呼吸粗厉；有的有神经症状。

（2）血液检查：血液呈高度溶血，稀薄如水，缺乏黏稠性；红细胞数显著减少，最高为3×10^{12}个/L，最低时仅1.6×10^{12}个/L；红细胞大小不等，可见到一些红细胞碎片。

（三）预后

此病经过迅速，死亡率高。发病后若及时确诊、适当治疗，采取隔离母仔、实行寄养等措施，一般预后良好。但重危病例，心力衰竭或伴有神经症状，很难挽救。

（四）治疗

目前对该病尚无特效疗法。治疗原则是及早发现、及早换乳（人工哺乳或代养）、及时输血及采取其他辅助疗法。

1. 立即停食母乳 实行代养或人工哺乳，直至初乳中抗体效价降至安全范围，或待仔畜已远远超过肠壁闭锁期。有时一窝仔猪中只有部分猪发病，为了确保安全，也需将整窝仔猪实行代养及人工哺乳。代养时，需要将供乳母畜的尿液、乳汁等物质涂到代养仔畜的体表，使母畜无法辨别是否为自己的仔畜，以防拒绝代养。一般需要 1 天的时间，母畜方能接受新仔畜，在此期间，需要注意保护仔畜，以防被母畜损伤或咬死。

人工哺乳时，要使仔畜吃到足够的同种动物的初乳。若无初乳，可饲喂鸡蛋黄。用牛、羊奶喂养骡驹时，需要加入 1/4～1/3 量的开水。最初喂养要少量、多次，随着仔畜的长大而变为多量、少次。要定时、定量、定温，即每天喂奶 6 次，每 3h 喂 1 次；按日龄和体重定量饲喂；饲喂的乳汁，应加温至 38～40℃。

2. 输血疗法 为了保证输血安全，应先做配血试验，选择血型相合的同种动物作为供血者。若无条件做配血试验，也可试行直接输血，但应密切注意有无输血反应，一旦发生反应，立即停止输血。采血时，按采血量 1/10 的比例，加入 3.8％枸橼酸钠作为抗凝剂。临床上，常输入弃去血浆的血细胞生理盐水液，此法比较安全。原则是不能输入母血，因为母血中含有大量抗体，输入后会加剧病情。若无其他血源，也只可输入弃去血浆的母体血细胞生理盐水混悬液，以应急需。然后，再找其他供血者。

输血时，先缓慢输入 15～30min，若无异常反应，即可将全部血液输入。若仔畜出现呼吸困难、心律不齐、战栗等异常现象，应立即停止输血。注意观察 1～2h，若自行缓解，表明是输液反应。然后，根据仔畜体况，确定是否再进行输血。若需要继续输血，应降低输注速度和输液量。输血量及次数，应根据仔畜病情、输血后血液红细胞计数的结果来定。每次的输血量一般为每千克体重 15～25mL。若仔畜病情稳定，血液红细胞计数在 40×10^{12} 个/L 以上，应停止输血。

3. 辅助疗法 可配合应用糖皮质激素（如地塞米松），强心、补液。临床上，常将皮质激素、葡萄糖和维生素 C 联合输注。若有酸中毒的表现，可静脉注射 5％碳酸氢钠。注射抗生素，可防止继发细菌感染。症状缓解后，及时补充铁剂和维生素 A、维生素 B_{12}，可加快造血。

有的动物在出生后 3～5 天发病，轻度溶血，高热不退、气喘，但精神状态良好，饮食欲尚可。治疗时，可应用地塞米松等免疫抑制剂，同时配合解热疗法和抗生素疗法。

（五）预防

除了选用好种公畜外，预防此病的关键在于不让仔畜吮食抗体效价高的初乳，或者抑制和破坏抗体的作用。

（1）避免应用已引起溶血病的公畜配种。

（2）产前血清或初乳中查出抗体效价较高的母畜，产后应禁止给仔畜哺乳，等待其抗体效价降至安全范围或仔畜胃肠机能正常后再让其哺乳。母畜抗驴或抗马抗体效价的测定：采取母马或母驴的血清或初乳，与种公马或种公驴的红细胞做凝集试验。在产前 20 天，取母畜的血清，或在产前 1～2 天、产后立即采取母畜的初乳，与种畜（马或驴）的红细胞做凝集试验。若马怀骡驹时，其抗体（马抗驴）效价高于 1∶32，驴怀骡驹时，其抗体（驴抗马）效价高于 1∶128 时，均判为阳性。新生驹应禁止食入该母畜的初乳。

（3）必要时，可将两头同期分娩母畜的仔畜相互交换哺乳。

（4）对患病仔畜采取代养或人工哺乳。

（5）给新生仔驹灌服食醋（加等量水）后再让驹吮乳，有一定效果，可以试用。

第五节　新生仔畜低糖血症

新生仔畜低糖血症（hypoglycemia of the newborn）是以出生后血糖含量急剧下降为特征的一种代谢性疾病。此病多发生于生后 1～4 天的仔猪或 20 日龄以内的犬、猫，其他动物较少见。其特征是血糖水平明显低下，血液非蛋白氮含量明显升高，患病动物出现衰弱无力、运动障碍、痉挛、衰竭等症状。本节着重介绍仔猪和仔犬的低糖血症。

（一）病因

新生仔畜在生后几日内缺乏糖原异生的能力，且能量储备少，是发病的内在因素。

导致仔畜低糖血症的常见原因是母畜产后少乳或无乳；或者仔畜生后吮乳反射微弱或无吮乳能力；或仔畜量过多，泌乳量相对不足或体弱仔畜吃到的乳汁很少。也可能与仔畜消化不良，胃、肠机能异常，营养物质消化、吸收障碍等因素有关。长时间饥饿或绝食，以及在寒冷等环境中，仔畜需要大量消耗葡萄糖，当吃奶量不足，极易发生低糖血症。

仔畜体内的葡萄糖主要来源于食物供应和肠道吸收；在缺少糖源的情况下，也可由氨基酸、乳酸、脂肪酸进行少量的葡萄糖异生和肝糖原、肌糖原的分解。但新生仔畜的糖原异生能力差，大量地分解脂肪供给部分细胞能量的结果，又导致体内酮体增加。在饥饿或不能获得葡萄糖的情况下，由于能量代谢过程仍然在持续进行，仔畜血糖不断被消耗，结果导致血糖水平下降，当降至 2.78mmol/L 以下时，就可导致仔畜发病。中枢神经系统对低糖血症非常敏感，大脑对氧的利用能力减弱，仔畜出现一系列的神经症状。严重时，使机体陷于昏迷状态，或出现低糖血性休克，最终死亡。

（二）症状及诊断

1. 仔猪　多在生后 1～2 天开始发病。病初精神萎靡，食欲消失，全身出现水肿，尤以后肢、颈下及胸腹下较为明显。肌肉紧张度降低，卧地不起，四肢绵软无力，约半数以上的病例，四肢做游泳状运动，头后仰或扭向一侧。口微张，口角流出少量白沫。有时四肢伸直，并可出现痉挛。体温可降至 36℃ 左右。对外界刺激无反应。最后，出现惊厥，角弓反张，眼球震颤，在昏迷中死亡。病猪血糖含量显著降低，平均为 1.44mmol/L，最低可降至 0.17mmol/L（正常仔猪血糖含量平均为 6.27mmol/L）。病猪肝糖原含量极微（正常值平均为 2.62%）。

2. 仔犬　表现为饥饿，对周围事物的反应差，阵发性虚弱，共济失调，震颤，神经过敏，惊恐不安、抽搐。重复出现抽搐者，导致神经缺氧性损伤，可进一步发展为癫痫。后期或病重的，出现虚脱、昏迷或死亡。血糖含量下降为 1.1～2.7mmol/L，血清或尿液中酮体含量升高。

（三）预后

此病病程短，死亡率极高。如能早期治疗，预后多良好。延误治疗则预后不良。

（四）治疗

尽快早期补糖，大多数病例可恢复健康。每千克体重用 10％葡萄糖液 10～20mL 静脉或腹腔注射，每隔 4～6h 注射 1 次，连用 2～3 天，直至神经症状消失为止。

当动物能够进食时，应给动物喂食。例如，口服葡萄糖、玉米糖浆、水果汁、蜂蜜等，这些单糖可以在口腔被吸收。

泼尼松可对抗胰岛素的作用，每千克体重 1～2mg，肌肉注射或口服。

用药后，应注意观察仔畜的精神状态和有无神经症状，有条件的，可以监测血糖含量的变化。

（五）预防

妊娠后期应供给母畜充分的营养，确保食物中含有丰富的蛋白质、脂肪和糖类，以保证产后有充足的乳汁。冬季应增设防寒设备，防止仔畜室内温度过低（室温应为 23～30℃）。对体弱的仔畜或母性行为不良的母畜，应辅助仔畜吮乳。若母猪乳汁分泌不足或无乳汁，应找母猪代乳或人工哺乳。

（李建基）

本章执业兽医资格考试试题举例

1. 新生仔猪溶血病的典型症状是：（　　　）

    A. 腹泻　　　　　　　　　　B. 排尿困难

    C. 神经症状　　　　　　　　D. 血红蛋白尿

    E. 畏寒、震颤

2. 刚生产的一窝仔猪，其中一头全身松软，卧地不动，反射消失，黏膜苍白；呼吸不明显，仅有微弱心跳，呈假死状态。最可能发生的疾病是：（　　　）

    A. 脐尿瘘　　　　　　　　　B. 孱弱

    C. 窒息　　　　　　　　　　D. 新生仔猪溶血病

    E. 新生仔猪低血糖病

第十二章

乳 房 疾 病

乳房疾病是奶牛最常见、危害最大的一类疾病。乳腺炎使乳的品质和产量下降、治疗和管理成本增加，同时还造成乳中兽药和抗生素残留，危及人类健康和环境安全。

第一节　奶牛乳腺炎

奶牛乳腺炎（mastitis in cow）是指因微生物感染或理化刺激引起奶牛乳腺的炎症，其特点是乳汁发生理化性质及细菌学变化、乳腺组织发生病理学变化。乳汁最重要的变化是颜色的改变，乳汁中有凝块及大量的细胞。发生乳腺炎时，虽然在许多病例乳腺出现肿大及疼痛，但大多数病例在用手触诊乳腺时难以发现异常，肉眼检查乳汁也难于观察到病理性变化，对这种亚临床型乳腺炎的诊断主要依赖乳汁的白细胞计数。因而有人把乳腺炎定义为以感染乳腺乳汁中白细胞计数显著增加的一种疾病。

（一）病因

引起奶牛乳腺炎的病因复杂，可能是由下列一种或多种因素所致。

1. 病原微生物的感染　这是乳腺炎发生的主要原因。引起奶牛乳腺炎的病原微生物包括细菌、真菌、病毒、支原体等，共有130多种，较常见的有20多种。根据其来源和传播方式通常分为传染性微生物和环境性微生物两大类。前者主要包括金黄色葡萄球菌、无乳链球菌、停乳链球菌和支原体等，此类微生物定植于乳腺，并可通过挤乳工人或挤乳器传播；后者常见的有牛乳房链球菌、大肠杆菌、克雷伯菌、绿脓杆菌等，这些微生物通常寄生在牛体表皮肤及其周围环境中，并不引起乳腺的感染，但当乳牛的环境、乳头、乳房（或通过创口）或挤乳器被病原污染时，病原就会进入乳池而引起乳腺感染。各种微生物的感染因地区不同而异，其中以葡萄球菌、链球菌和大肠杆菌为主，这三种细菌引起的乳腺炎占发病率的90％以上。各地病原感染情况不尽相同，因地理环境、卫生条件、饲养方式不同而有差异。

2. 遗传因素　奶牛乳腺炎具有一定的遗传性，发病率较高的奶牛，其后代往往也具有较高的发病率。乳房的结构和形态对乳腺炎发生有很大影响，漏斗形的乳头（倾斜度大的乳头）比圆柱形乳头（倾斜度小的乳头）容易感染病原微生物。

3. 饲养管理因素　牛舍、挤乳场所和挤乳用具卫生消毒不严格，违反操作规程挤乳，人工挤乳手法不对；其他继发感染性疾病未及时治疗；对已到干乳期的奶牛不能及时、科学的进行干乳；未及时淘汰久治不愈患慢性临床型乳腺炎的病牛等，都是引发乳腺炎的常见病因。另外，饲喂高能量、高蛋白质日粮虽保护和提高了产乳量，但相对增加了乳房负担，使机体抵抗力降低，亦容易诱发乳腺炎。

4. 环境因素　乳腺炎的发生率随温度、湿度的变化而变化。高温、高湿季节，奶牛处于热应激状态，食欲减退、机体抵抗力降低常常导致乳腺炎发生。牛舍通风不良、不整洁、运动场低洼不平，粪尿蓄积，牛体不洁，常常导致环境性病原菌在牛体表繁殖，从而引起乳腺炎。

5. 其他因素 随奶牛年龄增长，胎次、泌乳期的增加，奶牛体质减弱，免疫功能下降，增加了乳腺炎发病率；结核病、布病、胎衣不下、子宫炎等多种疾病在不同程度上继发乳腺炎；应用激素治疗生殖系统疾病而引起激素失衡也是本病的诱因。

（二）分类和症状

奶牛乳腺炎的分类是随着人们对乳腺炎认识的深入和临床诊治的方便而逐步发展的。有以病原、病理、病程、发病部位以及临床症状分类的，也有以乳汁细胞数、乳腺和乳汁有无肉眼变化分类的。由于以乳房和乳汁有无肉眼可见变化的分法很适合临床治疗，所以目前国内多采用美国国家乳腺炎委员会于 1978 年采用的分类法。

1. 根据乳房和乳汁有无肉眼可见变化分类 美国国家乳腺炎委员会（NMC）于 1978 年根据乳房和乳汁有无肉眼可见变化，将乳腺炎划分为非临床型（或亚临床型）乳腺炎、临床型乳腺炎和慢性乳腺炎。

（1）非临床型（亚临床型）乳腺炎（nonclinical，subclinical mastitis）：又称为隐性乳腺炎（"hidden" mastitis）。这类乳腺炎的乳腺和乳汁通常无肉眼可见的变化，但乳汁电导率、体细胞数、pH 等理化性质已发生变化，必须采用特殊的理化方法才可检出。大约 90% 的奶牛乳腺炎为隐性乳腺炎，是乳腺炎中发生最多，造成经济损失最严重的乳腺炎。

（2）临床型乳腺炎（clinical mastitis）：这类乳腺炎的乳腺和乳汁有肉眼可见的临床变化。根据临床病变程度，可分为轻度临床型、重度临床型和急性全身性乳腺炎。

①轻度临床型乳腺炎（mild clinical mastitis）：乳腺组织病理变化及临床症状较轻微，触诊乳房无明显异常，或有轻度发热、疼痛或肿胀。乳汁有絮状物或凝块，有的变稀，pH 偏碱性，体细胞数和氯化物含量增加。从病程看相当于亚急性乳腺炎。这类乳腺炎只要治疗及时，痊愈率高。

②重度临床型乳腺炎（severe clinical mastitis）：乳腺组织有较严重的病理变化，患病乳区急性肿胀，皮肤发红，触诊乳房发热、有硬块、疼痛敏感，患牛常拒绝触摸。乳产量减少，乳汁为黄白色或血清样，内有乳凝块。全身症状不明显，体温正常或略高，精神、食欲基本正常。从病程看相当于急性乳腺炎。这类乳腺炎如治疗早，可以较快痊愈，预后一般良好。

③急性全身性乳腺炎（acute systemic mastitis）：乳腺组织受到严重损害，常在两次挤乳间隔突然发病，病情严重，发展迅猛。患病乳区肿胀严重，皮肤发红、发亮，乳头也随之肿胀。触诊乳房发热、疼痛，全乳区质硬，挤不出乳汁，或仅能挤出少量水样乳汁。患畜伴有全身症状，体温持续升高（40.5～41.5℃），心率增速，呼吸增加，精神萎靡，食欲减少，进而拒食、喜卧。从病程看相当于最急性乳腺炎。如治疗不及时，可危及患畜生命。

（3）慢性乳腺炎（chronic mastitis）：通常是由于急性乳腺炎没有及时处理或持续感染，而使乳腺组织处于持续性发炎的状态。一般局部临床症状可能不明显，全身也无异常，但乳产量下降。反复发作可导致乳腺组织纤维化，乳房萎缩。这类乳腺炎治疗价值不大，病牛可能成为牛群中一种持续的感染源，应视情况及早淘汰。

2. 根据可否检出病原菌及乳房、乳汁有无肉眼可见变化分类 国际乳业联盟（IDF）于 1985 年根据乳汁能否分离出病原微生物，而将乳腺炎分为感染性临床型乳腺炎、感染性亚临床型乳腺炎、非特异性临床型乳腺炎和非特异性亚临床型乳腺炎 4 种。

（1）感染性临床型乳腺炎（infectious clinical mastitis）：乳汁可检出病原菌，乳房和乳汁有肉眼可见变化。

（2）感染性亚临床型乳腺炎（infectious subclinical mastitis）：乳汁可检出病原菌，但乳房或乳汁无肉眼可见变化。

（3）非特异性临床型乳腺炎（non-specific clinical mastitis）：乳房或乳汁有肉眼可见变化，但乳汁检不出病原菌。

（4）非特异性亚临床型乳腺炎（non-specific subclinical mastitis）：乳房和乳汁无肉眼可见变化，乳汁无病原菌检出，但乳汁化验阳性。

3. 根据炎症过程和病理性质分类　根据乳腺炎的炎症过程和病理性质，可将其分为浆液性乳腺炎、卡他性乳腺炎、纤维蛋白性乳腺炎、化脓性乳腺炎、出血性乳腺炎等。

（1）浆液性乳腺炎（serous mastitis）：浆液及大量白细胞渗到间质组织中，乳房红、肿、热、痛，乳上淋巴结往往肿胀。乳汁稀薄，含碎片。

（2）卡他性乳腺炎（catarrhal mastitis）：脱落的腺上皮细胞及白细胞沉积于上皮表面。如是乳管及乳池卡他性炎症，先挤出的乳汁含絮片，而后挤出的不见异常；如是腺泡卡他性炎症，则患区红、肿、热、痛，乳汁水样，含絮片，可能出现全身症状。

（3）纤维蛋白性乳腺炎（fibrinoid mastitis）：纤维蛋白沉积于上皮表面或（及）组织内，为重度急性炎症。乳上淋巴结肿胀。挤不出乳汁或挤出几滴清水。本型多为卡他性乳腺炎发展而来，往往与化脓性乳腺炎并发。

（4）化脓性乳腺炎（suppurative mastitis）：这类乳腺炎又可分为急性卡他性乳腺炎、乳房脓肿和乳房蜂窝织炎。

①急性卡他性乳腺炎（acute catarrhal mastitis）：由卡他性乳腺炎转变而来。除患区炎性反应外，乳量剧减或完全无乳，乳汁水样并含絮片。较重的有全身症状。数日后转变为慢性，最后乳区萎缩硬化，乳汁稀薄或黏液样，乳量渐减直到无乳。

②乳房脓肿（galactapostema）：乳房中有多个小米至黄豆大的脓肿。个别的大脓肿充满乳区，有时向皮肤外破溃。乳上淋巴结肿胀。乳汁呈黏液脓样，含絮片。

③乳房蜂窝织炎（cellulitis breast）：为皮下或（及）腺间结缔组织化脓，一般是与乳房外伤、浆液性炎、乳房脓肿并发。乳上淋巴结肿胀，乳量剧减，乳汁含有絮片。

（5）出血性乳腺炎（hemorrhagic mastitis）：深部组织及腺管出血，皮肤有红色斑点。乳上淋巴结肿胀，乳量剧减，乳汁水样，含絮片及血液。

4. 其他分类

（1）1996 年，美国国家乳腺炎委员会根据乳房、乳汁有无肉眼变化及有无病菌，将乳腺炎再次分为亚临床型、亚急性临床型、急性型、慢性型和无菌性 5 种。

（2）根据病原微生物的种类，有人将其分为革兰阴性菌乳腺炎、革兰阳性菌乳腺炎和其他病原菌所致乳腺炎。

（3）也有人根据致病菌的名称，直接将乳腺炎称为无乳链球菌所致的乳腺炎、金黄色葡萄球菌所致的乳腺炎、化脓放线菌所致的乳腺炎、支原体所致的乳腺炎等。

5. 不同类型乳腺炎之间的病理特征及其关系　乳腺组织是十分敏感的，当乳管的管壁细胞受到损伤，或受到在其乳管壁上生长的细菌释放的物质的刺激时，便迅速引起乳腺对它们的防御性反应，而使乳腺炎的发展进入炎症阶段。感染轻微的，当感染消退后，受感染乳区乳汁的分泌将增加，几天内恢复到接近正常。如果感染后损害很严重，乳管被堵塞的时间超过3～4天，乳腺分泌细胞消失，乳汁的分泌停止，要到下次产犊时才能恢复。如果损害特别严重，很多分泌细胞被破坏，该部就会形成疤痕组织（图12-1）。

　　隐性乳腺炎和临床型乳腺炎，在乳腺病理组织学上仅是程度上的差异，而无特殊的本质区别。隐性乳腺炎恶化，即可导致临床型乳腺炎（图12-2）。感染型隐性乳腺炎主要以轻度的渗出性炎症为特征，腺上皮变性脱落，在组织和细胞中可检出细菌；而非感染型（非特异性）隐性乳腺炎则以结缔组织和肌上皮增生为特点，腺体萎缩，腺上皮由分泌期的梨形变为柱状或立方形。

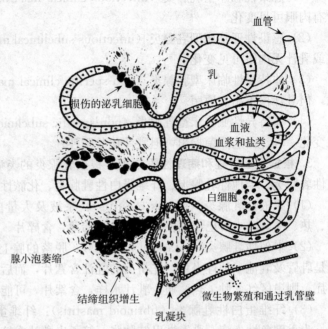

图 12-1　乳腺炎发展中乳腺组织的主要变化
（引自 Schultz L H，Current Concepts of Bovine Mastitis，1978）

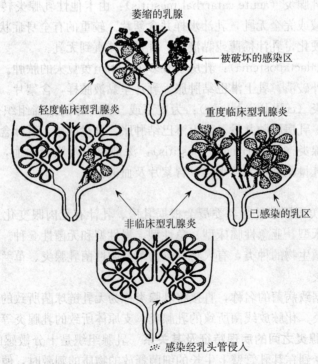

图 12-2　乳腺组织感染结果与乳腺炎类型的关系

（三）诊断

奶牛乳腺炎的诊断，因有无临床症状和发病率的高低而不同。临床型乳腺炎发病率低，着重个体病牛的临床诊断；隐性乳腺炎发病率高，着重母牛群的整体监测。

1. 临床型乳腺炎的诊断　主要是对个体病牛的临床诊断。方法仍然是一直沿用的乳房视诊和触诊（图 12-3）、乳汁的肉眼观察及必要的全身检查，有条件的在治疗前可采乳样进行微生物鉴定和药敏试验。

2. 隐性乳腺炎的诊断　根据隐性乳腺炎的主要表现（即乳汁体细胞数增加、pH升高和电导率的改变等），采用不同的方法进行隐性乳腺炎的诊断。

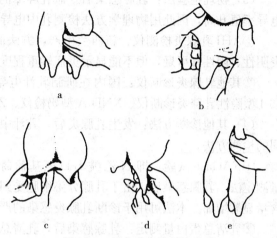

图 12-3　奶牛乳房的触诊术式
a、b. 乳腺的触诊　c. 乳池的触诊
d. 乳头管触诊　e. 乳上淋巴结触诊

（1）乳汁体细胞计数（SCC）：乳中体细胞通常由巨噬细胞、淋巴细胞、多型核中性粒细胞和少量的乳腺上皮细胞等组成，每毫升牛乳中含有的细胞数目即为体细胞计数。在正常生理状态下，每毫升乳汁中有 2 万～20 万个体细胞，其数量受年龄、胎次、机体应激、个体特征以及挤乳操作等因素的影响。乳腺受到感染后，会引起乳中体细胞数增加；如感染清除，乳中体细胞数将降至正常水平。

目前，国际上对牛乳中体细胞的含量尚没有统一规定。一般认为，产次少的青年牛，乳中理想的体细胞含量应该控制在 40 万个/mL 以内；产次多、年龄较大的牛，乳中体细胞含量应该控制在 50 万个/mL 以内。随着乳业的发展进步，行业内对牛乳中体细胞含量的标准在逐渐提高，有的企业把牛乳里体细胞含量标准提高到 30 万个/mL 以内。

细胞计数是目前较常用的鉴别乳区、牛只和牛群乳房健康状态的有效方法，这种方法包括体细胞直接显微镜计数法（DMSCC）、体细胞电子计数法（ESCC）、奶桶体细胞计数法（BMCC）和牛只细胞计数法（ICCC）等。

（2）化学检验法：是间接测定乳汁细胞数和乳汁 pH 的方法，种类较多。

①CMT 法：该法简易，检出率高，可在牛旁迅速做出诊断，世界各地广泛使用。

基本原理是：乳汁细胞在表面活性物质（烷基或烃基硫酸盐）和碱性药物作用下，脂类物质乳化，细胞破坏后释放其中的 DNA，DNA 与试剂结合产生沉淀或凝胶。根据沉淀或凝胶的多少，间接判定乳中细胞数的范围而达到诊断的目的。乳中体细胞数越多，释放的 DNA 越多，产生的凝胶也就越多，凝结越紧密。本法不适于初乳期和泌乳末期。

根据这一原理，我国兰州、北京、杭州、上海、吉林等不少地方利用国产的烷基或烃基硫酸盐原料先后研制出了 LMT、BMT、HMT、SMT 和 JMT 等以各地地名命名的诊断隐性乳腺炎的试剂，达到了 CMT 试剂的国产化。

②PL 试验：即日本乳腺炎简易检验法，是 CMT 的一种衍生方法。

③H_2O_2 玻片法：即过氧化物酶法，以测试乳中白细胞的过氧化物酶，间接测定乳中白细胞的含量，做出诊断。

④BTB 检验法：即溴麝香草酚蓝检验法，是乳汁 pH 的一种检测方法。

⑤其他化学检测法：除上述几种外，还有苛性钠凝乳试验法、氯化钙凝乳试验法、改良 N. F. T 法及氯化物硝酸银试验等。

（3）物理检验法：乳腺感染后，血乳屏障的渗透性改变，Na^+、Cl^- 进入乳汁，使乳汁电导率值升高，因此用物理学方法检测乳中电导率的变化，可诊断隐性乳腺炎。

①AHI 乳腺炎检测仪：新西兰生产，方法简便、快速，只需几秒钟，能显示隐性乳腺炎阴性、阳性和可疑，但不能显示炎症轻重程度。

②其他乳腺炎诊断仪：国内在研制乳汁电导率值测试仪器方面做了很多工作，先后有 86-I 型隐性乳腺炎诊断仪、XND-A 型奶检仪、ZRD 型乳腺炎电子检测仪等。

（4）其他诊断方法：发生乳腺炎后，乳汁中某些酶和蛋白质将发生变化，由此建立了不同的检测方法。

①NAGase 试验：即 N-乙酰-B-D 氨基葡萄糖苷酶（N-acetyl-B-D-glucosaminidase）含量测定法。乳腺感染后，由于乳腺分泌细胞受到破坏，其细胞物质外流而导致乳中 NAGase 含量显著增加。本法可用于诊断乳腺炎感染的严重程度和治疗后乳腺的恢复情况。

②乳清总蛋白量测定：乳腺感染后，乳清总蛋白量增加，炎症越重，增加越多。可用于鉴别乳腺炎的类型。

③血清白蛋白测定：乳腺感染后，血清白蛋白稍降低，γ-球蛋白显著增高。可作为各种乳腺炎检验法的一种辅助和验证手段。

④乳汁抗胰蛋白酶活性测定：乳腺感染后，血浆中抗胰蛋白酶进入乳中，使乳中的抗胰蛋白酶活性升高。测定乳中酶活性的变化，可反映乳腺有无炎症、炎症的严重程度、治疗效果以及治疗后乳中病原菌的转阴率。

（四）治疗

乳腺炎的治疗主要是针对临床型的，对隐性乳腺炎则主要是控制和预防。对于临床型乳腺炎，治疗原则是杀灭侵入的病原菌和消除炎性症状；而对于隐性乳腺炎，是防治结合，预防病原菌侵入乳房，即使侵入也能很快杀灭。

临床型乳腺炎的疗效判定标准为：①临床症状消失；②乳汁产量及质量恢复正常（乳汁体细胞计数降至 50 万个/mL 以下）；③最好能达到乳汁菌检阴性。后两点也是判定隐性乳腺炎防治效果的标准。

药物治疗乳腺炎时应该遵循以下原则：①首先考虑选用窄谱抗生素，而不用广谱抗生素；②不长期反复使用一种或两种抗生素，避免形成耐药菌株，造成牛群和人体的再度感染；③用最小抑菌浓度低的药物，希望能用最小剂量的药物达到治疗效果；④所用药物对乳房不能有刺激性，以免加重局部炎症；⑤药物剂型应简便，使用时能节省人力；⑥治疗期间的乳汁应遗弃，避免食用劣质乳汁和乳汁中的残留药物进入人体，弃乳期的长短决定于治疗效果和药物的半衰期。

1. 常用药物治疗

（1）抗生素：抗生素仍是治疗乳腺炎的首选药物，其次是磺胺类药。为提高疗效，抗生素等药物在使用前最好采乳样做病原分离和药敏试验。为了不延误治疗时机，应该边采乳样做微生物培养，边进行治疗。

药物治疗途径，仍采取局部乳房内给药和经肌肉或静脉全身给药，乳房内给药在每次挤完乳后进行。一般对亚急性病例，乳房内给药即可，连续 3 天。急性病例，可乳房内和全身给药，至少 3 天。最急性病例，必须全身和乳房内同时给药，并结合静脉输液及选择其他消炎药物和对症疗法。

治疗乳腺炎常用的抗生素有青霉素、链霉素、新生霉素、头孢菌素、红霉素、土霉素等。链球菌属和金黄色葡萄球菌是我国奶牛乳腺炎的主要病原菌。对链球菌感染的乳腺炎首选青霉素和链霉素；对金黄色葡萄球菌感染的可采用青霉素、红霉素，亦可采用头孢菌素、新生霉素；对大肠杆菌感染的可采用大剂量双氢链霉素，也可采用庆大霉素、新霉素，但要坚持至炎症完全治愈，否则可能复发。

《中华人民共和国食品卫生法》也规定，用抗生素治疗的泌乳母牛所产的乳，5 天内不得作为食品销售，因为乳中药物残留的排除，抗生素要在用药后 96h，磺胺类药物要经 72h。为了减少乳中抗生素的残留，可采用液体替代疗法。也可使用催产素，一次肌肉注射 5～10IU，每 4h 一次，尽量排空已感染乳区中的乳，可使乳中的病原菌及其毒素一起排出。此法对用抗生素治疗的泌乳母牛，也有提高疗效的作用。

（2）中药制剂：为减少和避免乳中抗生素的残留，可以采用中草药制剂进行治疗。

①六茜素：系中草药六茜草的有效成分，抗菌谱广、高效。对于由无乳链球菌、金黄色葡萄球菌和停乳链球菌引起的乳腺炎有特效。缺点是细菌的转阴率尚低于青霉素，价格与抗生素相近。

②蒲公英：是多种治疗乳腺炎中药方剂的主要成分，例如双丁注射液（蒲公英和地丁）、复方蒲公英煎剂（含蒲公英、金银花、板蓝根、黄芩、当归等）、乳房宁 1 号（含蒲公英等 9 味中药）。复方蒲公英煎剂治疗临床型乳腺炎，总有效率为 94.44%，病原菌转阴率为 40%。乳房宁 1 号治疗隐性乳腺炎，总有效率高于青、链霉素。

③氯己定（洗必泰）：对革兰氏阳性菌、阴性菌和真菌均有较强的杀菌作用，而且不产生抗药性。乳房内使用对亚急性病例疗效最好，急性者次之，慢性者较差。

④CD-01 液：主要由醋酸氯己定等药物组成，不含抗生素，不影响乳品卫生，病原菌对其不易产生抗药性。治疗临床型乳腺炎，每日 1 次，每乳区注入 100mL，总有效率为 91.76%，病原菌转阴率为 78.67%。

⑤苯扎溴铵（新洁尔灭）：适用于对抗生素已有耐药性的病例。100mL 蒸馏水中加入 5%苯扎溴铵 2mL，每乳区注入 40～50mL，按摩 3～5min 后挤净，再注入 50mL，每日 2 次。治疗临床型乳腺炎一般 2～6 天可治愈，疗效稍优于青、链霉素。

⑥蜂胶：有抗菌、防病、抗真菌、镇痛、抗肿瘤和刺激非特异免疫等功效。对抗生素治疗无效的临床型乳腺炎有一定疗效，用药 1～2 次明显好转，一般需连续治疗 5～11 天。

2. 特殊药物治疗 乳腺炎治疗的特殊药物主要指一些激素、因子和酶类，包括地塞米松、异氟泼尼龙等糖皮质激素类药物；阿司匹林、安乃近、保泰松等非类固醇类药物；白细胞介素、集落刺激因子、干扰素和肿瘤坏死因子等免疫调节细胞因子；细菌素、抗菌肽和溶菌酶等。可根据具体情况选用。

（五）预防

奶牛乳腺炎病因复杂，为了有效控制其发生，应采取预防为主、防治结合的原则。预防是降低奶牛乳腺炎发病率最经济、最有效的措施。

要达到乳腺炎的有效预防，必须采用下列综合措施，并且形成常规，长期坚持，才能取得明显效果。

1. 建立科学的饲养管理制度 建立、健全各生产阶段合理的饲养管理制度，尤其加强产前、产后管理。发现病牛及时隔离治疗，对于体质差和无价值的奶牛，应及时淘汰，并对场地彻底消毒。

2. 加强环境和牛体卫生 引起奶牛乳腺炎的病原菌可分为两大类，一类平时就存在于牛体上，一类存在于环境中。搞好环境和牛体卫生，就可以减少病菌的存在和感染的可能，如运动场平整、排水通畅、干燥，经常刷拭牛体，保持乳房清洁等。此外，要保护牛群的"封闭"状态，避免因牛的引进或出入带来新的感染源。

3. 规范挤奶操作 手工挤乳时，一是要求挤乳人员技术熟练，二是保持牛体和环境卫生。每头牛用专用的消毒毛巾或纸巾（一牛一巾）。先挤健康牛，后挤乳腺炎患牛。临床型乳腺炎奶牛的乳一定要挤入专用的容器内，集中处理，以免交叉感染其他健康奶牛。

机器挤乳时，必须严格遵守挤乳操作规程，并定期评价挤乳机的性能。挤乳前要严格做好挤乳机的管道、乳杯及其内鞘的清洗消毒。挤乳时，真空压力不能过高，避免过分挤压乳房，不能过快抽乳和随意延长挤乳时间，每次挤乳一定要挤净。

4. 泌乳期乳头药浴 乳头药浴是将药液盛于特制的塑料乳头药浴杯（图 12-4）中浸泡乳头。乳头浸浴可杀灭附着在乳头管口及其周围和已侵入乳头管内的微生物。因为挤乳后 1～2h，乳头管松弛，细菌容易感染。坚持每次挤奶后浸浴乳头，可降低乳房新感染率约 75%，降低临床型乳腺炎约 50%。

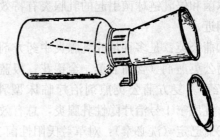

图 12-4 乳头药浴杯
（引自甘肃农业大学，兽医产科学，第二版，1988）

挤乳前后乳头药浴常用的浸渍液体有 0.1%～1%碘消灵、4%次氯酸钠、0.2%～0.55%氯己定、2.0%十二烷基苯磺酸、0.5%季铵及 0.2%溴溶液等。药浴时间 30s，然后用单独的消毒毛巾或纸巾将乳头擦干。

5. 干乳期乳房保健 奶牛的干乳期一般为两个月左右。进入干乳期后由于乳房中可能还有残乳，又取消了每日的乳头药浴，因此受病菌侵袭的机会增大。若发现停乳后奶牛乳房出现红肿、胀痛等异常情况，要立即进行处理。干乳期的治疗效果比泌乳期好。

干乳期的预防主要是向乳房内注入有效期可达 4～8 周的长效抗菌药物，这不仅能有效地治疗泌乳期间遗留下的感染，而且还可预防干乳期间新的感染。目前多使用青霉素 100 万 IU、链霉素 100 万 IU、单硬脂酸铝 3g、医用花生油 80mL 混合油膏或乳炎消等制剂，国际上多用长效抗生素软膏。

6. 定期进行奶牛乳腺炎检测 定期或不定期对泌乳期奶牛进行隐性乳腺炎监测是防止和控制乳腺炎蔓延的有力措施。奶牛发生乳腺炎时，乳汁体细胞数、电导率、pH 以及各种酶都发生不同程度的变化，可根据检测结果及时采取相应措施，做好记录，供牛群调整时参考。

7. 探索疫苗预防和抗病育种的有效措施 虽然已有防治奶牛乳腺炎的疫苗面市，但对其防治效果和成本有争议。抗乳腺炎育种有很多优点，但目前尚不能达到商业化应用的水平。

第二节 其他乳房疾病

一、乳房水肿

乳房水肿（mammary gland edema）是乳房的浆液性水肿，特征是乳腺间质组织液体过量蓄积。乳牛多发，尤其以第一胎及高产奶牛发病较多。可导致产乳量降低，重者可永久损伤乳房悬韧带和组织，使乳房下垂，并诱发乳房皮肤病和乳腺炎。乳房水肿有急性-生理性、慢性-病理性两种，前者发生于临产前，后者发生于泌乳期间。临产前发生的，一般在产后10天左右可以消散，不影响泌乳量和乳品质。

（一）病因

确切原因尚不明了，已证实临产前的乳房水肿与腹部表层静脉——乳静脉血压显著升高、乳房血流量减少有关。遗传学研究表明本病与产乳量呈显著正相关。此外，血浆雌激素和孕酮的含量，摄入过量的钾、低镁血症等，也与本病有关。产前限制饮水和食盐摄入可降低初产牛的发病率，但对经产牛无影响。

（二）症状

本病限于乳房。一般是整个乳房的皮下及间质发生水肿，以乳房下半部较为明显。也有水肿局限于两个乳区或一个乳区的。皮肤发红光亮、无热无痛、指压留痕。严重的水肿可波及乳房基底前缘、下腹、胸下、四肢，甚至乳镜、乳上淋巴结和阴门。乳头基部发生水肿时，影响机器挤乳。根据水肿的程度，可将其分为无水肿、轻度水肿、中度水肿和严重水肿4个等级。

其他家畜的乳房水肿都为生理性的，发生在怀第1胎时，其他胎次不明显，也不影响泌乳和乳的品质。

（三）诊断

根据病史和症状不难诊断，但需与乳房血肿、腹部疝、乳腺炎进行鉴别。

（四）治疗

大部分病例产后可逐渐消肿，不需治疗。适当增加运动，每天3次按摩乳房和冷热水交换擦洗，减少精料和多汁饲料，适量减少饮水等都有助于水肿的消退。

病程长和严重的病例需用药物治疗，但不得"乱刺"皮肤放液。口服氢氯噻嗪效果良好，每天2次，每次2.5g，连用1～2天。单独使用利尿剂效果不明显，与皮质类固醇合用可提高疗效，但同时可使产乳量暂时下降。也可用呋塞米，肌肉注射500mg或静脉注射250mg，每日2次；每天口服氯地孕酮1g或肌肉注射40～300mg，连用3天；或于产后第1～2天用200mg己烯雌酚加10mL玉米油涂擦局部，均有疗效。

二、乳房创伤

乳房创伤（trauma of the mammary gland）是指由于各种外力因素作用于乳房而引起其组织机械性开放性损伤。主要发生在泌乳奶牛体积较大的前乳区，包括以下几种情况。

（一）轻度外伤

常见的轻度外伤有皮肤擦伤、皮肤及皮下浅部组织的创伤等，但可能继发感染乳腺炎，故不可忽视。可按外科对清洁创或感染创（化脓创）的常规处理法治疗。创面涂布甲紫或撒布冰片散（呋喃妥英20g、冰片90g、大黄末10g、氧化锌10g、碘仿20g），效果良好。创口大时应进行适当缝合。

(二) 深部创伤

多为刺创。乳汁通过创口外流，愈合缓慢。病初乳汁中含有血液。可用 $3\%\ H_2O_2$、0.1% 高锰酸钾溶液、0.1% 以下浓度的苯扎溴铵或呋喃类溶液充分冲洗创口；深入填充碘甘油或魏氏流膏（蓖麻油 100mL、碘仿 3g、松馏油 3mL）绷带条。修整皮肤划口，结节缝合，下端留引流口。如创腔蓄积分泌物过多，必要时可向下扩创引流。

有必要时可使用抗生素，以防感染引起乳腺炎。如果创伤损坏了大血管，要迅速止血，否则会很快因大失血而死。

(三) 乳房血肿

多由外伤造成，常伴有血乳。肿胀部位皮肤不一定有外伤症状。轻度挫伤，可能较快自然止血，血肿不大，不久能够完全吸收痊愈。较大的血肿，往往从乳房表面突起。血肿初期有波动，穿刺可放出血液；血凝后，触诊时有弹性，穿刺多不流血。血肿如不能完全被吸收，将形成结缔组织包膜，触诊时如硬实瘤体。

小的血肿不需治疗，经 3～10 天可被吸收。早期或严重时，可采取对症治疗，如采用冷敷或冷浴，并使用止血剂；经过一段时间后，可改用温敷，促进血肿吸收。止血剂无效的，可输血治疗，一次 400mL，2 次可愈。为了避免感染乳腺炎，以不行手术切开为宜。

(四) 乳头外伤

主要见于大而下垂的乳房，往往是在乳牛起立时被自己的后蹄踏伤。损伤多在乳头下半部或乳头尖端，大多为横创；重者可踩掉部分乳头。也可因挤乳操作粗暴引起。

皮肤创伤，按外科常规处理，但缝合要紧密。

乳头裂伤用芦荟提取液治疗，效果良好。取鲜芦荟叶捣烂挤榨出汁，即芦荟液，4～6h 内使用。在挤乳后用此液擦洗裂伤乳头，每天 2 次。据报道治疗 36 例，擦洗 2 天 66.7% 痊愈，连用 5 天全部痊愈。

乳头断裂，必须及时缝合。缝合前，在乳头基底部皮下施行浸润麻醉，共作三层缝合。先用尼龙线连续缝合黏膜破口，打结，线头留在皮肤外；再连续缝合皮下组织，打结后线头也留在皮肤外；最后用丝线结节缝合皮肤（图 12-5）。缝合时各层间撒布少量抗生素，10 天后拆线。由于乳池内蓄积乳汁，缝合处很容易发生漏乳而形成瘘管，使缝合失败。因此，必须经常排出乳池中的乳汁。方法是用橡胶导尿管或其他细胶管，在其尖端部两侧剪多个小洞后灭菌，再以灭菌探针插入导管中，将导管经乳头管插入乳池（图12-6）。将导管的末端用线拴住，并缝一针于

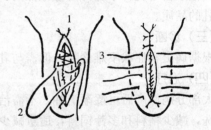

图 12-5 乳头贯通创缝合法
1. 黏膜缝线 2. 皮下组织缝线 3. 皮肤缝线
（引自甘肃农业大学，兽医产科学，第二版，1988）

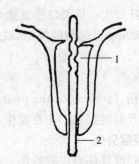

图 12-6 乳导管的安装
1. 乳头槽 2. 橡胶乳导管
（引自甘肃农业大学，兽医产科学，第二版，1988）

乳头皮肤上，加以固定。

三、乳池和乳头管狭窄及闭锁

乳池和乳头管狭窄及闭锁（stenosis of the cistern and teat canal）是指乳头和乳池黏膜下结缔组织增生或纤维化，形成肉芽肿和疤痕导致乳池和乳头管狭窄或闭锁。其典型特征是乳汁流出障碍。乳牛较常见，多出现在一个乳头或乳池。

（一）病因

本病主要由于挤乳方法不科学和挤乳不卫生，长期不良地刺激乳池和乳头管，使其发生慢性增生性炎症所致；乳头末端受到损伤或发生炎症，黏膜面的乳头状瘤、纤维瘤等，也可造成乳池和乳头狭窄。先天性的很少见。

（二）症状及诊断

主要症状是挤乳不畅，甚至挤不出乳汁。

1. 乳池棚狭窄和闭锁　轻者不影响乳汁通过进入乳头乳池，严重时影响乳汁通过，挤乳时乳头乳池充盈减缓。完全阻塞时，乳汁不能进入乳池，挤不出乳汁。触诊乳头基部乳池棚可触知有结节，缺乏移动性。根据结节的大小和质地，可估计狭窄的程度。

2. 乳头乳池黏膜泛发性增厚　触诊乳头乳池壁变厚，池腔变窄，外观乳头缩小，挤乳时射乳量不多。乳头乳池黏膜面肿瘤、息肉，手指可以触知。当乳头乳池完全闭锁时，池内无乳，乳头乳池呈实性，乳头发硬，挤不出乳汁。

3. 乳头管狭窄和闭锁　乳池充乳，外观乳头无异常，但挤乳不畅，乳汁呈细线状或点滴状排出。乳头管口狭窄的，挤乳时乳汁射向改变。乳头管完全闭锁的，乳池充乳但挤不出，手指捏捻乳头末端，可感知乳头管内有增生物。

乳池和乳头管狭窄及闭锁，均可用细探针或导乳管协助诊断。

（三）治疗

本病无有效疗法或难以根治，主要是通过手术方法扩张狭窄部或去除增生物。

1. 乳池狭窄和闭锁　可于每次挤乳前用导乳管或粗针头（磨平尖端）穿通闭锁部向外导乳。按常规方法用冠状刀（图12-7）穿通闭锁部，切割肉芽肿组织，但术后组织会很快增生，继续闭锁。反复进行，易引发乳腺炎。

临床上还可采用液氮疗法：先将粗导乳管插入乳头管内，然后将较细的铅丝置液氮罐中数分钟，取出后立即通过导乳管破坏闭锁部肉芽组织，但术后可能复发。

2. 乳头管狭窄和闭锁　可行手术扩张乳头管并使之持久开通。用乳头管刀（图12-8）穿入乳头管，纵行切开管腔。随后放入蘸有蛋白溶解酶的灭菌棉棒；或插入螺帽乳导管（图12-9），挤乳时拧下螺帽，乳汁自然流出或加以挤乳；挤

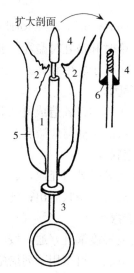

图 12-7　冠状刀及其使用

1. 乳头池　2. 异常增生组织　3. 冠状刀芯
4. 刀头　5. 乳头壁　6. 冠状刀头刃
（引自甘肃农业大学，兽医产科学，
第二版，1988）

完后再拧上螺帽。

轻度狭窄时可在乳头上涂抹软膏并按摩，或插入适度粗细的乳头管扩张器（图 12-10），待挤乳时取下。

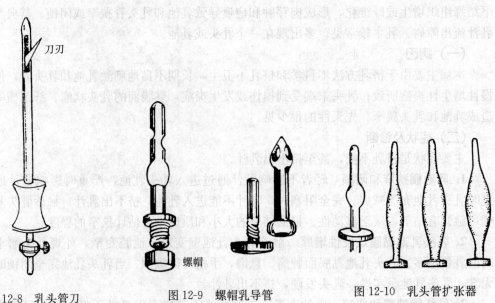

图 12-8　乳头管刀
（引自甘肃农业大学，兽
医产科学，第二版，1988）

图 12-9　螺帽乳导管
（引自甘肃农业大学，兽
医产科学，第二版，1988）

图 12-10　乳头管扩张器
（引自甘肃农业大学，兽医
产科学，第二版，1988）

四、漏　乳

漏乳（lactorrhea，galactorrhea，incontinence of milk）是指乳房充盈，乳汁自行滴下或射出。临分娩时和挤乳时漏乳一般都是正常的生理现象；非挤乳时经常有乳汁流出，为不正常的漏乳。多见于乳牛和马。

（一）病因

长期不正当的挤乳造成乳头损伤，破坏了乳头括约肌的正常紧张性；或是乳头末端缺损、断离；有的可能与应激有关；有的与遗传性有关，为先天性的乳头括约肌发育不良。

（二）症状

生理性漏乳时乳房充盈，乳房受到一定刺激，乳汁呈线状不间断流出。不正常漏乳随时均可发生，乳汁呈滴状流出；乳房和乳头松弛、紧张度差，乳头或有缺损、纤维化。

（三）治疗

生理性或轻度漏乳，通过按摩（每次按摩 10～15min）、热敷，即可停止。不正常漏乳无有效治疗方法，可试用下列措施。

（1）可在乳头管周围注射青霉素、高渗盐水或酒精，促使结缔组织增生，以压缩乳头管腔。或用蘸有 5％碘酊的细缝线在乳头管口作荷包缝合，然后在乳头管中插进灭菌乳导管，拉紧缝线打结，抽出乳导管。

（2）火棉胶帽法：每次挤乳后，拭干乳头尖端，在火棉胶中浸一下。火棉胶在乳头尖端

部形成帽状薄膜，即能封闭乳头管口，又能紧
缩乳头尖端。以后挤乳前把此帽撕掉。这样虽
达不到根治的目的，但有助于防止漏乳。

（3）橡胶圈法：上列各法效果不良时，可
用橡胶圈（图 12-11）箍住乳头。挤乳前摘下，
挤乳后箍上。

（4）因应激反应引起的漏乳，一般不发生
在分娩前后，可肌肉注射维生素 B_1 1 000 mg，
每天 1 次，连用 3～5 天。

图 12-11　橡胶圈
（引自甘肃农业大学，兽医
产科学，第二版，1988）

五、血　乳

血乳（blood tinged milk）即乳中混血，挤出的乳汁呈深浅不等的血红色。主要发生于
产后，见于乳牛和奶山羊。

（一）病因

应激反应、中毒、机械损伤等因素引起输乳管、腺泡及周围组织血管破裂，或是血小板
减少等血凝障碍性疾病，血液流出混入乳汁。

（二）症状

发生该病时，各乳区均可出现血乳。一般无血凝块，或有少量小的凝血，各乳区乳中含
血量不一定相同。将血乳盛于试管中静置，血细胞下沉，上层出现正常乳汁。

发病突然，损伤乳区肿胀，乳房皮肤充血或出现紫红色斑点，局部温度升高，挤乳时有
痛感，乳汁稀薄、红色，乳中可能混有血凝块。由血管破裂造成血乳者，一般无全身症状；
血小板减少症病牛全身症状明显。

（三）诊断

注意与出血性乳腺炎区别。出血性乳腺炎乳房红、肿、热、痛，炎症反应明显，全身反
应严重，体温升高，食欲减少，精神沉郁。

（四）治疗

停喂精料及多汁饲料，减少食盐及饮水，减少挤乳次数，保持乳房安静，令其自然恢
复。机械性乳房出血严禁按摩、热敷和涂擦刺激药物。出血量较大者可使用止血药，如酚磺
乙胺、维生素 K 和抗生素等。乳牛产后血乳不需治疗，1～2 天即可自愈；超过 2 天的，可
给予冷敷或冷淋浴，但不可按摩。

当出现血乳时间长，用止血剂无效时，可给乳区内注入 2% 盐酸普鲁卡因 10 mL，每日
2～3 次，或注入 0.2% 高锰酸钾溶液 300 mL，有较好疗效。

六、乳房坏疽

乳房坏疽（mammary gangrenosis）又称坏疽性乳腺炎，是由腐败、坏死性微生物引起
一个或两个乳区组织感染，发生坏死、腐败的病理过程。较常见于奶牛和奶山羊，主要发生
于产后数日。

（一）病因

腐败性细菌、梭菌或坏死杆菌自乳头管或乳房皮肤损伤处感染，病原菌也可经淋巴管

侵入乳房。

（二）症状

最急性者分娩后不久即表现症状，最初乳房肿大、坚实，触之硬、痛。随疾病恶化，患部皮肤由粉红逐渐变为深红、紫色，甚至蓝色。最后全区完全失去感觉，皮肤湿冷。有时并发气肿，捏之有捻发音，叩之呈鼓音。如发生组织分解，可见呈浅红色或红褐色油膏样恶臭分泌物排出和组织脱落。患畜有全身症状，体温升高，呈稽留热型。食欲废绝，反刍停止，剧烈腹泻，可能在发病后 12 日后死于毒血症。

（三）治疗

本病治疗原则是抗菌、解毒、强心，防止和缓解毒血症的发生。全身可采用大剂量广谱抗生素肌肉或静脉注射，补充葡萄糖和静脉注射碳酸氢钠液。对组织已开始坏死的患区，可用 1％~2％高锰酸钾溶液、3％H_2O_2 注入患区，进行冲洗治疗。严禁热敷、按摩。

（四）预后

及早治疗，可使病变局限在患区，促进坏疽自愈。但本病疗效不理想，已坏死乳区可能会脱落，泌乳能力丧失。多数病例在发病后数日内死亡。对临床发生乳房坏疽的病牛，应及早考虑淘汰。

第三节　酒精阳性乳

酒精阳性乳（alcohol positive milk，APM）是指新挤出的牛乳在 20℃下与等量的 70％（68％~72％）酒精混合，轻轻摇动，产生细微颗粒或絮状凝块的乳的总称。酒精阳性乳根据酸度的差异，可分为高酸度酒精阳性乳和低酸度酒精阳性乳。前者是牛乳在收藏、运输等过程中，由于微生物污染，迅速繁殖，乳糖分解为乳酸致使牛乳酸度增高，加热后凝固，实质为发酵变质乳。后者乳酸度在 11~18°T 之间，加热不凝固，但稳定性差，质量低于正常乳，称为二等乳或生化异常乳，为不合格乳。

（一）病因

酒精阳性乳发生的确切机理尚不清楚，可能与以下因素有关。

1. 过敏和应激反应　奶牛出现过敏反应时嗜酸性粒细胞显著升高；出现应激反应时血液中 K^+、Cl^-、尿素氮、总蛋白、游离脂肪酸含量增高，Na^+ 含量减少。在这种状态下牛乳可能为酒精阳性乳。故有人提出酒精阳性乳是无典型临床症状的慢性过敏反应或慢性应激综合征的一种表现。

2. 饲养和管理因素　饲料中如果不补饲食盐，酒精阳性乳病牛血和乳中 Na^+/K^+ 比值低，补饲食盐后，Na^+/K^+ 比值提高，酒精阳性乳转为阴性，因而 Na^+/K^+ 比可作为预测酒精阳性乳发生的一个指标。日粮中可消化粗蛋白过多，或饲料单纯，仅喂青草和混合料都可引起酒精阳性乳；饲料中缺 Ca^{2+} 也可造成酒精阳性乳，在补饲 Ca^{2+} 或骨粉后即转为阴性。此外，酒精阳性乳的发生还与药物有关，健康牛用泼尼松处理后，乳中 Na^+ 减少，Na^+/K^+比值变小，乳汁酒精试验呈阳性；在给予能增加乳中 Na^+ 的药物后，乳汁酒精试验又转为阴性。

3. 潜在性疾病和内分泌因素　酒精阳性乳的产生与肝脏机能障碍关系密切。另外，有的发情奶牛也产生酒精阳性乳，可能与雌激素浓度有关。

4. 气象因素 酒精阳性乳的出现与气温骤降、忽冷忽热，或高温高湿、低气压，以及厩舍中有害气体有关。

（二）症状

酒精阳性乳患牛精神、食欲正常，乳房、乳汁无肉眼可见变化。检出阳性持续时间有短（3～5 天）有长（7～10 天），后自行转为阴性。有的可持续 1～3 个月，或反复出现。

正常乳中酪蛋白与大部分 Ca^{2+}、P^{3-} 结合、吸附，一部分呈可溶性。酒精阳性乳中 Ca^{2+}、Mg^{2+}、Cl^- 等离子含量高于正常乳，乳中的酪蛋白与 Ca^{2+}、P^{3-} 结合较弱，胶体疏松、颗粒较大，对酒精的稳定性较差。遇 70％酒精时，蛋白质水分丧失，蛋白颗粒与 Ca^{2+} 相结合而发生凝集。

酒精阳性乳中 Na^+ 和 pH 都比隐性乳腺炎乳低，有 46.1％～50.7％乳汁呈酒精阳性反应的患牛患隐性乳腺炎。低酸度酒精阳性乳品质较差，但不是乳腺炎乳，可以适当利用。

（三）防治

酒精阳性乳是二等乳，不是乳腺炎乳，不应废弃，应加以利用，减少损失。如加工成酸奶饮料，或加入微量柠檬酸钠、碳酸钠后利用。对出现酒精阳性乳的奶牛，可用下列方法防治。

1. 调整饲养管理 平衡日粮和精粗料比例，饲料多样化，尽量保证维生素、矿物质、食盐等的供应，添加微量元素。做好保温、防暑工作。

2. 药物治疗 原则是调节机体全身代谢、解毒保肝、改善乳腺机能。可试用以下方法。

（1）内服柠檬酸钠（150g，分两次，连服 7 天）、磷酸二氢钠（40～70g，每天 1 次，连服 7～10 天）或丙酸钠（150g，每天 1 次，连服 7～10 天）。

（2）静脉注射 10％NaCl 400mL，5％NaHCO₃ 400mL，5％～10％葡萄糖 400mL；或者静脉注射 25％葡萄糖、20％葡萄糖酸钙各 250～500mL，每天一次，连用 3～5 天。

（3）挤乳后给乳房注入 0.1％柠檬酸液 50mL，每天 1～2 次；或注入 1％苏打液 50mL，每天 2～3 次；内服碘化钾 8～10g，每天 1 次，连服 3～5 天；或肌肉注射 2％甲基硫尿嘧啶 20mL，与维生素 B₁ 合用，以改善乳腺内环境和增进乳腺机能。

（施振声 余四九）

本章执业兽医资格考试试题举例

1. 某奶牛，1 月前曾发生急性乳腺炎，经治疗已无临床症状，乳汁也无肉眼可见变化，但产奶量一直未恢复，乳汁检测发现体细胞计数为 55 万个/mL。对该牛的诊断应是：（　　）

 A. 已恢复正常   B. 有乳腺增生
 C. 有乳腺肿瘤   D. 有慢性乳腺炎
 E. 有急性乳腺炎

2. 奶牛隐性乳腺炎的特点是：（　　）

 A. 乳房肿胀，乳汁稀薄 B. 乳房有触痛，乳汁稀薄
 C. 乳房无异常，乳汁含絮状物 D. 乳房无异常，乳汁含凝乳块
 E. 乳房和乳汁无肉眼可见异常

兽医产科学专业名词英中对照

17 β-estradiol，17β-E$_2$　17β-雌二醇

5-hydroxytryptamine，5-HT　5-羟色胺

8-arginine vasotocin，AVT　8-精加催产素

8-lysine vasotocin，LVT　8-赖加催产素

A

abnormal fertilization　异常受精

abnormal sperm acrosome　精子顶体异常率

abnormal sperm rate　精子畸形率

abnormal transverse presentation　横向的胎向异常

abnormal vertical presentation　竖向的胎向异常

abortion　流产

accessory corpus luteum　副黄体

accessory placentomes　副胎盘

achondroplasia　先天性假佝偻

acrosin　顶体素

acrosome reaction，AR　顶体反应

acute catarrhal mastitis　急性卡他性乳腺炎

acute systemic mastitis　急性全身性乳腺炎

adrenocorticotropic hormone，ACTH　促肾上腺皮质激素

adventitious placenta　异位胎盘

alcohol positive milk，APM　酒精阳性乳

allantoic sac　尿膜囊

allantoic fluid　尿囊液（亦称尿水）

amnion　羊膜

amnionchorion　羊膜-绒毛膜

amniotic fluid　羊膜囊液（亦称羊水）

amniotic vesicle　羊膜囊

amputation of the forelimbs　前肢截除术

amputation of the head and neck　头颈部截除术

amputation of the mandible　下颌骨截断术

amputation of the posterior limbs　后肢截除术

androgen　雄激素

anestrus　乏情期

anomalies of genital tract　先天性及遗传性生殖道畸形

anovulation and delayed ovulation　排卵延迟及不排卵

anterior presentation　正生

artificial abortion　人工流产

artificial insemination　人工授精

asphyxia neonatorum　新生仔畜窒息

autocrine　自分泌

B

barren，open　空怀

birth canal　产道

bisection　截半术

blood forming cell　血细胞

blood tinged milk　血乳

body maturation　体成熟

C

capacitation　精子获能

carpal flexion posture　腕关节屈曲

caruncle　子宫阜

catarrhal mastitis　卡他性乳腺炎

cellulitis breast　乳房蜂窝织炎

cervical plug　子宫颈塞

cervicitis　子宫颈炎

cervix trauma　子宫颈损伤

cesarean section　剖腹产术

cesarotomy　剖腹产术

chimeras and mosaics　嵌合体和镶嵌体

chondrodystrophy　先天性假佝偻

chorioallantoic placenta　尿囊绒毛膜胎盘

chorionic gonadotropin，CG　绒毛膜促性
　腺激素

chorionic sac　绒毛膜囊

chromosomal intersexualism　性染色体两
　性畸形

chronic endometritis　慢性子宫内膜炎

chronic mastitis　慢性乳腺炎

clinical mastitis　临床型乳腺炎

cloning　克隆

collection of embryo　胚胎采集

conservation of embryo　胚胎保存

corona radiate　放射冠

corpus albicans　白体

corpus hemorrhage　出血体

corpus luteum verum　妊娠黄体

corpus rubrum　红体

cortical reaction　皮质反应

corticotropin releasing factor，CRF　促肾
　上腺皮质激素释放因子

cotyledon　绒毛叶或称子叶

cotyledonary placenta　子叶胎盘

craniectomy　头骨截除术

craniotomy　头部缩小术

cryptorchidism　隐睾

cumulus oophorus　卵丘

cyclic corpus luteum　周期黄体

cystic corpora lutea　囊肿黄体

cystic graafian follicles　卵泡囊肿

D

decapaciation　去获能

decapitation　头部截除术

decidua　蜕膜

decidual placenta　蜕膜胎盘

decidual reaction　蜕膜化反应

decondensation　去致密

delayed uterine involution　子宫复旧延迟

delivering　接产

destruction of the thorax　胸部缩小术

dictyotic stage　网核期

diestrus　发情间期

diffuse placenta　弥散胎盘

discoidal placenta　盘状胎盘

donor　供体

dorsal head posture　头向后仰

dorsal position　上位（背荐位）

dorsoilial and dorsopubic position in anterior
　presentation　正生时的侧位及下位

dorsoilial and dorsopubic position in posterior
　presentation　倒生时的侧位及下位

dorsovertical presentation　背竖向

dosotransverse presentation　背横向

downward head posture　头向下弯

duplication　重复畸形

dystocia　难产

dystocia due to twins　双胎难产

E

early embryonic death　胚胎早期死亡

early pregnant factor，EPF　早孕因子

ectocrine　外分泌

ectohormone　外分泌激素

egg plasma membrane reaction　卵质膜反
　应

egg transfer　受精卵移植

elbow flexion posture　肘关节屈曲

embryo transfer　胚胎移植

embryo transplantation　移植胚胎

embryonic death　胚胎死亡

endocrine　内分泌

endometrial cups　子宫内膜杯

endotheliochorial placenta　内皮绒毛膜胎盘

epididymitis in ram　羊附睾炎

episiotomy　外阴切开术

epithelio-chorial placenta　上皮绒毛膜胎盘

equilizing stage　均衡期

equine chorionic gonadotropin，eCG　马绒毛膜促性腺激素

equine pregnancy toxemia　马属动物妊娠毒血症

estradiol，E_2　雌二醇

estriol，E_3　雌三醇

estrogen，E　雌激素

estrone，E_1　雌酮

estrous cycle　发情周期

estrus　发情期

eutocia　顺产

exaciatory stage　兴奋期

examination of embryo　检胚

expulsive forces　产力

extraembryonic membrane　胚外膜

F

female pronucleus　雌原核

female pseudoher maphroditism　雌性假两性畸形

fertilization　受精

fetal anasarca　胎儿水肿

fetal membrane　胎膜

fetal oversize　胎儿过大

fetotomy　截胎术

fibrinoid mastitis　纤维蛋白性乳腺炎

follicle stimulating hormone，FSH　促卵泡素

follicular phase　卵泡期

follicular wave　卵泡波

foot-nape posture　前腿置于颈上

forced extraction　牵引术

freemartinism　异性孪生母犊不育

G

galactapostema　乳房脓肿

genetic or congenetic anomalies of the cervix　子宫颈发育异常

gestation　妊娠

gestation period　妊娠期

gonadal intersexualitism　性腺两性畸形

gonadohormone　性腺激素

gonadotrophin-releasing hormone，GnRH　促性腺激素释放激素

graafian follicle　格拉夫氏卵泡

granulosa lutein cell　粒性黄体细胞

growth hormone，GH　生长激素

growth inhibiting hormone，GIH　生长激素抑制激素

growth releasing hormone，GRH　生长激素释放激素

H

haemolytic diseases of the neonates　新生仔畜溶血病

haemolytic icterus of the neonate　新生仔畜溶血性黄疸

haul mating　牵引交配

hemochorial placenta　血绒毛膜胎盘

hemolytic disease in neonatal piglet　新生仔猪溶血病

hemolytic disease in newborn calf　新生犊牛溶血病

hemolytic disease in newborn puppy　新生仔犬溶血病

hemolytic icterus of the newborn foal　新生马驹溶血病

hemolytic icterus of the newborn mule　新生骡驹溶血病

hemorrhagic mastitis　出血性乳腺炎

hermaphoodite　两性畸形

hermaphorditism　两性畸形

hidden mastitis　隐性乳腺炎

hip flexion posture　髋关节屈曲

hock flexion posture　跗关节屈曲

hormone 激素

human chorionic gonadotropin，hCG 人绒毛膜促性腺激素

hydrocephalus 胎头积水

hydrometra 子宫积水

hypocalcemia of the cow 奶牛低钙血症

hypoglycemia of the newborn 新生仔畜低血糖症

hypophysis 垂体

hypospadias 尿道下裂

hypothalamus 丘脑下部

hysterospasm 子宫痉挛

I

impotency 阳痿

inactive ovaries 卵巢机能不全

incomplete dilation of the cervix 子宫颈开张不全

induced ovulation 诱导排卵

inevitable abortion 难免流产

infectious clinical mastitis 感染性临床型乳腺炎

infectious subclinical mastitis 感染性亚临床型乳腺炎

infertilitas 不孕症

infertility 不孕

infertility due to anti-sperm antibodies 抗精子抗体性不育

infertility due to anti-zona pellucida antibodies 抗透明带抗体性不育

infertility due to breeding techniques 繁殖技术性不育

infertility due to congenial Factors in domestic male animals 公畜的先天性不育

infertility due to congenital factors in domestic female animals 母畜的先天性不育

infertility due to diseases 疾病性不育

infertility due to immunological factors 免疫性不育

infertility due to managemental factors 管理利用性不育

infertility due to nutritional factors 营养性不育

infertility due to senility 衰老性不育

inhibin 抑制素

inhibitory stage 抑制期

insemination 授精

intersexualitism 两性畸形

intersexuality 两性畸形

interstitial cell stimulating hormone，ICSH 间质细胞刺激素

intracrine 胞内分泌

inversion of the uterus 子宫内翻

isoimmune haemolytic anaemia 同种免疫溶血性贫血

J

juxtacrine 近分泌

L

lactorrhea, galactorrhea, incontinence of milk 漏乳

lateral head posture 头颈侧弯

lateral position 侧位（背骼位）

libido 性欲

longitudinal presentation 纵向

lochia 恶露

luteal ovarian cysts 黄体囊肿

luteal phase 黄体期

luteinizing hormone，LH 促黄体素

interstitial cell stimulating hormone，ICSH 间质细胞刺激素

luteotropic hormone，LTH 促黄体分泌素

M

maceration 胎儿浸溶

male pronucleus 雄原核

male pseudoher maphroditism，MPH 雄性假两性畸形

mammary gangrenosis 乳房坏疽

mammary gland edema 乳房水肿

mastitis in cow 奶牛乳腺炎

maternal recognition of pregnancy 母体妊娠识别

maternal dystocia 母体性难产

mature follicle 成熟卵泡

meconium retention 胎粪停滞

melanocyte stimulating hormone，MSH 黑素细胞刺激素

melanotropin release factor，MRF 促黑色细胞激素释放因子

melanotropin release in-hibiting factor，MIF 促黑色细胞激素释放抑制因子

melatonin，MLT 褪黑素

membrana granulose 粒膜

menopause 绝情期

metestrus 发情后期

mild clinical mastitis 轻度临床型乳腺炎

milk fever 乳热症

misoprostol 子宫颈松弛剂

monotocous animal 单胎动物

mucometra of the cow 奶牛子宫积液

multiparous animal 多胎动物

mummification （胎儿）干尸化

mutation 矫正术

N

natural mating 自然交配

neonatal isoerythrolysis 新生仔畜同种红细胞溶血病

neonate 新生仔畜

neurohormone 神经内分泌

nonclinical or subclinical mastitis 非临床型（亚临床型）乳腺炎

nondeciduai placenta 非蜕膜胎盘

non-specific clinical mastitis 非特异性临床型乳腺炎

non-specific subclinical mastitis 非特异性亚临床型乳腺炎

nymphomania 慕雄狂

O

oocyte cumulus complex，COCs 卵母细胞-卵丘复合体

orchitis，testitis 睾丸炎

ovarian cysts 卵巢囊肿

ovarian hypoplasia 卵巢发育不全

ovulation 排卵

oxytocin，OT、OXT 催产素

P

paracrine 旁分泌

paraphimosis 嵌顿包茎

parthenogenesis 孤雌生殖

parturient paresis of the cow 奶牛生产瘫痪

parturition 分娩

parturition induction 诱导分娩

penis and preputial trauma 阴茎和包皮损伤

percutaneous fetotomy 开放法

perforation of uterus 子宫穿孔

persistent corpus luteum 持久黄体

persistent Mullerian duct syndrome 缪勒氏管残留综合征

persistent urachus 持久脐尿管

phenotypic intersexualism 表型两性畸形

pheromone 外激素

pineal body 松果体

pineal gland 松果腺

pituitary body 垂体

pituitary gonadotropic hormone 垂体促性腺激素

placenta 胎盘

placental barrier　胎盘屏障

placental gonadotropin　胎盘促性腺激素

placentoma　胎盘突

pneumovagina　气膣

polyspermy fertilization　多精子受精

position　胎位

posterior presentation　倒生

postural defects of head and neck　头颈姿势异常

posture　胎势

pregnancy termination　妊娠终止

pregnancy toxemia　妊娠毒血症

pregnancy toxemia of ewe　绵羊妊娠毒血症

pregnancy　妊娠

pregnant diagnosis　妊娠诊断

pregnant edema　孕畜水肿

pregnant pulse　妊娠脉搏

premature birth　早产

preputial prolapsed　包皮脱垂

presentation　胎向

presentation　前置

primary follicle　初级卵泡

primary uterine inertia　原发性子宫迟缓

primordial follicle　原始卵泡

proestrus　发情前期

progesterone，P_4　孕酮

prolactin，PRL、Pr、PL　促乳素

prolactin releasing factor，PRF　促乳素释放因子

prolactin releasing inhibiting factor，PIF　促乳素抑制因子

prolapse of the uterus　子宫脱出

prostaglandins，PGs　前列腺素

prostatic abscess　前列腺脓肿

prostatitis　前列腺炎

puberty　初情期

puerperal disease　产后期疾病

puerperal endometritis　产后子宫内膜炎

puerperal hypocalcemia of the bitch　产后低钙血症

puerperal infection　产后感染

puerperal paraplegia of the cow　奶牛产后截瘫

puerperal period　产后期

puerperal septicemia and pyemia　产后败血病和脓毒血病

puerperal vulvitis and vaginitis　产后阴门炎及阴道炎

pyometra of the bitch　犬子宫蓄脓

pyometra of the cow　奶牛子宫积脓

R

ram effect　公羊效应

recipient　受体

recovery of embryo　胚胎回收

relaxin，RLX　松弛素

releasing pheromone　诱导外激素

reproductive hormone　生殖激素

retained fetal membrane，RFM　胎衣不下或胎膜滞留

retrocrine　反分泌

ring womb　子宫环

rotation　翻转

rupture of uterus　子宫破裂

S

schistosomus reflexus　裂腹畸形

seasonal monstrous animal　季节性单次发情动物

seasonal polyestrous animal　季节性多次发情动物

secondary follicle　次级卵泡

secondary uterine inertia　继发性子宫弛缓

segmental aplasia of the Mullerian or paramesonephric duct　牛的缪勒氏管发育不全

semen collection　采精

semen deposition 输精

semen dilution 精液稀释

semen preservation 精液保存

seminal vesiculitis syndrome 精囊腺炎综合征

serous mastitis 浆液性乳腺炎

severe clinical mastitis 重度临床型乳腺炎

sex-reversed animal 性逆转动物

sexual arousal 性兴奋

sexual maturation 性成熟

sexual season 发情季节

shoulder flexion posture 肩关节屈曲

signaling pheromone 信号外激素

sperm concentration 精子密度

sperm motility 精子活率

spontaneous ovulation 自发性排卵

stage of cervical dilatation 开口期

stage of fetal membrane expulsion 胎衣排出期

stage of fetus expulsion 胎儿产出期

stenosis of pelvis 骨盆狭窄

stenosis of the cistern and teat canal 乳池和乳头管狭窄及闭锁

stenosis of vagina, vulva and vestibule 阴道、阴门及前庭狭窄

sterility 不育

stillbirth 死产

strong straining 努责过强

subclinical abortion 隐性流产

subtaneous fetotomy 皮下法

superovulation 超数排卵

suppurative mastitis 化脓性乳腺炎

synchronization of estrus 同期发情

syndesmo-chorial placenta 结缔绒毛膜胎盘

T

teasing 试情

tertiary follicle 三级卵泡

testicular feminization syndrome 睾丸雌性化综合征

testicular hypoplasia 睾丸发育不全

testosterone，T 睾酮

theca lutein cell 膜性黄体细胞

threatened abortion 先兆流产

thyroid stimulating hormone，TSH 促甲状腺素

thyrotropin releasing hormone，TRH 促甲状腺素释放激素

torsion of head 头颈捻转

traction 牵引术

transverse presentation 横向

trauma of the birth canal 产道损伤

trauma of the mammary gland 乳房创伤

trauma of the vagina and vulva 阴道及阴门损伤

true hermaphrodite chimeras 真两性畸形嵌合体

Turner syndrome 特纳综合征

U

umbilical cord 脐带

urachal fistula 脐尿管瘘

uterine cramp 子宫痉挛

uterine inertia 子宫迟缓

uterine involution 子宫复旧

uterine torsion 子宫捻转

V

vaginal anus 膣肛

vaginal edema 阴道水肿

vaginal hyperplasia 阴道增生

vaginal prolapse 阴道脱出

vaginitis 阴道炎

vasopressin，AVP 加压素

ventral abdominal edema 腹下水肿

ventral position 下位（背耻位）

ventro-transverse presentation 腹横向

ventroventral presentation 腹竖向

version　旋转

vertical presentation　竖向

vesicular follicle　囊状卵泡

W

white heifer disease　白犊病

wry-neck　先天性歪颈

X

XO syndrome　XO 综合征

XX male syndrome　XX 雄性综合征

XX true hermaphroditism　XX 真两性畸形

XX/XY chimera with dysgenetic testes XX/XY　睾丸生成不全嵌合体

XXX syndrome　XXX 综合征

XXY syndrome　XXY 综合征

Y

yolk sac　卵黄囊

Z

zona pellucida，ZP　透明带

zonary placenta　带状胎盘

主 要 参 考 文 献

陈北亨，王建辰．2001．兽医产科学．北京：中国农业出版社．

陈怀涛．2008．兽医病理学原色图谱．北京：中国农业出版社．

陈兆英．2005．家畜繁殖与产科疾病彩色图说．北京：中国农业出版社．

甘肃农业大学．1988．兽医产科学．第2版．北京：中国农业出版社．

李青旺．2010．动物繁殖技术．北京：中国农业出版社．

沈霞芬．2009．家畜组织学与胚胎学．第4版．北京：中国农业出版社．

王建辰，章孝荣．1998．动物生殖调控．合肥：安徽科学技术出版社．

杨增明，孙青原，夏国良，2005．生殖生物学．北京：科学出版社．

张家骅．2007．家畜生殖内分泌学．北京：高等教育出版社．

赵兴绪．2009．兽医产科学．第4版．北京：中国农业出版社．

中国农业大学．2000．家畜繁殖学．第3版．中国农业出版社．

朱士恩．2009．家畜繁殖学，第5版．北京：中国农业出版社．

Bearden H J，Fuquay J W，Willard S T. 2004. Applied Animal Reproduction. 6th ed. New Jersey ：Prentice Hall.

Hafez E S E and Hafez B. 2000. Reproduction in Farm Animals. 7th ed. USA：Lippincott Williams and Wilkins.

Hunter R H F. 1982. Reproduction of Farm Animals. London and New York：Longman.

Hunter R H F. 1982. Physiology and Technology of Reproduction in Female Domestic Animals. London：Academic Press.

Noakes D E，et al. 2001. Arthur's Veterinary Reproduction and Obstetrics. 8th ed. London：Sauders Ltd.

Peter G G Jackson. 2004. Handbook of Veterinary Obstetrics. 2nd ed. London：Sauders Ltd.

Roberts S J. 1986. Veterinary Obstetrics and Genital Diseases. 3rd ed. Ann Arbor：Edwards Brothers Inc.

Strauss J F and Barbieri R L. 2009. Reproductive Endocrinology. London：Sauders.

Younguist R S and Threlfall W R. 2007. Current Therapy in Large Animal Theriogenology. 2nd ed. London：Sauders.